全国高等职业教育“十三五”规划教材

矿井通风

主　编　张红兵　王永安

中国矿业大学出版社

内 容 提 要

本书是全国煤炭高等职业教育采矿工程类“十三五”规划教材之一。

本书共分十章，主要介绍了矿井空气、矿井通风压力、矿井通风动力和阻力、矿井通风系统及网络、掘进通风、矿井风量调节、矿井通风设计以及矿井通风安全管理的相关知识和需要掌握的技能。

本书是煤炭类高职院校煤矿开采技术专业、矿井通风与安全专业和其他采矿工程类相关专业的通用教材，也可作为中等专业学校、成人教育学院和技工学校采矿工程类各相关专业的教材，同时可供煤炭企业经营管理人员和专业技术人员学习使用。

图书在版编目(CIP)数据

矿井通风 / 张红兵，王永安主编. — 徐州 ：中国矿业大学出版社，2018.5

ISBN 978 - 7 - 5646 - 3992 - 1

Ⅰ. ①矿…　Ⅱ. ①张…②王…　Ⅲ. ①矿山通风—高等职业教育—教材　Ⅳ. ①TD72

中国版本图书馆 CIP 数据核字(2018)第119177号

书　　名　矿井通风
主　　编　张红兵　王永安
责任编辑　耿东锋
出版发行　中国矿业大学出版社有限责任公司
　　　　　　(江苏省徐州市解放南路　邮编 221008)
营销热线　(0516)83885307　83884995
出版服务　(0516)83885767　83884920
网　　址　http://www.cumtp.com　**E-mail**:cumtpvip@cumtp.com
印　　刷　徐州中矿大印发科技有限公司
开　　本　787×1092　1/16　**印张** 18.75　**字数** 468 千字
版次印次　2018 年 5 月第 1 版　2018 年 5 月第 1 次印刷
定　　价　30.00 元

前 言

本书是按照煤炭类高职院校煤矿开采技术专业人员培养方案及《矿井通风》教材编写大刚编写的，是《全国高等职业教育“十三五”规划教材》之一。

本教材内容是以煤炭高等职业教育定位及人才培养目标为宗旨，依据国家有关煤炭行业法律、法规、规范、标准等对矿井通风课程的要求和煤矿开采类专业学生应具备的矿井通风知识及技能要求设置的。教材努力贯彻素质教育精神，着力培育学生的理论知识和实际应用能力，把教材的基本内容与生产实践相结合，增强实用性；力求采用、吸取新的矿井通风科学技术成果，大力培养学生的科学态度和创新意识。

本书由张红兵、王永安任主编。教材具体编写情况如下：绪论和附录Ⅵ、Ⅶ由山西能源学院王永安编写；项目一、项目十由河南工业和信息化职业学院屈扬编写；项目二由河南工业和信息化职业学院张艳利编写；项目三和项目九及附录Ⅰ、Ⅱ、Ⅲ由河南工业和信息化职业学院徐小马编写；项目四和附录Ⅳ、Ⅴ由河南工业和信息化职业学院寿先淑编写；项目五由鄂尔多斯职业学院李绍良编写；项目六由河南工业和信息化职业学院张红兵编写；项目七由山西煤炭职业技术学院任智敏编写；项目八由河南工业和信息化职业学院周玉军编写。张红兵负责全书的统编定稿。

本书编写过程中得到了河南能源化工集团有限公司、中国平煤神马能源化工集团有限责任公司、河南煤矿安全监察局、河南工业和信息化职业学院、山西能源学院、鄂尔多斯职业学院和山西煤炭职业技术学院的大力支持，在此表示衷心的感谢。

由于编写人员水平有限，加之时间仓促，书中疏漏和不妥之处在所难免，恳请广大读者批评指正，以便本书在今后修订中更加完善。

编 者

2017 年 12 月

目 录

绪　论

任务一　矿井通风课程介绍

知识要点

矿井通风的目的和任务。

技能目标

掌握我国煤矿安全生产的指导方针。

任务分析

(1) 矿井通风的作用。

(2) 矿井通风的任务。

(3) 我国煤矿安全生产的指导方针。

(4) 矿井通风与其他专业课程的衔接关系。

任务导入

如何保证井下人员的氧气供应？风流在井下流动遵循哪些规律？

相关知识

在国家新能源战略的指引下，我国煤炭企业已逐步把职工的安全、健康放在企业发展的重要位置，坚持安全生产方针，改善劳动环境，积极践行国家创新、协调、绿色、开放、共享的发展理念。

人类生活在地球表面的大气中，大气的化学成分、温度、湿度、气压都比较稳定。当这些大气条件发生剧烈改变时，人就会不舒服，工作能力减弱甚至生病、死亡。

井工开采的矿井，作业环境特别复杂，在生产过程中普遍受到瓦斯、矿尘、水、火等灾害的威胁，有的矿井还伴有高温、高湿等危害，严重影响着矿工的身体健康和生命安全，威胁着煤矿的安全生产。

因此，只有在矿井内建立起与地表相似的大气条件，采掘生产工作才能进行。

井工开采的矿井必须采取“一通三防”的安全管理措施。“一通”是指矿井通风，“三防”是指防瓦斯、防火和防煤尘。矿井通风正是从技术角度解决瓦斯、粉尘、火灾等安全隐患的

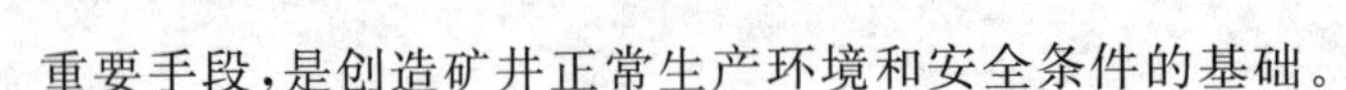

重要手段，是创造矿井正常生产环境和安全条件的基础。

矿井通风的主要任务是：向井下连续输送新鲜空气，供给人员呼吸；稀释并排除井下的有毒有害气体和矿尘；创造良好的井下气候条件。合理的矿井通风技术不仅是预防瓦斯、粉尘、火灾等事故和治理高温热害，创造舒适矿井气候环境的基本措施，也是已知的最有效、费用最低的手段。

我国是以煤炭为主要能源的发展中大国，煤炭在国家能源安全中占有重要地位。我国煤矿安全生产的指导方针是“安全第一、预防为主”。中华人民共和国成立以来，党和政府十分重视煤矿通风安全工作，颁布了《中华人民共和国安全生产法》《中华人民共和国煤炭法》《中华人民共和国矿山安全法》《煤矿安全规程》《煤矿安全监察条例》等一系列安全生产法律法规，成立了煤矿安全监察机构，实行煤矿安全监察制度，使我国煤矿安全生产全面走向了法制化轨道。此外，矿井通风技术也有了长足的发展。当前，我国各类煤矿普遍实现了机械通风、分区通风，在安全监测和质量管理方面基本实现了矿井通风质量标准化管理。20 世纪 70 年代以来，电子计算机在矿井通风设计、通风系统优化、设备选型优化和自动化智能监测等方面得到广泛应用。

多年来，尽管党和政府十分重视煤矿安全生产工作，但由于企业意识、技术、投入、装备等方面的限制，我国煤矿安全形势依然严峻。从事煤矿通风与安全管理工作的人员，必须熟悉有关安全生产的法律法规和技术规章，透彻了解这些条文的含义及科学依据，因地制宜地贯彻执行，针对生产过程中发现的各种不安全因素采取及时有效和合理的技术措施，确保煤矿的安全生产。

矿井通风是矿山安全工程学科的一个基本分支，矿井通风课程是采矿专业的主要专业课程之一。本课程的基本内容是：矿井空气及有害气体的成分、性质、安全标准和检测方法；风流的能量、压力及相互关系，能量方程及其应用；矿井通风阻力的类型、变化规律及测定；矿井通风动力的类型、基本规律、测定方法；矿井通风系统的类型和要求；通风网络中风量的分配原则和风量调节方法；掘进通风的方法和安全技术管理；矿井通风设计的内容和程序；矿井通风安全管理；等等。

与矿井通风课程密切相关的课程是煤矿安全，二者是有机联系、相辅相成的。此外矿山流体机械、井巷工程、煤矿开采方法等课程是学好本课程的基础，必须重视和学好。

任务实施

认识矿井通风这门课程

一、任务组织

(1) 根据学生人数分组，以能顺利开展组内讨论为宜。明确小组负责人，提出纪律要求。

(2) 利用多媒体器材和网络进行教学。

二、任务实施方法与步骤

(1) 教师讲授“相关知识”。

(2) 教师提问、学生互问，多种形式质证。

(3) 课堂互评。

三、任务实施注意事项与要求

(1) 要注意培养学生认真严谨的工作习惯和作风。

(2) 教室内应保持秩序和整洁。提醒学生注意安全、爱护物品等。

(3) 要注意调动学生学习积极性,多设置开放性问题,鼓励学生积极讨论和提出问题。

(4) 教学结束,请打扫卫生,将所使用的器材恢复原样。

任务评价

学生训练成果评价表

姓名		班级		组别		得分	

评价内容	要求或依据	分数	评分标准
课堂表现	学习纪律、敬业精神、协作精神、学习方法、积极讨论等	10分	遵守纪律,学习态度端正、认真,相互协作等满分,其他酌情扣分
口述我国煤矿安全生产的指导方针	准确口述,内容完整	20分	根据口述准确性和完整性酌情扣分
讨论对矿井通风课程的认识	积极参与,全面准确	60分	根据讨论的积极性和发言情况酌情扣分
安全意识	服从管理,照顾自己及他人,听从教师及组长指挥,积极恢复实训室原样等	10分	根据学生表现打分

任务二　矿井通风系统认识

知识要点

矿井通风系统,矿井的通风方式和通风方法。

技能目标

能描述矿井通风系统,能选择合适的通风方式和通风方法。

任务分析

(1) 什么叫矿井通风系统?

(2) 矿井通风方式的概念及类型。

(3) 各种通风方式的优缺点及适用条件。

(4) 矿井通风方法的概念及类型。

任务导入

古人为什么认为双井通风效果优于独井通风？井下巷道如何布置通风效果才能更好？通风机械应该怎么与井下巷道配合？

相关知识

矿井通风系统负责向井下各作业地点供给新鲜空气、排出有毒有害气体，是矿井通风方式、通风方法、通风网络与通风设施的总称。良好的矿井通风系统对保证矿井安全生产、提高经济效益有重要且长远的影响。

一、矿井通风方式

每一个通风系统必须至少有一个进风井和一个回风井。通常以罐笼提升井兼作进风井，回风井则为专用风井，以便安全排出回风流中的有害气体和粉尘。

矿井通风方式是指矿井进风井与回风井的相对布置方式。按进、回风井的位置不同，又可分为中央式、对角式、区域式和混合式四种。

（一）中央式

中央式是进、回风井均位于井田走向中央。

按进、回风井沿井田倾斜方向相对位置的不同，又可分为中央并列式和中央分列式（中央边界式）两种。

1. 中央并列式

中央并列式是进、回风井并列布置在中央工业广场内，两井底可以开掘到第一水平，如图 0-1(a)所示。也可以将回风井只掘至回风水平，如图 0-1(b)所示。此布置形式可以避免运输繁忙的生产水平井底车场向回风井的漏风。

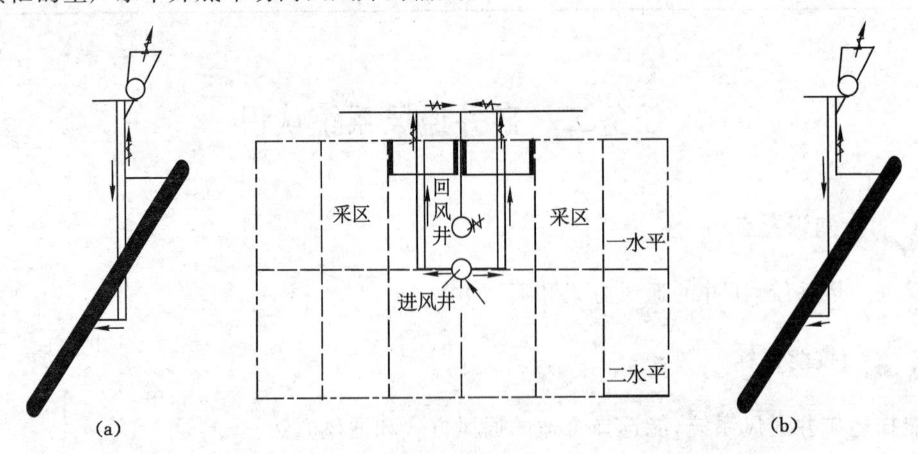

图 0-1　中央并列式

中央并列式的优点是初期开拓工程量小，投资少，投产快；地面建筑集中，便于管理；两个井筒集中，便于开掘和井筒延深；井筒安全煤柱少，易于实现矿井反风。缺点是矿井通风路线是折返式，风路较长，阻力较大，特别是当井田走向很长时，边远采区与中央采区风阻相差悬殊，边远采区可能因此而风量不足；由于进、回风井距离近，井底漏风较大，容易造成风流短路；安全出口少，只有两个；工业广场易受主要通风机噪声影响和回风风流的污染。

中央并列式适用于井田走向长度小于 4 km，煤层倾角大，埋藏深，瓦斯与自然发火都不严重的矿井。

2. 中央分列式（又名中央边界式）

中央分列式是进风井布置在井田走向和倾斜方向中央的工业广场内，回风井大致布置在井田上部边界沿走向的中央，回风井井底高于进风井井底，如图 0-2 所示。

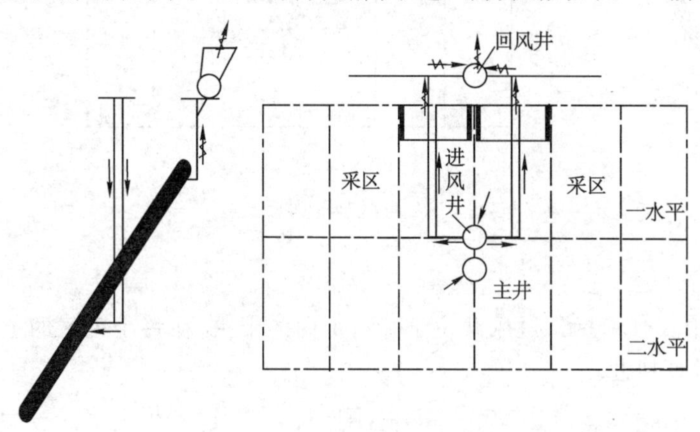

图 0-2　中央分列式

中央分列式的优点是安全性好；通风阻力比中央并列式小，矿井内部漏风小，有利于瓦斯和自然发火的管理；工业广场不受主要通风机噪声的影响和回风流的污染。缺点是增加一个风井场地，占地和压煤较多；风流在井下的流动路线为折返式，风流路线长，通风阻力大。

中央分列式适用于井田走向长度小于 4 km，煤层倾角较小，埋藏浅，瓦斯与自然发火都比较严重的矿井。

（二）对角式

对角式是进、回风井分别位于井田的两翼或进风井大致布置于井田的中央，回风井分别布置在井田上部边界沿走向的两翼上。根据回风井沿走向的位置不同，又分为两翼对角式和分区对角式两种。

1. 两翼对角式

两翼对角式如图 0-3 所示，进风井大致位于井田走向中央，在井田上部沿走向的两翼边界附近或两翼边界采区的中央各开掘一个出风井。如果只有一个回风井，且进、回风井分别位于井田的两翼称为单翼对角式。

两翼对角式的优点是风流在井下的流动路线为直向式，风流路线短，通风阻力小；矿井内部漏风小；各采区间的风阻比较均衡，便于按需分风；矿井总风压稳定，主要通风机的负载较稳定；安全出口多，抗灾能力强；工业广场不受回风污染和主要通风机噪声的危害。缺点是初期投资大，建井期长；管理分散；井筒安全煤柱压煤较多。

两翼对角式适用于井田走向长度大于 4 km，需要风量大，煤易自燃，有煤与瓦斯突出的矿井。

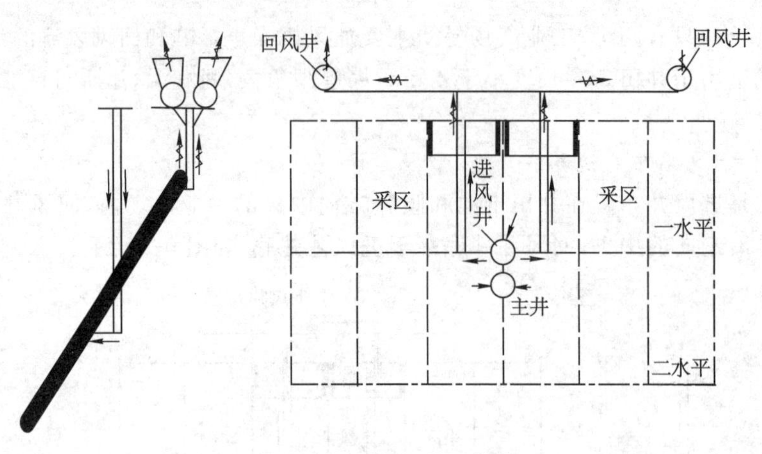

图 0-3　两翼对角式

2. 分区对角式

分区对角式如图 0-4 所示。进风井位于井田走向的中央，在每个采区的上部边界各掘进一个回风井，无总回风巷。

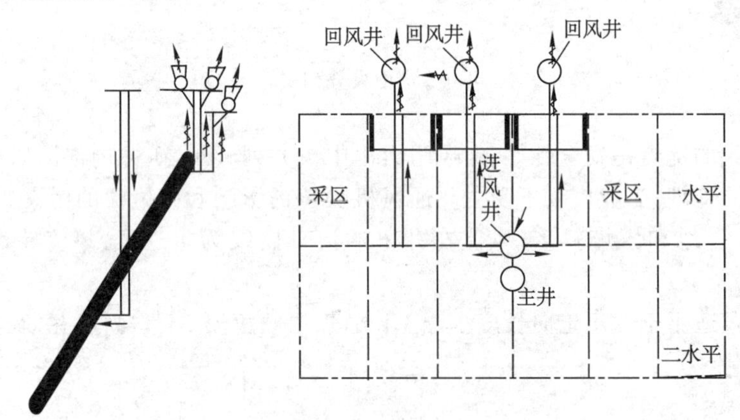

图 0-4　分区对角式

分区对角式的优点是各采区之间互不影响，便于风量调节；建井工期短；初期投资少，出煤快；安全出口多，抗灾能力强；进回风路线短，通风阻力小。缺点是风井多，占地压煤多；主要通风机分散，管理复杂；风井与主要通风机服务范围小，接替频繁；矿井反风困难。

分区对角式适用于因煤层埋藏浅或煤层风化带和地表高低起伏较大，无法开凿浅部总回风巷的矿井，在开采第一水平时，只能采用分区式。另外，井田走向长、多煤层开采的矿井或井田走向长、产量大、需要风量大、煤易自燃、有煤与瓦斯突出的矿井也可采用这种通风方式。

（三）区域式

区域式是在井田的每一个生产区域开凿进、回风井，分别构成独立的通风系统，如图0-5所示。

区域式的优点是既可以改善矿井的通风条件，又能利用风井准备采区，缩短建井工期；风流路线短，通风阻力小；漏风少，网络简单，风流易于控制，便于主要通风机的选择。缺点

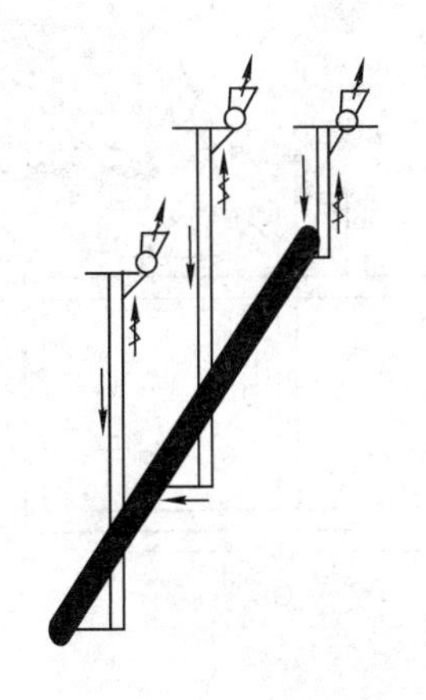
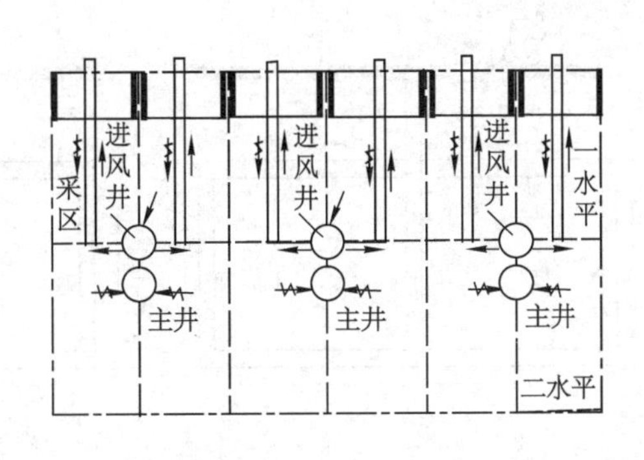

图 0-5 区域式

是通风设备多,管理分散,管理难度大。

区域式适用于井田面积大、储量丰富或瓦斯含量大的大型矿井。

(四) 混合式

混合式是中央式和对角式的混合布置,因此混合式的进风井与出风井数目至少有 3 个。混合式可有以下几种:中央并列与两翼对角混合式,中央边界与两翼对角混合式,中央并列与中央边界混合式等。混合式一般是老矿井进行深部挖潜开采时所采用的通风方式。

混合式的优点是有利于矿井的分区分期建设,投资省,出煤快,效率高;回风井数目多,通风能力大;布置灵活,适应性强。缺点是多台风机联合工作,通风网络复杂,管理难度大。

混合式适用于井田走向长度大的改扩建和深部开采的老矿井,多煤层多井筒的矿井,井田面积大、产量大、需要风量大或采用分区开拓的大型矿井。

矿井的通风方式,应根据矿井的设计生产能力,煤层赋存条件,地形条件,井田面积、走向长度及矿井瓦斯等级,煤层的自燃倾向性等情况,从技术、经济和安全等方面加以分析,通过方案比较确定。

二、矿井通风方法

矿井通风方法是指主要通风机对矿井供风的工作方法。按主要通风机的安装位置不同,分为抽出式、压入式及混合式三种。

(一) 抽出式通风

抽出式通风如图 0-6(a)所示。将矿井主通风机安设在出风井口,新风由进风井流经井下各用风地点后,污风通过主要通风机排出地表。

抽出式通风的特点是:在矿井主要通风机的作用下,矿内空气处于低于当地大气压力的负压状态,当矿井与地面间存在漏风通道时,漏风从地面漏入井下。抽出式通风矿井在主要进风巷不需安设风门,便于运输、行人和通风管理。当瓦斯矿井采用抽出式通风,若主要通风机因故停止运转,井下风流压力将升高,在短时间内可以防止瓦斯从采空区涌出,比较安全。因此,目前我国大部分矿井采用抽出式通风。

(二) 压入式通风

压入式通风如图 0-6(b)所示,压入式通风是将矿井主通风机安设在进风口的地面上,新风经主要通风机加压后送入井下各用风地点,污风经过回风井排出地表。

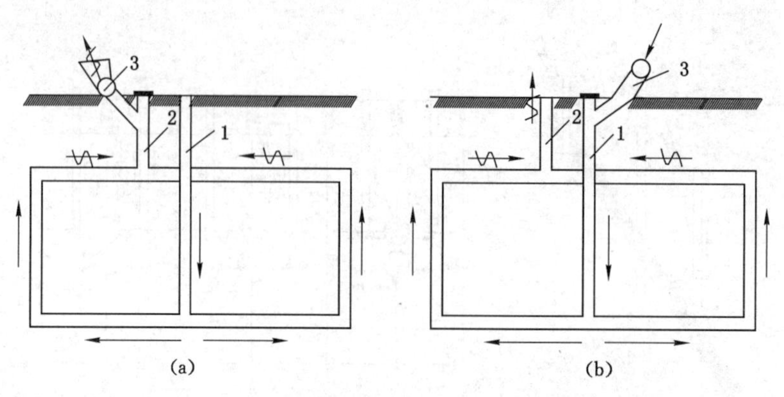

图 0-6 矿井通风方法

1——进风井；2——回风井；3——主要通风机

压入式通风的特点是:在矿井主通风机的作用下,矿内空气处于高于当地大气压力的正压状态,当矿井与地面间存在漏风通道时,漏风从井内漏向地面。压入式通风矿井中,要在矿井的主要进风巷中安装风门,使运输、行人不便,漏风较大,通风管理工作较困难。同时当矿井主通风机因故停止运转时,井下风流压力降低,可能使采空区瓦斯涌出量增加,造成瓦斯积聚,对安全不利。因此,在瓦斯矿井中一般很少采用压入式通风。

矿井浅部开采时,由于地表塌陷出现裂缝与井下沟通,为避免用抽出式通风将塌陷区内的有害气体吸入井下,可在矿井开采第一水平时采用压入式通风,当开采下水平时再改为抽出式通风。此外,当矿井煤炭自然发火比较严重时,为避免将火区内的有毒有害气体抽到巷道中,有时也可采用压入式通风。

(三) 混合式通风

混合式通风是在进风井和回风井口都安设矿井主要通风机,新风经压入式主要通风机送入井下,污风经抽出式主要通风机排出井外。

混合式通风的特点是:能产生较大的通风压力,通风系统的进风部分处于正压,回风部分处于负压,工作面大致处于中间状态,其正压或负压均不大,矿井的内部漏风小。但因使用的风机设备多,动力消耗大,通风管理复杂,一般很少采用。

按照《煤矿安全规程》规定,主要通风机必须安装在地面。

三、通风网络和通风设施

有关通风网络和通风设施的内容,详见项目五和项目六。

任务实施

认识矿井通风系统

一、任务组织

(1) 根据学生人数分组,以能顺利开展组内讨论为宜。明确小组负责人,提出纪律要求。

(2) 利用多媒体器材和网络进行教学。

二、任务实施方法与步骤

(1) 教师讲授“相关知识”。

(2) 学生查阅“知识扩展”并展开讨论。

(3) 教师提问、学生互问,多种形式质证。

(4) 课堂互评。

三、任务实施注意事项与要求

(1) 要注意培养学生认真严谨的工作习惯和作风。

(2) 教室内应保持秩序和整洁。提醒学生注意安全、爱护物品等。

(3) 要注意调动学生学习积极性,多设置开放性问题,鼓励学生积极讨论和提出问题。

(4) 教学结束,请打扫卫生,将所使用的器材恢复原样。

任务评价

学生训练成果评价表

姓名		班级		组别		得分	

评价内容	要求或依据	分数	评分标准
课堂表现	学习纪律、敬业精神、协作精神、学习方法、积极讨论等	10分	遵守纪律,学习态度端正、认真,相互协作等满分,其他酌情扣分
描述中央式、对角式、分区式通风特点及使用条件	准确描述,内容完整	40分	根据描述准确性和完整性酌情扣分
描述抽出式通风和压入式通风特点及使用条件	准确描述,内容完整	40分	根据口述准确性和完整性酌情扣分
安全意识	服从管理,照顾自己及他人,听从教师及组长指挥,积极恢复实训室原样等	10分	根据学生表现打分

知识扩展

学习《煤矿安全规程》有关矿井通风系统的相关规定,即第一百四十二条至第一百四十七条。

项目一 矿井空气

任务一 矿井空气成分

知识要点

矿井空气主要成分及有害气体性质,有害气体浓度测定方法。

技能目标

能使用相关仪器测定矿井气体浓度,能采取措施防止有害气体的危害。

任务分析

(1) 矿井空气的主要组成成分。

(2) 矿井空气各组成成分的性质。

(3) 防止矿井空气有害气体的措施。

任务导入

以空气成分为切入点,通过回忆或复述空气的属性,引入矿井空气的相关知识。或以学生日常接触的空气为载体,让学生充分发挥想象,让他们指出矿井空气中应该或可能含有什么成分。

相关知识

一、矿井空气的主要成分

(一) 地面空气的组成

地面空气又称大气,是指地球大气层中的氧气、氮气、二氧化碳、水蒸气及其他一些微量气体所组成的混合气体。按其是否含有水蒸气可以分为干空气与湿空气两种。一般将不含水蒸气的空气称为干空气,将干空气和水蒸气组成的混合气体称为湿空气。干空气的主要组成成分见表 1-1。

(二) 矿井空气主要成分及其基本性质

地面空气进入井下后就成为矿井空气。由于受井下各种自然因素和人为因素的影响,地面空气进入井下将发生一系列变化。主要有:氧气含量减少;二氧化碳浓度升高,混入各种各样的有毒有害气体和矿尘;空气的温度、湿度、压力等物理参数发生变化。

表 1-1　干空气的组成成分

气体成分	按体积计/%	按质量计/%	备注
氧气(O_2)	20.96	23.23	惰性稀有气体氦、氖、氩、氪、氙等计在氮气中
氮气(N_2)	79.00	76.71	
二氧化碳(CO_2)	0.04	0.06	

在矿井通风中，习惯上把进入采掘工作面等用风地点之前、空气成分或状态变化不大的风流叫作新鲜风流，简称新风，如进风井筒、水平进风大巷、采区进风上(下)山等处的风流；把经过用风地点后空气成分或状态变化较大的风流叫作污风风流，简称污风或乏风，如采掘工作面回风巷、采区回风上(下)山、矿井回风大巷、回风井筒等处的风流。

尽管矿井中的空气成分有了一定的变化，但主要成分仍同地面空气一样，由氧气、氮气和二氧化碳等组成。

1. 氧气(O_2)

氧气是一种无色、无味、无臭的气体，略重于空气，相对密度为1.105。氧气是一种化学活性很强的气体，易和其他物质发生氧化反应，能助燃，是人体维持正常生命的基础。人体需氧量取决于人的体质、精神状态和劳动强度等。人体需氧量与劳动强度的关系见表1-2。

表 1-2　人体需氧量与劳动强度的关系

劳动强度	呼吸空气量/$L \cdot min^{-1}$	氧气消耗量/$L \cdot min^{-1}$
休　息	6～15	0.2～0.4
轻体力劳动	20～25	0.6～1.0
中度体力劳动	30～40	1.2～1.6
重体力劳动	40～60	1.8～2.4
极重体力劳动	40～80	2.5～3.0

空气中的氧气浓度直接影响着人体健康和生命安全，当氧气浓度降低时，人体就会产生不良反应，严重者会缺氧窒息，甚至死亡。人体缺氧症状与空气中氧气浓度的关系见表1-3。

表 1-3　人体缺氧症状与空气中氧气浓度的关系

氧浓度(体积)/%	人体主要症状
17	静止状态无影响，工作时会感到喘息、呼吸困难
15	呼吸及心跳急促，耳鸣目眩，感觉和判断能力降低，失去劳动能力
10～12	失去知觉，时间稍长有生命危险
6～9	失去知觉，呼吸停止，如不及时抢救几分钟内可能导致死亡

地面空气进入井下后，氧气浓度降低的主要原因有：人员呼吸；煤岩自燃，坑木和其他有机物的缓慢氧化；爆破工作；井下火灾和瓦斯、煤尘爆炸；煤岩中涌出和生产中产生的其他有害气体；等等。所以，在井下通风不良的巷道中，应特别注意对氧气浓度的检查，以防发生窒

息事故。

《煤矿安全规程》规定：采掘工作面的进风流中，氧气浓度不得低于20%。

2. 二氧化碳(CO_2)

二氧化碳是一种无色、略带酸臭味、略带毒性、易溶于水的气体，比空气重，相对密度为1.52，不助燃也不能供人呼吸。

新鲜空气中含有的微量二氧化碳对人是有利的。二氧化碳对人体的呼吸中枢神经有刺激作用，若空气中完全不含二氧化碳，则正常的呼吸功能就不能维持。在为中毒或窒息的人员输氧时，常常要在氧气中加入5%的二氧化碳，以促使患者加强呼吸。但是当空气中的二氧化碳浓度过高时，将使空气中的氧气含量相对降低，轻则使人呼吸加快，呼吸量增加，严重时能造成人员中毒或窒息。空气中二氧化碳浓度对人体的危害程度见表1-4。

表1-4　　空气中二氧化碳浓度对人体的影响

二氧化碳浓度(体积)/%	人体主要症状
1	呼吸加深，急促
3	呼吸急促，心跳加快，头痛，很快疲劳
5	呼吸困难，头痛，恶心，耳鸣
10	头痛，头昏，呼吸困难，昏迷
10～20	呼吸停顿，失去知觉，时间稍长会死亡
20～25	短时间中毒死亡

二氧化碳比空气重，常常积聚在煤矿井下的巷道底板、水仓、溜煤眼、下山尽头、盲巷、采空区及通风不良处。

矿井中二氧化碳的主要来源有：煤和有机物的氧化，人员呼吸，井下爆破，井下火灾，煤炭自燃，瓦斯、煤尘爆炸等。有时也能从煤岩中大量涌出，甚至与煤或岩石一起突然喷出，给煤矿安全生产造成重大影响。二氧化碳能使人窒息，是造成矿井人员伤亡的重要原因之一。

《煤矿安全规程》规定：采掘工作面的进风流中，二氧化碳浓度不得超过0.5%，矿井总回风巷或一翼回风巷风流中，二氧化碳不得超过0.75%；采区回风巷、采掘工作面回风巷风流中二氧化碳超过1.5%时，采掘工作面风流中二氧化碳浓度达到1.5%时，都必须停止工作，撤出人员，进行处理。

3. 氮气(N_2)

氮气是一种无色、无味、无臭、无毒、不助燃、难溶于水的惰性气体，略轻于空气，相对密度为0.97。

氮气在正常情况下对人体无害，但当空气中的氮气浓度增加时，会相应降低氧气浓度，从而可能导致人员的缺氧性伤害。同时，氮气是惰性气体，可以将其用于井下防灭火和防止瓦斯爆炸。

矿井中的氮气主要来源有：井下爆破，有机物的腐烂，天然生成的氮气从煤岩中涌出等。在井下废弃旧巷或封闭的采空区中，会积存氮气。

二、矿井空气中的有害气体

矿井空气中那些不利于人体健康和污染生产环境的气体统称为矿井有害气体。矿井空气中常见的有害气体除了二氧化碳(CO_2)和氮气(N_2)外,主要还有一氧化碳(CO)、硫化氢(H_2S)、二氧化硫(SO_2)、二氧化氮(NO_2)、氨气(NH_3)、氢气(H_2)、甲烷(CH_4)等。

1. 一氧化碳(CO)

一氧化碳是一种无色、无味、无臭、难溶于水(25 ℃时在水中的溶解度为 0.002 6 g/100 g 水)的气体,略轻于空气,相对密度为 0.97,能与空气均匀地混合。

一氧化碳能燃烧,在空气中体积分数达到 13%~75%时,遇火源有爆炸性。

一氧化碳有剧毒。人体血液中的血红素与一氧化碳的亲和力比它与氧气的亲和力大 250~300 倍,当人体吸入含有一氧化碳的空气时,一氧化碳首先与血红素结合,阻碍了氧气与血红素的正常结合,从而造成血液缺氧而致人"窒息"。一氧化碳与血红素结合后,生成鲜红色的碳氧血红素,故一氧化碳中毒者最显著的特征是中毒者黏膜和皮肤呈樱桃红色。一氧化碳中毒程度与一氧化碳浓度、接触时间及人的体质有关,见表 1-5。

表 1-5　一氧化碳的中毒症状与浓度的关系

CO 浓度(体积)/%	主要症状
0.02	2~3 h 内能引起轻微头痛
0.08	40 min 内出现头痛、眩晕和恶心;2 h 发生体温下降,脉搏微弱,出冷汗,可能出现昏迷
0.32	5~10 min 内出现头痛、眩晕;半小时内可能出现昏迷并有死亡危险
1.28	几分钟内出现昏迷和死亡

矿井中一氧化碳的主要来源有:爆破工作,矿井火灾,煤炭自燃,瓦斯及煤尘爆炸等。据统计,在煤矿发生的瓦斯爆炸、煤尘爆炸及火灾事故中,70%~75%的人员死亡是一氧化碳中毒所致。

《煤矿安全规程》规定,一氧化碳的最高容许浓度为 0.002 4%。

2. 硫化氢(H_2S)

硫化氢是一种无色、微甜、略带臭鸡蛋味、易溶于水的气体,比空气重,相对密度为 1.19,当浓度达 4.3%~46%时具有爆炸性。

硫化氢有剧毒。它不但能使人体血液缺氧中毒,同时对眼睛及呼吸道的黏膜具有强烈的刺激作用,能引起鼻炎、气管炎和肺水肿。当空气中硫化氢浓度达到 0.000 1%时可嗅到臭味,但当浓度较高时(0.005%~0.01%),因嗅觉神经中毒麻痹,臭味减弱或消失,反而嗅不到。硫化氢的中毒程度与浓度的关系见表 1-6。

表 1-6　硫化氢的中毒程度与浓度的关系

H_2S 浓度(体积)/%	主要症状
0.002 5~0.003	有强烈臭鸡蛋味
0.005~0.01	1~2 h 内眼及呼吸道有刺激感,臭味"减弱"或"消失"
0.015~0.02	出现恶心、呕吐、头晕、四肢无力,反应迟钝;眼及呼吸道有强烈刺激感
0.035~0.045	0.5~1 h 内严重中毒,可发生肺炎、支气管炎及肺水肿,有死亡危险
0.06~0.07	很快昏迷,短时间内死亡

矿井中硫化氢的主要来源有：坑木等有机物腐烂，含硫矿物的水化，从老空区和旧巷积水中放出。有些矿区的煤层中也有硫化氢涌出。如我国某矿一上山掘进工作面曾发生一起老空区透水事故，人员撤出后，矿调度室主任和一名技术员去现场了解透水情况，被涌出的硫化氢熏倒致死。2006 年 9 月 1 日，新疆某煤矿在建井期间，掘进巷道时突然发生冒顶事故，随之涌出硫化氢气体，当场就熏倒两人，下井救援人员也中毒了。

《煤矿安全规程》规定，硫化氢的最高容许浓度为 0.000 66%。

3. 二氧化硫(SO_2)

二氧化硫是一种无色、有强烈硫黄气味及酸味的气体，当空气中二氧化硫浓度达到 0.000 5%时即可嗅到刺激气味。它易溶于水，比空气重，相对密度为 2.22，是井下有害气体中密度最大的，易积聚在井下巷道的底部。

二氧化硫有剧毒。空气中的二氧化硫遇水后生成硫酸，对眼睛有刺激作用，矿工们将其称之为“瞎眼气体”。此外，也能对呼吸道的黏膜产生强烈的刺激作用，引起喉炎和肺水肿。二氧化硫的中毒程度与浓度的关系见表 1-7 。

表 1-7 二氧化硫的中毒程度与浓度的关系

SO_2浓度(体积)/%	主 要 症 状
0.000 5	嗅到刺激性气味
0.002	头痛、眼睛红肿、流泪、喉痛
0.05	引起急性支气管炎和肺水肿，短时间内有生命危险

矿井中二氧化硫的主要来源有：含硫矿物的氧化与燃烧，在含硫矿物中爆破，从含硫煤体中涌出。

《煤矿安全规程》规定其最高容许浓度为 0.000 5%。

4. 二氧化氮(NO_2)

二氧化氮是一种红褐色、有强烈的刺激性气味、易溶于水的气体，比空气重，相对密度为 1.59。

二氧化氮是井下毒性最强的有害气体之一。它遇水后生成硝酸，对眼睛、呼吸道黏膜和肺部组织有强烈的刺激及腐蚀作用，严重时可引起肺水肿。二氧化氮中毒具有潜伏期，容易被人忽视。中毒初期仅是眼睛和喉咙有轻微的刺激症状，常不被注意，有的在严重中毒时尚无明显感觉，还可坚持工作，但经过 6～24 h 后才出现中毒征兆，主要特征是手指尖及皮肤出现黄色斑点，头发发黄，吐黄色痰液，发生肺水肿，引起呕吐甚至死亡。二氧化氮的中毒程度与浓度的关系见表 1-8。

表 1-8 二氧化氮的中毒程度与浓度的关系

NO_2浓度(体积)/%	主 要 症 状
0.004	2～4 h 内无显著中毒症状，6 h 后出现中毒症状，咳嗽
0.006	短时间内喉咙感到刺激、咳嗽，胸痛
0.01	强烈刺激呼吸器官，严重咳嗽，呕吐、腹泻，神经麻木
0.025	短时间即可致死

矿井中二氧化氮的主要来源是爆破工作。炸药爆破时会产生一系列氮氧化物，如一氧化氮(遇空气即转化为二氧化氮)、二氧化氮等，是炮烟的主要成分。

2007 年 6 月 28 日，云南某矿在坑道内进行爆破作业时发生炮烟熏人事故，造成现场作业人员和施救人员 5 人死亡，8 人受伤。因此在爆破工作中，一定要加强通风，待炮烟排出巷道后再进入工作地点，防止炮烟熏人事故的发生。

《煤矿安全规程》规定其最高容许浓度为 0.000 25%。

5. 氨气(NH_3)

氨气是一种无色、有浓烈臭味、易溶于水的气体，比空气轻，相对密度为 0.6。当空气中的氨气浓度达到 30%时遇火有爆炸性。

氨气有剧毒。它对皮肤和呼吸道黏膜有刺激作用，可引起喉头水肿，严重时失去知觉，以致死亡。

矿井中氨气的主要来源有：爆破工作，用水灭火时产生，部分岩层中也有氨气涌出。

6. 氢气(H_2)

氢气是一种无色、无味、无毒的气体，比空气轻，相对密度为 0.07，是井下最轻的有害气体。空气中氢气浓度达到 4%～74%时具有爆炸危险。

矿井中氢气的主要来源：蓄电池充电，某些中等变质的煤层也有氢气涌出。

7. 甲烷(CH_4)

甲烷俗称沼气，是煤矿常见的有害气体之一，无色、无味、无臭。它比空气轻，常聚集在巷道上方。当其在空气中含量高时可降低氧含量，引起窒息。它具有爆炸性，爆炸浓度一般为 5%～16%(空气中煤尘浓度达到 5 g/m^3时，瓦斯爆炸的下限浓度变为 3.0%；煤尘浓度达到 8 g/m^3时，瓦斯爆炸的下限浓度变为 2.5%；空气温度超过 700 ℃时，瓦斯爆炸的下限浓度变为 3.25%；810 ℃的火源如电火可引燃浓度为 2%的瓦斯)。

《煤矿安全规程》中对甲烷容许浓度规定为：在采区和采掘工作面回风中最高 1%，矿井总回风巷或一翼回风巷风流中最高 0.75%。

在煤矿生产中，通常把以甲烷为主的这些有毒有害气体总称为瓦斯。

技能训练

矿井空气成分测定

矿井空气主要成分的检测方法可分为两大类：一是取样分析法，二是快速测定法。

一、取样分析法

利用取样瓶或吸气球等容器提取井下空气试样，送往地面化验室进行分析。其分析仪器多用气相色谱仪，分析精度高，定性准确，分析速度快，一次进样可以同时完成多种气体的分析；但所需时间长，操作复杂，技术要求高。一般用于井下火区成分检测或需精确测定空气成分的场合。

目前最常用的是 GC-4085 系列矿井气体多点参数色谱自动分析仪，如图 1-1 所示。该仪器由微机自动控制，可实现 1～32 点不间断循环采样的在线分析，实现无人值守与人工设定双重监测，同时自动打印分析报告，也可通过网络传输数据。具有先进的煤矿专用数据处理工作站，国内首创的四通道 24 位 A/D 转换器，一次进样，在 4～8 min 之内完成常量 O_2、N_2、CO、CO_2和微量的 CO、CH_4、C_2H_2、C_2H_4、C_2H_6分析；10 min 之内完成常量 O_2、N_2、

CH_4和微量的CO、CO_2、CH_4、C_2H_2、C_2H_4、C_3H_8的分析。对于某些特殊地点，也可使用常规方法将气样用球胆采回实验室，完成常规分析。

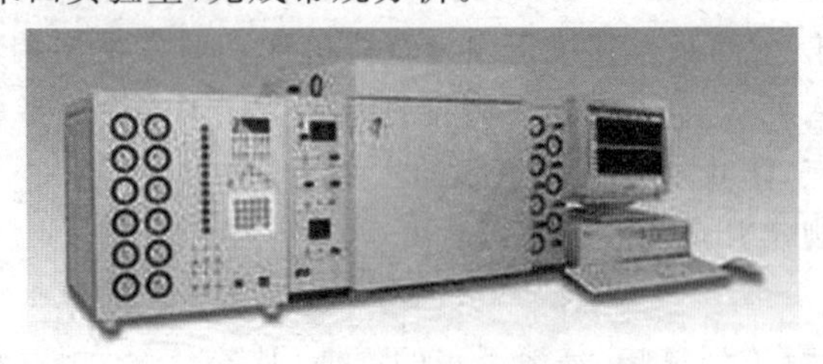

图 1-1 GC-4085 系列气体色谱仪

二、快速测定法

利用便携式仪器在井下就地检测，快速测定出主要气体成分，是目前普遍采用的测定方法。目前我国矿用的便携测定仪器主要有 CD4 型多参数气体测定器、CZ 型多参数测定器(美国英思科)、DP-CD3 型便携式多参数气体测定器和检测管。下面以 CD4 型多参数气体测定器为例介绍快速测定矿井空气成分及检测管测定矿井有害气体的方法。

(一) CD4 型多参数气体测定器

CD4 型多参数气体测定器(以下简称测定器)为矿用本质安全兼隔爆型，采用自然扩散式进气的测定仪器。适用于具有甲烷(CH_4)、一氧化碳(CO)、氧气(O_2)、硫化氢(H_2S)混合气体的煤矿井下及其他工作场所，检测空气中气体浓度的大小。它可根据实际需要通过功能设置选项任意选择组合成“两参数”或“三参数”，也可以设置测定气体浓度报警值，当甲烷(CH_4)、一氧化碳(CO)、硫化氢(H_2S)浓度高于和氧气(O_2)浓度低于设定的报警值时，可发出声光报警信号。

1. 测定器的功能及操作

测定器信号采集原理：测定器对一氧化碳(CO)、氧气(O_2)、硫化氢(H_2S)三种气体测量采用电化学传感器元件进行采样(见图 1-2)，甲烷(CH_4)气体测量采用催化燃烧原理。

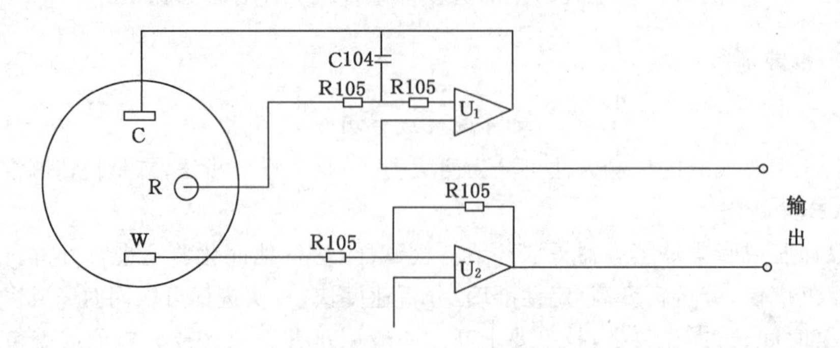

图 1-2 信号采集原理图

测定器的电路工作原理：如图 1-3 所示，由催化元件和电化学传感器对混合气体进行采集，输出经信号放大、A/D 转换，送 CPU 进行分析、计算、零点校正、精度校正和编码后，由液晶显示出所检测的 4 种气体浓度值，当甲烷、一氧化碳、硫化氢浓度高于和氧气浓度低于设定的报警点值时，发出声光报警信号。同时 CPU 接受按键控制信号，实现对测定器的零点、精度、报警点的调整和设置及测定器的开机关机自检等。CPU 在正常检测状态时，同时监测电池电压、实时显示时间、报警状态以及对键盘输入响应并做出相应的处理。充电时采用三段式充电管理，整个充电过程由 CPU 监控，由液晶显示出充电时电池电压值，充满自动停止。

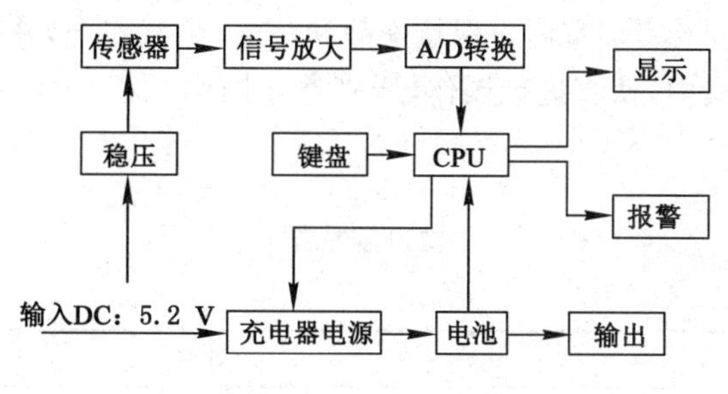

图 1-3 电路工作原理图

测定器共有三个按键，“M”为开关机键，“▲”键和“▼”为参数设置键，具体操作如下：

(1) 在关机状态下按一下“M”按钮便可开机，屏幕会显示产品名称、制造单位，并进行开机自检。自检完成后液晶屏幕同时显示电池电量状态和时间，以及甲烷(CH_4)、一氧化碳(CO)、氧气(O_2)、硫化氢(H_2S)的符号及单位。自检完毕测定器进入检测状态，此时液晶屏幕显示测定器所在环境中的甲烷(CH_4)、一氧化碳(CO)、氧气(O_2)、硫化氢(H_2S)的浓度值。若开机后 CH_4、CO、H_2S 的浓度高于或氧气 O_2 浓度低于设置的报警值，测定器处于报警状态，所以请用户根据需要事先设置好报警值。

(2) 报警点设置：测定器在出厂时，按照工业环境空气质量标准，将 CH_4:1.00%，CO:24 ppm(10^{-6})，O_2:18%，H_2S:10 ppm 设置为出厂报警点参数值。如果用户需要改变报警点，请进入功能设置状态，重新设定报警参数值。

(3) 功能设置：同时按“M”键和“▼”键 3 s，即可进入调试状态，每步操作都有中文提示，操作十分简单。调整状态共有 14 个功能：甲烷零点调整、甲烷精度调整、甲烷报警点调整、氧气零点调整、氧气精度调整、氧气报警点调整、一氧化碳零点调整、一氧化碳精度调整、一氧化碳报警点调整、硫化氢零点调整、硫化氢精度调整、硫化氢报警点调整、时间调整及四参数任意组合两参数和三参数功能。按一次“M”键即可进入下一功能，按“▲”键和“▼”键对参数进行修改。长按“M”键则退出调整状态。

2. 测定器使用训练

(1) 训练目的：熟练使用测定器测量矿井空气成分，明确提示学生此技能是该专业必须具备的技能，也是煤矿井下工作人员必须具备的技能，每个学生必须学会并通过考核。

(2) 实训器材：测定器、不同规格的气样、数据记录表等。

(3) 组织实施：根据实训室器材数量，将学生进行分组，要求其按上述操作步骤进行训练，每组学生至少测一组数据，并掌握操作基本要领。

(4) 过程指导：开始训练前指导老师只做基本讲解，不做详细分步演示讲解。学生训练过程中，指导教师要仔细观察学生训练过程存在的问题并加以指导，直到每个学生都完成一次训练后，指导教师再按完整步骤进行讲解，让学生自行查找存在的问题，针对学生出现的共性问题，指导教师要反复强调。

(5) 考核评价:考核可采用分组考核或逐个学生考试。对于在训练过程中掌握比较好的组可按组考核,即让该组推荐一名学生进行操作展现,然后对该组进行整体评价;对于在训练过程中掌握不好的组,可采取逐一考核,这样能进一步促使该组成员更好地掌握。

(6) 填写实训报告表。

(7) 注意事项与要求:实训室内应保持安静和整洁,注意安全,爱护物品等;遵从老师指导,训练过程中应思想集中,认真进行操作,严格遵守操作规程;训练完毕后应把实验台、仪器整理干净。

实训报告表

实训项目:

训项班级		姓名	
简要描述 实训内容 以及操作步骤			
气体成分	气样一	气样二	气样三
O_2			
CO			
CH_4			
H_2S			

任务评价

学生训练成果评价表

考核项目: **班级:**

姓名		班级		组别		得分	

评价内容	要求或依据	分数	评分标准
任务实施过程表现	学习纪律、敬业精神、协作精神、学习方法、安全文明意识等	10分	遵守纪律,学习态度端正、认真,相互协作等满分,其他酌情扣分
口述要检测的矿井空气成分及检测方法	准确口述,内容完整	10分	根据口述准确性和完整性酌情扣分
能使用仪器快速检测矿井空气中气体的浓度	实验过程完整,方法正确,结果真实。实训中由教师检查过程及结果	50分	不能概述实验要求的扣10分,实验内容不完整的扣15分,实验未完成扣30分,其他酌情扣分
学生评价	学生观察考核汇报演示	10分	
指导教师评价	学生训练及考核汇报演示过程	20分	根据学生掌握情况打分

（二）检定管测定有害气体浓度

1. 检定管的构造和原理

检定管的结构如图 1-4 所示。检定管的工作原理是：当被测气体以一定的速度通过检定管时，被测气体与指示胶发生有色反应，根据指示胶的变色长度来确定其浓度。测定不同气体的检定管，其指示胶吸附不同的化学试剂。

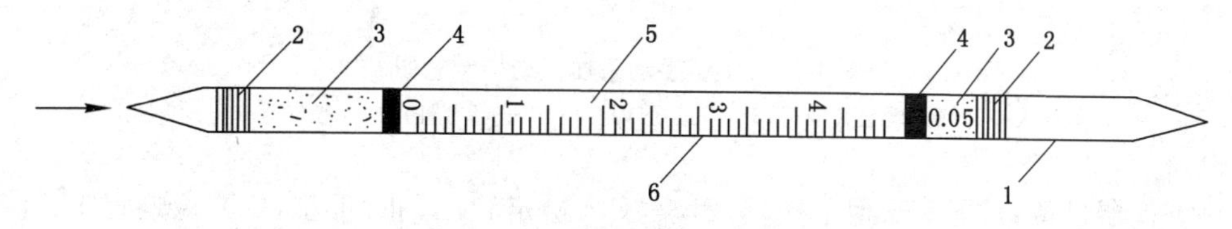

图 1-4 检定管结构示意图

1——外壳；2——堵塞物；3——保护胶；4——隔离层；5——指示胶；6——指示被测气体含量的刻度

(1) 一氧化碳检定管以活性硅胶为载体，吸附化学试剂碘酸钾和发烟硫酸充填于细玻璃管中，两者反应生成的五氧化二碘吸附在硅胶上。当含有一氧化碳的气体通过检定管时，一氧化碳与五氧化二碘反应使碘游离，形成一个棕色环，随着气流通过，棕色环向前移动，移动的距离与被测环境中的一氧化碳浓度成正比。即：

$$I_2O_5 + 5CO \xrightarrow{H_2SO_4} 5CO_2 + I_2$$

$$I_2 + SO_3 \longrightarrow \text{棕色化合物}$$

因此，当检定管中通过定量气体后，根据棕色环移动的距离，即可测得环境空气中一氧化碳的浓度。

(2) 硫化氢检定管也以活性硅胶为载体，吸附化学试剂醋酸铅，当含有硫化氢的气体通过检定管时，便与指示胶反应，在玻璃管内壁产生一个棕色变色柱，棕色变色柱的移动距离与空气中硫化氢的浓度成正比。其反应式如下：

$$Pb(CH_3COO)_2 + H_2S \longrightarrow PbS + 2CH_3COOH$$

根据变色柱的距离，便可测得环境空气中硫化氢的浓度。

(3) 二氧化碳检定管与上述两种基本相同，它以活性氧化铝为载体，吸附带有变色指示剂的氢氧化钠充填于玻璃中，当含有二氧化碳的气体通过检定管时，它与活性氧化铝上所载的氢氧化钠反应，由原来蓝色色柱变为白色色柱向前移动，其白色色柱的移动距离与被测环境空气中二氧化碳浓度成正比，于是根据移动距离，便可测得空气中二氧化碳的浓度。其反应式如下：

$$CO_2 + 2NaOH \longrightarrow H_2O + Na_2CO_3$$

吸气装置主要采用 J-1 型手动采样器，其结构如图 1-5 所示。

测定方法和步骤：使用 J-1 型手动采样器时，先将三通阀把手置于水平位置，气嘴入口插入盛 CO 等被测气体的容器中，拉动活塞取样，然后将三通阀把手置于 45°位置，打开检定管，把浓度标尺“0”的一端插入采样器的接头胶管上，按规定的送气时间以均匀的速度送入检定管，最后从检测管浓度标尺上读出被测气体的浓度，填入实验报告中。

2. 检定管使用训练

(1) 实训目的：熟悉使用 AQY-50 型手动采样器的方法，使用比长式检定管测定 CO、CO_2和 H_2S 浓度的方法。

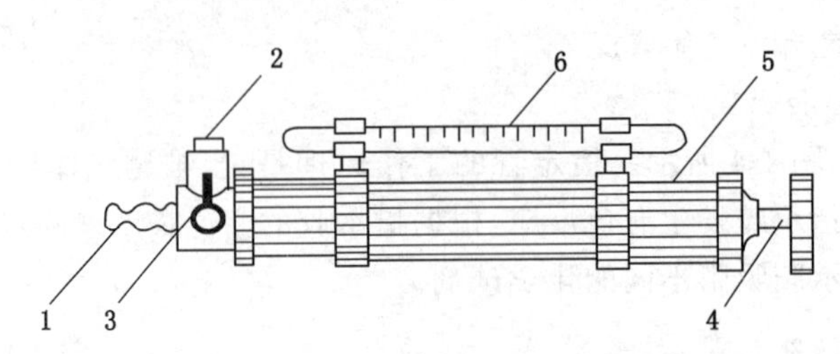

图 1-5　J-1 型手动采样器结构示意图

1——气样入口；2——检定管插孔；3——三通阀把手；4——活塞杆；5——吸气管；6——温度计

(2) 仪器设备：AQY-50 型采样器，秒表，CO 检定管Ⅰ、Ⅱ、Ⅲ型，CO_2 检定管Ⅰ、Ⅱ型，H_2S 检定管Ⅰ型。

(3) 组织实施：根据实训室器材数量，将学生分组，要求其按上述操作步骤进行训练，每组学生至少测一组数据，并掌握操作基本要领。

(4) 过程指导：开始训练前指导教师只做基本讲解，不做详细分步演示讲解，学生训练过程中，指导教师要仔细观察学生训练过程存在的问题并加以指导，直到每个学生都完成一次训练后，指导教师再按完整步骤进行讲解，让学生自行查找存在的问题。针对学生出现的共性问题，指导教师要反复强调。

(5) 考核评价：考核可采用分组考核或逐个学生考试。对于在训练过程中掌握比较好的组可按组考核，即让该组推荐一名学生进行操作展现，然后对该组进行整体评价；对于在训练过程中掌握不好的组，可采取逐一考核，这样能进一步促使学生更好地掌握。

(6) 填写实训报告表。

(7) 注意事项与要求：操作过程要参照《矿井空气成分测定操作规程》(表 1-9)；实训室内应保持安静和整洁，注意安全，爱护物品；遵从老师指导，训练过程中应思想集中，认真进行操作，严格遵守操作规程；训练完毕后应把实验台、仪器整理干净。

表 1-9　　矿井空气成分测定操作规程

项目	技术要求	技术标准
检定管观察	1. 外观检查	玻璃管无破损，刻度线清晰，药品颜色与标准一致
	2. 外部观察	1. 由箭头方向识别气流通过方向； 2. 由气样标志了解可测气体种类； 3. 由毫升数与秒数了解该种检定管的标准送气时间和送气量； 4. 认识与判读刻度线单位； 5. 由最小刻度数值认识该种气体的最高容许浓度
采样器准备	1. 外观检查	活塞筒主容器、抽拉手柄、三通阀把手、固定螺母、垫片、弹簧齐全
	2. 使用检查	1. 拧开采样器，观察内部有无锈蚀和杂质； 2. 抽拉活塞抽拉手柄，观察其上的刻度，注意其最大容量和单位容量； 3. 拧好采样器，将三通阀分别置于平行于采样器轴向和垂直于采样器轴向，同时抽拉手柄，检查两个气嘴的畅通性与气密性

续表 1-9

项目	技术要求	技术标准
测定空气成分	1. 仪器准备	1. 在其中一个气嘴上接好胶皮管； 2. 切开检定管两端
	2. 测定不活泼气体	1. 检定管以箭头方向确定进气端，将其插入胶皮管，阀门柄置于未插入检定管的气嘴方向； 2. 在测定地点抽拉手柄 4～5 次，然后根据检定管送气量要求采气样量； 3. 将阀门柄置于插入检定管的气咀方向，根据检定的送气时间匀速送气； 4. 变色标志上端对应的示值即为测定地点待测气体浓度
	3. 测定活泼气体	1. 检定管以箭头方向确定出气端，将其插入胶皮管，阀门柄置于插入检定管的气嘴方向； 2. 在测定地点抽拉手柄，根据检定管送气量要求抽取气样量，根据检定的送气时间匀速抽气； 3. 变色标志上端对应的示值即为测定地点待测气体浓度
	4. 测定高浓度气体	测定过程中出现气样未送完检定管已完全变色的情况，可采用减少送气量和送气时间的方法，实际浓度应当是检测结果示值乘以(标准送气量/实际送气量)
	5. 测定低浓度气体	测定过程中出现气样全送完检定管变色范围还未达到最小刻度的情况，可采用增加送气量的方法，实际浓度应当是检测结果示值乘以(标准送气量/实际送气量)
仪器整理		使用后的检定管要统一放置，避免污染环境；采样器擦拭干净后装好，若长时间放置需要在活塞内部涂凡士林等

实训报告表

实训项目：

班级				姓名				
简要描述实训内容以及操作步骤								
检定气体	检定管型号	吸气装置	环境温度/℃	吸气时间/s	浓度读数/%			
					第一次	第二次	第三次	平均浓度
CO								
CO_2								
H_2S								

任务评价

学生训练成果评价表

考核项目：　　　　　　　　　　　　　　　班级：

姓名		班级		组别		得分	

评价内容	要求或依据	分数	评分标准
任务实施过程表现	学习纪律、敬业精神、协作精神、学习方法、安全文明意识等	10分	遵守纪律，学习态度端正、认真，相互协作等满分，其他酌情扣分
口述要检测的矿井空气成分及检测方法	准确口述，内容完整	10分	根据口述准确性和完整性酌情扣分
能使用仪器快速检测矿井空气中气体的浓度	实验过程完整，方法正确，结果真实。实训中由教师检查过程及结果	50分	不能概述实验要求的扣10分，实验内容不完整的扣15分，实验未完成扣30分，其他酌情扣分
学生评价	学生观察考核汇报演示	10分	
指导教师评价	学生训练及考核汇报演示过程	20分	根据学生掌握情况打分

知识扩展

一、高低浓度有害气体的检测

1. 高浓度气样的测定

如果被测气体的浓度大于检定管的上限（即气样还未送完，检定管已全部变色），应首先考虑测定人员的防毒措施，然后采用下述方法进行测定：

（1）稀释被测气体。在井下测定时，先准备一个装有新鲜空气的胶皮囊带到井下，测定时先吸取一定量的待测气体，然后用新鲜空气使之稀释到1/10～1/2，送入检定管，将测得的结果乘以气体稀释后体积变大的倍数，即得被测气体的浓度值。

例如用Ⅱ型CO检定管进行测定。先吸入气样10 mL，后加入40 mL新鲜空气将其稀释后，在100 s内均匀送入检定管，其示数为0.04%，则被测气体中的CO浓度为：$0.04\% \times \frac{10+40}{10} = 0.04\% \times 5 = 0.2\%$。

（2）采用缩小送气量和送气时间进行测定。如采样量为50 mL，送气时间为100 s的检定管，测高浓度时使采样量为$\frac{50\ \text{mL}}{N}$及送气时间为$\frac{100\ \text{s}}{N}$，这时被测气体的浓度＝检定管读数×N。对于采样量为100 mL，送气时间为100 s的检定管，N可取2或4；如果要求采样量为50 mL，送气时间为100 s，N最好不要大于2，因为N过大，采样量太少，容易产生较大的测定误差。因此，对测定结果要求较高的，最好更换测定上限大的检定管。

2. 低浓度气样的测定

如果气样中被测气体的浓度低，结果不易量读，可采用增加送气次数的方法进行测定：被测气体的浓度＝检定管上读数÷送气次数。

例如用Ⅱ型CO检定管进行测定，按送气量为50 mL，送气时间为100 s的要求，连续送5次气样后，检定管的指示数为0.002％，则被气体中CO浓度应为：0.002％÷5＝0.000 4％。

二、防治有害气体危害的措施

(1) 加强通风。用通风的方法将各种有害气体浓度稀释到《煤矿安全规程》规定的安全标准以下，这是目前防治有害气体危害的主要措施之一。

(2) 加强对有害气体的检查。按照规定的检查制度，采用合理的检查方法和手段，及时发现存在的隐患和问题，采取有效措施进行处理。

(3) 瓦斯抽采。对煤层或围岩中存在的大量高浓度瓦斯，可以采用抽采的方法加以解决，既可以减少井下瓦斯涌出，减轻通风压力，抽到地面的瓦斯还能加以利用。

(4) 爆破喷雾或使用水炮泥。喷雾器和水炮泥爆破后产生的水雾能溶解炮烟中的二氧化氮、二氧化碳等有害气体，降低其浓度，方法简单有效。

(5) 加强对通风不良处和井下盲巷的管理。工作面采空区应及时封闭；临时通风的巷道要设置栅栏、提示警标，需要进入时必须首先进行有害气体检查，确认无害时方可进入。

(6) 井下人员必须随身携带自救器。一旦矿井发生火灾、瓦斯煤尘爆炸事故，人员可迅速佩戴好自救器，撤离危险区。

(7) 对缺氧窒息或中毒人员及时进行急救。一般是先将伤员移到新鲜风流中，根据具体情况采取人工呼吸(NO_2、H_2S中毒除外)或其他急救措施。

三、矿用温度传感器

矿用温度传感器是安装在煤矿井下具有瓦斯、煤尘爆炸危险的场所对温度进行连续实时自动监测的仪器。

传感器由温度检测探头、主腔、安装支架等部分组成。主腔内有电路板和接线端子，电路板上有选择开关，可以进行温度设定。传感器外壳上还设有自检按钮和故障显示发光二极管。传感器的检测探头贴紧或靠近被测部位，当环境温度发生改变时，传感器输出相应的电平信号。目前，矿井温度传感器已广泛应用于煤矿，它具有性能稳定、测量精度高、响应速度快、结构坚固、易使用易维护等特点。

四、一氧化碳传感器

一氧化碳传感器是采用电化学原理、嵌入式微控制器智能控制、三位数码管显示的本质安全型电子传感器，可用在煤矿井下连续检测一氧化碳浓度，具有精度高的特点。该传感器能够实时测量并显示煤矿井下采掘工作面、回风巷道、机电硐室等地点的一氧化碳浓度，并能按所设定的浓度值在超限时发出声光报警信号，同时输出与一氧化碳浓度相对应的模拟信号。煤矿用一氧化碳传感器与矿用本安型安全监控分站、煤矿安全监控系统配套使用，还可与其他的各种煤矿安全监控系统和矿用分站及各种断电仪配套使用。

五、氧气传感器

氧气传感器是采用电化学原理、嵌入式微控制器智能控制、三位数码管显示的本质安全型电子传感器。主要用于煤矿井下采掘工作面、回风巷道、机电硐室等爆炸性气体环境中，能对氧气浓度进行连续测定。该仪器能测定、显示氧气瞬时浓度，超限报警，可输出与被测氧气含量成正比的频率信号。仪器具有量程宽、性能稳定和可靠性高等特点。可与各种煤矿安全监测系统和断电仪配套使用。

六、硫化氢传感器

硫化氢传感器是采用电化学原理、嵌入式微控制器智能控制、三位数码管显示的本质安全型传感器。主要用于煤矿井下采掘工作面、回风巷道、机电硐室等爆炸性气体环境中，能对硫化氢浓度进行连续测定。该仪器能测定、显示硫化氢瞬时浓度，超限报警，可输出与被测硫化氢含量成正比的频率信号。仪器具有量程宽、性能稳定和可靠性高等特点。可与各种煤矿安全监测系统和断电仪配套使用。

七、二氧化碳传感器

矿用红外二氧化碳传感器用于连续固定地检测煤矿井下空气中的二氧化碳含量，为本质安全兼隔爆型产品。该传感器是一种智能型检测仪表，能单独使用或与各种煤矿安全监测监系统配套使用。

八、甲烷传感器

甲烷传感器在煤矿安全监测系统中用于煤矿井巷、采掘工作面、采空区、回风巷道、机电硐室等处连续监测甲烷浓度，当甲烷浓度超限时，能自动发出声光报警，可供煤矿井下作业人员、甲烷检测人员、井下管理人员等随身携带使用，也可供上述场所固定使用。

任务二　矿井气候条件

知识要点

气候条件三要素相关知识，气候条件三要素的测定方法。

技能目标

能使用相关仪器对矿井气候条件进行测定，并能对测定数据进行处理。

任务分析

(1) 矿井气候条件对人健康的影响。

(2) 哪些因素会对矿井气候造成影响？

(3) 通过什么方式来监测影响矿井气候的因素？

任务导入

日常生活中，什么样的气候条件让人感觉舒适？请来自不同地区(南方、北方)的学生谈谈他们的感受，也请同学们谈谈自己对一年四季不同气候的感觉。

相关知识

一、矿井气候对人体健康的影响

矿井气候是指矿井空气的温度、湿度和风速等参数的综合作用状态。这三个参数的不同组合，构成了不同的矿井气候条件。矿井气候条件同人体的热平衡状态有密切关系，直接影响着井下作业人员的身体健康和劳动生产率。

人体无论在静止状态还是在运动状态，都要进行新陈代谢。新陈代谢的能量由摄取的食物在体内进行氧化生成热量而提供。

人体散热的方式主要有对流、辐射和汗液蒸发三种基本形式。对流散热主要取决于周围空气的温度和风速；辐射散热主要取决于周围物体的表面温度；除此之外，大部分热量都必须通过蒸发的方式排出体外，否则热量在体内积存会使体温升高，引起中暑、热衰竭、热虚脱、热痉挛等疾病，严重者可导致死亡。

各种气候参数中，空气温度对人体散热起着主要作用。当空气温度低于体温时，人体的主要散热方式是对流和辐射，温差越大，对流散热热量越多；当气温等于体温时，对流散热停止，汗液蒸发成了人体的主要散热形式；当气温高于体温时，人体散热只能通过汗液蒸发的方式进行。

空气湿度影响人体蒸发散热的效果。当气温较高时，人体主要靠蒸发散热来维持人体热平衡。此时，湿度越大，汗液蒸发越困难，人体越会感到闷热。

风速影响人体的对流散热和蒸发效果。当空气的温度、湿度一定时，增大风速会提高散热效果。

二、影响矿井气候条件的因素

(一) 矿井空气的温度

矿井空气的温度是影响矿井气候条件的主要因素，温度过高或过低时，都会使人感到不舒适。最适宜的井下空气温度是15～20 ℃。

《煤矿安全规程》规定，进风井口以下的空气温度必须在2 ℃以上，生产矿井采掘工作面空气温度不得超过26 ℃，机电设备硐室的空气温度不得超过30 ℃。

当采掘工作面空气温度超过26 ℃、机电设备硐室超过30 ℃时，必须缩短超温地点工作人员的工作时间，并给予高温保健待遇。

当采掘工作面的空气温度超过30 ℃、机电设备硐室超过34 ℃时，必须停止作业。

1. 影响矿井空气温度的因素

影响矿井空气温度的因素很多，而且又很复杂，但主要有以下8个方面。

(1) 岩层温度

岩层温度对矿井空气温度有很大影响，是矿井的主要热源，一般占50%～60%。随着开采深度的增加，岩层的温度也在不断发生变化。地质学上根据地温特征，把从地表向深部分为变温带、恒温带、增温带。

① 变温带：距地表较浅的地带，其温度随地面季节温度变化，一般距地表20 m左右。

② 恒温带：岩层的温度基本上常年变化不大，温度等于该区域年平均地表温度。一般在地表以下20～30 m深度。

③ 增温带：在恒温带以下，岩层温度随着深度的增加而升高，不受地面季节温度变化的影响，故称为增温带。这个地带的岩层温度 t 随深度 Z 的增加而升高。我们把岩层温度每增加1 ℃时所增加的垂直深度(m)称为地温率。它与岩石性质、种类有关，各地不同。如果我们知道某地区恒温带温度和地温率，就可以用公式(1-1)预计深部水平地层的岩层温度。

$$t = t_{恒} + \frac{Z - Z_{恒}}{g_{恒}} \tag{1-1}$$

式中 t——深度为 Z(m)处的岩层温度，℃；

$t_{恒}$——恒温带的岩层温度,℃;

Z——地下岩层温度为 t(℃)处的深度,m;

$Z_{恒}$——恒温带深度,m;

$g_{恒}$——地温率,m/℃。

(2) 地面空气温度

地面空气温度对井下气温有直接的影响,尤其在冬、夏两季和开采深度较浅的矿井,影响更为显著。冬季地面空气温度很低,冷空气流入矿井后,使井下温度降低,如北方地区有的矿井进风井会有结冰现象,不利于行人和运输,因此,必须对风流进行预热。夏季地面温度很高,热空气进入井下,使井下气温升高,南方地区有的矿井每年有一两个月井下或工作面处在高温热害之中。

(3) 氧化生热

井下煤炭、坑木等物质的氧化都能生成大量的热。例如,在 1 m^3 空气中由于煤的氧化而使二氧化碳含量增加 0.1%(2 g)时,能产生 18 kJ 的热量,而这些热量就足够使 1 m^3 空气升温 14.5 ℃。

(4) 水分蒸发吸热

水分蒸发时,将从空气中吸收热量,使空气温度降低。每蒸发 1 kg 水可吸收 2.5 kJ 的热量,能使 1 m^3 空气的温度降低 1.9 ℃。

(5) 空气的压缩与膨胀

当空气沿井筒向下流动时,由于空气受到压缩作用而产生热量,一般垂深每增加 100 m,其温度升高 1 ℃左右;相反空气向上流动时,则因膨胀而降温,平均每升高 100 m,温度下降 0.8~0.9 ℃。

(6) 地下水

地下水的运动会直接影响矿井空气的温度。地下水时刻都在运动,它能带走热量,也能带来热量。如果矿井周围的岩温比矿井内的温度高,地下水经过高温岩层时会把热量带到矿井中,导致矿井岩温升高。如果矿井围岩中有高温热泉或地热水涌出,则能使地温升高;相反,地下水会带走煤岩层中的热量,使煤岩层的温度降低,促使矿井空气温度降低。

(7) 通风强度

通风强度是指单位时间内进入井下的风量多少。温度较低的空气流经井下巷道或工作面时,能吸收热量,流经的风量越多,即通风强度越大,吸收的热量也就越多。由此可见,加大通风强度是可以改变矿井气候条件的。

(8) 其他因素

机械运转、人体散热等都对井下气温有一定影响。如风流每经过一个带式输送机的电动机时,要升温 1~2 ℃。

2. 矿井空气温度的变化规律

在矿井进风路线上,矿井空气的温度主要受地面气温和围岩温度的影响。冬季地面气温低于围岩温度,围岩放热使空气升温;夏季则相反,围岩吸热使空气降温,因此有冬暖夏凉之感。

在采区及采掘工作面等用风地段,由于地温、煤炭氧化、人体和设备散热等影响,空气的温度往往是矿井中最高的,特别是深度较大的矿井,在进风路线上,由于风流与围岩充分进行了热交换，采掘工作面温度基本上不受地面季节气温的影响，且常年变化不大。

在回风路线上，因通风强度较大，加上水分蒸发和风流上升膨胀吸热等因素影响，温度较用风地段有所下降，但常年基本稳定。

（二）矿井空气的湿度

空气的湿度是指空气中所含的水蒸气量。有以下两种表示方法：

(1) 绝对湿度：指单位体积湿空气中所含水蒸气的质量(g/m^3)，用 f 表示。

空气在一定的温度压力下所能容纳的最大水蒸气量称为该状态下的饱和水蒸气量，用 $F_{饱}$ 表示，超过该极限值，多余的水蒸气就会从空气中凝结出来。此时的水蒸气分压力称为饱和水蒸气分压力，用 $P_{饱}$ 表示。温度越高，空气的饱和水蒸气量越大，饱和水蒸气压力也越大。在标准大气压(101.325 kPa)下，不同温度时的饱和水蒸气量见表 1-10。

表 1-10　　标准大气压下不同温度时的饱和水蒸气量、饱和水蒸气压力

温度/℃	饱和水蒸气量/g·m^{-3}	饱和水蒸气压力/Pa	温度/℃	饱和水蒸气量/g·m^{-3}	饱和水蒸气压力/Pa
−20	1.1	128	14	12.0	1 597
−15	1.6	193	15	12.8	1 704
−10	2.3	288	16	13.6	1 817
−5	3.4	422	17	14.4	1 932
0	4.9	610	18	15.3	2 065
1	5.2	655	19	16.2	2 198
2	5.6	705	20	17.2	2 331
3	6.0	757	21	18.2	2 491
4	6.4	811	22	19.3	2 638
5	6.8	870	23	20.4	2 811
6	7.3	933	24	21.6	2 984
7	7.7	998	25	22.9	3 171
8	8.3	1 068	26	24.2	3 357
9	8.8	1 143	27	25.6	3 557
10	9.4	1 227	28	27.0	3 784
11	9.9	1 311	29	28.5	4 010
12	10.0	1 402	30	30.1	4 236
13	11.3	1 496	31	31.8	4 490

(2) 相对湿度：指空气中水蒸气的实际含量(f)与同温度下饱和水蒸气量($F_{饱}$)比值的百分数，以 φ 表示。用公式表示如下：

$$\varphi=\frac{f}{F_{饱}}\times 100\%=\frac{P}{P_{饱}}\times 100\% \tag{1-2}$$

式中 φ——相对湿度；

f——空气中水蒸气的实际含量(即绝对湿度)，g/m^3；

$F_{饱}$——在同一温度下空气的饱和水蒸气量，g/m^3；

P——空气中实际所含水蒸气分压力，Pa。

通常所说的湿度指的都是相对湿度，它反映的是空气中所含水蒸气量接近饱和的程度。φ 越小空气越干燥，$\varphi=0$ 即为干空气；φ 越大空气越潮湿，$\varphi=100\%$ 即为饱和空气。

一般情况下，在矿井进风路线上，空气的湿度随季节变化而变化。冬天冷空气进入井下后温度要升高，空气的饱和水蒸气量加大，风流沿途吸收水分，因而井巷显得干燥；夏天热空气入井下后温度要降低，饱和水蒸气量逐渐减小，空气中的一部分水分凝结成水珠落下，使井巷显得潮湿，故矿井通风路线上有冬干夏湿之感。在采掘工作面和回风系统，因空气温度较高且常年变化不大，空气湿度也基本稳定，一般都在 90%以上，甚至接近 100%。

除了温度的影响以外，矿井空气的湿度还与地面空气的湿度、井下涌水大小及井下生产用水状况等因素有关。

（三）井巷风速

风速是指风流的流动速度。风速过低，汗水不易蒸发，人体感到闷热，有害气体和矿尘也不能及时排散；风速过高，散热过快，易使人感冒，并造成井下落尘飞扬，对安全生产和人体健康不利，因此，井下工作地点和通风井巷中风速要有一个合理的范围。表 1-11 给出了井下不同温度下适宜的风速范围。表 1-12 则是《煤矿安全规程》规定的不同井巷中的允许风速标准。

表 1-11　　风速与温度之间的合适关系

空气温度/℃	<15	15～20	20～22	22～24	24～26
适宜风速/$m \cdot s^{-1}$	<0.5	<1.0	>1.0	>1.5	>2.0

表 1-12　　井巷中的允许风流速度

井巷名称	允许风速/$m \cdot s^{-1}$	
	最低	最高
无提升设备的风井和风硐		15
专为升降物料的井筒		12
风桥		10
升降人员和物料的井筒		8
主要进、回风巷		8
架线电机车巷道	1.0	8
运输机巷，采区进、回风巷	0.25	6
采煤工作面、掘进中的煤巷和半煤岩巷	0.25	4
掘进中的岩巷	0.15	4
其他通风人行巷道	0.15	

此外，《煤矿安全规程》还规定，设有梯子间的井筒或修理中的井筒，风速不得超过 8 m/s；梯子间四周经封闭后，井筒中的最高允许风速可按表 1-12 执行。

无瓦斯涌出的架线电机车巷道中最低风速可低于表 1-12 的规定值，但不得低于 0.5 m/s。

综合机械化采煤工作面，在采取煤层注水和采煤机喷雾降尘等措施后，其最大风速可高于表 1-12 的规定值，但不得超过 5 m/s。

技能训练

矿井空气参数的测定分别要测定温度、湿度、大气压力、风速等。

（一）温度测定

1. 普通温度计法

温度的测定仪器相对比较简单，一般矿用温度计采用液体温度计。液体温度计是利用液体热胀冷缩的原理制成的，通常有水银和酒精温度计两种，水银温度计的使用范围一般为 －30～＋356 ℃，酒精温度计的使用范围为 －80～＋80 ℃。目前，煤矿常用的是便携式煤矿专用温度计，主要是由普通温度计和便携式金属套组成，如图 1-6 所示。

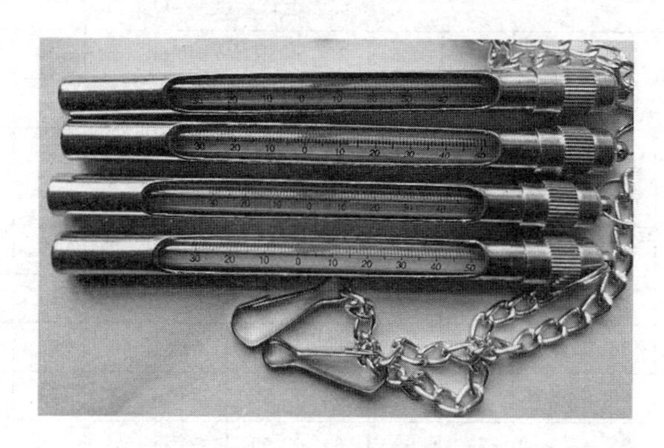

图 1-6 常见矿用便携式温度计

2. 温度测定的要求

(1) 测温时间一般在 8:00～16:00 的时间内进行。

(2) 测定温度的地点应符合以下要求：

① 掘进工作面空气的温度测点，应设在工作面距迎头 2 m 处的回风流中。

② 长壁式采煤工作面空气温度的测点，应在距回风道口 15 m 且在运输巷道空间中央的风流中。

③ 机电硐室空气温度的测点，应选在硐室回风道口的回风流中。

(3) 测定气温时应将温度计放置在测点 10 min 后读数，读数时先读小数再读整数。温度测点不应靠近人体、发热或制冷设备，至少距离 0.5 m。

（二）湿度的测定

1. 手摇式干湿温度测定法

手摇式干湿温度计如图 1-7 所示，是将两支构造相同的普通温度计装在一个金属框架上，我们把其中一个称为干温度计，另一个称为湿温度计（即在温度计水银球上包裹湿纱布）。测定时手握摇把，以 150 r/min 的速度旋转 60 s。由于湿纱布水分蒸发，吸收了热量，而使湿温度计的指示数与干温度计之间形成一个差值。根据干、湿温度计显示的读数差值和干温度计的指示数值查表 1-13，即可求得相对湿度。

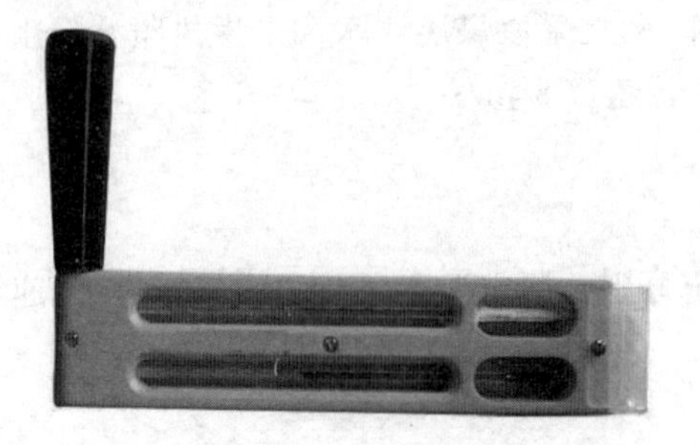

图 1-7　手摇式干湿温度计

表 1-13　　**由干湿温度计读数值查相对湿度**

湿球示度/℃	干湿温度计示度差/℃														
	0	0.5	1.0	1.5	2.0	2.5	3.0	3.5	4.0	4.5	5.0	5.5	6.0	6.5	7.0
	相对湿度 φ/%														
0	100	91	83	75	67	61	54	48	42	37	31	27	22	18	14
1	100	91	83	76	69	62	56	50	44	39	34	30	25	21	17
2	100	92	84	77	70	64	58	52	47	42	37	33	28	24	21
3	100	92	85	78	72	65	60	54	49	44	39	35	31	27	23
4	100	93	86	79	73	67	61	56	51	46	42	37	33	30	26
5	100	93	86	80	74	68	63	57	53	48	44	40	36	32	29
6	100	93	87	81	75	69	64	59	54	50	46	42	38	34	31
7	100	93	87	81	76	70	65	60	56	52	48	44	40	37	33
8	100	94	88	82	76	71	66	62	57	53	49	46	42	39	35
9	100	94	88	82	77	72	68	63	59	55	51	47	44	40	37
10	100	94	88	83	78	73	69	64	60	56	52	49	45	42	39
11	100	94	89	84	79	74	69	65	61	57	54	50	47	44	41
12	100	94	89	84	79	75	70	66	62	59	55	52	48	45	42
13	100	95	90	85	80	76	71	67	63	60	56	53	50	47	44
14	100	95	90	85	81	76	72	68	64	61	57	54	51	48	45
15	100	95	90	85	81	77	73	69	65	62	59	55	52	50	47
16	100	95	90	86	82	78	74	70	66	63	60	57	54	51	48
17	100	95	91	86	82	78	74	71	67	64	61	58	55	52	49
18	100	95	91	87	83	79	75	71	68	65	62	59	56	53	50
19	100	95	91	87	83	79	76	72	69	65	62	59	57	54	51
20	100	96	91	87	83	80	76	73	69	66	63	60	58	55	52
21	100	96	92	88	84	80	77	73	70	67	64	61	58	56	53
22	100	96	92	88	84	81	77	74	71	68	65	62	59	57	54
23	100	96	92	88	84	81	78	74	71	68	65	63	60	58	55

续表 1-13

湿球示度/℃	干湿温度计示度差/℃														
	0	0.5	1.0	1.5	2.0	2.5	3.0	3.5	4.0	4.5	5.0	5.5	6.0	6.5	7.0
	相对湿度 φ/%														
24	100	96	92	88	85	81	78	75	72	69	66	63	61	58	56
25	100	96	92	89	85	82	78	75	72	69	67	64	62	59	57
26	100	96	92	89	85	82	79	76	73	70	67	65	62	60	57
27	100	96	93	89	86	82	79	76	73	71	68	65	63	60	58
28	100	96	93	89	86	83	80	77	74	71	68	66	63	61	59
29	100	96	93	89	86	83	80	77	74	72	69	66	64	62	60
30	100	96	93	90	86	83	80	77	75	72	69	67	65	62	60
31	100	96	93	90	87	84	81	78	75	73	70	68	65	63	61
32	100	97	93	90	87	84	81	78	76	73	71	68	66	63	61

2. 风扇湿度计测定法

风扇湿度计如图 1-8 所示，它主要由两支构造相同的温度计和一个通风器组成。其中一只温度计的水银液球上包有湿纱布，称为湿温度计，另一只温度计称为干温度计，两只温度计的外面均罩着内、外表面光亮的双层金属保护管，以防热辐射的影响。通风器内装有风扇和发条。测定时用仪器小风扇上的钥匙将发条上紧，风扇转动，使空气以一定速度(1.7～3.0 m/s)流经干、湿温度计的水银球周围 60 s，两支温度计示数稳定后即可读数。由于湿纱布水分蒸发，吸收了热量，而使湿温度计的指示数值下降得比干温度计快，二者出现差值，查表即可求得相对湿度。

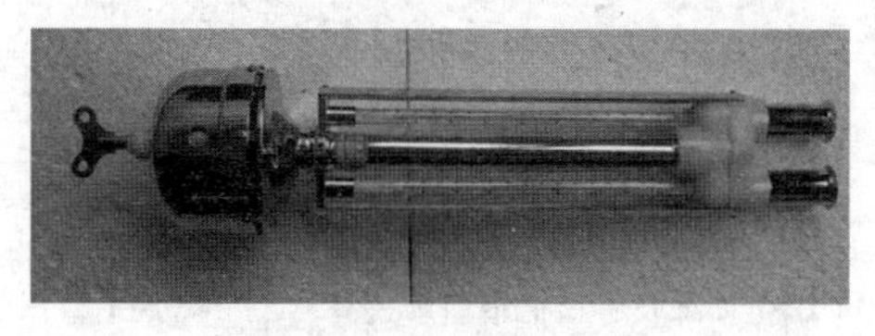

图 1-8　风扇湿度计

风扇湿度计的操作步骤如下：

(1) 先从盒中取出风扇湿度计。

(2) 检查仪器的完好性，钥匙是否存在，两支温度计示数是否正常。

(3) 在一支温度计的水银球上包裹湿纱布，用滴管滴上水使之潮湿(以没有水滴下为宜)。

(4) 上好钥匙，转动钥匙将发条上紧，风扇开始转动，2 min 后，读取两支温度计上显示的数值，记录在记录本上。

(5) 测定完后，把仪器重新放入盒中。

(6) 根据湿球温度，干、湿球温度计的读数之差查表 1-13，就可得出本地点的相对湿度。

3. 便携式多参数测定器测量测定法

便携式多参数测定器又叫通风阻力测定仪。可对矿井基点、测点的绝对压力、差压、温度、湿度、风速进行测量和存储。

任务实施

矿井空气参数的测定

(1) 训练目的:学会测定矿井空气的温度、湿度等参数。

(2) 训练要求:掌握使用温度计、湿度计测量矿井空气的温度、湿度。

(3) 仪器设备:矿用温度计、手摇式干湿温度计、风扇湿度计、秒表。

(4) 训练内容及步骤如下:

① 使用普通温度计或湿度计中的干温度计测定空气温度,记入实验报告中。

② 用手摇式干湿温度计或风扇湿度计测定矿井空气的湿度。

③ 填写测定数据表。

任务评价

学生训练成果评价表

考核项目: **班级:**

姓名		班级		组别		得分	

评价内容	要求或依据	分数	评分标准
任务实施过程表现	学习纪律、敬业精神、协作精神、学习方法、安全文明意识等	10分	遵守纪律,学习态度端正、认真,相互协作等满分,其他酌情扣分
口述主要矿井空气参数的测定方法	准确口述,内容完整	10分	根据口述准确性和完整性酌情扣分
能使用仪器测定矿井空气压力、温度、湿度	实验过程完整,方法正确,结果真实。实训中由教师检查过程及结果	50分	不能概述实验要求的扣10分,实验内容不完整的扣15分,实验未完成扣30分,其他酌情扣分
学生评价	学生观察考核汇报演示	10分	
指导教师评价	学生训练及考核汇报演示过程	20分	根据学生掌握情况打分

知识扩展

一、矿井气候条件的改善

当矿井气候值超过标准而出现热害时,就必须采取降温措施加以改善。矿井降温的一般技术措施是指除了矿井空调技术外,其他各种用于调节和改善矿井气候条件的措施。它主要包括通风降温、隔热疏导、个体防护等。

(一) 通风降温

加强通风是矿井降温的主要技术途径。通风降温的主要措施就是加大矿井风量和选择合理的矿井通风系统。

1. 加大风量

实践证明,在一定的条件下(如原风量较小),增加风量是高温矿井比较经济的降温手段之一。加大风量不仅可以排出热量、降低温度，而且还可以有效地改善人体的散热条件，增加人体舒适感。所以在高温矿井采用通风降温是矿井降温的基本措施之一。但增风降温并不总是有效的，当风量增加到一定程度时，增风降温的效果就会减弱。同时增风降温还受到井巷断面和通风机能力等各种因素的制约，有一定的应用范围。

2. 选择合理的矿井通风系统

从降温角度出发，确定矿井通风系统时，一般应考虑下列原则：

(1) 尽可能减少进风路线的长度

在井巷热环境条件和风量不变的情况下，井巷进风的温升随其流程加长而增大。所以，高温矿井应尽量缩短进风路线的长度。在进行开拓系统设计时，要注意与通风系统相结合，避免进风巷布置在高温岩层中。

(2) 尽量避免煤流与风流反向运行

在选择采区通风系统时，尽量采用轨道上山进风方案，避免因煤流与风流方向相反，将煤炭在运输过程中的散热和设备散热带进工作面。根据德国的经验，采用轨道上山(平巷)进风与运输上山(平巷)进风相比，采煤工作面进风流的同感温度可降低 4～5 ℃。

(二) 隔热疏导

隔热疏导就是采取各种有效措施将矿井热源与风流隔离开来，或将热流直接引入矿井回风流中，避免矿井热源对风流的直接加热，达到矿井降温的目的。隔热疏导的措施主要是巷道隔热，较为可行的方法是在高温岩壁与巷道支架之间充填隔热材料，如锅炉炉渣等。

二、衡量矿井气候条件的指标

矿井气候是矿井空气的温度、湿度和风速三个参数的综合作用。这三个参数也称为矿井气候条件的三要素。矿井气候条件会影响井下工作人员的热平衡，不同气候条件给人的舒适感觉是不一样的。衡量矿井气候条件的指标主要有以下几种。

1. 干球温度

干球温度是我国现行的评价矿井气候条件的指标之一，在一定程度上能直接反映矿井气候条件的好坏，比较简单，使用方便。但只反映了气温对矿井气候条件的影响，没有反映出气候条件对人体热平衡的综合作用。

2. 湿球温度

湿球温度可以反映空气温度和相对湿度对人体热平衡的影响，比干球温度要合理些。但这个指标仍没有反映风速对人体热平衡的影响。

3. 等效温度

等效温度定义为湿空气的焓与比热的比值。它是一个以能量为基础来评价矿井气候条件的指标。

4. 同感温度

同感温度(也称有效温度)是 1923 年由美国采暖工程师协会提出的。通过实验，凭受试者对环境的感觉而得出同感温度计算图。

5. 卡他度

卡他度是 1916 年由英国人希尔等人提出的。卡他度用卡他计测定。

任务三　巷道中风速与风量的测定

知识要点

风表的类型、结构与使用方法;风速的测定方法。

技能目标

能使用风表测定巷道中的风速;能对测定数据进行处理。

任务分析

(1) 掌握煤炭企业常用的风速测量设备的操作方法。

(2) 掌握风速测量过程中的注意事项。

任务导入

风速是影响矿井气候条件的重要因素,也是保障矿井安全的基本条件。为了充分了解矿井风速的大小,必须对巷道中的风速进行周期性的测量,然后根据需要进行调节,以满足安全生产的需要。

相关知识

风速测定是煤矿通风管理的重要一环。《煤矿安全规程》规定,矿井必须建立测风制度,每 10 d 进行一次全面测风。对采掘工作面和其他用风地点,应根据实际需要随时测风,每次测风结果应记录并写在测风地点的记录牌上。

测量井巷风速的仪表叫风表,又称风速计。目前,煤矿中常用的风表按结构和原理不同可分为机械式、热效式、电子翼式和超声波式等几种。机械式风表采用的是机械结构,多用于测量平均风速,也可用于点风速的测定。按其感受风力部件的形状以及测定风速高低的不同,又分为叶轮式和杯式两种。其中杯式主要用于气象部门,也可用于煤矿井下;叶轮式在煤矿中应用广泛。

一、机械式风表

1. 工作原理

机械叶轮式风表由叶轮、传动蜗杆、蜗杆、计数器、回零压杆、离合闸板、护壳等构成,如图 1-9 所示。杯式风表如图 1-10 所示。

叶轮式风表的叶轮由 8 个铝合金叶片组成,叶片与转轴的垂直平面成一定的角度,当风流吹动叶轮时,通过传动机构将运动传给计数器 3,指示出叶轮的转速。离合闸板 4 的作用是使计数器与叶轮轴连接或分开,用来开关计数器。回零压杆 5 的作用是能够使风表的表针回零。

叶轮式风表按风速的测量范围不同分为高速风表(0.8～25 m/s)、中速风表(0.5～10 m/s)、低速风表(0.3～5 m/s)。

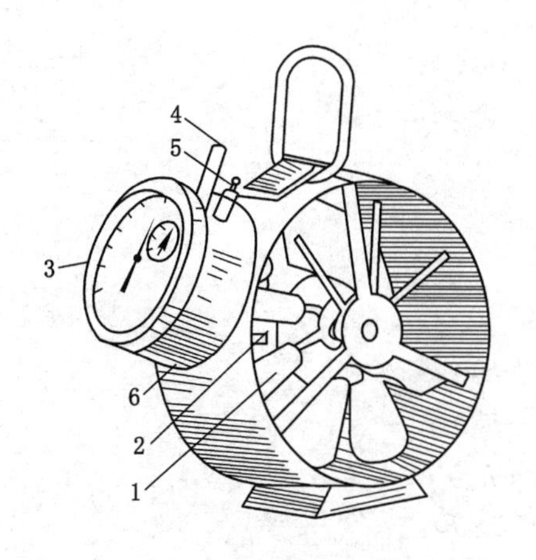

图 1-9 叶轮式风表

1——叶轮；2——蜗杆轴；3——计数器；
4——离合闸板；5——回零压杆；6——护壳

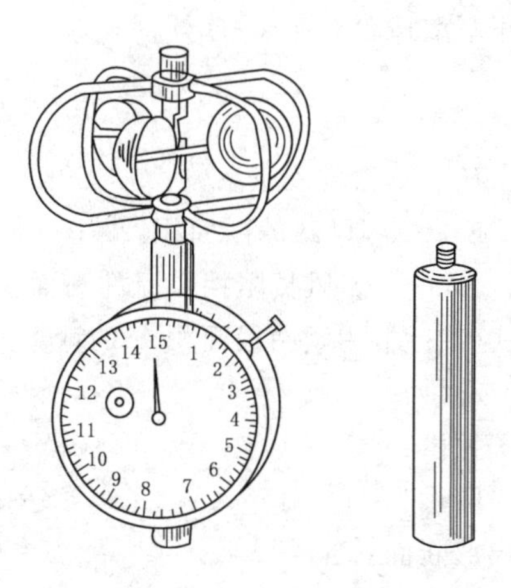

图 1-10 杯式风表

2. 测风方法

测量井巷的风量一般要在测风站内进行，在没有测风站的巷道中测风时，要选一段巷道没有漏风、支架齐全、断面规整的直线段进行测风。

空气在井巷中流动时，由于受到内、外摩擦力的影响，风速在巷道断面内的分布是不均匀的，如图 1-11 所示。在巷道轴心部分风速最大，而靠近巷道周壁风速最小，通常所说的风速是指平均风速，故用风表测风必须测出平均风速。为了测得巷道断面上的平均风速，测风时可采用路线法，即将风表按图 1-12 所示的路线均匀移动测出断面上的风速。或者采用分格定点法，如图 1-13 所示，将巷道分为若干方格，使风表在每格内停留相等的时间进行移动测定，然后计算出平均风速。

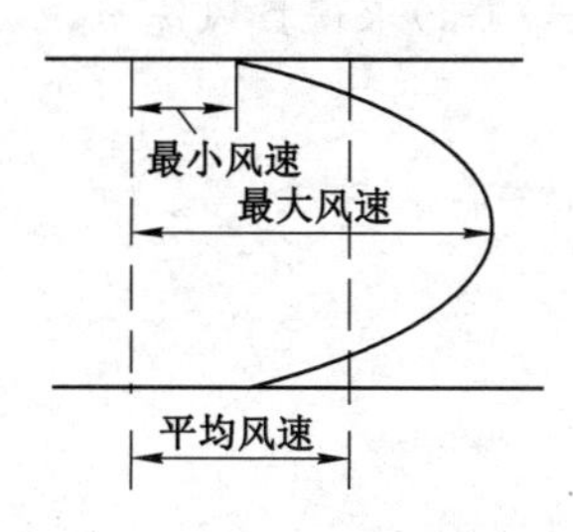

图 1-11 风速流动状态

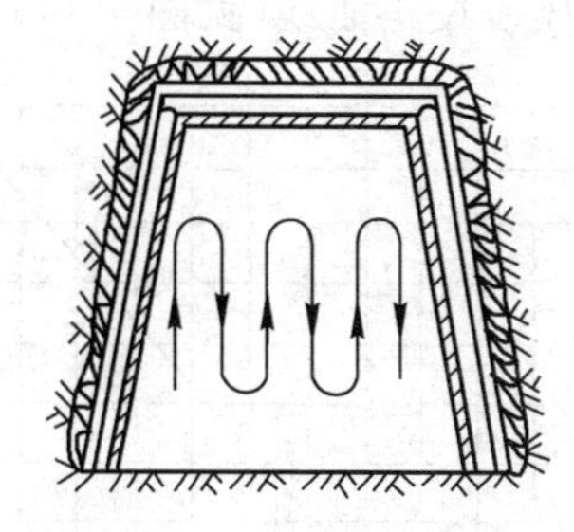

图 1-12 风表移动路线

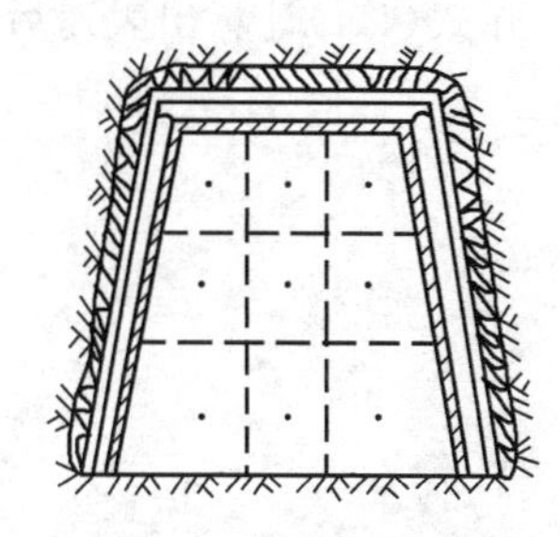

图 1-13 分格定点法

测风时，测风员的姿势可采用迎面法或侧身法。

迎面法是测风员面向风流方向，手持风表，将手臂向正前方伸直进行测风。此时因测风人员阻挡了风流前进，降低了风表测得的风速，需将测得的真实风速乘以校正系数 1.14 才能得出实际风速。

侧身法是测风员背向巷道壁站立，手持风表，将手臂向风流垂直方向伸直测风。用侧身法测风时，由于测风员立于巷道内，减少了通风断面，增大了风速，需对测风结果进行校正，其校正系数按公式(1-3)计算：

$$K=\frac{S-0.4}{S} \tag{1-3}$$

式中 K——测风校正系数；

S——测风站的断面积，m^2；

0.4——测风员阻挡风流的断面积，m^2。

式(1-3)中测风站段面积 S 的计算方式如下：

三心拱： $S=B(0.26B+h_2)$

圆弧拱： $S=B(0.24B+h_2)$

半圆拱： $S=B(0.39B+h_2)$

梯形断面： $S=(B_1+B_2)/2\times h$

其中 B——巷道的净宽度；

h——巷道的净高度；

h_2——从道碴面起巷道的墙高；

B_1——巷道的上净宽；

B_2——巷道的下净宽。

测风时先将风表指针回零位，使风表迎着风流，并与风流方向垂直，不得歪斜。待翼轮转动正常后，同时打开计时器的开关和秒表，在 1 min 时间内要使风表按路线法均匀地走完全断面，然后同时关闭秒表和风表，读取指针指示数。表速可按公式(1-4)计算：

$$v_{表}=\frac{n}{t} \tag{1-4}$$

式中 $v_{表}$——测得的表速，m/s；

n——风表刻度盘的读数，m；

t——测风时间，一般为 60 s。

用式(1-4)计算出表速后，用风表校正曲线(见图 1-14)或公式(1-5)求得真风速 $v_{真}$。

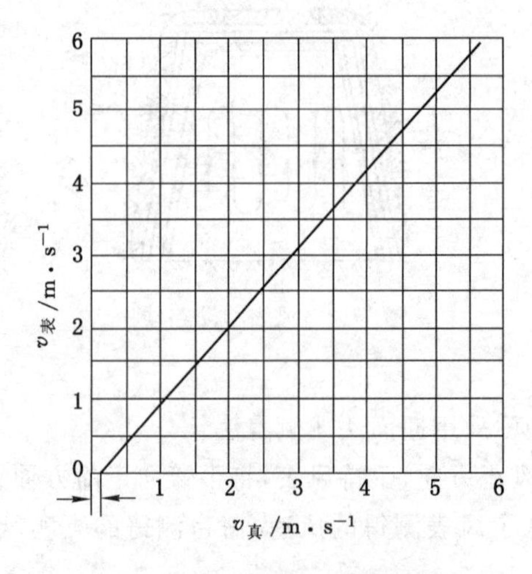

图 1-14 风表校正曲线示意图

风表出厂时都附有校正曲线，由于风表结构和使用中机件磨损、腐蚀等影响，通常风表的计数器所指示的风速并不是真实风速，因此必须进行校正。表速（指示风速）$v_{表}$ 与真实风速（真风速）$v_{真}$ 的关系可用风表校正曲线来表示。风表使用一段时间后，还必须按规定重新进行检修和校正，得出新的风表校正曲线。

风表的校正曲线还可用下面的表达式来表示：

$$v_{真} = a + bv_{表} \tag{1-5}$$

式中 $v_{真}$——真风速；

a——风表启动初速，决定于风表转动部件的惯性和摩擦力；

b——校正常数，决定于风表的构造尺寸；

$v_{表}$——风表的指示风速。

然后将真风速乘以测风校正系数 K，利用公式(1-6)即可得到实际的平均风速。

$$v_{均} = Kv_{真} \tag{1-6}$$

式中 $v_{均}$——测风断面上的平均风速。

3. 测风注意事项

(1) 风表度盘一侧背向风流，即测风员能看到度盘。否则，风表指针会发生倒转。

(2) 风表不能距人体太近，否则会引起较大的误差。

(3) 风表在测量路线上移动时，速度一定要均匀。如果风表在巷道中心部分停留的时间长，则测量结果较实际风速偏高；反之，测量结果较实际值偏低。

(4) 叶轮式风表一定要与风流方向垂直，在倾斜巷道测风时，更应注意。表 1-14 说明了风表偏角对测量结果的影响。由表可知偏角在 10°以内时所产生的误差可忽略不计。

表 1-14　风表偏角对测量结果的影响

风表偏角/(°)	风表平均读数	误差/%
0	141.0	0
5	140.5	0.35
10	139.0	1.42
15	137.5	2.50
20	132.0	6.50

(5) 在同一断面测风次数不应少于三次，每次测量结果的误差不应超过 5%。

(6) 风表的量程应和测定的风速相适应，否则将造成风表损坏或测量不准确，甚至吹不动叶轮无法测量。当风速大于 10 m/s 时，应选用高速风表；当风速为 0.5～10 m/s 时，选用中速风表；当风速小于 0.5 m/s 时，要选用低速风表。

(7) 为了减少测量误差，一般要求在 1 min 的时间里，刚好使风表从移动路线的起点到达终点。

(8) 使用前还应注意风表校正有效期。

例 1-1　在某矿井下的测风站内测风，测风站的断面积是 8.4 m^2，用侧身法测得的三次读数分别为 325、338、340，每次测风时间均是 1 min。求算该测风站的风速和通过测风站的风量。（风表校正曲线如图 1-14 所示）

解 ① 检验三次测量结果的最大误差是否超过5%

$$E = (最大读数-最小读数)/最小读数\times100\%$$
$$= (340-325)/325\times100\%$$
$$= 4.62\% < 5\%$$

三次测量结果的最大误差小于5%,测量数据精度符合要求。

② 计算风表的表速

$$n = (n_1 + n_2 + n_3)/3 = (325 + 338 + 340)/3 = 334\ (\mathrm{m/min})$$
$$v_{表} = n/t = 334/60 = 5.57\ (\mathrm{m/s})$$

③ 查风表校正曲线,求真风速

根据 $v_{表} = 5.57\ \mathrm{m/s}$,可得真风速为 5.2 m/s。

④ 求平均风速

$$v_{均} = Kv_{真}$$

其中,$K = (S-0.4)/S = (8.4-0.4)/8.4 = 0.95$,则

$$v_{均} = 0.95\times5.2 = 4.94\ (\mathrm{m/s})$$

⑤ 计算通过测风站的风量

$$Q = v_{均}S = 4.95\times8.4 = 41.58\ (\mathrm{m^3/s})$$

经计算得知,测风站内的风速为 4.94 m/s,通过的风量为 41.58 $\mathrm{m^3/s}$。

二、电子翼式风表

电子翼式风表主要由机械结构的叶轮和数据处理显示器组成。测量时叶轮在风流的作用下旋转,转速与风速成正比,利用叶轮上安装的一些附件,根据光电、电感等原理把叶轮的转速转变成电量,利用电子线路实现风速的自动记录和数字显示。它的特点是读数和携带方便,易于实现遥测。如 CFJD25B 型电子式风速计(图 1-15)就是针对煤矿井下通风测量专门设计的电子翼式风表。该风表属于矿用本质安全型,适用于爆炸性甲烷气体与煤尘环境中、井筒与巷道内,也适用于其他方面的风速测量。

图 1-15 CFJD25B 型电子式风速计

该风速仪量程宽,能数码显示实际风速值,体积小,重量轻,使用方便,可随身携带,耐用性强,性能可靠,并具有低电压指示功能和自动关机功能。有三种显示功能:每秒即时风速值,每分钟平均风速值,每分钟平均风速值换算每秒风速值。风叶轮平衡性好、灵敏度高,能随气流自由旋转;低摩擦系数的轴承,能保证风速的准确度。

1. 具体操作

(1) 按"启动"开关,显示为每秒即时风速值。

(2) 按"启动"开关,再按"米/分"开关,测量 1 min 平均风速值。1 min 定时指示灯亮测量完毕。

(3) 按"米/秒"开关,将 1 min 平均风速值换算成"米/秒"风速值。但必须在 1 min 平均风速测量结束后方能按此开关显示。

(4) 开关引出线插座在后壳背面。

(5) 读数时间为 20 s,20 s 后自动关机,所以读数应在 20 s 内完成。

(6) 取电池时,将电池向下用力甩出。

2. 注意事项

(1) 尽管该风速仪通过了各种环境(如冲击、跌落)试验,但仍应注意防止与硬物碰撞或跌落。

(2) 当风速仪表面板右上方低电压指示灯亮时,应及时更换电池。

(3) 风速仪使用周期为 6 个月,过期应进行检修和校验。

(4) 更换电池时,必须在井上安全处。

(5) 维护时不得随意更改电路元器件规格、型号、参数。当风速仪出现问题时,不要自行拆卸。

任务实施

模拟巷道中风速测定实训

(1) 训练目的:学会使用不同类型的风表测定模拟巷道中的风速。

(2) 训练要求:熟练使用不同类型的风表。

(3) 仪器设备:各种类型的风表,模拟巷道。

(4) 根据不同类型风表,按其使用步骤逐步完成测风过程。

(5) 填写测风表格。

任务评价

学生训练成果评价表

考核项目: **班级:**

姓名		班级		组别		得分	

评价内容	要求或依据	分数	评分标准
任务实施过程表现	学习纪律、敬业精神、协作精神、学习方法、安全文明意识等	10 分	遵守纪律,学习态度端正、认真,相互协作等满分,其他酌情扣分
口述风速的测定方法	准确口述,内容完整	10 分	根据口述准确性和完整性酌情扣分
能使用风表快速测定巷道断面的风速	实验过程完整,方法正确,结果真实。实训中由教师检查过程及结果	50 分	不能概述实验要求的扣 10 分,实验内容不完整的扣 15 分,实验未完成扣 30 分,其他酌情扣分
学生评价	根据学生观察,考核汇报演示	10 分	
指导教师评价	根据学生训练,考核汇报演示过程	20 分	根据学生掌握情况打分

知识扩展

1. 矿用传感器连接训练及矿井空气中有毒有害气体的检测

(1) 实训器材及材料:模拟巷道,温度传感器、湿度传感器、一氧化碳传感器、二氧化碳传感器、氧气传感器、甲烷传感器等矿用本质安全型传感器，连接线，待测混合气体。

(2) 训练学生熟悉各种传感器的连接方式，将所有传感器连接在模拟巷道中，组成矿井有毒有害气体监控系统，确保系统能正常运转。

(3) 让待测混合气体依次通过各种传感器。

(4) 记录测得各种气体的数据。

(5) 完成实训过程评价。

2. 基于卡曼涡街理论的风速传感器

图 1-16 所示风速传感器是根据卡曼涡街理论开发的用来测量风速的一种智能型传感器，可以用来检测煤矿井下各种巷道、风口处的风速。该传感器性能稳定、使用方便，并能通过遥控器进行现场调整，是测量矿井通风状态的重要仪表。可与各种类型监测系统配套使用。

卡曼涡街理论(图 1-17)认为在无限界流场中垂直插入一根无限长的非线性阻力体(即漩涡发生体 C，风速传感器的探头横杆)，当风流流经漩涡发生体 C 时，在漩涡发生体边缘下游侧会产生两排交替的、内旋的漩涡列(即气流漩涡)，漩涡的产生频率 f 正比于流速 v，测量漩涡频率即可测得流速 v。

图 1-16　KGF3 型风速传感器

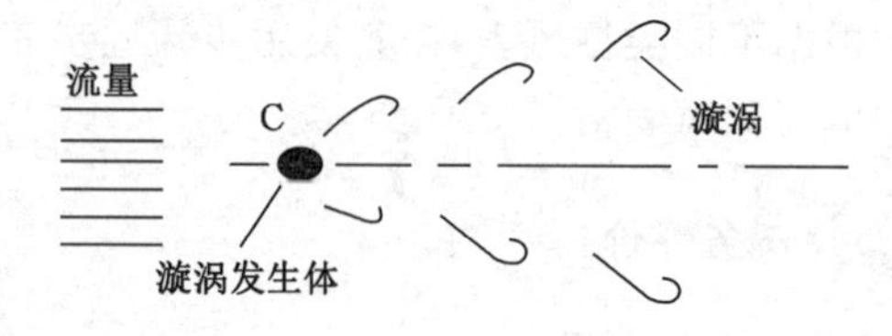

图 1-17　卡曼涡街理论原理图

项目二　矿井通风压力

本项目主要研究的是矿井空气流动的基本理论。结合矿井空气流动特点,介绍矿井空气的主要物理参数及其性质,空气在流动过程中的能量与压力变化,压力的测定方法以及压力之间的关系,重点阐述矿井通风能量方程及其应用。

任务一　矿井空气压力

知识要点

矿井空气的主要物理参数;风流的点压力。

技能目标

掌握矿井空气点压力的性质、空气密度的测量方法。

任务分析

(1) 矿井空气的主要物理参数。
(2) 矿井空气密度的测定。
(3) 矿井空气的点压力。

任务导入

矿井中流动的空气有哪些性质?与地面空气又有哪些不同之处?

相关知识

一、矿井空气的主要物理参数

(一) 空气的压力

空气分子时刻都在运动,分子之间不断彼此碰撞同时也不断碰撞容器壁。一般将气体作用在单位面积上的力称为空气的压强,用 P 表示。矿井通风中,习惯将空气的压强称为空气的压力。根据物理学分子运动理论,理想气体作用于容器壁的空气压力可由公式(2-1)表示:

$$P=\frac{2}{3}n\left(\frac{1}{2}mv^{2}\right) \tag{2-1}$$

式中　n——单位体积内的空气分子数;

$\frac{1}{2}mv^2$——分子平移运动的平均动能。

上式表明，空气压力是单位体积空气分子不规则热运动产生的总动能的三分之二转化成的可对外做功的机械能。单位体积内的空气分子数越多，分子热运动的平均动能越大，空气压力越大。

空气压力的单位为帕斯卡(Pa)，简称帕，1 Pa=1 N/m^2。压力较大时还有千帕(kPa)、兆帕(MPa)，1 MPa=10^3 kPa=10^6 Pa。有的压力仪器也用百帕(hPa)表示，1 hPa=100 Pa。压力单位及换算关系见表2-1。

表2-1　压力单位换算表

单位名称	帕斯卡(Pa)	巴(bar)	公斤力/米^2 (mmH_2O)	公斤力/厘米^2 (工程大气压 at)	毫米汞柱 (mmHg)	标准大气压 (atm)
Pa	1	10^{-5}	0.101 972	$0.101\ 972\times10^{-4}$	$7.500\ 62\times10^{-3}$	$9.869\ 23\times10^{-6}$
mmH_2O	9.806 65	$9.806\ 65\times10^{-5}$	1	1×10^{-4}	$7.355\ 59\times10^{-2}$	$9.678\ 41\times10^{-5}$
mmHg	133.322	$1.333\ 22\times10^{-3}$	13.595	$1.359\ 5\times10^{-3}$	1	$1.315\ 79\times10^{-3}$
atm	101 325	1.013 25	10 332.3	1.033 23	760	1

地面空气压力习惯称为大气压。由于地球周围大气层的厚度高达数千米，越靠近地球表面空气密度越大，空气分子数越多，分子热运动的平均动能越大，所以大气压力也越大。此外，大气压力还与当地的气候条件有关，即便是同一地区，也会随季节不同而变化，甚至一昼夜内都有波动。

（二）空气的密度

空气和其他物质一样具有质量。单位体积空气所具有的质量称为空气的密度，用符号ρ来表示，即：

$$\rho=\frac{M}{V} \tag{2-2}$$

式中　ρ——空气的密度，kg/m^3；

M——空气的质量，kg；

V——空气的体积，m^3。

矿井通风中，含有水蒸气的湿空气密度常用公式(2-3)计算：

$$\rho_{湿}=0.003\ 484\frac{P}{T}(1-0.378\frac{\varphi P_{饱}}{P}) \tag{2-3}$$

式中　P——空气的压力，Pa。

T——热力学温度，K。$T=273+t$，其中，t为空气的温度，℃。

φ——相对湿度。

$P_{饱}$——温度为t(℃)时的饱和水蒸气压力，Pa。

由上式可见，压力越大，温度越低，湿空气密度越大。当压力和温度一定时，湿空气的密度总是小于干空气的密度。

在标准大气状况下($P=101\ 325$ Pa，$t=0$ ℃，$\varphi=0\%$)，空气的密度为1.293 kg/m^3。

一般将空气压力为 101 325 Pa、温度为 20 ℃、相对湿度为 60%的矿井空气称为标准矿井空气，其密度为 1.2 kg/m^3。

在矿井通风中，由于通风系统内的空气温度、湿度、压力各有不同，空气的密度也有所变化，但变化范围有限。在研究空气流动规律时，要根据具体情况考虑是否忽略这种变化。

（三）空气的比容

单位质量空气所占有的体积叫空气的比容，用 υ（m^3/kg）表示。比容和密度互为倒数，它们是一个状态参数的两种表达方式。

$$\upsilon=\frac{V}{M}=\frac{1}{\rho} \tag{2-4}$$

（四）空气的黏性

当空气在管道中流动时，靠近管道中心的流层流速快，靠近管道壁的流层流速慢，相邻两流层之间的接触面上便产生内摩擦力，以阻止其相对运动，通风上称之为黏性阻力。空气具有的这一性质，称为空气的黏性。

根据牛顿内摩擦力定律，流体分层间的内摩擦力，由公式(2-5)表示：

$$F=\mu S\frac{\mathrm{d}v}{\mathrm{d}y} \tag{2-5}$$

式中　F——内摩擦力，N；

μ——动力黏性系数，Pa·s；

S——流层之间的接触面积，m^2；

$\mathrm{d}v/\mathrm{d}y$——垂直于流动方向上的速度梯度，s^{-1}。

由上式可以看出，当流体不流动或分层间无相对运动时，$\mathrm{d}v/\mathrm{d}y=0$，则 $F=0$。需要说明的是，不论流体是否流动，流体具有黏性的性质是不变的。

在矿井通风中，除了用动力黏性系数 μ 表示空气黏性大小外，还常用运动黏性系数 ν（m^2/s）来表示，动力黏性系数由公式(2-6)表示：

$$\nu=\frac{\mu}{\rho} \tag{2-6}$$

式中　ρ——空气的密度，kg/m^3。

流体的黏性随温度和压力的变化而变化。对空气而言，黏性系数随温度的升高而增大，压力对黏性系数的影响可以忽略。当温度为 20 ℃，压力为 0.1 MPa 时，空气的动力黏性系数 $\mu=1.808\times10^{-5}$ Pa·s，运动黏性系数 $\nu=1.501\times10^{-5}$ m^2/s。

二、矿井点压力种类及特性

矿井通风系统中，风流在井巷某断面上所具有的总机械能（包括静压能、动能和位能）与内能之和叫作风流的能量。风流流动的根本原因是矿井通风系统中不同断面存在着能量差。

由于不容易界定矿井通风系统中空气的体积及能量，所以在矿井通风中常以单位体积的空气作为研究对象。单位体积空气所具有的能够对外做功的机械能与空气的压力具有相同的量纲（$Nm/m^3=N/m^2=Pa$），故在矿井通风中直接以空气的压力等值代表单位体积空气的能量。

因此，除了空气内能以热的形式存在于风流中不予考虑外，井巷任一通风断面上存在的静压能、动能和位能可相应用静压、动压、位压来表示。

(一) 静压能与静压

1. 静压能与静压的概念

由分子热运动理论可知，不论空气处于静止状态还是流动状态，空气分子都在做无规则的热运动。这种由空气分子热运动而使单位体积空气具有的对外做功的机械能量叫静压能，用 $E_{静}$ 表示(J/m^3)。空气分子热运动不断撞击器壁所呈现的压力(压强)称为静压力，简称静压，用 $P_{静}$ 表示(N/m^2，即 Pa)。静压和静压能在数值上大小相等，静压是静压能的等效表示值。

2. 静压的特点

(1) 只要有空气存在，不论是否流动都会呈现静压。

(2) 由于空气分子向器壁撞击的概率是相同的，所以风流中任一点的静压各向同值，且垂直作用于器壁。

(3) 静压是可以用仪器测量的，大气压力就是地面空气的静压值。

(4) 静压的大小反映了单位体积空气具有的静压能。

3. 空气压力的两种测算基准

空气的压力根据所选用的测算基准不同可分为两种，即绝对压力和相对压力。

(1) 绝对压力：以真空为基准测算的压力称为绝对压力，用 P 表示。由于以真空为零点，有空气的地方压力都大于零，所以绝对压力总是正值。

(2) 相对压力：以当地当时同标高的大气压力为基准测算的压力称为相对压力，用 h 表示。对于矿井空气来说，井巷中空气的相对压力 h 就是其绝对压力 P 与当地当时同标高的地面大气压力 P_0 的差值，由公式(2-7)表示：

$$h = P - P_0 \tag{2-7}$$

当井巷空气的绝对压力一定时，相对压力随大气压力的变化而变化。在压入式通风矿井中，井下空气的绝对压力都高于当地当时同标高的大气压力，相对压力是正值，称为正压通风；在抽出式通风矿井中，井下空气的绝对压力都低于当地当时同标高的大气压力，相对压力是负值，称为负压通风。由此可以看出，相对压力有正压和负压之分。在不同通风方式下，绝对压力、相对压力和大气压力三者的关系如图 2-1 所示。

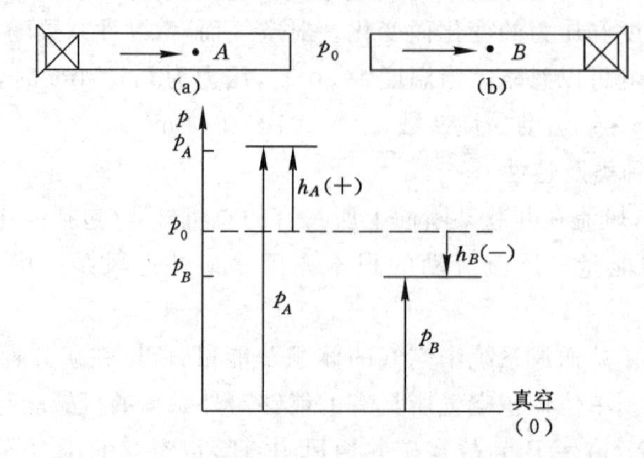

图 2-1　绝对压力、相对压力和大气压力之间的关系

（二）动能与动压

1. 动能与动压的概念

空气做定向流动时具有动能，用$E_{动}$表示（J/m^3）。动能所呈现的压力称为动压，用$h_{动}$表示，单位 Pa。

2. 动压的计算式

设某点空气密度为ρ（kg/m^3）、定向流动的流速为v（m/s），则单位体积空气所具有的动能为$E_{动}$，由公式（2-8）表示：

$$E_{动}=\frac{1}{2}\rho v^2, \quad J/m^3 \tag{2-8}$$

$E_{动}$对外所呈现的动压$h_{动}$，由公式（2-9）表示：

$$h_{动}=\frac{1}{2}\rho v^2, \quad Pa \tag{2-9}$$

3. 动压的特点

（1）只有做定向流动的空气才呈现出动压。

（2）动压具有方向性，仅对与风流方向垂直或斜交的平面施加压力。垂直于流动方向的平面承受的动压最大，平行于流动方向的平面承受的动压为零。

（3）在同一流动断面上，因各点风速不等，其动压各不相同。

（4）动压无绝对压力与相对压力之分，总是大于零。

（三）位能与位压

1. 位能与位压的概念

单位体积空气在地球引力作用下，由于位置高度不同而具有的能量叫位能，用$E_{位}$（J/m^3）表示。位能所呈现的压力叫位压，用$P_{位}$（Pa）表示。需要说明的是，位能和位压的大小是相对于某一个参照基准面而言的，是相对于这个基准面所具有的能量或呈现的压力。

2. 位压的计算式

从地面上把质量为M（kg）的物体提高Z（m），就要对物体克服重力做功MgZ（J），物体因而获得了相同数量的位能，由公式（2-10）表示：

$$E_{位}=MgZ \tag{2-10}$$

在地球重力场中，物体离地心越远，Z值越大，其位能也越大。

如图 2-2 所示的立井井筒中，如果求 1—1 断面相对于 2—2 断面的位压（或 1—1 断面与 2—2 断面的位压差），可取较低的 2—2 断面作为基准面（2—2 断面的位压为零），由公式（2-11）计算：

$$P_{位12}=\frac{MgZ_{12}}{V}=\rho_{12}gZ_{12}, \quad Pa \tag{2-11}$$

式中　ρ_{12}——1、2 断面之间空气柱的平均密度，kg/m^3；

Z_{12}——1、2 断面之间的垂直高差，m。

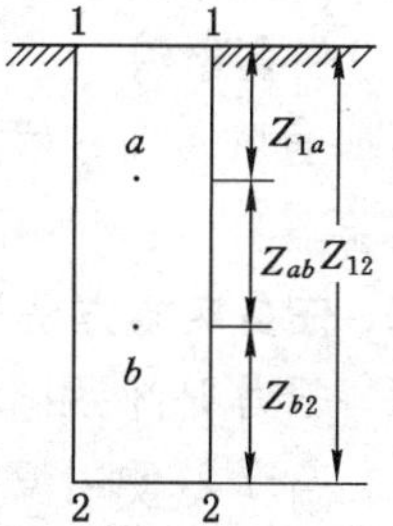

图 2-2　立井井筒中位压计算图

矿井通风系统中，由于空气密度与标高的关系比较复杂，往往不是线性关系，空气柱的平均密度ρ_{12}很难确定。在实际测定时，应在 1—1 和 2—2 断面之间布置多个测点（如图布置了a、b两个测点），分别测出各点和各段的平均密度（垂距较小时可取算术平均值)，再由公式(2-12)计算 1—1 断面相对于 2—2 断面的位压。

$$P_{位12}=\rho_{1a}gZ_{1a}+\rho_{ab}gZ_{ab}+\rho_{b2}gZ_{b2}=\sum\rho_{ij}gZ_{ij},\quad \text{Pa} \tag{2-12}$$

测点布置得越多，测段垂距越小，计算的位压越精确。

3. 位压的特点

(1) 位压只相对于基准面存在，是该断面相对于基准面的位压差。基准面的选取是任意的，因此位压可为正值，也可为负值。为了便于计算，一般将基准面设在所研究风流系统的最低水平。

(2) 位压是一种潜在的压力，不能在该断面上呈现出来。在静止的空气中，上断面相对于下断面的位压，就是下断面比上断面静压的增加值，可通过测定静压差来得到。在流动的空气中，只能通过测定高差和空气柱的平均密度用公式(2-12)计算。

(3) 位压和静压可以相互转化。当空气从高处流向低处时，部分位压转换为静压；反之，当空气由低处流向高处时，部分静压将转化成位压。

(4) 不论空气是否流动，上断面相对于下断面的位压总是存在的。

(四) 全压、势压和总压力

矿井通风中，通常把风流中某点的静压与动压之和称为全压；将某点的静压与位压之和称为势压；把井巷风流中任一断面的静压、动压、位压之和称为该断面的总压力。

井巷风流中两断面上存在的能量差即总压力差，是风流能够流动的根本原因，空气总是从总压力大处流向总压力小处，而不是取决于单一的静压、动压或位压的大小。

(五) 风流点压力

井巷风流断面上任一点的压力称为风流的点压力。相对于某基准面来说，点压力分为静压、动压和位压。

同一巷道或通风管道断面上，各点的点压力是不等的。在水平面上，各点的静压、位压都相同，动压则是中心处最大；在垂直面上，从上到下，静压逐渐增大，位压逐渐减小，动压也是中心处最大。因此，从断面上的总压力来看，一般中心处的点压力最大，周壁的点压力最小。

任务实施

空气密度测定实训

主要使用设备：空盒气压计、温度计、湿度计。

一、任务组织

根据通风实训室器材数量，学生分组，按要求进行操作。

实验器材：空盒气压计、温度计、湿度计等。

二、任务实施方法与步骤

(1) 压力 P：使用空盒气压计测定测量地点的大气压力，Pa。

(2) 温度 t：使用温度计测定测量地点的温度，℃。

(3) 相对湿度 φ：使用湿度计测定测量地点的湿度。

(4) 空气的绝对饱和水蒸气压力 $P_{饱}$：可查表得到空气温度为 t(℃)时的饱和水蒸气压力，Pa。

(5) 空气密度 ρ:按下式计算,即

$$\rho = 0.003\ 484\ \frac{P}{T}(1 - 0.378\ \frac{\varphi P_{饱}}{P})$$

式中的相关参数由步骤(1)~(4)得出。

三、任务实施注意事项与要求

(1) 要认真严谨,吃苦耐劳,团结协作。

(2) 实验室内应保持安静和整洁。注意安全,爱护物品。

(3) 遵从老师指导。实验过程中应思想集中,认真小心地进行操作,严格遵守操作规程。

(4) 实验完毕后应把实验台、仪器整理干净。

任务评价

学生训练成果评价表

<table>
<tr><td>姓名</td><td></td><td>班级</td><td></td><td>组别</td><td></td><td>得分</td><td></td></tr>
<tr><td colspan="2">评价内容</td><td colspan="2">要求或依据</td><td>分数</td><td colspan="3">评分标准</td></tr>
<tr><td colspan="2">任务实施过程表现</td><td colspan="2">学习纪律、敬业精神、协作精神、学习方法、安全文明意识等</td><td>10 分</td><td colspan="3">遵守纪律,学习态度端正、认真,相互协作等满分,其他酌情扣分</td></tr>
<tr><td colspan="2">口述空盒气压计使用方法和注意事项并测量</td><td colspan="2">准确口述、测量步骤完整</td><td>10 分</td><td colspan="3">根据测量准确性和完整性酌情扣分</td></tr>
<tr><td colspan="2">口述湿度计使用方法和注意事项并测量</td><td colspan="2">准确口述、测量步骤完整</td><td>10 分</td><td colspan="3">根据测量准确性和完整性酌情扣分</td></tr>
<tr><td colspan="2">空气密度计算</td><td colspan="2">计算过程完整,方法正确,结果真实。实验中由教师检查过程及结果</td><td>50 分</td><td colspan="3">不能概述实验要求的扣 10 分,实验内容不完整的扣 15 分,实验未完成扣 30 分,其他酌情扣分</td></tr>
<tr><td colspan="2">实验报告</td><td colspan="2">按要求写出实验过程、存在问题、结果及总结</td><td>20 分</td><td colspan="3">不能概述其主要要求的扣 10 分,实验内容不完整的扣 10 分,其他酌情扣分</td></tr>
</table>

思考与练习

2-1 什么是空气的密度?压力和温度相同时,为什么湿空气比干空气轻?

2-2 什么叫空气的压力?单位是什么?地面的大气压力与哪些因素有关?

2-3 什么叫空气的黏性?用什么参数表示黏性大小?黏性对空气流动起什么作用?

2-4 何谓空气的静压、动压、位压?各有何特点?

2-5 测得某回风巷的温度为 20 ℃,相对湿度为 90%,绝对静压为 102 500 Pa,求该回风巷空气的密度和比容。

任务二　矿井空气压力测定及压力关系

知识要点

矿井空气压力测算基准、测量方法以及压力之间的关系。

技能目标

掌握矿井空气压力测定方法和相对压力之间的关系。

任务分析

(1) 相对压力之间有什么关系?

(2) 相对压力的具体测定方法。

任务导入

通过任务一的学习,得知矿井空气有三个基本压力,但这些压力的具体值该如何求得呢?相对压力之间又是什么关系呢?

相关知识

一、压力测定仪器

1. 空盒气压计

空盒气压计是最常用的压力测量仪器之一,如图 2-3 所示。

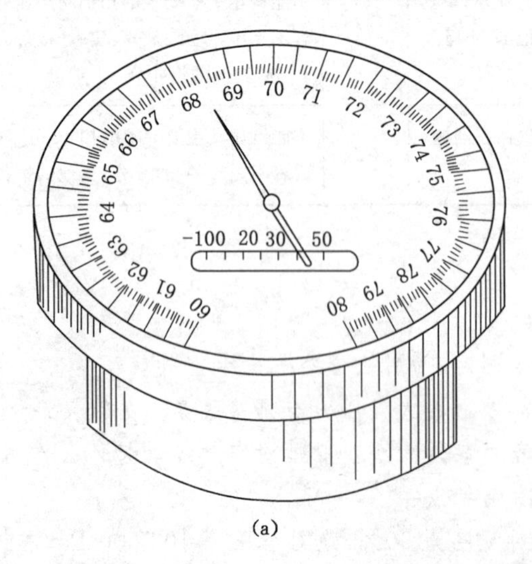

(a)

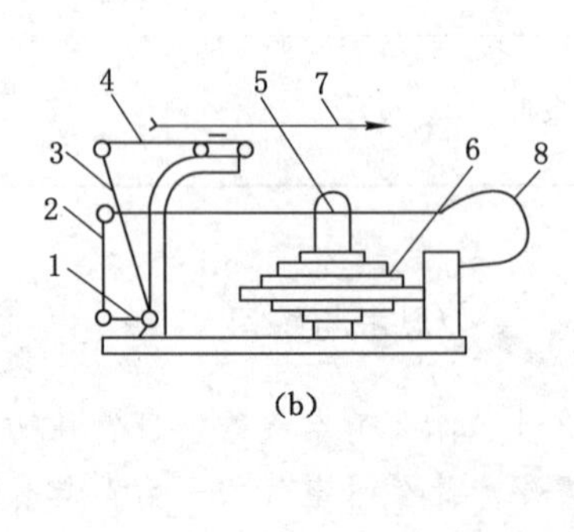

(b)

图 2-3　空盒气压计结构与原理

1,2,3,4——传动机构;5——拉杆;6——波纹真空膜盒;7——指针;8——弹簧空盒气压计的感压元件是外表呈波纹形、内为真空的特殊合金金属膜盒。当压力增大或减小时，膜盒面相应地凹下、凸出，通过传动机构将这种微小位移放大后，驱动指针就指示出当时测点的绝对压力值。

测压时，将仪器水平放置在测点处，轻轻敲击仪器外壳，以消除传动机构的摩擦误差，放置 3～5 min 待指针变化稳定后读数。读数时，视线与刻度盘平面要保持垂直。要根据每台仪器出厂时提供的校正表(或曲线)，对读数进行刻度、温度及补偿校正。

常用的 DYM3 型空盒气压计的测压范围为 80 000～108 000 Pa，最小分度为 10 Pa，经过校正后的测量误差不大于 200 Pa。因精度较低，空盒气压计一般只适用于粗略测量空气密度。

2. 皮托管

皮托管是承受和传递压力的工具。它由两个同心圆管相套组成，其结构如图 2-4 所示。内管前端有中心孔，与标有“＋”号的接头相通；外管前端侧壁上分布有一组小孔，与标有“－”号的接头相通。内、外管互不相通。

使用时，将皮托管的前端中心孔正对风流，接受风流的绝对静压和动压(即绝对全压)，侧孔接受风流的绝对静压。通过皮托管的“＋”接头和“－”接头，分别将绝对全压和绝对静压传递到压差计上。

3. U 形压差计

U 形压差计分为 U 形垂直压差计和 U 形倾斜压差计两种，如图 2-5 所示。

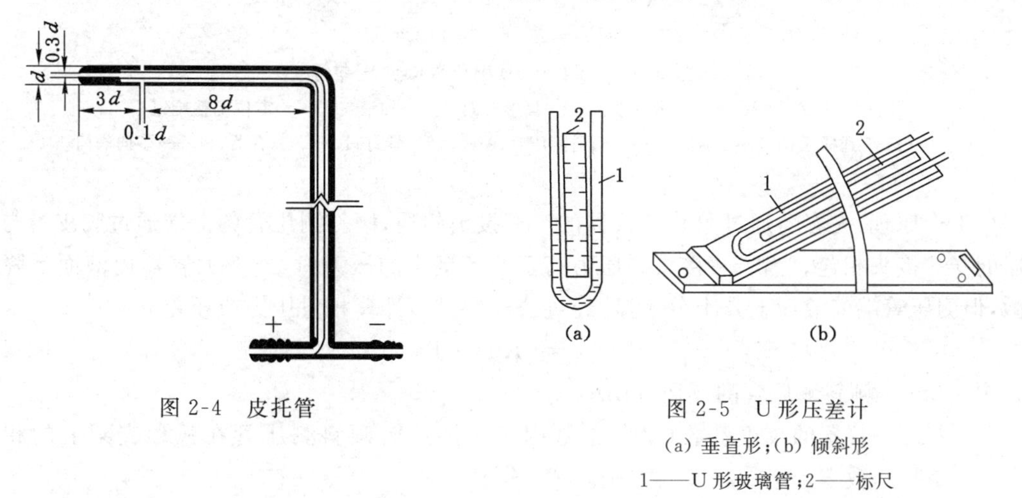

图 2-4　皮托管

图 2-5　U 形压差计

(a) 垂直形；(b) 倾斜形

1——U 形玻璃管；2——标尺

U 形垂直压差计由垂直放置的 U 形玻璃管和标尺组成，U 形玻璃管中装入蒸馏水或酒精。当玻璃管两端分别接入不同的空气压力时，通过两端液面的高差，在标尺上读出空气压力差。

U 形垂直压差计精度低，但量程大，适用于精度要求不高、压差较大的地方，如在矿井主通风机房内测量风硐内、外的压差。为了减小读数误差，可使用 U 形倾斜压差计，根据其测得的读数按公式(2-13)计算压差：

$$h = \rho g L \sin \alpha \qquad (2\text{-}13)$$

式中　h ——两液面的垂直高差，即压差，Pa；

ρ——玻璃管内液体的密度，kg/m^3；

L——两端液面倾斜长度差，mm；

α——U形管倾斜的角度(可调整)，对于U形垂直压差计 $\alpha=90°$。

4. 单管倾斜压差计

常用的YYT-200B型单管倾斜压差计如图2-6所示。它由一个大断面的容器10(面积为 F_1)和一个小断面的倾斜测压管8(面积为 F_2)及标尺等组成。大容器10和测压管8互相连通，并在其中装有用工业酒精和蒸馏水配成的密度为0.81 kg/m^{3}的工作液。两断面之比(F_1/F_2)为250～300。仪器固定在装有两个调平螺钉9和水准指示器2的底座1上，弧形支架3可以根据测量范围的不同将倾斜测压管固定在5个不同的位置上，刻在支架上的数字即为校正系数。

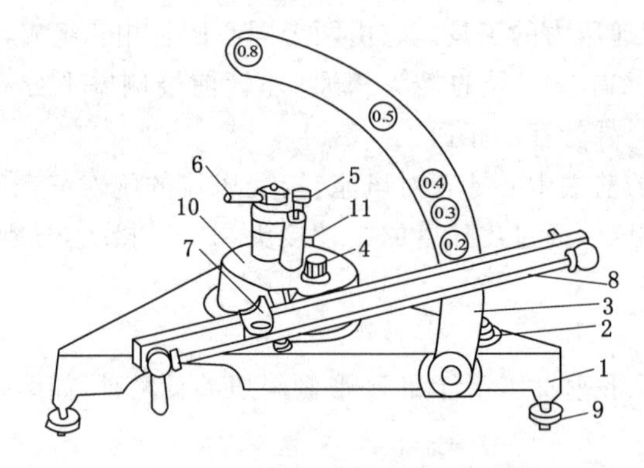

图2-6 YYT-200B型单管倾斜压差计

1——底座；2——水准指示器；3——弧形支架；4——加液盖；5——零位调整旋钮；6——三通阀手柄；7——游标；8——倾斜测压管；9——调平螺钉；10——大容器；11——多向阀门

工作原理：大容器通过胶管与仪器的“＋”接头相通，倾斜测压管的上端通过胶皮管与仪器的“－”接头相连。当“＋”接头的压力高于“－”接头的压力时，虽然大容器内液面下降甚微，但测压管端的液面上升十分明显，经过公式(2-14)计算相对压力或压差 h：

$$h=LKg, \quad \text{Pa} \tag{2-14}$$

式中 L——倾斜测压管的读数，mm；

K——仪器的校正系数(又称常数因子)，测压时倾斜测压管在弧形支架上的相应数字。

仪器使用方法如下：

(1) 注入工作液。将零位调整旋钮5调整到中间位置，测压管固定在弧形支架的适当位置，旋开加液盖4，缓缓注入预先配置好的密度为0.81 kg/m^{3}的工作液，直到液面位于倾斜测压管的“0”刻度线附近，然后旋紧加液盖，再用胶皮管将多向阀门11中间的接头与倾斜测量管的上端连通。将三通阀手柄6拨在仪器的“测压”位置，用嘴轻轻从“＋”端吹气，使酒精的液面沿测压管缓慢上升，查看液柱内有无气泡，如有气泡，应反复吹气多次，直至气泡消除为止。

(2) 调零。首先调整仪器底座上的两个调平螺钉9，观察水准指示器内的气泡是否居中，使仪器处于水平。顺时针转动三通阀手柄6到“校正”位置，使大容器和倾斜测压管分别与“＋”接头和“－”接头隔断，而与大气相通。旋动零位调整旋钮 5，使测压管的液面对准“0”刻度线。

(3) 测定。根据待测压差的大小，将倾斜测压管固定在弧形支架相应的位置上，用胶皮管将较大的压力接到仪器的“＋”接头，较小的压力接到仪器的“－”接头。逆时针转动三通阀手柄 6 到“测压”位置，读取测压管上酒精液面的读数和弧形支架的 K 值，用式(2-14)计算压差值或相对压力。

常用的 YYT-200B 型单管倾斜压差计最大测量值为 2 000 Pa，最小分刻度为 2 Pa，误差不超过最大读数的 1.0%。单管倾斜压差计是通风测量中应用最广的一种压差计。

5. 补偿式微压计

DJM9 型补偿式微压计可以做精确的压差测量，其主要构造和原理如图 2-7 所示。它有充水的大小两个容器 2 和 1，下部用胶皮管 9 连通。大容器与仪器的“－”接头相通，小容器与仪器的“＋”接头相通。转动读数盘 3，大容器可随之上下移动。当“＋”“－”接头的压力相同时，两容器液面处于同一平面上，通过装在小容器上的反射镜 6 可以看到水准器 7 的尖端同它自己的像正好相接[如图 2-7(b)所示]。当“＋”接头压力大于“－”接头压力时，小容器液面下降，反射镜 6 内的尖端和影像互相接触重叠，通过转动读数盘 3，使两液面再次恢复到同一水平面上，由大容器的垂直移动距离(从标尺 11 和读数盘 3 上读出)来确定大小容器所受到的压力差。

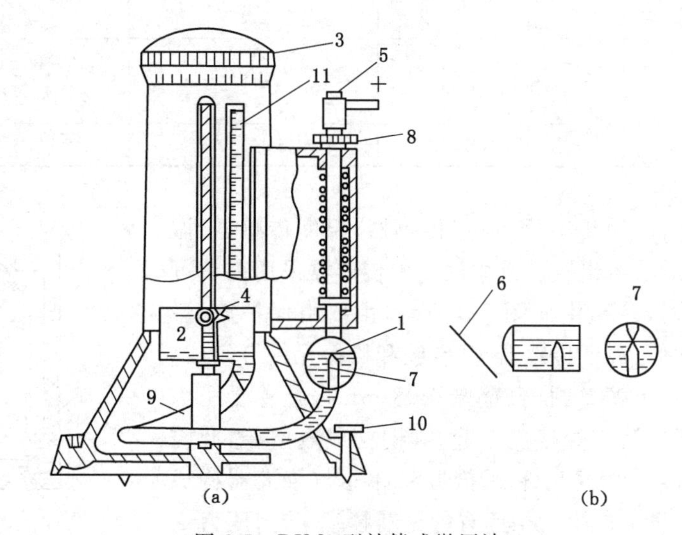

图 2-7　DJM9 型补偿式微压计

1——小容器；2——大容器；3——读数盘；4——指针；5——螺盖；6——反射镜；7——水准器；8——调节螺母；9——胶皮管；10——调平螺钉；11——标尺

仪器的使用方法如下：

(1) 注入蒸馏水并调零。转动读数盘 3，使读数盘及位移指针 4 均处于“0”点。打开螺盖 5，注入蒸馏水，直到从反射镜中观察到水准器 7 的正、倒影像近似接触。盖紧螺盖，缓慢转动读数盘使大容器 2 上下移动数次，以排除胶皮管 9 内的气泡。用调平螺钉 10 将仪器调平，慢慢转动调节螺母 8 使小容器微微移动，水准器中的正、倒影尖恰好相接触。若两个影尖重叠，表明水量不足，应再加水；若两个影尖分离，表明水量过多，应排出部分水量。

(2) 测定。仪器调平、调零后，将被测压力较大的胶皮管接到仪器的“+”接头，压力较小的胶皮管接到仪器的“−”接头上。小容器1中的液面下降，从反射镜6中可观察到水准器的正、倒影像消失或重叠，顺时针缓慢转动读数盘3，直到两个影像尖端再次恰好相接。指针4所指示的标尺整数与读数盘所指的小数之和，即为所测压力差值。

常用的补偿式微压计有DJM9型、YJB-150/250-1型、BWY-150/250型等。其中，DJM9型的测量范围为0～1 500 Pa，最小分度值为0.1 Pa。这类仪器的精度高，可用于微小压差测量，但受压力波动影响大，水准针尖不易调准，多用于实验室内。

6. 矿井通风综合参数检测仪

我国生产的JFY型矿井通风综合参数检测仪，是一种能同时测量空气的绝对压力、相对压力、风速、温度、湿度和时间的精密便携式本质安全型仪器，适用于煤矿井下使用。其主要技术参数见表2-2。

表2-2　JFY型矿井通风综合参数检测仪技术参数表

技术参数	测量范围	测量分辨率	测量精度
绝对压力/Pa	80 000～120 000	10	±100
压差/Pa	2 923	0.98	9.8
温度/℃	−30～+40	0.1	±0.5
相对湿度/%	50～99	1.0	±4.0
风速/$m\cdot s^{-1}$	0.6～15	0.1	(0.6～4)±(0.2+2%风速值) (4～15)±(0.5+2%风速值)
时间	月、日、时、分、秒		

该仪器主要由压力传感器、风速传感器、温度传感器、湿度传感器以及智能微机组成。其中的压力传感器采用高精度振动筒压力传感器，其结构如图2-8所示，主要由保护筒、激振元件、振动弹性体、温度传感器、真空腔和拾振元件等组成。振动弹性体3为一个薄壁圆筒（壁厚0.08 mm），是感受压力的敏感元件，与保护筒1焊接在一起，共同构成真空腔，此腔是测压基准参考腔。激振元件2、拾振元件6与放大器构成测压振荡器，在常压下产生一个固有的振动频率f，当压力P变化时，振荡器的固有频率也发生变化，即压力P与频率f一一对应，并且单值连续。通过测量频率f（或周期T）即可测出外界的绝对压力P。

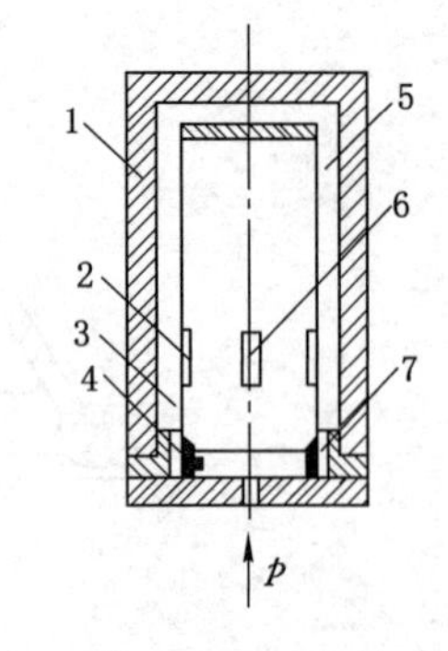

图2-8　振动筒压力传感器

1——保护筒；2——激振元件；3——振动弹性体；4——温度传感器；5——真空腔；6——拾振元件；7——底座支架

仪器面板布置见图2-9。测量前先将电源开关打到“通”的位置，电源电压指示灯亮，若指示灯发暗，说明电源电压不足，应先充电。

(1) 测量绝对压力。仪器通电后，整机进入自检状态，显示传感器的周期数，按“总清”键，则显示测点的绝对压力，单位为hPa。

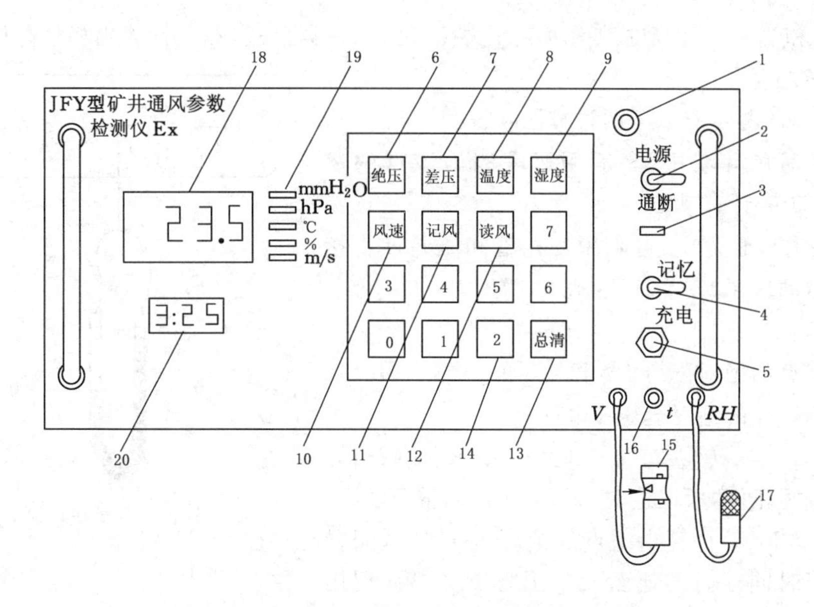

图 2-9　JFY 型矿井通风参数检测仪面板图

1——气孔；2——电源开关；3——电源电压指示灯；4——压力记忆开关；5——充电插座；
6——绝对压力键；7——压差键；8——温度键；9——相对湿度键；10——风速键；11——记风键；
12——读平均风速键；13——总清键；14——备用键；15——风速传感器；16——温度传感器；
17——湿度传感器；18——液晶显示；19——单位显示；20——电子表

(2) 测量相对压力。仪器通电后，只要按下“差压”键，并将记忆开关拨向“记忆”位置，则进入相对压力测定状态，此时，仪器将按键时测点的绝对压力 P_0 值记入内存中，并将此值作为后面的测压基准。当仪器发生位移或测点的绝对压力变化后，面板上液晶窗口显示的总是压差值($\Delta P = P - P_0$)，单位为 mmH_2O。只要不断电和记忆开关处于“记忆”位置不变，后面的测压基准 P_0 也不变。想了解其他参数值，只要按下相应的键即可。

(3) 测量温度和相对湿度。仪器通电后，不论处于何种状态，只要按下“温度”键，就显示当时测点的温度值；按下“湿度”键，就显示当时测点的相对湿度值。因温度和湿度传感器都有滞后现象，因此，从前一测点转到另一测点时，应等待 2～5 min 后再读数。

(4) 测量风速。可以测量点风速，也可以测量断面的平均风速。测量点风速时，只要把风速传感器上的箭头方向朝向风流，按下“风速”键读数即可，单位为 m/s。要测断面的平均风速时，可利用机械风表测风时的定点法，先测 1 点风速，按下“风速”键，显示 1 点风速值。再按下“记风”键，显示该点风速后，又显示一下“1”，表示 1 点的风速已存入内存中；将传感器移到 2 点，按下“记风”键，显示 2 点的风速值后又显示一下“2”，表示 2 点的风速已存入内存……如此进行，直到将所有测点测完，最后再按“读风”键，读出该巷道断面的平均风速值。

矿井通风综合参数检测仪广泛应用于矿井通风阻力测定、通风压能图测定等工作中。除此之外，常用的数字式气压计还有 BJ-1 型、WFQ-2 型等，既能测绝对压力又可测相对压力。

二、压力的测定方法

1. 静压测量

一般用空盒气压计、精密气压计或矿井通风综合参数测定仪测定井巷风流中某点的绝

对静压 $P_{静}$ 和当时同标高的地面大气压力 P_0 之后，根据公式(2-7)计算出相对静压 $h_{静}$。

2. 动压测量

动压 $h_{动}$ 的测定有以下两种方法：

(1) 在通风井巷中，一般用风表测出该点的风速，利用式(2-9)计算动压。

(2) 在通风管道中，可利用皮托管和压差计直接测出该点的动压，如图 2-10 所示。

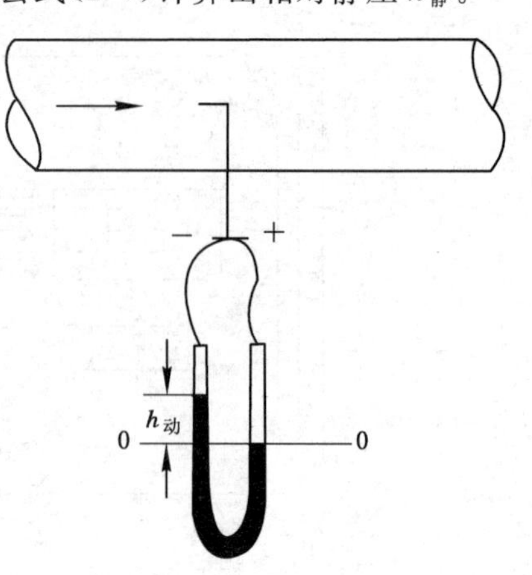

图 2-10 动压的测定

3. 全压测量

测出某点的绝对静压 $P_{静}$ 和动压 $h_{动}$ 之后，用公式(2-15)计算该点的绝对全压 $P_{全}$：

$$P_{全}=P_{静}+h_{动} \tag{2-15}$$

因动压为正值，所以绝对全压大于绝对静压。

根据式(2-15)计算出测点的绝对全压 $P_{全}$，同时测出该点当时同标高的地面大气压力 P_0 之后，利用下式计算该点的相对全压 $h_{全}$：

$$h_{全}=P_{全}-P_0 \tag{2-16}$$

4. 相对压力的测量

风流中某点的相对压力常用皮托管和压差计测定，其布置方法如图 2-11(a)所示。左图为压入式通风，右图为抽出式通风。

(1) 压入式通风中相对压力的测量及相互关系

如图 2-11(a)左图所示，皮托管的“+”接头传递的是风流的绝对全压 $P_{全}$，“−”接头传递的是风流的绝对静压 $P_{静}$，风筒外的压力是大气压力 P_0。在压入式通风中，因为风流的绝对压力都高于同标高的大气压力，所以 $P_{全}>P_0$，$P_{静}>P_0$，$P_{全}>P_{静}$。由图中压差计 1、2、3 的液面可以看出，绝对压力高的一侧液面下降，绝对压力低的一侧液面上升。

压差计 1 测得的是风流中的相对静压：$h_{静}=P_{静}-P_0$。

压差计 3 测得的是风流中的相对全压：$h_{全}=P_{全}-P_0$。

压差计 2 测得的是风流中的动压：$h_{动}=P_{全}-P_{静}$。

整理得公式(2-17)：

$$h_{全}=P_{全}-P_0=(P_{静}+h_{动})-P_0=(P_{静}-P_0)+h_{动}=h_{静}+h_{动} \tag{2-17}$$

式(2-17)说明，就相对压力而言，压入式通风风流中某点的相对全压等于相对静压与动压的代数和。

(2) 抽出式通风中相对压力的测量及相互关系

如图 2-11(a)右图所示，压差计 4、5、6 分别测定风流的相对静压、动压、相对全压。在抽出式通风中，因为风流的绝对压力都低于同标高的大气压力，所以 $P_{全}<P_0$，$P_{静}<P_0$，$P_{全}>P_{静}$。由图中压差计 4、6 的液面可以看出，与大气压力 P_0 相通的一侧水柱下降，另一侧水柱上升，压差计 5 中的液面变化与抽出式相同。由此可知测点风流的相对压力为：

$$h_{静}=P_0-P_{静} \quad 或 \quad -h_{静}=P_{静}-P_0$$

$$h_{全}=P_0-P_{全} \quad 或 \quad -h_{全}=P_{全}-P_0$$

$$h_{动}=P_{全}-P_{静}$$

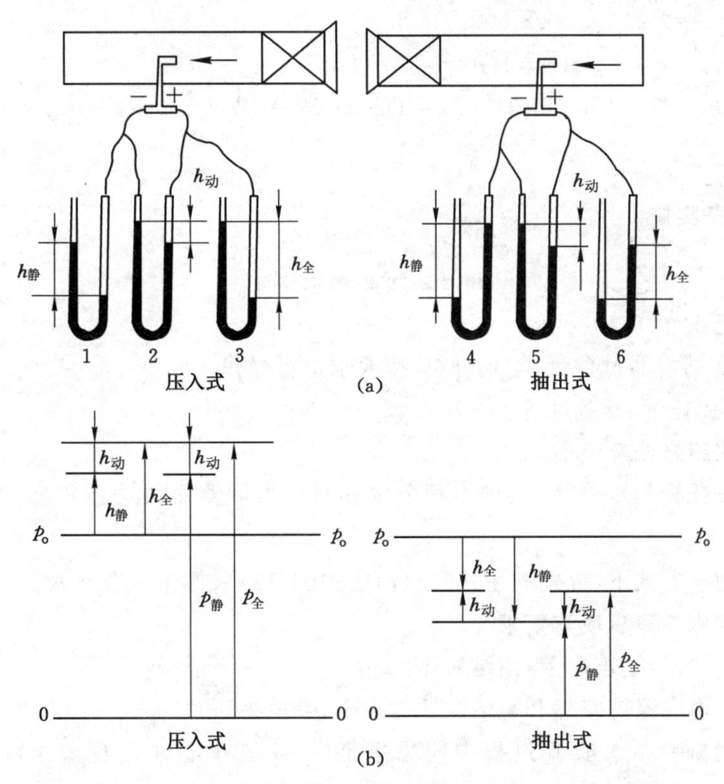

图 2-11　不同通风方式下风流中某点压力测量和压力之间的相互关系

(a) 皮托管和压差计的布置方法；(b) 风流中某点各种压力之间的关系

整理得：

$$h_{全}=P_0-P_{全}=P_0-(P_{静}+h_{动})=(P_0-P_{静})-h_{动}=h_{静}-h_{动} \tag{2-18}$$

式(2-18)说明，就相对压力而言，抽出式通风风流中某点的相对全压等于相对静压减去动压。

需要强调的是，式(2-18)中的 $h_{全}$ 和 $h_{静}$ 分别是绝对全压和绝对静压比同标高大气压力的降低值，而式(2-17)中的 $h_{全}$ 和 $h_{静}$ 则分别是绝对全压和绝对静压比同标高大气压力的增加值。公式中采用的都是其绝对值。

图 2-11(b)清楚地表示出不同通风方式下，风流中某点各种压力之间的关系。

例 2-1　在图 2-11(a)所示的压入式通风风筒中，测得风流中某点的相对静压 $h_{静}$ = 1 200 Pa，动压 $h_{动}$ = 100 Pa，风筒外与该点同标高的大气压力 P_0 = 98 000 Pa，求该点的 $P_{静}$、$h_{全}$、$P_{全}$。

解　(1) $P_{静}=P_0+h_{静}=98\ 000+1\ 200=99\ 200$ (Pa)。

(2) $h_{全}=h_{静}+h_{动}=1\ 200+100=1\ 300$ (Pa)。

(3) $P_{全}=P_0+h_{全}=98\ 000+1\ 300=99\ 300$ (Pa)，或 $P_{全}=P_{静}+h_{动}=99\ 200+100=99\ 300$ (Pa)。

例 2-2　在图 2-11(a)所示的抽出式通风风筒中，测得风流中某点的相对静压 $h_{静}$ = 1 200 Pa，动压 $h_{动}$ = 100 Pa，风筒外与该点同标高的大气压力 P_0 = 98 000 Pa，求该点的 $P_{静}$、$h_{全}$、$P_{全}$。

解 (1) $P_{静}=P_0-h_{静}=98\ 000-1200=96\ 800$ (Pa)。

(2) $h_{全}=h_{静}-h_{动}=1\ 200-100=1\ 100$ (Pa)。

(3) $P_{全}=P_0-h_{全}=98\ 000-1100=96\ 900$ (Pa)，或 $P_{全}=P_{静}+h_{动}=96\ 800+100=96\ 900$ (Pa)。

任务实施

相对压力的测定实训

一、任务组织

根据通风实训室器材数量，学生分组，按要求进行操作。

实验器材：皮托管、压差计等。

二、任务实施方法与步骤

(1) 使用皮托管和压差计，运用本任务中相对压力的测量方法测得相对静压 $h_{静}$ 和动压 $h_{动}$。

(2) 不同通风方式下，分别利用式(2-17)或式(2-18)求得相对全压 $h_{全}$。

三、任务实施注意事项与要求

(1) 要认真严谨，吃苦耐劳，团结协作。

(2) 实验室内应保持安静和整洁。注意安全，爱护物品。

(3) 遵从老师指导。实验过程中应思想集中，认真小心地进行操作，严格遵守操作规程。

(4) 实验完毕后应把实验台、仪器整理干净。

任务评价

学生训练成果评价表

姓名		班级		组别		得分	

评价内容	要求或依据	分数	评分标准
任务实施过程表现	学习纪律、敬业精神、协作精神、学习方法、安全文明意识等	10分	遵守纪律，学习态度端正、认真，相互协作等满分，其他酌情扣分
操作静压测量仪器	测量步骤完整，读数准确	30分	根据测量准确性和完整性酌情扣分
操作动压测量仪器	测量步骤完整，读数准确	30分	根据测量准确性和完整性酌情扣分
使用压力计算公式计算	计算过程完整，方法正确，结果真实。实验中由教师检查过程及结果	10分	根据计算准确性和完整性酌情扣分
实验报告	按要求写出实验过程、存在问题、结果及总结	20分	不能概述其主要要求的扣10分，实验内容不完整的扣10分，其他酌情扣分

2-6　什么叫绝对压力、相对压力、正压通风、负压通风？

2-7　什么叫全压、势压和总压力？

2-8　在同一通风断面上，各点的静压、动压、位压是否相同？通常哪一点的总压力最大？

2-9　为什么在压入式通风中某点的相对全压大于相对静压，而在抽出式通风中某点的相对全压小于相对静压？

2-10　用皮托管和压差计测得通风管道内某点的相对静压 $h_{静}=250$ Pa，相对全压 $h_{全}=200$ Pa。已知管道内的空气密度 $\rho=1.22$ kg/m^3，试判断管道内的通风方式并求出该点的风速。

2-11　在压入式通风管道中，测得某点的相对静压 $h_{静}=550$ Pa，动压 $h_{动}=100$ Pa，管道外同标高的绝对压力 $P_0=98\ 200$ Pa。求该点的相对全压和绝对全压。

2-12　两个不同的管道通风系统如图 2-12(a)、(b)所示，试判断它们的通风方式，区别各压差计的压力种类并填涂液面高差和读数。

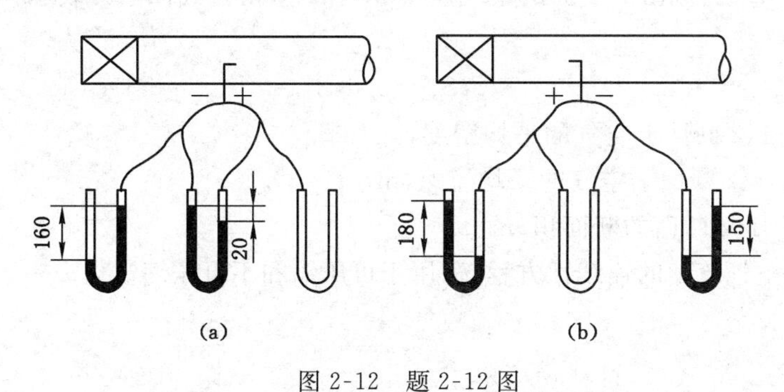

图 2-12　题 2-12 图

任务三　矿井风流的能量方程

矿井通风能量方程及其应用。

掌握矿井通风能量方程，会应用方程进行风流方向的判定以及不同断面之间阻力的计算。

(1) 能量方程的运用。

(2) 风流方向的判定。

(3) 断面之间风流阻力计算。

(4) 矿井通风总阻力计算。

任务导入

如何利用任务二所学内容，得出不同断面之间的阻力，并判断矿井中的风流方向？矿井通风总阻力又如何得出呢？

相关知识

一、能量方程

(一) 空气流动连续性方程

根据质量守恒定律，对于流动参数不随时间变化的稳定流，流入某空间的流体质量必然等于流出其空间的流体质量。矿井通风中，空气在井巷中的流动可以看作是稳定流，同样满足质量守恒定律。

如图 2-13 所示，风流从 1 断面流向 2 断面，在流动过程中既无漏风又无补给，则流入 1 断面的空气质量 M_1 与流出 2 断面的空气质量 M_2 相等，由公式(2-19)表示：

$$M_1 = M_2$$

或

$$\rho_1 v_1 S_1 = \rho_2 v_2 S_2 \tag{2-19}$$

式中 ρ_1、ρ_2——1、2 断面上空气的平均密度，kg/m^3；

v_1、v_2——1、2 断面上空气的平均流速，m/s；

S_1、S_2——1、2 断面的断面积，m^2。

式(2-19)为空气流动的连续性方程，适用于可压缩和不可压缩流体。

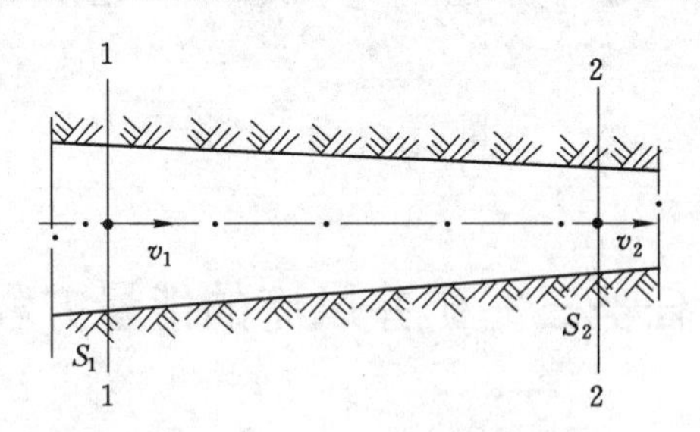

图 2-13 风流在巷道中稳定流动

对于不可压缩流体，即 $\rho_1 = \rho_2$，则有 $v_1 S_1 = v_2 S_2$，因此有：

$$\frac{v_1}{v_2} = \frac{S_2}{S_1} \tag{2-20}$$

上式说明，在流量一定的条件下，井巷断面上风流的平均流速与过流断面的面积成反比，断面越大流速越小，断面越小流速越大。考虑到矿井风流可近似地认为是不可压缩流体，应用空气流动的连续性方程可以方便地解决风速、风量测算和风量平衡问题。

例 2-3 风流在如图 2-13 所示的巷道中流动，已知 $\rho_1 = \rho_2 = 1.12\ kg/m^3$，$S_1 = 8\ m^2$，$S_2 = 6\ m^2$，$v_1 = 4\ m/s$。求 1、2 两断面上通过的质量流量 M_1、M_2，体积流量（风量）Q_1、Q_2；2 断面的平均风速 v_2。

解 (1) $M_1=M_2=\rho_1 v_1 S_1=1.12\times4\times8=35.84$ (kg/s)。

(2) $Q_1=Q_2=v_1 S_1=4\times8=32$ (m^3/s)。

(3) $v_2=Q_2/S_2=32/6=5.33$ (m/s)。

(二) 矿井通风能量方程

能量方程是用能量守恒定律描述风流沿程流动的能量转换和守恒规律的数学表达式。矿井通风能量方程则表达了空气的静压能、动能和位能在井巷流动过程中的变化规律,是能量守恒和转化定律在矿井通风中的应用。

根据机械能守恒定律,单位质量不可压缩的实际流体从1断面流向2断面的能量方程,由公式(2-21)表示:

$$\frac{P_1}{\rho}+\frac{v_1^{\ 2}}{2}+Z_1 g=\frac{P_2}{\rho}+\frac{v_2^{\ 2}}{2}+Z_2 g+H_{损} \tag{2-21}$$

式中 P_1/ρ、P_2/ρ ——单位质量流体在1、2断面所具有的静压能,J/kg;

$v_1^{\ 2}/2$、$v_2^{\ 2}/2$ ——单位质量流体在1、2断面所具有的动能,J/kg;

$Z_1 g$、$Z_2 g$ ——单位质量流体在1、2断面上相对于基准面所具有的位能,J/kg;

$H_{损}$——单位质量流体流经1、2断面之间克服阻力所损失的能量,J/kg。

上式表明,单位质量的实际流体从1断面流到2断面时,1断面所具有的总机械能(静压能、动能、位能之和)等于2断面所具有的总机械能与流体克服1、2断面之间阻力所损失的那部分能量之和。

矿井风流中空气的密度有变化,但变化范围一般不超过6%~8%,因此它的比容变化也不大。除了特殊情况(如矿井深度超过1 000 m)外,一般认为矿井风流近似于不可压缩的稳流状态,所以上述能量方程也可应用于矿井通风中。具体应用时,常用单位体积空气的能量来代替方程中单位质量空气的能量,即将公式中的各项乘以ρ,得到单位体积实际流体的能量方程,由公式(2-22)表示为:

$$P_1+\frac{\rho v_1^{\ 2}}{2}+Z_1\rho g=P_2+\frac{\rho v_2^{\ 2}}{2}+Z_2\rho g+h_{阻12} \tag{2-22}$$

式中 P_1、P_2——单位体积风流在1、2断面所具有的静压能或绝对静压,J/m^3或Pa;

$\rho v_1^{\ 2}/2$、$\rho v_2^{\ 2}/2$ ——单位体积风流在1、2断面所具有的动能或动压,J/m^3或Pa;

$Z_1\rho g$、$Z_2\rho g$ ——单位体积风流在1、2断面上相对于基准面所具有的位能或位压,J/m^3或Pa;

$h_{阻12}$——单位体积风流克服1、2断面之间的阻力所消耗的能量或压力,J/kg或Pa。

考虑到井下空气密度毕竟有一定的变化,为了能正确反映能量守恒定律,用风流在1、2断面的空气密度ρ_1、ρ_2代替上式动能中的ρ,用1、2断面与基准面之间的平均空气密度ρ_1、ρ_2代替上式位能中的ρ,得到式(2-23)~式(2-25):

$$P_1+\frac{\rho_1 v_1^{\ 2}}{2}+Z_1\rho_1 g=P_2+\frac{\rho_2 v_2^{\ 2}}{2}+Z_2\rho_2 g+h_{阻12} \tag{2-23}$$

或

$$h_{阻12}=(P_1+\frac{\rho_1 v_1^{\ 2}}{2}+Z_1\rho_1 g)(P_2+\frac{\rho_2 v_2^{\ 2}}{2}+Z_2\rho_2 g),\quad J/m^3 或 Pa \tag{2-24}$$

或

$$h_{阻12}=(P_1-P_2)+(\frac{\rho_1 v_1^{\ 2}}{2}-\frac{\rho_2 v_2^{\ 2}}{2})+(Z_1\rho_1 g-Z_2\rho_2 g),\quad J/m^3 或 Pa \tag{2-25}$$

式(2-24)、式(2-25)就是矿井通风能量方程。从能量观点来说，它表示单位体积风流流经井巷时的能量损失等于第一断面上的总机械能（静压能、动能和位能）与第二断面上的总机械能之差。从压力观点上来说，它表示风流流经井巷的通风阻力等于风流在第一断面上的总压力与第二断面上的总压力之差。

利用公式计算时，应特别注意动压中 ρ_1、ρ_2 与位压中 ρ_1、ρ_2 的选取方法。动压中的 ρ_1、ρ_2 分别取 1、2 断面风流的空气密度，位压中的 ρ_1、ρ_2 视基准面的选取情况按下述方法计算：

(1) 当 1、2 断面位于矿井最低水平的同一侧时，如图 2-14(a)所示，可将位压的基准面选在较低的 2 断面，此时，2 断面的位压为 0($Z_2=0$)，1 断面相对于基准面的高差为 Z_{12}，空气密度取其平均密度 ρ_{12}，如精度不高时可取 $\rho_{12}=(\rho_1+\rho_2)/2$($\rho_1$、$\rho_2$ 为 1、2 两断面风流的空气密度)。

(2) 当 1、2 断面分别位于矿井最低水平的两侧时，如图 2-14(b)所示，应将位压的基准面(0—0)选在最低水平，此时，1、2 断面相对于基准面的高差分别为 Z_{10}、Z_{20}，空气密度则分别为两侧断面与基准面之间的平均密度 ρ_{10} 与 ρ_{20}，当高差不大或精度不高时，可取 $\rho_{10}=(\rho_1+\rho_0)/2$，$\rho_{20}=(\rho_2+\rho_0)/2$。

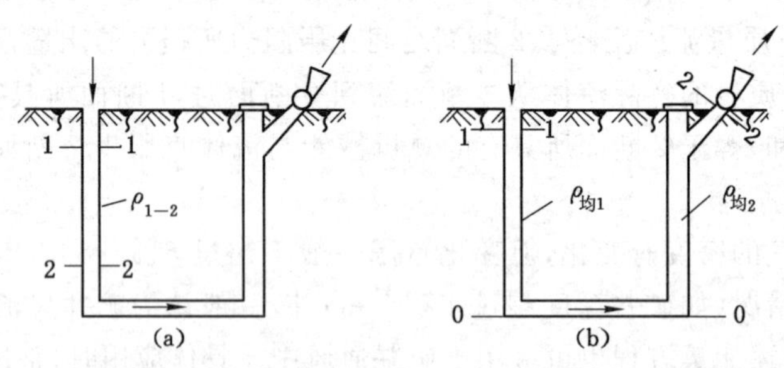

图 2-14 能量方程中位压基准面的确定及 ρ 的取法

(a) 两断面位于井底同一侧；(b) 两断面分别位于井底两侧

例 2-4 某倾斜巷道如图 2-15 所示，测得 1、2 两断面的绝对静压分别为 98 200 Pa 和 97 700 Pa，平均风速分别为 4 m/s 和 3 m/s，空气密度分别为 1.14 kg/m^3 和 1.12 kg/m^3，两断面的标高差为 50 m。求 1、2 两断面间的通风阻力并判断风流方向。

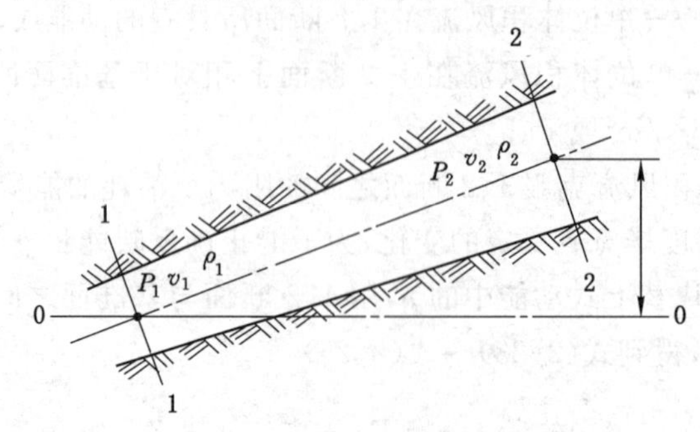

图 2-15 倾斜巷道

解 取标高较低的 1 断面为位压基准面，并假设风流方向为 1→2，根据能量方程：

$$h_{阻12}=(P_1-P_2)+\left(\frac{\rho_1 v_1^2}{2}-\frac{\rho_2 v_2^2}{2}\right)+(Z_1\rho_1 g-Z_2\rho_2 g)$$

$=(98\,200-97\,700)+(1.14\times 42/2-1.12\times 32/2)+[0-50\times(1.14+1.12)/2\times 9.8]$
$=-54\ (\text{Pa})$

因为求得的通风阻力为负值，说明1断面的总压力小于2断面的总压力，原假设风流方向不正确，风流方向应为2→1，通风阻力为54 Pa。

能量方程是矿井通风中的基本定律，通过分析可以得出以下规律：

(1) 不论在什么条件下，风流总是从总压力大的断面流向总压力小的断面。

(2) 在水平巷道中，因为位压差等于零，风流将由绝对全压大的断面流向绝对全压小的断面。

(3) 在等断面的水平巷道中，因为位压差、动压差均等于零，风流将从绝对静压大的断面流向绝对静压小的断面。

二、矿井主通风机房内静压水柱计的应用

（一）抽出式通风矿井中通风阻力与主通风机风硐断面相对压力之间的关系

图2-16为简化后的抽出式通风矿井示意图。风流自进风井口地面进入井下，沿立井1—2、井下巷道2—3、回风立井3—4到达主通风机风硐断面4。在风流流动的整个线路中，所遇到的通风阻力包括进风井口的局部阻力(空气由地面大气突然收缩到井筒断面的阻力)与井筒、井下巷道的通风阻力之和。即：

$$h_{阻}=h_{局1}+h_{阻14} \tag{2-26}$$

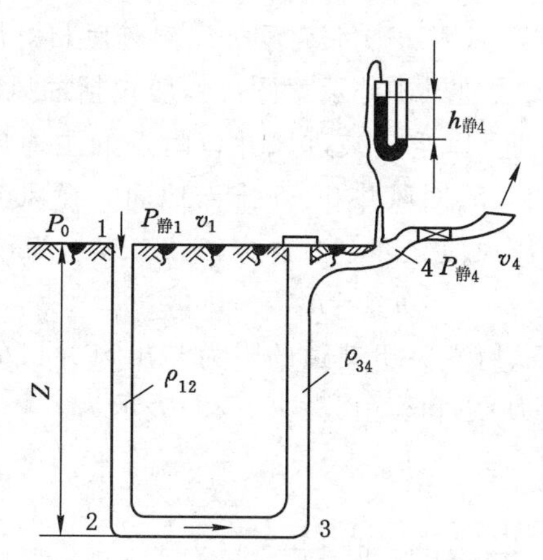

图2-16　抽出式通风矿井示意图

根据能量方程式，进风井口的局部阻力$h_{局1}$就是地面大气与进风进口断面1之间的总压力差(两个断面高差近似为零，地面大气为静止状态)，即：

$$h_{局1}=P_0-(P_{静1}+h_{动1})$$

井筒及巷道的通风阻力$h_{阻14}$为进风井口断面1与主通风机风硐断面4的总压力差。即：

$$h_{阻14}=(P_{静1}+h_{动1}+Z\rho_{12}g)-(P_{静4}+h_{动4}+Z\rho_{34}g)$$

将两式代入式(2-25)并整理得：

$$\begin{aligned}h_{阻}&=(P_0-P_{静4})-h_{动4}+(Z\rho_{12}g-Z\rho_{34}g)\\&=h_{静4}-h_{动4}+(Z\rho_{12}g-Z\rho_{34}g)\end{aligned}$$

上式中，$h_{静4}$为断面4的相对静压。$h_{动4}$为断面4的动压。$(Z\rho_{12}g-Z\rho_{34}g)$为矿井的自然风压，可用$H_{自}$表示，当$Z\rho_{12}g>Z\rho_{34}g$时，$H_{自}$为正值，说明它帮助主通风机通风；当$Z\rho_{12}g<Z\rho_{34}g$时，$H_{自}$为负值，说明它阻碍主通风机通风。故上式又可由公式(2-27)表示为：

$$h_{阻}=h_{静4}-h_{动4}\pm H_{自}=h_{全4}\pm H_{自} \tag{2-27}$$

式(2-27)为抽出式通风矿井的通风总阻力测算式，反映了矿井的通风阻力与主通风机风硐断面相对压力之间的关系。

矿井通风中，按《煤矿安全规程》的要求，都要在主通风机房内安装水柱计，此仪器就是显示风硐断面相对压力的垂直U形压差计，一般是静压水柱计。

例2-5 某矿井采用抽出式通风如图2-16所示，测得风硐断面的风量$Q=50\ m^3/s$，风硐净断面积$S_4=5\ m^2$，空气密度$\rho_4=1.14\ kg/m^3$，风硐外与其同标高的大气压力$P_0=101\ 324.5\ Pa$，主通风机房内静压水柱计的读数$h_{静4}=2\ 240\ Pa$，矿井的自然风压$H_{自}=120\ Pa$，自然风压帮助主通风机工作。试求$P_{静4}$、$h_{动4}$、$P_{全4}$、$h_{全4}$和矿井的通风阻力$h_{阻}$。

解

$$P_{静4}=P_0-h_{静4}=101\ 324.5-2\ 240=99\ 084.5\ (Pa)$$

$$h_{动4}=\rho_4 v_4{}^2/2=\rho_4(Q/S)^2/2=1.14\times(50/5)^2/2=57\ (Pa)$$

$$P_{全4}=P_{静4}+h_{动4}=99\ 084.5+57=99\ 141.5\ (Pa)$$

$$h_{全4}=h_{静4}-h_{动4}=2\ 240-57=2\ 183\ (Pa)$$

$$h_{阻}=h_{静4}-h_{动4}\pm H_{自}=2\ 240-57+120=2\ 303\ (Pa)$$

(二) 压入式通风矿井中通风阻力与主通风机风硐断面相对压力之间的关系

图2-17为简化后的压入式通风矿井示意图。一般包括抽风段1→2和压风段3→6，实际上属于又抽又压的混合式通风，空气被进风井口附近的主通风机吸入进入井下，自风硐3，沿进风井3—4、井下巷道4—5、回风井5—6排出地面。在风流流动的整个线路中，所遇到的通风阻力包括抽风段和压风段之和。由公式(2-28)表示为：

$$h_{阻}=h_{阻抽}+h_{阻压} \tag{2-28}$$

其中，压风段的阻力包括井筒、井下巷道的阻力与出风井口的局部阻力(空气由井筒断面突然扩散到地面大气的阻力)之和。由公式(2-29)表示为：

$$h_{阻压}=h_{阻36}+h_{局6} \tag{2-29}$$

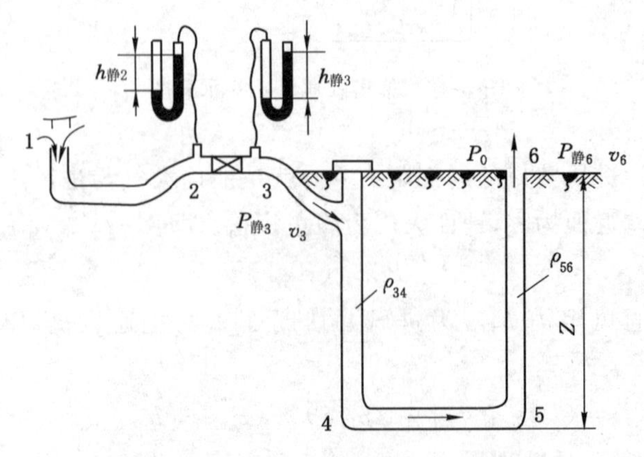

图2-17 压入式通风矿井示意图

根据能量方程式，$h_{阻36}$、$h_{局6}$可分别用以下两式表示：

$$h_{阻36}=(P_{静3}+h_{动3}+Z\rho_{34}g)-(P_{静6}+h_{动6}+Z\rho_{56}g)$$
$$h_{局6}=(P_{静6}+h_{动6})-P_0$$

将两式代入式(2-29)并整理得：

$$h_{阻压}=(P_{静3}-P_0)+h_{动3}+(Z\rho_{34}g-Z\rho_{56}g)$$
$$=h_{静3}+h_{动3}+(Z\rho_{34}g-Z\rho_{56}g)$$

上式中，$h_{静3}$为风硐3断面的相对静压；$h_{动3}$为风硐3断面的动压；$(Z\rho_{34}g-Z\rho_{56}g)$为矿井的自然风压$H_{自}$，同样$H_{自}$也有正有负。公式(3-29)可写成式(2-30)：

$$h_{阻压}=h_{静3}+h_{动3}\pm H_{自}=h_{全3}\pm H_{自} \tag{2-30}$$

考虑到抽风段的通风阻力(因标高差很小，抽风段的位压差可忽略不计)，则式(3-28)由公式(2-31)表示为：

$$h_{阻}=(h_{静2}-h_{动2})+(h_{静3}+h_{动3}\pm H_{自})=h_{全2}+h_{全3}\pm H_{自} \tag{2-31}$$

上式为压入式通风矿井的通风总阻力测算式，也反映了压入式通风矿井通风阻力与主通风机风硐断面相对压力之间的关系。

(三) 通风系统中风流能量(压力)坡线图

通风系统中风流能量(压力)坡度线是对矿井通风能量方程的图形描述，可以清晰地表明矿井通风系统中各断面的静压、动压、位压和通风阻力之间的相互转化关系，从而加深对能量方程的理解，是矿井通风管理和均压防灭火工作的有力工具。

矿井通风系统中风流能量(压力)坡线图的绘制方法是：以矿井最低水平作为位压计算的基准面，在矿井通风系统中沿风流流程布置若干测点，测出各测点的绝对静压、风速、温度、相对湿度、标高等参数，计算出各点的动压、位压和总能量(总压力)；然后以能量(绝对压力)为纵坐标，风流流程为横坐标，分别描出各测点，将同名参数点用折线连接起来，即是所要绘制的通风系统中风流能量(压力)坡线图。具体包括三条坡度线：风流全能量(总压力)坡度线，风流全压坡度线，风流静压坡度线。

图2-18是对应图2-16抽出式通风矿井中的风流能量(压力)坡线图。由图中可以

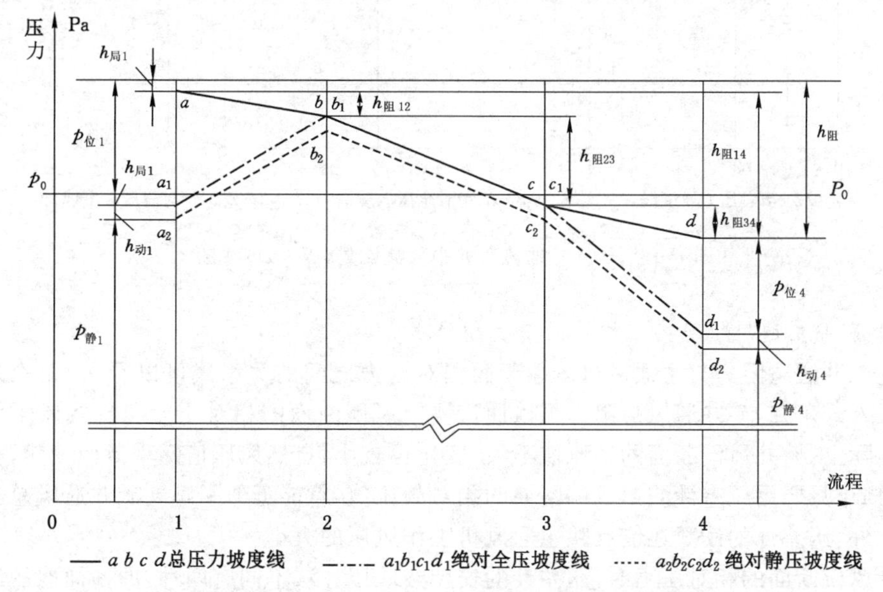

图2-18　抽出式通风矿井中风流能量(压力)坡线图

看出：

(1) 全能量(总压力)坡度线 $a—b—c—d$ 沿程逐渐下降，矿井的通风总阻力就等于风硐断面 4 上全能量(总压力)的下降值。任意两断面间的通风阻力等于这两个断面全能量(总压力)下降值的差。全能量(总压力)线的坡度反映了流动路线上通风阻力的分布状况，坡度越大，说明单位长度上的通风阻力越大。

(2) 绝对全压和绝对静压坡度线的变化与全能量(总压力)坡度线的变化不同。全能量坡度线全程逐渐下降，而绝对全压坡度线 $a_1—b_1—c_1—d_1$ 和绝对静压坡度线 $a_2—b_2—c_2—d_2$ 有上升也有下降。如进风井 1→2 段，风流由上向下流动，位压逐渐减小，静压逐渐增大，所以其绝对静压和绝对全压坡度线逐渐上升；在回风井 3→4 段，风流由下向上流动，位压逐渐增大，静压逐渐减小，所以其绝对静压和绝对全压坡度线逐渐下降。这也充分说明，风流在有高差变化的井巷中流动时，其静压和位压之间可以相互转化。

(3) 矿井通风的总阻力包括进风井口的局部阻力与井巷通风阻力之和，即 $h_{阻}=h_{局1}+h_{阻12}+h_{阻23}+h_{阻34}=h_{局1}+h_{阻14}$。

同理可以作出图 2-17 所示的压入式通风矿井(压风段)的风流能量(压力)坡线图(图 2-19)。其坡度变化基本同抽出式，不同的是井下各测点的绝对压力都高于同标高的大气压力，故压力坡线都位于 $P_0—P_0$ 线的上方。此外，局部阻力则产生在回风井口 6。

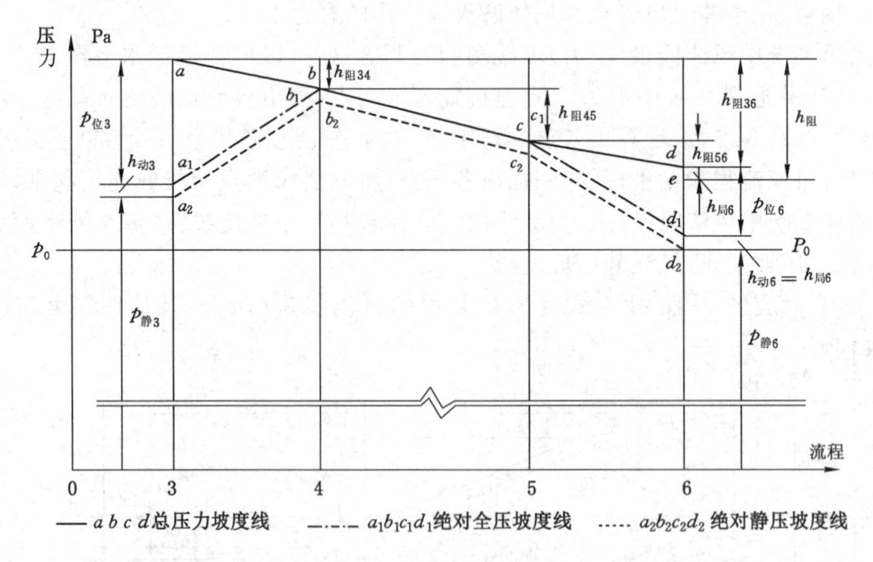

图 2-19 压入式通风矿井中风流能量(压力)坡线图

(四) 矿井主通风机房内水柱计的安装和作用

通过矿井通风阻力与主通风机风硐断面相对压力之间的关系式可以看出，无论是抽出式还是压入式矿井，矿井通风总阻力可以通过测定风硐断面的相对压力和自然风压值计算出来。实际上，矿井风硐断面的动压值不大，变化也较小；自然风压值随季节而变化，一般也不大。因此，只要用压差计测出风硐断面的相对静压值，就能近似了解到矿井通风总阻力的大小。此外，压差计的读数还能反映主通风机工作风压的大小。

测量风硐断面的相对压力时，压差计的安装按取压方法不同有两种，即壁面取压法和环形管取压法，如图 2-20 所示。

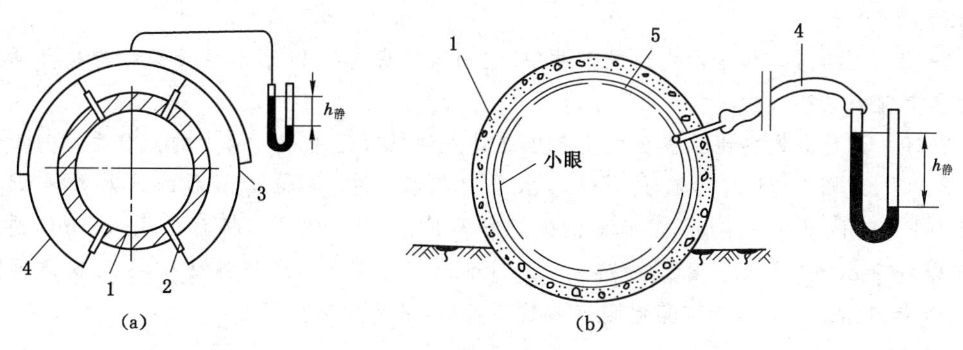

图 2-20　静压水柱计的安装方法

(a) 壁面取压法；(b) 环形管取压法

1——风硐；2——静压管；3——三通；4——胶皮管；5——环形管

1. 壁面取压法

所谓壁面取压，就是在风硐的内壁上开静压孔，如图 2-20(a)所示，用静压管 2 和胶皮管 4 把压力传输到风硐外并连接到主通风机房内的压差计上。为了减少误差，一般把各测点用三通 3 和胶皮管 4 并联起来。在壁面上开静压孔时，要求孔径不大于 10 mm，孔口光滑无毛刺，附近无凹凸现象，孔的中心线与壁面垂直。

2. 环形管取压法

如图 2-20(b)所示，将一个外径为 4～6 mm 的铜管 5 做成圆形，在管上等距离钻 8 个垂直于风流方向的小眼，眼径 1～2 mm，将圆形铜管固定在风硐断面四周上，再用一根铜管与其相通并穿出硐壁，用胶皮管 4 连接到主通风机房内的压差计上。

两种方法选择的取压断面都应靠近主通风机入风口(抽出式通风时)的风流稳定处，测压仪器多采用 U 形水柱计。随着电子技术的发展和矿井安全监控系统的应用，不少矿井已经采用电子压差计测量或用负压传感器将数据传送到计算机上，自动监测风硐内的风流压力。

水柱计的两个液面一般是稳定的或有微小的波动。若水柱计液面高差突然增大，可能是主要通风巷道发生冒顶或其他堵塞事故，增大了通风阻力；如果液面高差突然变小，可能是控制通风系统的主要风门被打开，或发生了其他风流短路事故，使得通风阻力变小。此外，如果通风机的传动带打滑使通风机的转数忽高忽低或者电源不稳定时也会引起水柱计读数波动。只要测点位置选择合理，通过水柱计可以反映出矿井通风系统的正常状况。因此，在主通风机房内设置压差计，是通风管理中不可缺少的监测手段。

思考与练习

2-13　矿井通风中的能量方程是什么？从能量和压力观点讲，分别代表什么含义？

2-14　为什么从单位质量不可压缩流体的能量方程可以推导出矿井通风中的能量方程？矿井风流应满足什么条件？

2-15　为什么说风流在有高差变化的井巷中流动时，其静压和位压之间可以相互转化？

2-16　能量方程式中动压和位压项中空气密度是否一样？如何确定？

2-17　通风系统中风流压力坡线图有何作用？如何绘制？如何从图上了解某段通风

阻力的大小？

2-18　在抽出式和压入式通风矿井中，主通风机房内的U形水柱计读数与矿井通风总阻力各有何关系？

2-19　为什么说主通风机房内安装压差计是通风管理中不可缺少的监测手段？

2-20　如图2-21所示断面不等的水平通风巷道中，测得1断面的绝对静压 $P_{静1}$ = 96 170 Pa，断面积 S_1 = 4 m²，2断面的绝对静压 $P_{静2}$ = 96 200 Pa，断面积 S_2 = 8 m²，通过的风量 Q = 40 m³/s，空气密度 $\rho_1 = \rho_2 = 1.16$ kg/m³，试判断巷道风流方向并求其通风阻力 $h_{阻}$。若巷道断面都是4 m²，其他测定参数不变，结果又如何？

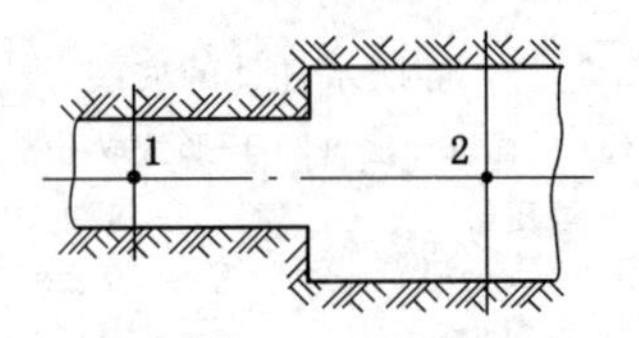

图2-21　题2-20图

2-21　如图2-16所示的抽出式通风矿井中，已知矿井的通风总阻力为1 840 Pa，自然风压80 Pa（阻碍通风机工作）；风硐的断面积为4 m²，通过的总回风量为50 m³/s，空气密度1.2 kg/m³。主通风机房内静压水柱计的读数为多大？

2-22　如图2-17所示的压入式通风矿井中，已知主通风机吸风段2断面与风硐3断面的静压水柱计读数分别为 $h_{静2}$ = 162 Pa，$h_{静3}$ = 1 468 Pa；测得两断面的动压分别为 $h_{动2}$ = 110 Pa，$h_{动3}$ = 88 Pa；地面大气压力 P_0 = 101 324 Pa，自然风压 $H_{自}$ = 100 Pa，自然风压的作用方向与主通风机风流方向相同。试求2、3断面的绝对静压、绝对全压、相对全压和矿井的通风阻力。

项目三　矿井通风阻力

情景导入

一台风扇，放置在长 50 m 的模拟巷道内，打开风扇，风流开始沿模拟巷道流动。请思考以下问题：

(1) 站在风扇前不同距离处，均能感受到风流吗？

(2) 假设风流流动的最远距离是 15 m，那么，在风扇提供了通风动力的情况下，风流为什么不能无限地流动？风扇提供的通风动力被什么消耗了？

(3) 风扇前设置障碍物，风流还能流动到 15 m 吗？

(4) 假设通风目标是使风流以 2 m/s 的速度通过 50 m 的模拟巷道，需要风扇提供的动力可以计算出来吗？

任务一　摩擦阻力和局部阻力

知识要点

风流流动的状态；通风阻力的种类；摩擦阻力和局部阻力的计算。

技能目标

(1) 能用查表法确定井巷的摩擦阻力系数、局部阻力系数。

(2) 能测算矿井的摩擦阻力、局部阻力。

任务分析

不同的巷道，断面形状、支护方式、断面积大小、巷道内的设备不同，产生的通风阻力也不相同，应设法找出上述不同参数对通风阻力大小的影响。

任务导入

风流在巷道中流动，会与巷道壁和巷道内设备产生摩擦和冲击，产生的阻力情况一样吗？如果不一样，能计算出来吗？

相关知识

一、流体的流动状态

流体在流动中有两种不同的状态，即层流流动和紊流流动。

（一）层流和紊流

层流：指流体各层的质点相互不混合，质点的流动轨迹为直线或有规则的平滑曲线，并与管道轴线方向基本平行。各流束的质点没有能量交换。

紊流：流体质点的流动轨迹极不规则，除了有总流方向的流动外，还有垂直或斜交总流方向的流动，流体内部存在着时而产生、时而消失的涡流。质点在流动过程中有强烈混合和相互碰撞，质点之间有能量交换。

（二）流动状态的判别

1883 年英国物理学家雷诺通过实验证明：流体的流动状态取决于流体的平均流速、管道的直径和流体的运动黏性系数。这三个因素的综合影响可用一个无因次参数来表示，这个无因次参数叫雷诺数。对于圆形管道，雷诺数由公式(3-1)表示：

$$Re=\frac{vd}{\nu} \tag{3-1}$$

式中 v ——管道中流体的平均流速，m/s；

d ——圆形管道的直径，m；

ν ——流体的运动黏性系数，矿井通风中一般用平均值 $\nu=1.501\times10^{-5}$ m²/s。

许多学者经过对圆形管道水流的大量实验证明：当 $Re<2\ 320$ 时，水流呈层流状态，叫下临界值；当 $Re>12\ 000$ 时，水流呈完全紊流状态，叫上临界值。$Re=2\ 320\sim12\ 000$ 时，为层流和紊流不稳定过渡区。在 $Re=2\ 320\sim4\ 000$ 区域内，流动状态不是固定的，由管道的粗糙程度、流体进入管道的情况等外部条件而定，只要稍有干扰，流态就会发生变化。因此，为方便起见，在实际工程计算中，通常以 $Re=2\ 300$ 作为管道流动流态的判别系数，即 $Re\leqslant2\ 300$ 为层流流动；$Re>2\ 300$ 为紊流流动。

对于非圆形断面的管道，可用水力学中的水力半径的概念把非圆形断面折算成圆形断面。所谓水力半径 R_w（也叫当量直径），就是过流断面积 S 和湿润周界（即流体在管道断面上与管壁接触的周长）U 之比。对于圆形断面由公式(3-2)表示：

$$R_w=\frac{S}{U}=\frac{d}{4} \tag{3-2}$$

用水力半径代替圆形管道直径就会得到非圆形管道的雷诺判别系数，由公式(3-3)表示：

$$Re=\frac{4vS}{\nu U} \tag{3-3}$$

式中 S ——非圆形管道面积，m²；

U ——非圆形管道断面周长，m；

其他符号意义同前。

对于不同形状的断面，其周长 U 与断面 S 的关系，可用公式(3-4)表示：

$$U\approx C\sqrt{S} \tag{3-4}$$

式中 C ——断面形状系数。梯形 $C=4.16$；三心拱 $C=3.85$；半圆拱 $C=3.90$。

（三）井巷中风流的流动状态

井巷中空气的流动，近似于水在管道中的流动。井下除了竖井以外，大部分巷道都为非圆形巷道，而且气流充满整个井巷，故湿润周界就是断面的周长。可用式(3-3)计算雷诺数以判别井巷中风流的流动状态。

例 3-1　某梯形巷道的断面积 $S=9\ m^2$，巷道中的风量为 360 m^3/min，试判别风流流态。

解

$$Re=\frac{4vS}{\nu U}=\frac{4Q}{\nu C\sqrt{S}}=\frac{4\times 360\div 60}{1.501\times 10^{-5}\times 4.16\times\sqrt{9}}=128\ 120>2\ 300$$

故巷道中的风流流态为紊流。

例 3-2　巷道条件同例 3-1，求相应于 $Re=2\ 300$ 的层流临界风速 v。

解

$$v=\frac{ReU\nu}{4S}=\frac{2\ 300\times 4.16\times\sqrt{9}\times 1.501\times 10^{-5}}{4\times 9}=0.011\ 97\ (m/s)$$

因为《煤矿安全规程》规定，井巷中最低允许风速为 0.15 m/s，而井下巷道的风速都远远大于上述数值，所以井巷风流的流动状态都是紊流。只有风速很小的漏风风流，才有可能出现层流。

二、矿井通风阻力

矿井通风阻力是指矿井风流流动过程中，在风流内部黏滞力、惯性力、井巷壁面的外部阻滞和障碍物的扰动作用下，部分机械能不可逆转地转化为热能而引起的机械能损失。按照造成能量损失的形式，井巷通风阻力可分为两类：摩擦阻力和局部阻力。

（一）摩擦阻力

风流在井巷或管道中流动时，因流体层间的摩擦（内摩擦）和流体与壁面之间的摩擦（外摩擦）所形成的阻力称为摩擦阻力。一般情况下，摩擦阻力要占能量方程中通风阻力的80%～90%。

1. 摩擦阻力基础理论

在水力学中，用来计算圆形管道摩擦阻力的计算式叫达西公式，由公式（3-5）表示：

$$h_{摩}=\lambda\frac{L}{d}\cdot\frac{\rho v^2}{2} \tag{3-5}$$

式中　$h_{摩}$——摩擦阻力，Pa；

λ——实验系数，无因次；

L——管道的长度，m；

d——管道的直径，m；

ρ——流体的密度，kg/m^3；

v——管道内流体的平均流速，m/s。

上式对于层流和紊流状态都适用，但流态不同，实验的无因次系数 λ 大不相同，计算的摩擦阻力也大不相同。著名的尼古拉兹实验明确了流动状态和实验系数 λ 的关系。

尼古拉兹把粗细不同的砂粒均匀地粘于管道内壁，形成不同粗糙度的管道。管壁粗糙度是用相对粗糙度来表示的，即砂粒的平均直径 ε（m）与管道直径 r（m）之比。尼古拉兹以水为流动介质，对相对粗糙度分别为 1/15、1/30.6、1/60、1/126、1/256、1/507 六种不同的管道进行实验研究。实验得出了流态不同的水流，λ 系数与管壁相对粗糙度（ε/r）、雷诺数 Re 的关系，如图 3-1 所示。图中的曲线是以对数坐标来表示的，纵坐标轴为 lg(100λ)，横坐标轴为 lg Re。根据 λ 值随 Re 变化特征，图中曲线分为五个区：

Ⅰ区——层流区。当 $Re<2\ 320$（即 lg $Re<3.36$）时，不论管道粗糙度如何，其实验结果

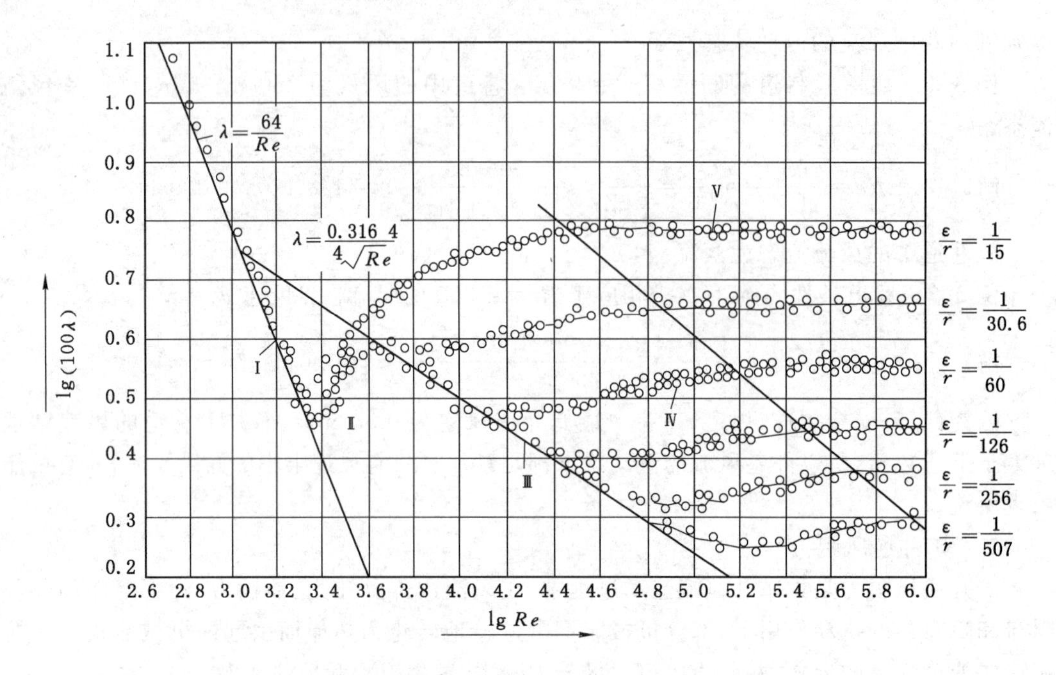

图 3-1 尼古拉兹试验结果

都集中分布于直线Ⅰ上。这表明 λ 随 Re 的增加而减少，与相对粗糙度无关，只与雷诺数 Re 有关，其关系式为：$\lambda=64/Re$。这是因为各种相对粗糙度的管道，当管道内为层流时，其层流边层的厚度远远大于粘于管道壁各个砂粒的直径，砂粒凸起的高度全部被淹没在层流边层内，它对流体的核心没有影响（如图 3-2 所示）所以，实验系数 λ 与粗糙度无关。

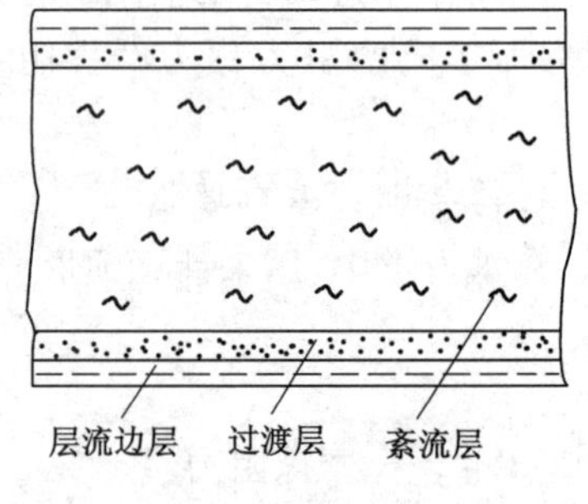

图 3-2 流态结构

Ⅱ区——临界区。当 $2\ 320 \leqslant Re \geqslant 4\ 000$（即 $3.36 \leqslant \lg Re \leqslant 3.6$）时，在此区间内，不同的相对粗糙度的管内流体由层流转变紊流。所有的实验点几乎都集中在线段Ⅱ上。λ 随 Re 的增加而增大，与相对粗糙度无明显关系。

Ⅲ区——水力光滑区。当 $Re>4\ 000$（$\lg Re>3.6$）时，不同相对粗糙度的实验点起初都集中在曲线Ⅲ上，随着 Re 的增加，相对粗糙度大的管道，实验点在较低 Re 时就偏离曲线Ⅲ，相对粗糙度小的管道在较大的 Re 时才偏离。在Ⅲ曲线范围内，λ 与 Re 有关，而与相对粗糙度无关。λ 与 Re 服从 $\lambda=0.316\ 4/Re^{0.25}$ 关系。从实验曲线可以看出，在 $4\ 000<Re<10\ 000$ 的范围内，它始终是水力光滑的。

Ⅳ区——紊流过渡区。由水力光滑区向水力粗糙区过渡，即图中的Ⅳ所示区段。在这个区段内，各种不同相对粗糙度的实验点各自分散呈一波状曲线，λ 与 Re 有关，也与相对粗糙度有关。

Ⅴ——水力粗糙区。在该区段，Re 值较大，流体的层流边层变得极薄，砂粒凸起的高度几乎全暴露在紊流的核心中，所以 Re 对 λ 值的影响极小，可省略不计，相对粗糙度成为 λ 的唯一影响因素。故在该区，λ 与 Re 无关，而只与相对粗糙度有关。对于一定的相对粗糙度的管道，λ 为定值。

在水力学上，尼古拉兹实验比较完整地反映了 λ 的变化规律，揭示了 λ 的主要影响因素，解决了水在管道中摩擦阻力计算问题。空气在井巷中的流动和水在管道中的流动很相似，可以把流体力学计算水流沿程阻力的达西公式应用于矿井通风中，作为计算井巷摩擦阻力的理论基础。因此把公式(3-5)作为紊流流动矿井摩擦阻力计算的普遍公式。

2. 层流摩擦阻力

从尼古拉兹实验的结果可以知道，流体在层流状态时，实验系数 λ 只与雷诺数 Re 有关，故将式 $\lambda=64/Re$ 代入达西公式(3-5)中，得到公式(3-6)：

$$h_{摩}=\frac{64}{Re}\cdot\frac{L}{d}\cdot\frac{\rho v^2}{2},\quad \mathrm{Pa} \tag{3-6}$$

再将雷诺数 $Re=\frac{vd}{\nu}$ 和式 $\mu=\rho\cdot\nu$ 代入式(3-6)中，得到公式(3-7)：

$$h_{摩}=32\cdot\mu\cdot\frac{L}{d^2}\cdot v \tag{3-7}$$

将式(3-2)及 $v=Q/S$ 代入式(3-7)就可得到层流状态下井巷摩擦阻力计算式(3-8)：

$$h_{摩}=2\mu\cdot\frac{LU^2}{S^3}Q \tag{3-8}$$

式中　μ——空气的动力黏性系数，Pa·s；

Q——井巷风量，m^3/s。

其他符号意义同前。

上式说明，层流状态下摩擦阻力与风流速度和风量的一次方成正比。由于井巷中的风流大多数都为紊流状态，所以层流摩擦阻力计算公式在实际工作中很少用到。

3. 紊流摩擦阻力

井下巷道的风流大多属于完全紊流状态，所以实验系数 λ 值取决于巷道壁面的粗糙程度。将式(3-2)代入公式(3-5)得到应用于矿井通风工程上的紊流摩擦阻力计算公式：

$$h_{摩}=\frac{\lambda\rho}{8}\cdot\frac{LU}{S}\cdot v^2,\quad \mathrm{Pa} \tag{3-9}$$

从前面分析可知，流体在完全紊流状态时，对于确定的粗糙度，λ 值是确定的。对矿井通风的井巷来说，当井巷掘成以后，井巷的几何尺寸和支护形式是确定的，井巷壁面的相对粗糙度变化不大，因而在矿井条件下 λ 值被视为常数。而矿井空气的密度变化不大，也可以视为常数，可由公式(3-10)求得：

$$\alpha=\frac{\lambda\rho}{8} \tag{3-10}$$

式中，α 称为摩擦阻力系数。因为 λ 是无因次量，故 α 具有与空气密度相同的因次，即 kg/m^3。

将式(3-10)及 $v=Q/S$ 代入式(3-9)得公式(3-11)：

$$h_{摩}=\alpha\frac{LU}{S^3}Q^2,\quad \mathrm{Pa} \tag{3-11}$$

式中　α——井巷的摩擦阻力系数，kg/m^3 或 $N\cdot s^2/m^4$。

其他符号意义同前。

4. 摩擦阻力系数与摩擦风阻

(1) 摩擦阻力系数 α

在应用公式(3-11)计算矿井通风紊流摩擦阻力时,关键在于如何确定摩擦阻力系数 α 值。从式(3-10)看,摩擦阻力系数 α 值取决于空气密度和实验系数 λ 值,而矿井空气密度一般变化不大,因此 α 值主要取决于 λ 值,也就是取决于井下巷道的支护形式。不同的井巷、不同的支护形式 α 值也不同。确定 α 值方法有查表和实测两种方法。

① 查表确定 α 值

查表确定 α 值法,就是根据所设计的井巷特征(指支护形式、净断面积、有无提升设备和其他设施等),通过附录Ⅰ查出适合该井巷的 α 标准值。附录Ⅰ所列录的摩擦阻力系数 α 值,是前人在标准状态($\rho_0=1.2\ kg/m^3$)条件下,通过大量模型实验和实测得到的。

如果井巷空气密度不是标准状态条件下的密度,实际应用时,应用公式(3-12)对其进行修正。

$$\alpha=\alpha_0\frac{\rho}{1.2},\quad kg/m^3 \tag{3-12}$$

不同井巷的相对粗糙度差别很大。对于砌碹和锚喷巷道,壁面粗糙程度可用尼古拉兹实验的相对粗糙度来表示,可直接查出摩擦阻力系数 α 值。

对于用木棚子、工字钢、U形钢和混凝土棚等支护巷道,要同时考虑支架的间距和支架厚度,其粗糙度用纵口径来表示。如图 3-3 所示,纵口径是相邻支架中心线之间的距离 L(m)与支架直径或厚度 d_0(m)之比,得到公式(3-13):

$$\Delta=\frac{L}{d_0} \tag{3-13}$$

式中 Δ——纵口径,无因次;

L——支架的间距,m;

d_0——支架直径或厚度,m。

图 3-4 是在平巷模型中实验获得的纵口径 Δ 与摩擦阻力系数 α 关系曲线图。从图中可看出,当 $\Delta<5\sim6$ 时,摩擦阻力系数 α 随纵口径 Δ 增加而增加;当 $\Delta=5\sim6$ 时,摩擦阻力系数 α 达到最大值;当 $\Delta>5\sim6$ 时,摩擦阻力系数 α 随纵口径 Δ 增加而减少。这说明 $\Delta=5\sim6$ 时,引起的风流能量损失最大,产生的通风阻力最大。所以,在实际工作中,从降低通风阻力角度出发,一定要合理选用支护密度。

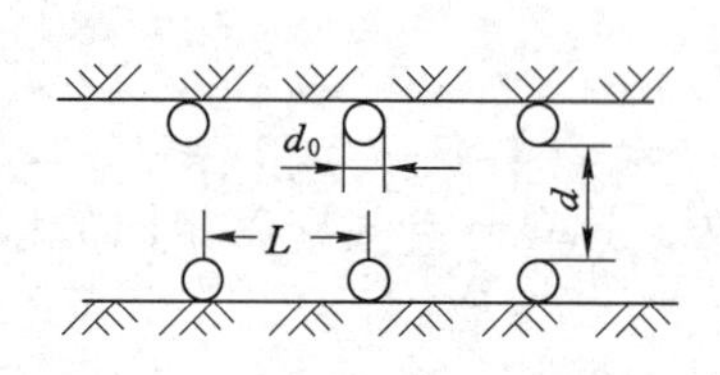

图 3-3 支架巷道的纵口径

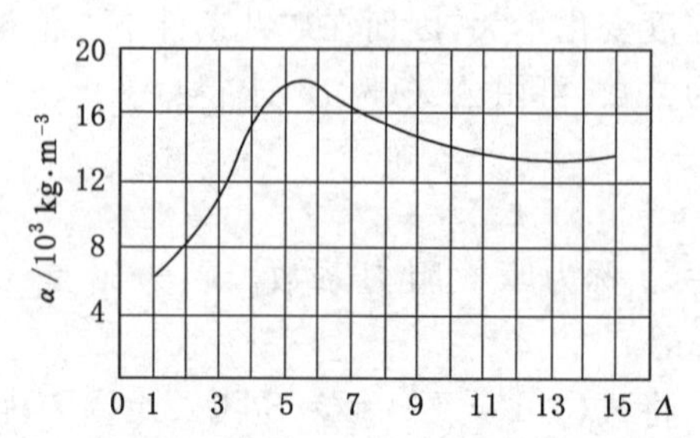

图 3-4 纵口径 Δ 与摩擦阻力系数 α 关系曲线

对于支架巷道,应先根据巷道的 d_0 和 Δ 两个数值在附表Ⅰ-1 中查出该巷道的 α 初值,再根据该巷道的净断面积 S 值查出校正系数,对 α 的初值进行断面校正。这是因为在模型实验时以断面的某个值为标准，当实际断面大于标准值时，摩擦阻力系数 α 较小，故乘以一个小于 1 的系数；反之，乘以一个大于 1 的系数。

② 实测确定 α 值

在生产矿井中，用压差计测出一段平直巷道前后两断面之间的摩擦阻力 $h_{摩}$，巷道的长度 L、周长 U、断面积 S 和风量 Q，代入公式(3-14)即可算出 $\alpha_{测}$ 值：

$$\alpha_{测}=\frac{h_{摩}\cdot S^3}{ULQ^2},\quad \mathrm{N\cdot s^2/m} \tag{3-14}$$

因为 α 和 ρ 成反比，所以要将测定时空气的密度为 $\rho_{测}$ 时的 $\alpha_{测}$ 值，换算成矿井标准空气密度 $\rho=1.2\ \mathrm{kg/m^3}$ 时的 $\alpha_{标}$ 值，这样才便于比较各类巷道的 α 值的大小。其换算由公式(3-15)表示：

$$\alpha_{标}=\frac{1.2\alpha_{测}}{\rho_{测}},\quad \mathrm{N\cdot s^2/m^4} \tag{3-15}$$

(2) 摩擦风阻

对于确定的井巷，巷道的长度 L、周长 U、断面 S 以及巷道的支护形式都是确定的，故可把公式(3-11)中的 α、L、U、S 用一个参数 $R_{摩}$ 来表示，得到下式：

$$R_{摩}=\frac{\alpha\cdot L\cdot U}{S^3},\quad \mathrm{kg/m^7}\ 或\ \mathrm{N\cdot s^2/m^8} \tag{3-16}$$

$R_{摩}$ 称为摩擦风阻。其国际单位是 $\mathrm{kg/m^7}$ 或 $\mathrm{N\cdot s^2/m^8}$。显然 $R_{摩}$ 是空气密度、巷道的粗糙程度、断面积、断面周长、井巷长度等参数的函数。当这些参数确定时，摩擦风阻 $R_{摩}$ 值是固定不变的。所以，$R_{摩}$ 是表示井巷几何特征的参数，反映井巷通风的难易程度。

将式(3-16)代入公式(3-11)得到公式(3-17)：

$$h_{摩}=R_{摩}\,Q^2,\quad \mathrm{Pa} \tag{3-17}$$

上式就是完全紊流时摩擦阻力定律，说明当摩擦风阻一定时，摩擦阻力与风量的平方成正比。

(二) 局部阻力

风流在流动过程中，由于巷壁条件突然变化，受到局部阻力物(如巷道断面突然变化、巷道分岔与交汇、断面堵塞等)的影响和破坏，引起流速大小、方向和分布的突然变化，形成极为紊乱的涡流，造成能量损失，这种能量损失就叫作局部阻力。

1. 局部阻力的成因分析

井下巷道千变万化，很多地点可以产生局部阻力，如采区车场、井口、调节风窗、风桥、风硐等地方的巷道断面突然扩大与缩小，各类车场、大巷、采区巷道、工作面巷道的各种拐弯，井底车场、中部车场等处各类巷道的分岔、交汇等。我们常将局部阻力分为突变类型和渐变类型(如图 3-5 所示)两种。图中(a)、(c)、(e)、(g)属于突变类型，(b)、(d)、(f)、(h)属于渐变类型。

紊流流体通过突变部位时，由于惯性的作用，出现主流与边壁脱离的现象，在主流与边壁间形成涡流区，产生局部阻力。

边壁虽然没有突然变化，但如果沿流动方向出现减速增压现象的地方，也会产生涡流区。如图 3-5(b)所示，巷道断面渐宽，沿程流速减小，静压不断增加，压差的作用方向与主流的方向相反，使边壁附近很小的流速逐渐减少到零，在这里主流开始与边壁脱离，出现与

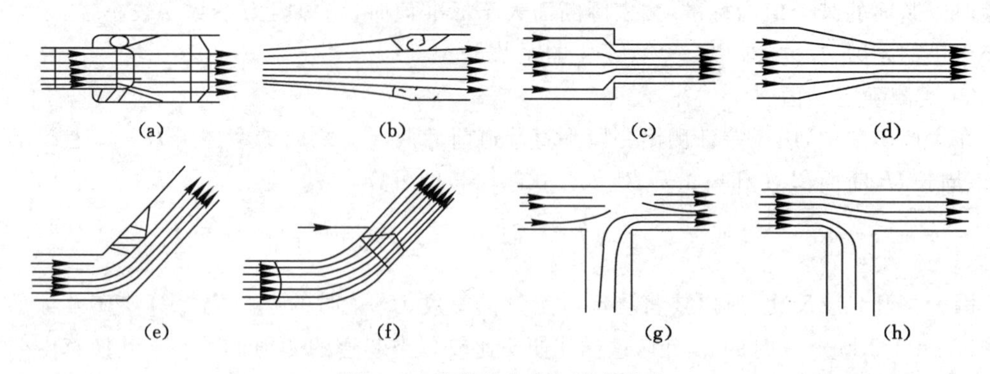

图 3-5 巷道的突变与渐变类型

主流相反的流动，形成涡流区。在图 3-5(h)中，直道上的涡流区，也是由于减速增压过程造成的。

在增速减压区，流体质点受到与流动方向一致的正压作用，流速只增不减，所以收缩段一般不会产生涡流。若收缩角很大，在紧接渐缩段之后也会出现涡流区，如图 3-5(d)所示。

风流经过巷道转弯处，流体质点受到离心力的作用，在外侧形成减速增压区，也能出现涡流区。过了拐弯处，如流速较大且转弯曲率半径较小，由于惯性作用，可在内侧出现涡流区，其大小和强度都比外侧的涡流区大，是能量损失的主要部分。

综上所述，局部能量损失主要和涡流区的存在有关。涡流区越大，能量损失就越多。仅仅流速分布的改变，能量损失并不太大。在涡流区及其附近，主流的速度梯度增大，能量损失也增加，在涡流被不断带走和扩散的过程中，使下游一定范围内的紊流脉动加剧，增加了能量损失，这段长度称为局部阻力物的影响长度，在它以后，流速分布和紊流脉动恢复到紊流流动的正常状态。

需要说明的是，在层流条件下，流体经过局部阻力物后仍保持层流，局部阻力仍是由流层之间的黏性切应力引起的，只是边壁变化使流速重新分布，加强了相邻层流间的相对运动，而增加了局部能量损失。层流局部阻力的大小与雷诺数 Re 成反比。受局部阻力物影响而仍能保持着层流，只有在 Re 小于 2 000 时才有可能，这在矿井通风巷道中极为少见，故本书不讨论层流局部阻力计算，重点讨论紊流时的局部阻力。

2. 局部阻力计算

风流做紊流流动时，不论管道局部的断面、形状和拐弯如何千变万化，也不管局部阻力是突变类型还是渐变类型，所产生的局部阻力的大小都和局部阻力产生地点的前或后断面上的速压成正比。与摩擦阻力类似，局部阻力 $h_{局}$ 一般也用速压的倍数来表示，即公式(3-18)。

$$h_{局}=\xi\cdot\frac{\rho}{2}v^{2},\quad \text{Pa} \tag{3-18}$$

式中 $h_{局}$——局部阻力，Pa；

ξ——局部阻力系数，无因次，可查表求得；

v——局部地点前后断面上的平均风速，m/s；

ρ——风流的密度，kg/m³。

如果将 $v=Q/S$ 代入式(3-18)，得到公式(3-19)：

$$h_{局}=\xi\frac{\rho}{2S^2}Q^2,\quad \text{Pa} \tag{3-19}$$

公式(3-18)和(3-19)就是紊流通用局部阻力计算公式。需要说明的是，在查表确定局部阻力系数 ξ 值时，一定要和局部阻力物的断面 S、风量 Q、风速 v 相对应。

3. 局部阻力系数与局部风阻

(1) 局部阻力系数

风流紊流流动时局部阻力系数 ξ 主要取决于局部阻力物的形状，边壁的粗糙程度在粗糙程度较大的支架巷道中也需要考虑。由于产生局部阻力的过程非常复杂，所以系数 ξ 一般由实验求得，附录Ⅱ是由前人通过实验得到的部分局部阻力系数，计算局部阻力时查表即可。

例 3-3　某水平巷道如图 3-6 所示，用压差计和胶皮管测得 1—2 及 1—3 之间的阻力分别为 295 Pa 和 440 Pa，巷道的断面积均等于 6 m²，周长 10 m，通过风量为 40 m³/s，求巷道的摩擦阻力系数及拐弯处的局部阻力系数。

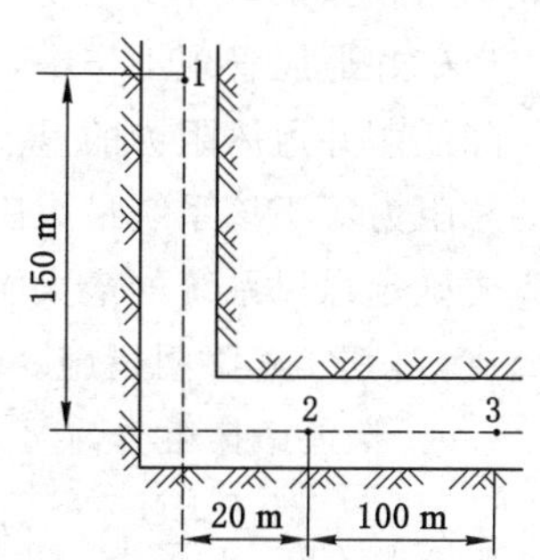

图 3-6　拐弯平巷

解　① 2—3 段的阻力为：

$$h_{2-3}=h_{1-3}-h_{1-2}=440-295=145\ (\text{Pa})$$

② 摩擦阻力系数为：

$$\alpha=\frac{h_{2-3}\times S^3}{L\times U\times Q^2}=\frac{145\times 6^3}{100\times 10\times 40^2}=0.019\,6\ (\text{N}\cdot\text{s}^2/\text{m}^4)$$

③ 1—2 段的摩擦阻力为：

$$h_{摩1-2}=\frac{\alpha LU}{S^3}Q^2=\frac{0.019\,6\times(150+20)\times 10}{6^3}\times 40^2=247\ (\text{Pa})$$

④ 拐弯处的局部阻力为：

$$h_{局}=h_{1-2}-h_{摩1-2}=295-247=48\ (\text{Pa})$$

⑤ 巷道中的风速为：

$$v=\frac{Q}{S}=\frac{40}{6}=6.7\ (\text{m/s})$$

⑥ 局部阻力系数为：

$$\xi_{弯}=\frac{h_{局}}{\frac{\rho v^2}{2}}=\frac{48\times 2}{1.2\times(6.7)^2}=1.8$$

(2) 局部风阻

同摩擦阻力一样，当产生局部阻力的区段形成后，ξ、S、ρ 都可视为确定值，故将公式 $h_{局}=\xi\frac{\rho}{2S^2}Q^2$ 中的 ξ、S、ρ 用一个常量来表示，得到公式(3-20)：

$$R_{局}=\xi\frac{\rho}{2S^2},\quad \text{kg/m}^7\ 或\ \text{N}\cdot\text{s}^2/\text{m}^8 \tag{3-20}$$

$R_{局}$ 称为局部风阻。将上式代入公式 $h_{局}=\xi\frac{\rho}{2S^2}Q^2$ 得到局部阻力定律，由公式(3-21)

表示：

$$h_{局}=R_{局}Q^2 \tag{3-21}$$

上式为完全紊流状态下的局部阻力定律。$R_{局}$ 与 $R_{摩}$一样，也可看作局部阻力物的一个特征参数，它反映的是风流通过局部阻力物时通风的难易程度。$R_{局}$一定时，$h_{局}$与 Q 的平方成正比。

在一般情况下，由于井巷内的风流速压较小，所产生的局部阻力也较小，井下所有的局部阻力之和一般只占矿井总阻力的10%～20%。故在通风设计中，一般只对摩擦阻力进行计算，对局部阻力只按经验估算。

三、降低矿井通风阻力的措施

降低矿井通风阻力，特别是降低井巷的摩擦阻力对减少风压损失、降低通风电耗、减少通风费用和保证矿井安全生产、追求最大经济效益都具有实际意义。在新矿井通风设计或是生产矿井通风管理工作中，都要尽可能降低矿井通风阻力。

降低矿井通风阻力的重点在降低最大阻力路线上的公共段通风阻力。由于矿井通风系统的总阻力等于该系统最大阻力路线上各分支的摩擦阻力与局部阻力之和，因此在降阻前首先要确定通风系统的最大阻力路线，了解最大阻力路线上的阻力分布状况，找出阻力较大的分支，对其实施降阻措施。

（一）降低摩擦阻力的措施

由公式 $h_{摩}=\alpha\dfrac{LU}{S^3}Q^2$ 可知，降低摩擦阻力的措施有如下几方面。

1. 减小摩擦阻力系数 α

矿井通风设计时尽量选用 α 值小的支护方式，如锚喷、砌碹、锚杆、锚索、钢带等，尤其是服务年限长的主要井巷，一定要选用摩擦阻力较小的支护方式，如砌碹。施工时一定要保证施工质量，应尽量采用光面爆破技术，尽可能使井巷壁面平整光滑，使井巷壁面的凹凸度不大于50 mm。对于支架巷道，要注意支护质量，支架要整齐一致，注意支护密度，必要时用背板背好帮顶。及时修复被破坏的支架，失修率不大于7%。在不设支架的巷道，要注意把顶板、两帮和底板修整好，以减少摩擦阻力。

2. 井巷风量要合理

在通风设计和技术管理过程中，不能随意增大风量，各用风地点的风量在保证安全生产的前提下尽量减少。掘进初期用局部通风机通风时，要对风量加以控制。及时调节主通风机的工况，减少矿井总风量。避免矿井风量过于集中，尽可能使矿井的总进风早分开、总回风晚汇合。

3. 保证井巷通风断面

当井巷通过的风量一定时，井巷断面扩大33%，通风阻力可减少一半，故扩大井巷断面常用于主要通风路线上高阻力段的减阻。当受到技术和经济条件限制，不能任意扩大井巷断面时，可以采用双巷并联通风的方法。在日常通风管理工作中，要经常修整巷道，减少巷道堵塞物，使巷道清洁、完整、畅通，保持巷道足够净通风断面。

4. 减少巷道长度

进行矿井通风设计和通风系统管理时，在满足开拓开采的条件下，要尽量缩短风路长度，及时封闭废弃的旧巷和甩掉那些经过采空区且通风路线很长的巷道，及时对生产矿井通风系统进行改造，选择合理的通风方式。

5. 选用周长较小的井巷断面

在井巷断面相同的条件下，圆形断面的周长最小，拱形次之，矩形和梯形的周长较大。因此，在矿井通风设计时，一般要求立井井筒采用圆形断面，斜井、石门、大巷等主要井巷采用拱形断面，次要巷道及采区内服务年限不长的巷道可以考虑矩形和梯形断面。

（二）降低局部阻力的措施

降低局部阻力主要是改善局部阻力物断面的变化形态，减少风流流经局部阻力物时产生的剧烈冲击和巨大涡流，减少风流能量损失。主要措施如下：

(1) 最大限度减少局部阻力地点的数量。井下尽量少使用直径很小的铁风桥，减少调节风窗的数量；应尽量避免井巷断面的突然扩大或突然缩小，前后断面比值要小。

(2) 当连接不同断面的巷道时，要把连接的边缘做成斜线形或圆弧形（如图 3-7 所示）。

(3) 巷道拐弯时，转角越小越好（如图 3-8 所示）。在拐弯的内侧做成斜线形和圆弧形，尽量避免出现直角弯。巷道尽可能避免突然分岔和突然汇合，在分岔和汇合处的内侧也要做成斜线或圆弧形。

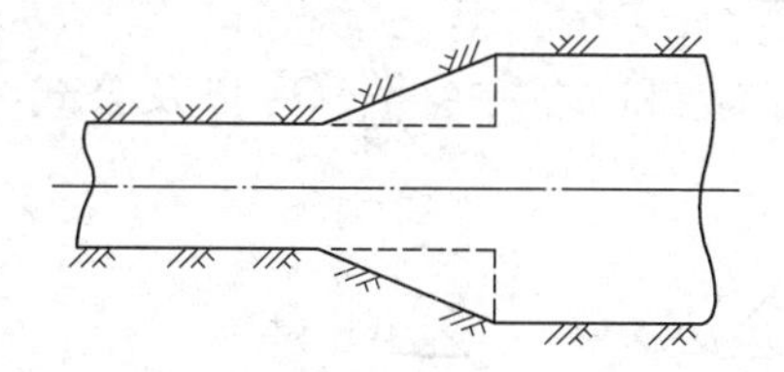

图 3-7　巷道连接处为斜线形

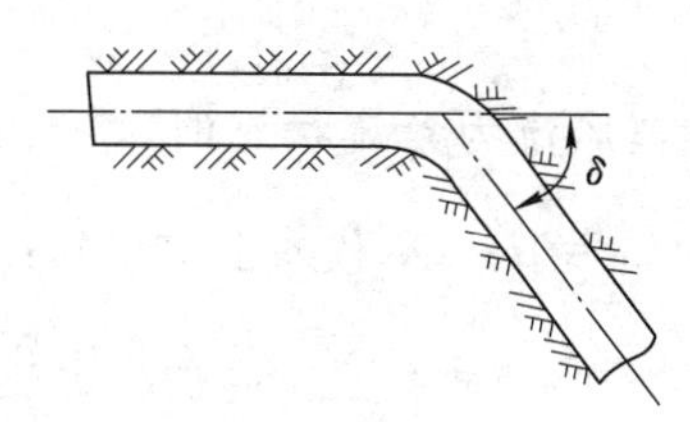

图 3-8　巷道拐弯处为圆弧形

(4) 减少局部阻力地点的风流速度及巷道的粗糙程度。

(5) 在风筒或通风机的入风口安装集风器，在出风口安装扩散器。

(6) 减少井巷正面阻力物，及时清理巷道中的堆积物，采掘工作面所用材料要按需使用，不能集中堆放在井下巷道中。巷道管理要做到无杂物、无淤泥、无片帮，保证有效通风断面。在可能的条件下尽量不使成串的矿车长时间地停留在主要通风巷道内，以免阻挡风流，使通风状况恶化。

任务二　通风阻力定律

知识要点

矿井通风阻力定律；矿井通风难易程度的判别。

技能目标

(1) 能理解并陈述风阻、等积孔的含义及相关表达式。

(2) 能测算巷道或矿井的风阻、等积孔等参数。

任务分析

矿井通风安全管理中若要测算风量、掌握矿井通风难易情况，需掌握以下知识：(1) 反映风量风压相互关系的通风阻力定律；(2) 矿井通风难易程度的评价指标。

任务导入

相同的通风压力条件下，不同的巷道或矿井产生的风量是否相同？若不同，如何改变风量？

相关知识

一、矿井通风阻力定律

井下风流在流经一条巷道时产生的总阻力等于各段摩擦阻力和所有的局部阻力之和。由公式(3-22)表示：

$$h_{阻}=\sum h_{摩}+\sum h_{局} \tag{3-22}$$

当巷道风流为紊流状态时，将公式 $h_{摩}=\alpha\dfrac{LU}{S^3}Q^2$ 和 $h_{局}=\xi\dfrac{\rho}{2S^2}Q^2$ 以及公式 $h_{摩}=R_{摩}Q^2$ 和 $h_{局}=R_{局}Q^2$ 代入上式得到：

$$\begin{aligned}h_{阻}&=\sum\alpha\frac{LU}{S^3}Q^2+\sum\xi\frac{\rho}{2S^2}Q^2=\sum R_{摩}Q^2+\sum R_{局}Q^2\\&=\sum(R_{摩}+R_{局})Q^2\end{aligned} \tag{3-23}$$

令 $R=\sum(R_{摩}+R_{局})$，得到：

$$h_{阻}=RQ^2 \tag{3-24}$$

式中　R——井巷风阻，kg/m^7 或 $N\cdot s^2/m^8$。

式(3-24)就是井巷中风流紊流状态下的矿井通风阻力定律，它反映了风阻 R 一定时，井巷通风总阻力与井巷通过的风量的二次方成正比。需要说明的是，由于层流状态下的摩擦阻力、局部阻力与风流速度和风量的一次方成正比，同样可以得到层流状态下的通风阻力定律，由公式(3-25)表示：

$$h_{阻}=RQ \tag{3-25}$$

容易理解，对于中间过渡流态，风量指数在 1～2 之间，从而得到一般通风阻力定律，由公式(3-26)表示：

$$h_{阻}=RQ^n \tag{3-26}$$

其中，$n=1$ 时是层流通风阻力定律，$n=2$ 时是紊流通风阻力定律，$n=1\sim2$ 时是中间过渡状态通风阻力定律。式(3-26)就是矿井通风学中最一般的通风阻力定律。由于井下只有个别风速很小的地点才有可能用到层流或中间过渡状态下的通风阻力定律，所以紊流通风阻力定律 $h_{阻}=RQ^2$ 是矿井通风学中应用最广泛、最重要的通风定律。

二、衡量矿井通风难易程度的指标

（一）矿井总风阻及井巷阻力特性曲线

对于一个确定的矿井通风网络，其总风阻值就叫作矿井总风阻，由网络结构、各支路的风阻值所决定。矿井总风阻值可以通过网络解算得到。它和矿井总阻力、矿井总风量的关系由公式(3-27)表示：

$$R_{矿}=\frac{h_{矿}}{Q_{矿}^{2}} \tag{3-27}$$

式中　$R_{矿}$——矿井总风阻，kg/m^7 或 $N \cdot s^2/m^8$；

$h_{矿}$——矿井总阻力，Pa；

$Q_{矿}$——矿井总风量，m^3/s。

对于单一进风井和单一出风井，$h_{矿}$ 等于从进风井到主要通风机入口按顺序连接的各段井巷的通风阻力累加起来的值。对于多风井进风或多风井出风的矿井通风系统，矿井总阻力是根据全矿井总功率等于各台通风机工作系统功率之和来确定的。

$R_{矿}$ 是由井巷中通风阻力物的种类、几何尺寸和壁面粗糙程度等因素决定的，反映井巷的固有特性。当通过井巷的风量一定时，井巷通风阻力与风阻成正比，风阻值大的井巷其通风阻力也大，风阻值小的通风阻力也小。可见，井巷风阻值的大小标志着通风难易程度，风阻大时通风困难，风阻小时通风容易。所以，在矿井通风中把井巷风阻值的大小作为判别矿井通风难易程度的一个重要指标。

将紊流通风阻力定律 $h_{阻}=RQ^2$ 绘制成曲线。当风阻 R 值一定时，用横坐标表示井巷通过的风量 Q，用纵坐标表示通风阻力 h，将风量与对应的阻力(Q_i, h_i)在平面直角坐标系中描点，用光滑的曲线连接，得到一条二次抛物线，如图 3-9 所示，这条曲线就叫作该井巷的阻力特性曲线。曲线越陡，表示井巷风阻越大，通风越困难；曲线越缓，表示井巷风阻越小，通风越容易。

井巷阻力特性曲线不但能直观反映井巷的通风难易程度，而且在用图解法解算简单通风网络和分析通风机工况时也要用到，故应了解曲线的意义，掌握其绘制方法。

（二）矿井等积孔

假定在无限空间有一薄壁，在薄壁上开一面积为 A 的孔口，如图 3-10 所示。当孔口通过的风量等于矿井总风量 Q、孔口两侧的风压差等于矿井通风总阻力时，则孔口的面积 A 值就是该矿井的等积孔。现用能量方程来确定矿井等积孔 A 与矿井总风量 Q 和矿井总阻力 h 之间的关系。

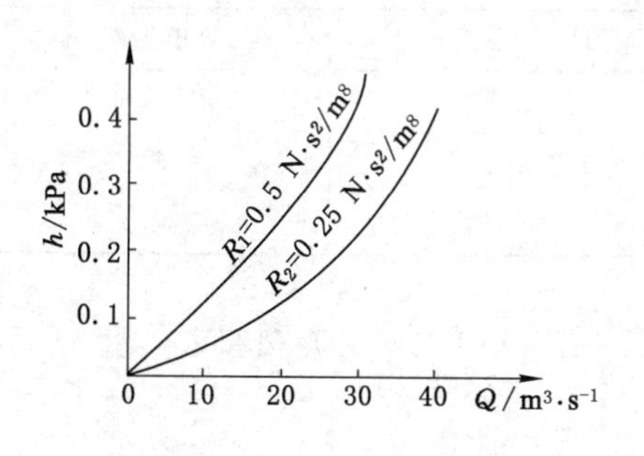

图 3-9　井巷阻力特性曲线

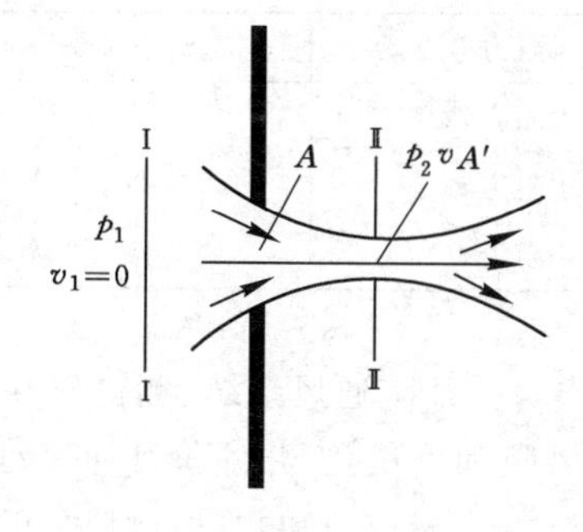

图 3-10　等积孔

在薄壁左侧距孔口 A 足够远处（风速 $v_1 \approx 0$）取断面Ⅰ—Ⅰ，其静压为 p_1；在孔口右侧风速收缩断面最小处取断面Ⅱ—Ⅱ（面积 A'），其静压为 p_2，风速为 v。薄壁很薄，其阻力忽略不计，则Ⅰ—Ⅰ、Ⅱ—Ⅱ断面的能量方程式为：

$$p_1-(p_2+\frac{\rho v^2}{2})=0，或\ p_1-p_2=\frac{\rho v^2}{2} \tag{3-28}$$

因为

$$p_1-p_2=h \tag{3-29}$$

所以

$$h=\frac{\rho v^2}{2} \tag{3-30}$$

由此得：

$$v=\sqrt{\frac{2h}{\rho}} \tag{3-31}$$

风流收缩处断面面积 A' 与孔口面积 A 之比称为收缩系数 φ。由水力学可知，一般 $\varphi=0.65$，故 $A'=0.65A$，则该处的风速 $v=\frac{Q}{A'}=\frac{Q}{0.65A}$。代入式(3-31)，整理得式(3-32)：

$$A=\frac{Q}{0.65\sqrt{\frac{2h}{\rho}}} \tag{3-32}$$

若矿井空气密度为标准空气密度，即 $\rho=1.2\ \text{kg/m}^3$ 时，则得式(3-33)：

$$A=1.19\frac{Q}{A'\sqrt{h}} \tag{3-33}$$

将 $h=RQ^2$ 代入公式(3-33)中，得式(3-34)：

$$A=\frac{1.19}{\sqrt{R}} \tag{3-34}$$

公式(3-33)和(3-34)就是矿井等积孔的计算公式。公式表明，如果矿井的通风阻力 h 相同，等积孔 A 大的矿井，风量 Q 必大，表示通风容易；等积孔 A 小的矿井，风量 Q 必小，表示通风困难。所以，矿井等积孔能够反映矿井的通风技术管理水平，也可以评判矿井通风设计是否经济。公式(3-34)表明等积孔 A 与风阻 R 的平方根成反比，说明井巷或矿井的风阻越小时，等积孔 A 越大，通风越容易；反之越困难。根据矿井总风阻和矿井等积孔，通常把矿井通风难易程度分为三级，见表 3-1。

表 3-1　　矿井通风难易程度的分级标准

通风阻力等级	通风难易程度	风阻 $R/\text{N}\cdot\text{s}^2\cdot\text{m}^{-8}$	等积孔 A/m^2
大阻力矿	困　难	>1.42	<1
中阻力矿	中　等	1.42～0.35	1～2
小阻力矿	容　易	<0.35	>2

例 3-4　某矿通风系统，测得矿井通风阻力 $h_{阻}=1\ 800$ Pa，矿井总风量 $Q=60\ \text{m}^3/\text{s}$，求矿井总风阻和等积孔，并评价其通风难易程度。

解　由式(3-27)和式(3-34)可知：

$$R_{矿}=\frac{h_{矿}}{Q_{矿}^2}=\frac{1\ 800}{60^2}=0.5\ (\text{kg/m}^7)$$

$$A=\frac{1.19}{\sqrt{R}}=\frac{1.19}{\sqrt{0.5}}=1.68\ (\text{m}^2)$$

对照表3-1可知，该矿井通风难易程度属中等。

表3-1所列衡量矿井通风难易程度的等积孔值，是1873年缪尔格根据当时的生产情况提出的。由于现代化矿井开采规模、开采方法、机械化程度和通风能力等较以前有很大的发展和提高，表中的标准现在只能对小型矿井还有一定的参考价值。大型矿井或多风机通风矿井衡量通风难易程度的指标可参照表3-2。该表由煤科总院抚顺分院提出，根据煤炭产量及瓦斯等级确定矿井通风难易程度。

表3-2　　**矿井等积孔分类表**

年产量 /Mt·a^{-1}	低瓦斯矿井		高瓦斯矿井		附注
	A 的最小值 /m^2	R 的最大值 /N·s^2·m^{-8}	A 的最小值 /m^2	R 的最大值 /N·s^2·m^{-8}	
0.1	1.0	1.42	1.0	1.42	外部漏风允许10%时，A 的最小值减5%，R 的最大值加10%；外部漏风允许15%时，A 的最小值减10%，R 的最大值加20%，即为矿井 A 的最小值，R 的最大值
0.2	1.5	0.63	2.0	0.35	
0.3	1.5	0.63	2.0	0.35	
0.45	2.0	0.35	3.0	0.16	
0.6	2.0	0.35	3.0	0.16	
0.9	2.0	0.35	4.0	0.09	
1.2	2.5	0.23	5.0	0.06	
1.8	2.5	0.23	6.0	0.04	
2.4	2.5	0.23	7.0	0.03	
3.0	2.5	0.23	7.0	0.03	

多风机矿井风阻、等积孔的计算

对矿井来说，上述式(3-33)和式(3-34)只能计算单台通风机工作时的矿井等积孔大小，对于多台通风机工作矿井等积孔的计算，应根据全矿井总功率等于各台主要通风机工作系统功率之和、总风量等于各台主要通风机风路上的风量之和的原理计算出总阻力，得式(3-35)～式(3-38)：

$$h_{总}Q_{总}=h_1Q_1+h_2Q_2+h_3Q_3+\cdots+h_nQ_n=\sum h_iQ_i \tag{3-35}$$

$$h_{总}=\sum(h_iQ_i)/Q_{总} \tag{3-36}$$

$$Q_{总}=Q_1+Q_2+Q_3+\cdots+Q_n=\sum Q_i \tag{3-37}$$

$$A=1.19\frac{Q_{总}}{\sqrt{h_{总}}}=1.19\frac{\sum Q_i}{\sqrt{\sum(h_iQ_i)/\sum Q_i}}=\frac{\sum Q_i^{3/2}}{\sqrt{\sum h_iQ_i}} \tag{3-38}$$

式中　h_i——各台主要通风机系统的通风阻力，Pa；

Q_i——各台主要通风机系统的风量，m^3/s。

式(3-38)就是多台主要通风机矿井等积孔的计算公式。由式(3-38)可知，对于多通风机矿井，其矿井风阻及等积孔不是常数，而是随着各通风机风量的变化而变化。

任务三　矿井通风阻力测定

知识要点

矿井通风阻力测定的原理、过程和步骤。

技能目标

(1) 掌握矿井通风阻力测定的原理、过程和步骤。

(2) 能在教师带领下组成团队对矿井通风阻力进行测定并进行数据处理和分析。

任务分析

《煤矿安全规程》第一百五十六条规定:新井投产前必须进行1次通风阻力测定,以后每3年至少测定1次。生产矿井转入新水平生产、改变一翼或全矿井通风系统后,必须重新进行矿井通风阻力测定。

矿井通风阻力测定是矿井通风安全管理的一项重要内容,需掌握以下知识:(1) 矿井通风阻力测定的原理、过程和步骤;(2) 对测定数据进行数据处理和分析。

任务导入

矿井通风系统形成以后,各巷道通风阻力的分布是否合理?是否存在某些巷道或区段通风阻力过大?是否需要改善矿井通风系统、减少通风阻力?减少通风阻力从哪些巷道入手?这些都是矿井通风管理过程中需要知悉的内容,可以通过矿井通风阻力测定获得这些信息。

相关知识

矿井通风阻力测定是生产矿井通风管理的一项重要内容,目的是检查通风阻力的分布是否合理、某些巷道或区段的阻力是否过大,为改善矿井通风系统、减少通风阻力、降低矿井通风机的电耗以及均压防灭火提供依据。此外,通过阻力测定,还可求出矿井各类巷道的风阻值和摩擦阻力系数值,以备通风技术管理和通风计算时使用。

通风阻力测定的基本内容及要求如下:

(1) 测算井巷风阻。井巷风阻是反映井巷通风特性的重要参数,只要测定出各条井巷的通风阻力和通过的风量,就可以计算出它们的风阻值。只要井巷断面和支护方式不变,测一次即可;如果发生了变化,则需要重测。测风阻时,要逐段进行,不能赶时间,力求一次测准。

(2) 测算摩擦阻力系数。断面形状和支护方式不同的井巷,其摩擦阻力系数也不同。只要测出各井巷的阻力、长度、净断面积和通过的风量,代入公式即可计算出摩擦阻力系数。测摩擦阻力系数时,可以分段、分时间进行测量,不必测量整个巷道的阻力,但测量精度要求高。

(3) 测算通风阻力的分布情况。为了掌握全矿井通风系统的阻力分布情况，应沿着通风阻力大的路线测定各段通风阻力，了解整个风路上通风阻力分布情况。也可分成若干小段同时测定，这样既可以减少测定阻力的误差，也可以节约时间。测量全矿井通风阻力时要求连续、快速。

通风阻力的测量方法有两种，一为压差计测量法，二为气压计测量法。

一、测定前的准备工作

(一) 仪表和人员的准备

根据阻力测定方法和测定内容准备仪表。每个测定小组必备的仪表如下：

(1) 测量两点间的压差：用气压计法时，需要准备两台气压计或矿井通风综合参数检测仪；用压差计法时，可备单管倾斜压差计一台，内径 4～6 mm 胶皮管或弹性好的塑料管两根，静压管或皮托管两支，小气筒一个，酒精或乙醇若干。有时为了便于压差计调平、放置皮托管，还常用三脚架、小平板等。

(2) 测量风速：高、中、低速风表各一只，秒表一块。

(3) 测量空气密度：空盒气压计一台，风扇湿度计一台(若用矿井通风综合参数检测仪测气压，可以不准备此项仪器)。

(4) 测量井巷几何参数：20～30 m 长皮尺一个，钢卷尺一个，断面测量仪一个。

所有测定仪器都必须附有校正表和校正曲线，精度应能满足测定要求。

测定时由 4～5 人组成一个小组，事前做好分工，明确任务。每人都应根据分工掌握所需测定项目的测定方法，熟悉仪表的性能和注意事项。测定范围很大时，可以分成几个小组同时进行，每组测定一个区间或通风系统的一部分。分组测定时，仪表精度应该一致，校正方法和时间一致。

(二) 选择测量路线和测点

选择测量路线前应对井下通风系统的现实情况做详细的调查研究，并参看全矿通风系统图，根据不同的测量目的选择测量路线。若为全矿井阻力测定，则首先选择风路最长、风量最大的干线为主要测量路线，然后再决定其他若干条次要路线以及那些必须测量的局部阻力区段；若为局部区段的阻力测定，则根据需要仅在该区段内选择测量路线。

选择路线后，按下列原则布置测点：

(1) 在风路的分岔或汇合地点必须布置测点。在分风点或合风点流出去的风流中布置测点时，测点距分风点或合风点的距离不得小于巷道宽度 B 的 12 倍；在流入分风点或合风点的风流中布置测点时，测点距分风点或合风点的距离一般可为巷道宽度 B 的 3 倍。如图 3-11 所示。

(2) 在并联风路中，只沿一条路线测量风压(因为并联风路中各分支的风压相等)，其他各风路只布置测风点，测出风量，以便根据相同的风压来计算各分支巷道的风阻。

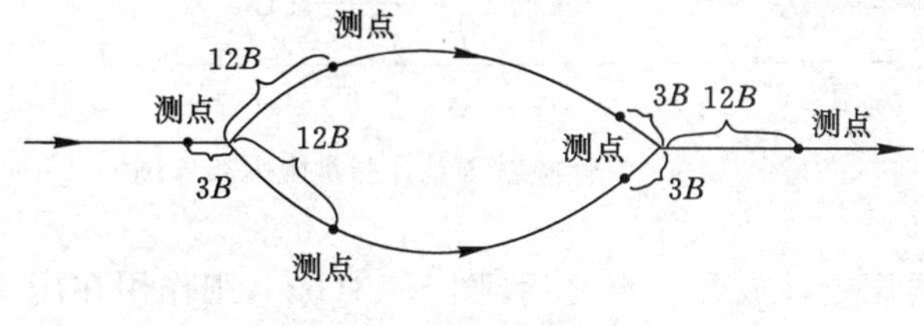

图 3-11 测点布置

(3) 如巷道很长且漏风较大时,测点的间距宜尽量缩短,以便逐步追查漏风情况。

(4) 安设皮托管或静压管时,在测点之前至少有 3 m 长的巷道支架良好,没有空顶、空帮、凹凸不平或堆积物等情况。

(5) 在局部阻力特别大的地方,应在前后设置两个测点进行测量。若时间紧急,局部阻力的测量可以留待以后进行,以免影响整个测量工作。

(6) 测点应按顺序编号并标注明显。为了减少正式测量时的工作量,可提前将测点间距、巷道断面积测出。

待测量路线和测点位置选好后,要用不同颜色绘成测量路线示意图,并将测点位置、间距、标高和编号标注入图中。

(三) 准备记录表格

为了便于汇总资料和计算阻力,在测量阻力之前应制定好有关原始资料统计表。主要表格有:各测点平均风速基础记录表、各测点大气参数记录表、各测点风压基础记录表、各巷道规格基础记录表。

二、压差计法测量通风阻力

(一) 测量仪器

此种测量法一般是用单管倾斜压差计作为显示压差的仪器,传递压力用内径 4~6 mm 的胶皮管,接受压力的仪器用皮托管或静压管。静压管如图 3-12 所示,它由流线形的中空管 1 与管接头 3 组成。在管的侧壁径向开小孔 2,静压从此传递。为了测量动压值,还需用风表、湿度计和气压计。

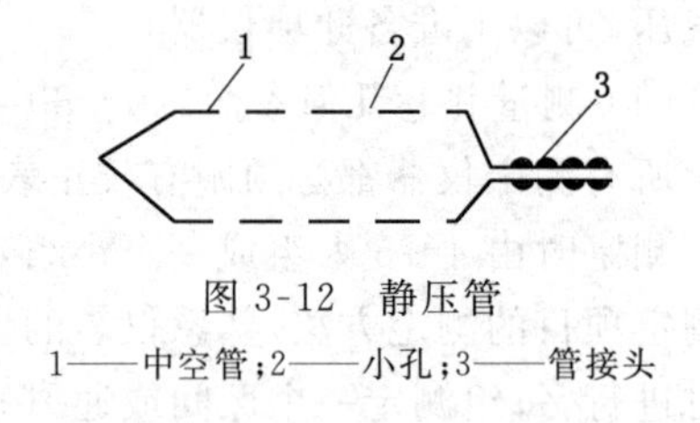

图 3-12 静压管

1——中空管;2——小孔;3——管接头

(二) 测量阻力原理

欲测某倾斜巷道 1、2 两断面之间的通风阻力,仪器布置如图 3-13 所示。如果将单管倾斜压差计放在 2 点之后[图 3-13(a)],则作用在压差计"+"接头的压力为 $p_1 - zg\rho_{1-2}$,作用在压差计"-"接头的压力为 p_2,将压差计的读数 $L_读$ 换算成 Pa 值,由公式(3-39)表示:

$$KL_{读}g = (p_1 - zg\rho_{1-2}) - p_2 = (p_1 - p_2) - zg\rho_{1-2} \tag{3-39}$$

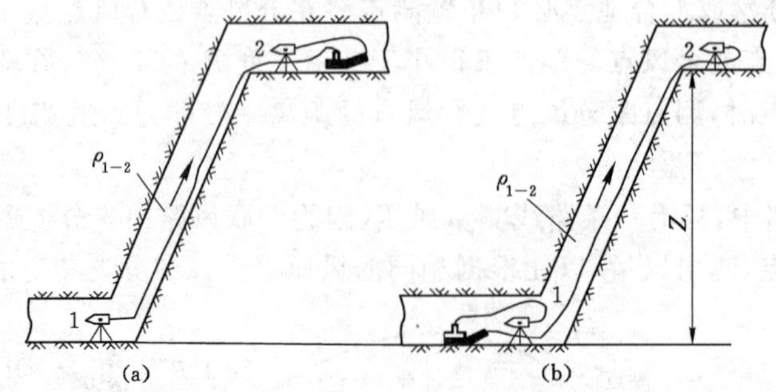

图 3-13 单管倾斜压差计测量阻力布置图

如果将单管倾斜压差计放在 1 点之后[图 3-13(b)],则作用在压差计"+"接头的压力为 p_1,作用在压差计"-"接头的压力为 $p_2 + zg\rho_{1-2}$,得公式(3-40):

$$KL_{读}g = p_1 - (p_2 + zg\rho_{1-2}) = (p_1 - p_2) - zg\rho_{1-2} \tag{3-40}$$

上两式说明：用单管倾斜压差计测出的压差值为1、2两断面的静压差与位压差之和，即1、2两断面的势压差。而且不论将单管倾斜压差计放在2点之后，1点之前或1、2两点之间，其测量结果是相同的。根据能量方程式，1、2两断面之间的通风阻力可按式(3-41)计算：

$$h_{阻1-2} = (p_1 - p_2) + (0 - zg\rho_{1-2}) + (\frac{\rho_1 v^2{}_1}{2} - \frac{\rho_2 v^2{}_2}{2}) \tag{3-41}$$

因为$KL_{读}g = (p_1 - p_2) - zg\rho_{1-2}$，所以用单管倾斜压差计测量阻力的计算公式也可由式(3-42)表示：

$$h_{阻} = KL_{读}g \pm \Delta h_{动}, \quad \text{Pa} \tag{3-42}$$

式中　$L_{读}$——单管倾斜压差计的读数，mmH_2O。

K——单管倾斜压差计的校正系数。

$\Delta h_{动}$——两断面动压之差，Pa。当1断面的平均动压大于2断面的平均动压时，式中取正号；反之，取负号。

（三）井下测量步骤

(1) 井下测量时仪器的布置如图3-13所示，将两个静压管用三脚架设于1点和2点，其尖部迎风，管轴和风向平行。用胶皮管将静压管与压差计相连。

(2) 读取压差计的液面读数$L_{读}$和仪器校正系数K，记录于附表Ⅲ-3中。

(3) 与此同时，其他人员测量测点的风速、干湿球温度、大气压、巷道断面尺寸及测点间距，分别记录于附表Ⅲ-1、附表Ⅲ-2和附表Ⅲ-4中。

(4) 当1、2两测点测完后，顺着风流方向将1测点的静压管移至下一测点，进行与上述相同的测量工作。

如此继续循环进行，直到测完为止。

（四）注意事项

(1) 在倾斜巷道内，不宜安设测点，始末两点尽量安设在上下水平巷道内。

(2) 开始测量前，用小气筒将两根胶皮管内原有的空气换成测定地点的空气。

(3) 测工作面压差时，仪器应安置在运输平巷或回风平巷内不易被运输干扰的地点，胶皮管沿工作面铺设。如果该工作面邻近有行人或通风小眼，也可将胶皮管通过这些小眼铺设。

(4) 测定过程中，如果压差计出现异常现象，必须立即查明原因，排除故障，重新测定。故障可能是：胶皮管因积水、污物进入或打折而堵塞；胶皮管被扎，有小眼或破裂；压差计漏气，测压管内或测压管与容器连接处有气泡；静压管放置在风流的涡流区内。

(5) 在主要运输巷和主要回风测定时，应尽可能增加两测点的长度，以减少分段测定的积累误差和缩短测定时间。

目前，矿井阻力测定已基本淘汰了倾斜压差计测定法，大多采用省时省力、操作简单的气压计测定方法，特别是在大型矿井的全矿井阻力测定中更是如此。

三、气压计法测量通风阻力

用气压计测量通风阻力，最核心的问题就是如何测定测点的空气静压。测量空气静压的仪器种类很多，目前在煤矿井下测定通风阻力使用最多的是矿井通风综合参数检测仪。

（一）测量阻力原理

根据能量方程，气压计法就是通过气压计测出测点间的绝对静压差，再加上动压差和位压差，来计算通风阻力。由式（3-43）或式（3-44）表示为：

$$h_{阻1-2}=(p_1-p_2)+(z_1g\rho_1-z_2g\rho_2)+(\frac{\rho_1v^2{}_1}{2}-\frac{\rho_2v^2{}_2}{2}) \tag{3-43}$$

或

$$h_{阻1-2}=\Delta P_{静}+\Delta h_{位}+\Delta h_{动} \tag{3-44}$$

式中 $\Delta P_{静}$——相邻两测点的绝对静压差，Pa；

$\Delta h_{位}$——相邻两测点的位压差，Pa；

$\Delta h_{动}$——相邻两测点的动压差，Pa；

其他符号意义同前。

气压计测量通风阻力的方法有逐点测定法和双测点同时测定法。

（1）逐点测定法

将一台气压计留在基点作为校正大气压变化使用，另一台作为测压仪器从基点开始测量每一测点的压力。如果在测量时间内大气压和通风状况没有变化，那么两测点的绝对压力差就是气压计在两测点的仪器读数差值。由式（3-45）表示：

$$p_1-p_2=h_{读1}-h_{读2} \tag{3-45}$$

式中 p_1、p_2——前、后测点的实际绝对静压，Pa；

$h_{读1}$、$h_{读2}$——前、后测点的气压计读数，Pa。

但是，地面大气压和矿井通风状况都可能发生变化，因此，井下任一点的绝对静压也随之变化。这就必须根据基点设置的气压计读数，对这两测点的绝对静压进行校正，由式（3-46）表示：

$$p_1-p_2=(h_{读1}-h_{读2})-(h'_{读1}-h'_{读2}) \tag{3-46}$$

将式（3-46）代入式（3-43）、式（3-44），则两点间的通风阻力可由式（3-47）或式（3-48）表示：

$$h_{阻1-2}=(h_{读1}-h_{读2})-(h'_{读1}-h'_{读2})+(z_1g\rho_1-z_2g\rho_2)+(\frac{\rho_1v^2{}_1}{2}-\frac{\rho_2v^2{}_2}{2}) \tag{3-47}$$

或

$$h_{阻1-2}=(h_{读1}-h_{读2})-(h'_{读1}-h'_{读2})+\Delta h_{位}+\Delta h_{动} \tag{3-48}$$

式中 $h'_{读1}$——读取 $h_{读1}$ 时校正气压计的读数，Pa；

$h'_{读2}$——读取 $h_{读2}$ 时校正气压计的读数，Pa；

其他符号意义同前。

（2）双测点同时测定法

用两台气压计（Ⅰ、Ⅱ号）同时放在1号测点定基点，然后将Ⅰ号仪器留在1号测点，将Ⅱ号仪器带到2号测点，约定时间同时读取两台仪器的读数后，再把Ⅰ号仪器移到下一测点，Ⅱ号仪器留在2测点不动，再同时读数。如此循环前进，直到测定完毕。此法因为两个测点的静压值是同时读取的，所以不需要进行大气压变化的校正，但是需借助于现代化井下通信工具。

（二）井下测量步骤

用气压计法测定通风阻力主要以逐点测定法为主。

(1) 将两台仪器同放于基点处，将电源开关拨至“通”位置，等待 15～20 min 后，按“总清”键，记录基点绝对压力值。

(2) 按“差压”键，并将记忆开关拨于“记忆”位置，再将仪器的时间对准。

(3) 将一台仪器留于基点处测量基点的大气压力变化情况，每间隔 5 min 记录一次。

(4) 另一台仪器沿着测量路线逐点测定各测点的压力，测定时将仪器平放于测点，每个测点读数三次，也每间隔 5 min 记录一次。

(5) 测定时先测测点的相对压力，然后测巷道断面平均风速和断面尺寸，最后测温度与湿度，分别记录于附表Ⅲ-1 至附表Ⅲ-4 中。

如此逐点进行，直到将测点测完为止。

（三）注意事项

(1) 由于矿井的通风状态是变化的，井下大气压的变化有时滞后于地面大气压的变化，在同一时间内变化幅度也与地面不同，所以校正用的气压计最好放在井底车场附近。

(2) 用矿井通风综合参数检测仪测定平均风速和湿度时，由于受井下环境的影响较大，所以测得的结果往往误差较大，故在实际测定通风阻力时，一般用机械风表和湿度计测定测点的巷道断面平均风速和湿度。

(3) 测定最好选在天气晴朗、气压变化较小和通风状况比较稳定的时间内进行。

四、测定方法的选择

用压差计法测量通风阻力时，只测定压差计读数和动压差值，就可以测量出该段通风阻力，不需要测算位压，数据整理比较简单，测量的结果比较精确，一般不会返工，所以，在标定井巷风阻和计算摩擦阻力系数时，多采用压差计法。但这种方法收放胶皮管的工作量很大，费时较多，尤其是在采煤工作面、井筒内或者行人困难井巷及特长距离巷道，不宜采用此方法。

用气压计法测量通风阻力，不需要收放胶皮管和静压管，测定简单。由于仪器有记忆功能（矿井通风综合参数检测仪），在井下用一台数字气压计就可以将阻力测量的所有参数测出，省时省力，操作简单。但位压很难准确测算，精度较差，故一般适用于无法收放胶皮管或大范围测量矿井通风阻力分布的场合。

任务实施

模拟巷道的阻力、风阻、摩擦阻力系数和局部阻力系数测定

一、任务目的

掌握模拟巷道的通风阻力、摩擦风阻、摩擦阻力系数和局部阻力系数的测定方法，通过测定加深理解能量方程在通风中的应用。

二、设备及仪器

通风机和管网系统（图 3-14）、单管压差计、皮托管、空盒气压计、湿度计、胶皮管、皮尺、小通风机、钢尺。

三、任务内容和测定方法

(1) 通风阻力、摩擦风阻（$R_{摩}$）和摩擦阻力系数（α）测定

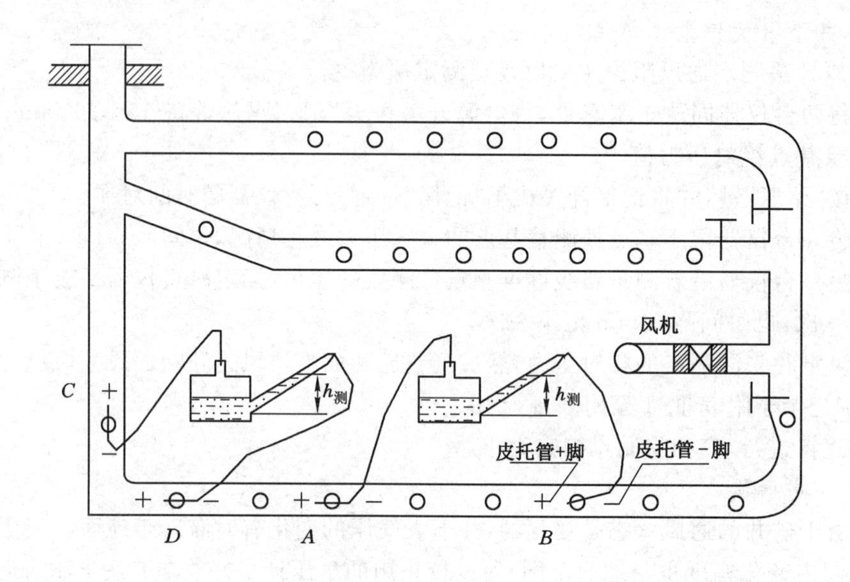

图 3-14 通风阻力测定模拟管道示意图

模拟巷道的通风阻力：

$$h_{阻AB}=h_{测AB}+(\frac{v_{A均}^2}{2}\rho_A-\frac{v_{B均}^2}{2}\rho_B)$$

式中 $h_{阻AB}$——AB 段风道的通风阻力，Pa；

$h_{测AB}$——AB 段风道的势能差，Pa；

$v_{A均}$、$v_{B均}$——A 和 B 断面的平均风速，m/s；

ρ_A、ρ_B——A 和 B 断面的空气密度，kg/m³。

A 和 B 断面距离较近，且断面积相同，则$\frac{v_{A均}^2}{2}\rho_A=\frac{v_{B均}^2}{2}\rho_B$，因此

$$h_{阻AB}=h_{测AB}$$

模拟巷道的摩擦阻力 $h_{摩}$：

$$h_{摩}=R_{摩}Q^2=\frac{\alpha_{测}LU}{S^3}Q^2$$

式中 $h_{摩}$——模拟巷道的摩擦阻力，Pa；

$R_{摩}$——摩擦风阻，N·s²/m⁷；

Q——通过模拟巷道的风量，m³/s；

S——模拟巷道的净断面，m²；

U——模拟巷道的周界，m；

$\alpha_{测}$——模拟巷道的摩擦阻力系数，kg/m³。

只要测出一段模拟巷道的摩擦阻力（$h_{摩}$）和风量（Q）就可以求出这段模拟巷道的摩擦风阻 $R_{摩}$。如果同时测量出这段风道的长度、净断面和周长，就可以求出测定时的摩擦阻力系数（$\alpha_{测}$），再换算成标准空气密度下（$\rho=1.2$ kg/m³）的摩擦阻力系数 α_0：

$$\alpha_0 = \frac{1.2\alpha_{测}}{\rho_{测}}$$

式中　$\rho_{测}$——测定时的空气密度，kg/m³。

测定方法为：在图 3-14 所示的管网系统中，在铁风筒（或木风筒）内选择 A、B 两个测点，将单管压差计调平，A、B 在两测点放置皮托管，用胶皮管将测点的静压分别接到压差计，测 A、B 两断面风流的势能差 $h_{测AB}$，再用皮托管和压差计分别测出两断面的平均风速，用皮尺和小钢尺量出两测点间的距离和它们的周长。根据测定结果，计算铁风筒或木风筒的 $R_{摩}$ 和 α。

（2）局部阻力系数的测定

在铁风筒直角转弯前后选择两个测定断面 C、D（图 3-14），测 CD 段通风阻力 $h_{阻CD}$ 和平均风速。

因为
$$h_{阻CD} = h_{摩CD} + h_{弯}$$

所以
$$h_{弯} = h_{阻CD} - h_{摩CD}$$

且有
$$h_{摩CD} = \frac{R_{摩}}{L_{AB}} \cdot L_{CD} \cdot Q^2 = \frac{\alpha_{测}\ L_{CD}U}{S^3} \cdot Q^2$$

式中　$R_{摩}$——测定的 AB 段铁风筒风阻，N·s²/m⁷；

L_{AB}——AB 段长度，m；

L_{CD}——CD 段长度，m；

$\alpha_{测}$——测定的铁风筒摩擦阻力系数，kg /m³。

因为
$$h_{弯} = \xi_{弯}\frac{v_{均}^2}{2}\rho$$

所以
$$\xi_{弯} = \frac{2h_{弯}}{\rho v_{均}^2}$$

根据测定结果计算 90°角转弯的局部阻力系数。

知识扩展

数据处理及可靠性检查

（一）测定数据的处理

资料计算与整理，是通风阻力测定中比较重要的一项工作。测定数据的处理虽然较为烦琐，但要求细致、认真，稍有疏忽就会前功尽弃、反复多次，甚至导致错误的结论，所以必须给予重视。

数据处理内容主要包括平均风速、空气密度、井巷风量、井巷相对静压和动压、井巷之间的通风阻力、全矿井通风阻力、各井巷风阻和摩擦阻力系数计算以及矿井压能图的绘制等。

1. 巷道平均风速的计算

将附表Ⅱ-1 中的表速通过校正曲线查出它的真风速 $v_{真}$ 后，再将真风速乘以测风校正系数 K 即得实际平均风速。

2. 空气密度计算

根据附表Ⅲ-2 中各测点的大气参数和干、湿温度值，查“标准大气压下不同温度时的饱和水蒸气量、饱和水蒸气的压力”表(表 1-10),得到各测点的饱和水蒸气的压力 $p_{饱}$,再查“由干湿温度计读数值查相对湿度”表(表 1-13)得到各测点的相对湿度 φ 值后,代入密度计算公式计算出测点的密度值。空气密度的计算,应该精确到小数点后第三位。

计算某测点的动压时,直接用测点的密度值计算。计算两断面间的位压差时,应该用两测点密度的算术平均值。

将各测点的密度或平均密度记入附表Ⅲ-5～附表Ⅲ-7 中。

3. 风量的计算

(1) 相邻两测点风量相差不大或者是均匀漏风的情况下,两测点的平均风量由式(3-49)表示:

$$Q_{均}=\frac{Q_1+Q_2}{2} \tag{3-49}$$

式中 Q_1、Q_2——1、2 两测点断面的风量,m^3/s。

(2) 相邻两测点间如有较大的集中漏风和风流的分岔、汇合时,只能在其前后分别计算平均风量。

(3) 在进行风量平衡时,所有的风量都要换算成矿井空气标准状态下的风量。

$$Q_{标}=2.893Q_{测}\frac{P}{273.15+t},\quad m^3/s \tag{3-50}$$

式中 $Q_{测}$——实测的风量,m^3/s;

P——测风处的大气压力,kPa;

t——测风处的空气温度,℃。

将上述计算结果记入附表Ⅲ-5～附表Ⅲ-7 中。

4. 通风阻力计算

(1) 用压差计法时,用式(3-41)计算通风阻力。将相邻测点阻力计算结果记入附表Ⅲ-5～附表Ⅲ-7 中。

(2) 用气压计法时,用式(3-47)或式(3-48)计算通风阻力。将相邻测点计算结果记入附表Ⅲ-6 和附表Ⅲ-7 中

(3) 通风系统总阻力等于该系统从总进风口到总出风口间,沿任意一条风流路线各测段通风阻力之和,由式(3-51)表示:

$$h_{总}=h_{阻1-2}+h_{阻2-3}+h_{阻3-4}+\cdots+h_{阻n-(n+1)} \tag{3-51}$$

将计算结果记入附表Ⅲ-5 和附表Ⅲ-6 中。

根据附表Ⅲ-5 和附表Ⅲ-6 中统计整理的数据,在方格纸上以巷道累计长度为横坐标,分别以温度、湿度、风量和阻力为纵坐标,绘制温度、湿度、风量和阻力曲线图,如图 3-15 所示。

(4) 测点的相对总压能 $h_{总i}$ 由公式(3-52)计算:

$$h_{总i}=h_{静i}+h_{位i}+h_{动i} \tag{3-52}$$

式中 $h_{静i}$——测点对基点的相对静压,Pa。

$$h_{静i}=(h_{读i}+\Delta h_{气})g$$

式中 $h_{读i}$——仪器在测点读数出的相对静压。当测点的绝对压力高于基点时,读数显示“+”值;低于基点时,读数显示“-”值。

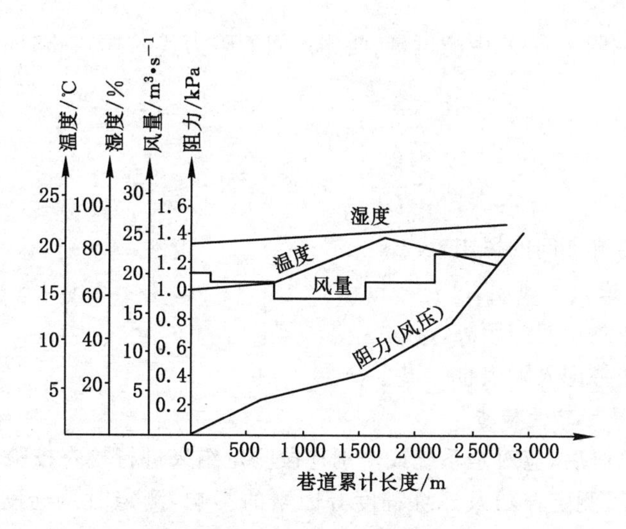

图 3-15　阻力测量成果图

$\Delta h_{气}$——仪器在测点读数时，地面大气压力的变化值。当仪器在测点读数时，地面大气压力比记忆大气压力 p_0 增大了 $\Delta h_{气}$ 值时，则测点相对静压的读数值减少了 $\Delta h_{气}$ 值，因此，应将 $\Delta h_{气}$ 值加到相对静压中，即 $\Delta h_{气}$ 为正值；反之为负值。

将上述结果记入附表Ⅲ-6 中。当所有测点的相对总压能计算出之后，即可绘制压能图。图 3-16 所示为某矿的通风网络图，图 3-17 所示为该通风网络的压能图。压能图的纵坐标表示相对总压能的绝对值，横坐标表示节点的延展方向，图中右侧的三角形顶点表示通风机的风压。

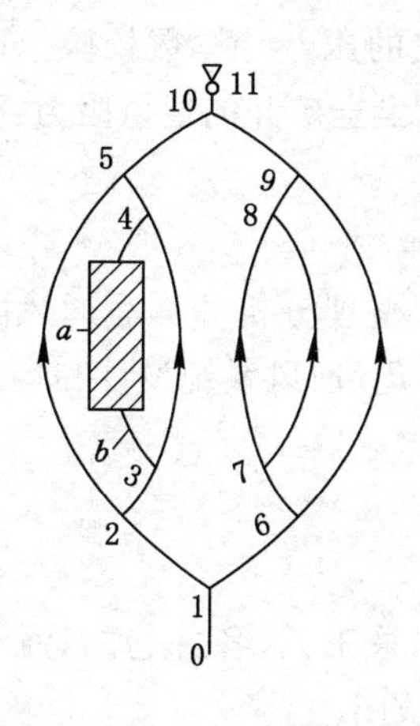

图 3-16　某矿通风网络图

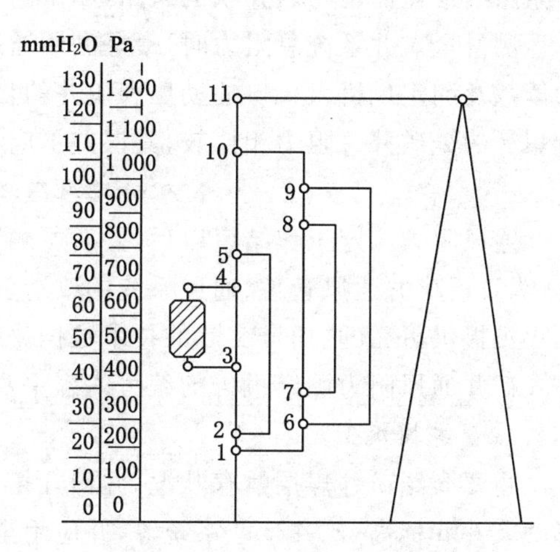

图 3-17　某矿通风压能图

5. 摩擦阻力系数

根据摩擦阻力系数计算公式，计算出标准状态下的摩擦阻力系数，将计算结果记入附表Ⅲ-7。

6. 巷道风阻计算

将附表Ⅲ-5和附表Ⅲ-6中的风量、两测点间的阻力代入式(3-53)：

$$R_{1-2}=\frac{h_{阻1-2}}{Q_{均1-2}^{2}},\quad N\cdot s^{2}/m^{8} \tag{3-53}$$

并有

$$R_{100}=\frac{R_{1-2}}{L_{1-2}}\times 100,\quad N\cdot s^{2}/m^{8} \tag{3-54}$$

式中 R_{1-2}——两测点间的风阻，$N\cdot s^2/m^8$；

R_{100}——巷道百米风阻，$N\cdot s^2/m^8$；

L_{1-2}——两测点间的距离，m。

将上述计算结果记入附表Ⅲ-7中。

(二) 测定结果可靠性检查

测点资料汇总以后，应对全系统或个别地段测定结果进行检查校验。

因为仪表精度、测定技巧及熟练程度等因素的影响，测定时总会发生这样或那样的误差。如果误差在允许范围以内，那么测定结果可以直接应用；如果误差较大，应该查明原因，进行重新测量。所以必须在测定中有目的地进行一些校验测定。

1. 风量的校验

换算成标准矿井空气状态下的风量，根据质量守恒的原则进行风量比较，其误差不应该超过所用风表的允许误差值。如果误差过大，则应分析查明原因，必要时进行局部或全部重新测定。

2. 通风阻力的校验

根据闭合风路中每一条风路的通风阻力累计值都应该相等的原则，测定的两条以上并联风路的通风阻力相差不应超过5%。假使测定时只测量了一条路线，也应尽可能再选择一条路线最短而又与之并联的风路，测量它的通风阻力以便校验。

测量全矿井系统总阻力时，最好利用通风机房内设置的压差计读数校验。通过压差计的读数及测定风机入风口的动压和矿井的自然风压，计算出全矿井的通风阻力，再与分段测量累计的全矿井总阻力相比较，其误差不应大于5%。

矿井通风阻力测定报告的编写

通风阻力测定工作结束以后，要对所测定的数据进行整理分析并编写通风阻力测定报告，为日后矿井通风管理、通风系统的改造、矿井通风自动化、通风系统设计和均压调节法控制火灾提供可靠的、切合实际的技术数据。

矿井通风阻力测定报告的编写内容主要有以下几项。

1. 矿井概况

主要介绍矿井煤层赋存状况，井田开拓、采煤方法、回采工艺，各井巷的特征参数、支护形式及井巷标高，矿井生产系统等，并应附全矿井生产系统图。

2. 通风安全概况

主要介绍矿井瓦斯的涌出量、煤层自然发火倾向性、煤尘爆炸指数、水文地质情况等安全基础资料，各主要用风地点的风量和质量、矿井总进风量和总回风量、通风机工况、通风机房压差计读数等数据，矿井通风方式、通风方法、通风网络以及通风构筑物的数量和位置，全矿井火区的数量和位置以及矿井通风系统，并应附矿井通风系统图和通风网络图。

3. 测量计划和步骤

(1) 测定方法

注明根据测量目的选择的测量方法，并附有测点布置图。

(2) 仪器准备

以表格的形式列出仪器的数量、型号、使用状态，并将仪器编号与使用人员对应一致。

(3) 人员组织和任务分配

主要分测风组、测压组、测断面尺寸组、数据记录组、通信联络组和安全指挥组。每个测定小组由若干人员组成。要附有任务分配表、基础数据表格。

(4) 测点线路的选择

在通风系统图上标明所有测量地段、路线、测点，并且要依次编号，注明测定路线上的局部通风机、调节风门、风桥和其他障碍物。具体要求参照通风阻力测定方法。

(5) 井下测量

根据测量的目的和测量方法，参照通风阻力测量步骤，沿着测量路线，简要说明测量过程和临时修改的测点原因。

4. 资料汇总与计算

计算的数据包括每一个测点的空气密度、风速、断面积、风量、动压、位压、静压、相对压力，两测点的通风阻力，最大阻力路线上的总阻力、井巷风阻、摩擦阻力系数等，要有具体的计算过程，并将结果绘制成表。

5. 误差分析

(1) 通风机工况变化误差分析。

(2) 测量仪器和测量技术误差分析。

(3) 测点布置合理性误差分析。

(4) 井巷标高和断面计算时的误差分析。

6. 绘制压力坡线图和压能图

参照压力坡线图的绘制方法，将通风阻力计算结果绘制成压力坡线图和压能图。

7. 矿井通风阻力测定结果分析

(1) 衡量矿井通风管理水平。

(2) 分析矿井通风系统存在问题，提出改进意见。

(3) 火区均压调节效果分析。

(4) 主要通风机的安全运行分析。

项目四　矿井通风动力

任务一　自然风压

知识要点

矿井自然风压的成因、规律、利用及测算。

技能目标

了解自然风压的概念及规定。

任务分析

(1) 自然风压是怎样产生的?

(2) 自然风压如何测定?

(3) 机械通风的矿井如何对自然风压加以控制和利用?

任务导入

为克服通风阻力,矿井通风的动力来源有哪些呢?

相关知识

一、自然风压的产生及计算

如图4-1所示为一个简化的自然通风矿井,2—3为水平巷道,0—5为通过最高点的水平线。如果把地表大气视为断面无限大、风阻为零的假想风路,则通风系统可视为一个闭合回路。在冬季,由于空气柱0—1—2比5—4—3的平均温度低,平均空气密度较大,因而两空气柱作用在2—3水平面上的重力不相等,其重力之差就是该系统的自然风压。它使空气源源不断地从井口1流入,从井口5流出。在夏季时,由于空气柱5—4—3比0—1—2温度低,平均密度大,则系统产生的自然风压方向与冬季相反,地面空气从井口5流入,从井口1流出。由上述例子可见,在一个有高差的闭合回路中,只要两侧空气柱的温度或密度不等,则该回路就会产生自然风压。

我们将没有通风机介入风流也会自然流动的现象称为自然通风,把进回风侧空气柱的重量差称为自然风压$H_{自}$。

自然风压的大小,可由公式(4-1)计算得出:

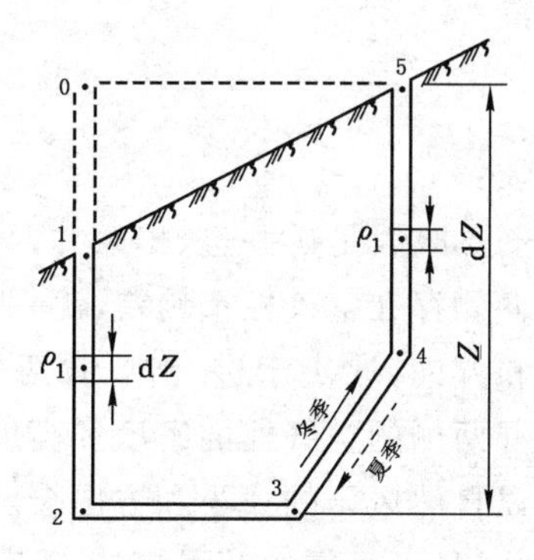

图 4-1　简化矿井通风系统

$$H_{自} = \int_0^2 \rho_1 g \mathrm{d}z - \int_3^5 \rho_2 g \mathrm{d}z, \quad \text{Pa} \tag{4-1}$$

式中　Z——矿井最高点到最低点间的距离,m;

g——重力加速度,m/s^2;

ρ_1、ρ_2——0—1—2 和 5—4—3 段井巷的空气密度,kg/m^3。

由于空气密度 ρ 与高度 Z 有着复杂的函数关系,因此用式(4-1)计算自然风压比较困难。为了简化计算,一般先测算出 0—1—2 和 5—4—3 井巷中空气密度的平均值 $\rho_{均进}$、$\rho_{均回}$,分别代替式(4-1)中的 ρ_1 和 ρ_2,得出简化公式(4-2)。

$$H_{自} = (\rho_{均进} - \rho_{均回}) g Z, \quad \text{Pa} \tag{4-2}$$

例 4-1　如图 4-1 所示的自然通风矿井,测得 $\rho_0 = 1.3\ kg/m^3$,$\rho_1 = 1.26\ kg/m^3$,$\rho_2 = 1.16\ kg/m^3$,$\rho_3 = 1.14\ kg/m^3$,$\rho_4 = 1.15\ kg/m^3$,$\rho_5 = 1.3\ kg/m^3$,$Z_{01} = 45\ m$,$Z_{12} = 100\ m$,$Z_{34} = 65\ m$,$Z_{45} = 80\ m$,试求该矿井的自然风压,并判断其风流方向。

解　假设风流方向由 0—1—2 井筒进入,由 3—4—5 井筒排出。

计算各测段的空气平均空气密度:

$$\rho_{01} = \frac{\rho_0 + \rho_1}{2} = \frac{1.3 + 1.26}{2} = 1.28\ (kg/m^3)$$

$$\rho_{12} = \frac{\rho_1 + \rho_2}{2} = \frac{1.26 + 1.16}{2} = 1.21\ (kg/m^3)$$

$$\rho_{34} = \frac{\rho_3 + \rho_4}{2} = \frac{1.14 + 1.15}{2} = 1.145\ (kg/m^3)$$

$$\rho_{45} = \frac{\rho_4 + \rho_5}{2} = \frac{1.15 + 1.3}{2} = 1.225\ (kg/m^3)$$

计算进、出风井两侧空气柱的平均密度:

$$\rho_{均进} = \frac{Z_{01} \times \rho_{01} + Z_{12} \times \rho_{12}}{Z_{01} + Z_{12}} = \frac{45 \times 1.28 + 100 \times 1.21}{45 + 100} = 1.23\ (kg/m^3)$$

$$\rho_{均回} = \frac{Z_{34} \times \rho_{34} + Z_{45} \times \rho_{45}}{Z_{34} + Z_{45}} = \frac{65 \times 1.145 + 80 \times 1.225}{65 + 80} = 1.189\ (kg/m^3)$$

则　　$H_{自} = (\rho_{均进} - \rho_{均回}) g Z = (1.23 - 1.189) \times 9.81 \times 145 = 58.32\ (Pa)$

求得的 $H_{自}$ 为正值,说明风流方向与假设方向一致,从 0—1—2 井筒进入,由 3—4—5

井筒流出。

二、自然风压的特性

自然风压具有如下几种性质：

(1) 形成矿井自然风压的主要原因是矿井进、出风井两侧的空气柱重量差。不论有无机械通风，只要矿井进、出风井两侧存在空气柱重量差，就一定存在自然风压。

(2) 矿井自然风压的大小和方向，取决于进、出风井两侧空气柱的重量差的大小和方向。这个重量差，又受进、出风井两侧的空气柱的密度和高度影响，而空气柱的密度取决于大气压力、空气温度和湿度，所以自然风压的大小和方向会随季节变化，甚至昼夜之间也可能发生变化，单独用自然风压通风是不可靠的。因此《煤矿安全规程》规定，每一个生产矿井必须采用机械通风。

(3) 矿井自然风压与井深成正比，与空气柱的密度成正比，具体与矿井空气大气压力成正比、与温度成反比。地面气温对自然风压的影响比较显著。地面气温与矿区地形、开拓方式、井深以及是否采用机械通风有关。一般来说，矿井出风侧气温常年变化不大，浅井进风侧气温受地面气温变化影响较大，而深井进风流气温受的影响较小。所以，深井自然风压一年之内大小可能有变化，但一般没有方向上的变化；而浅井自然风压一年之内不但大小会变化，甚至方向也会发生变化。

主要通风机工作对自然风压的大小和方向也有一定的影响。因为矿井主通风机工作时，风流长期与围岩进行热交换，在进风井周围形成了冷却带，即使风机停转或通风系统改变，进、回风井筒之间仍然会存在气温差，在一段时间之内自然风压仍会起作用。

三、自然风压的测定

生产矿井自然风压的测定方法有两种：直接测定法和间接测定法。

1. 直接测定法

矿井在无通风机工作或通风机停止运转时，在总风流的适当地点设置密闭墙临时隔断风流，而后用压差计测出密闭两侧的静压差，该静压差便是矿井的自然风压值。或将风硐中的闸门完全放下，然后由风机房水柱计直接读出矿井自然风压值（如图 4-2 所示）。

2. 间接测定法

以抽出式通风矿井为例。如图 4-3 所示的抽出式通风矿井，风硐中通风机入口风流的相对全压 $h_{全}$ 与自然风压 $H_{自}$ 的代数和等于矿井的通风阻力，由公式(4-3)表示：

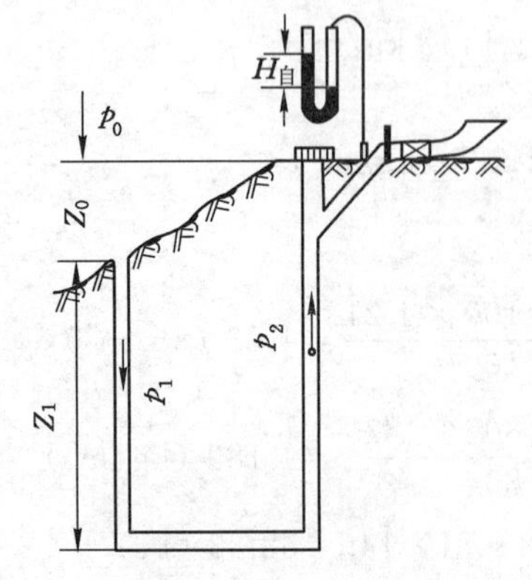

图 4-2 用通风机房中的压差计测自然风压

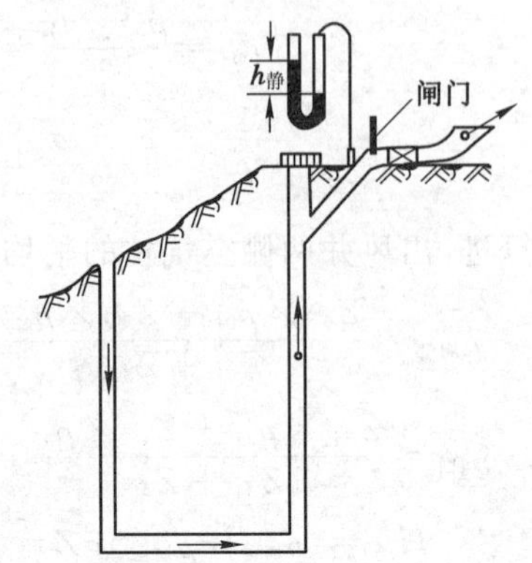

图 4-3 自然风压的间接测定法

$$h_{全}+H_{自}=RQ^2 \tag{4-3}$$

式中 R——矿井总风阻，$N\cdot s^2/m^8$；

Q——矿井总风量，m^3/s。

所以首先在通风机正常运转时，测出矿井总风量 Q 及通风机入风口处风流的相对全压 $h_{全}$，而后停止主要通风机的运转，若有自然风流，立即测出自然风流的风速 $v_{自}$，计算出自然通风的风量 $Q_{自}=S\times v_{自}$，S 是测 $v_{自}$ 处的风硐的断面积，可得式(4-4)：

$$H_{自}=RQ_{自}^{\,2} \tag{4-4}$$

解式(4-3)和式(4-4)的联立方程组，得矿井自然风压计算公式(4-5)：

$$H_{自}=h_{全}\frac{Q_{自}^{\,2}}{Q^2-Q_{自}^{\,2}},\quad \text{Pa} \tag{4-5}$$

知识扩展

自然风压的控制和利用

要想很好地利用自然通风来改善矿井通风状况和降低矿井通风阻力，就必须根据自然风压的产生原因及影响因素，对自然风压进行控制和利用。

1. 对自然风压的控制

在深井中，自然风压一般常年都帮助主要通风机通风，只是在季节改变时其大小会发生变化，可能影响矿井风量。但在某些浅井中，季节改变甚至会使矿井局部地点风流反向。这在矿井通风管理工作中应予重视，尤其在山区多井筒通风的高瓦斯矿井中应特别注意，以免造成风量不足或局部井巷风流反向酿成事故。为防止自然风压对矿井通风产生不利影响，应对矿井自然通风情况做充分的调查研究和实际测量工作，掌握通风系统及各水平自然风压的变化规律。在此基础上，可根据情况采取安装高风压风机的方法来对自然风压加以控制，也可适时调整主要通风机的工况点，使其既能满足矿井通风需要，又可节约电能。

2. 设计和建立合理的矿井通风系统

地面气温变化对自然风压的影响随矿区地形、开拓方式和矿井深度的不同而不同。在山区和丘陵地带，应尽可能将进风井布置在较低处，出风井布置在较高处。如果采用平硐开拓，有条件时应将平硐作为进风井，并将井口尽量迎向常年风向，或者在平硐口外设置适当的导风墙，出风平硐口设置挡风墙。进、出风井口标高差较小时，可在出风井口修筑风塔，风塔高度以不低于 10 m 为宜，以增加自然风压。

3. 人工调节进、出风侧的气温差

可在进风井巷内设置水幕或借助于井巷淋水冷却空气，以增加空气密度，同时净化风流。在出风井底处利用地面锅炉余热等措施来提高回风流气温，减小回风井空气密度。

4. 降低井巷风阻

其主要措施包括：尽量缩短通风路线或采用并联巷道通风；当各采区距离地表较近时，可用分区式通风；各井巷应有足够的通风断面，且应保持井巷内无杂物堆积；防止漏风。

5. 消灭独井通风

在建井时期可能会出现独井通风现象，此时可用风障将井筒隔成一侧进风一侧出风；或用风筒导风，使较冷的空气由井筒进入，较热的空气从导风筒排出。也可利用钻孔构成通风回路，形成自然风压。

6. 注意自然风压在非常时期对矿井通风的作用

在制定矿井灾害预防和处理计划时，要考虑到万一主要通风机因故停转，如何采取措施利用自然风压进行通风以及此时自然风压对通风系统可能造成的不良影响，制定预防措施，防患于未然。

任务二　矿井主要通风机及附属装置

知识要点

风机分类及主要风机附属装置；反风实训（模拟设备操作演示）。

技能目标

了解矿用通风机的分类、原理；了解矿用通风机的附属装置。

任务分析

(1) 通风机的分类。
(2) 主要通风机的附属装置。
(3) 在什么情况下需要反风？用什么方法实现通风机的反风？
(4)《煤矿安全规程》中对通风机反风有何规定？
(5) 通风机为什么要安装扩散器？

任务导入

矿井通风动力中自然风压较小，怎么保证矿井通风的要求呢？

相关知识

自然风压较小且不稳定，不能保证矿井通风的要求，因此《煤矿安全规程》规定，每一个矿井都必须采用机械通风。在煤矿中主要通风机的电能消耗量占全矿电能消耗的比重较大，平均电耗一般占矿井电耗的20%～30%，个别矿井此数据可达50%。因此，合理选择和使用主要通风机，对矿井安全、井下工作条件改善以及提高煤矿的主要技术经济指标有重要作用。

矿用通风机按照其服务范围和所起的作用分为以下三种：

(1) 主要通风机。担负整个矿井或矿井的一翼或一个较大区域通风的通风机，称为矿井的主要通风机。

(2) 辅助通风机。用来帮助矿井主要通风机对一翼或一个较大区域通风的通风机，称为主要通风机的辅助通风机。

(3) 局部通风机。供井下某一局部地点通风使用的通风机，称为局部通风机。一般服务于井巷掘进通风。

矿用通风机按照构造和工作原理不同，可分为离心式通风机和轴流式通风机。

一、离心式通风机

离心式通风机主要由工作轮、蜗壳体、主轴和电动机等部件构成，如图 4-4 所示。工作轮由固定在机轴上的轮毂以及安装在轮毂上的一定数量的机翼形叶片构成。风流沿叶片间的流道流动。叶片按其在流道出口处安装角 β_2 的不同，可分为前倾式（$\beta_2<90°$）、径向式（$\beta_2=90°$）、后倾式（$\beta_2>90°$）三种，如图 4-5 所示。因为后倾叶片的通风机风量变化时风压变化较小、效率较高，所以矿用离心式通风机多为后倾式。

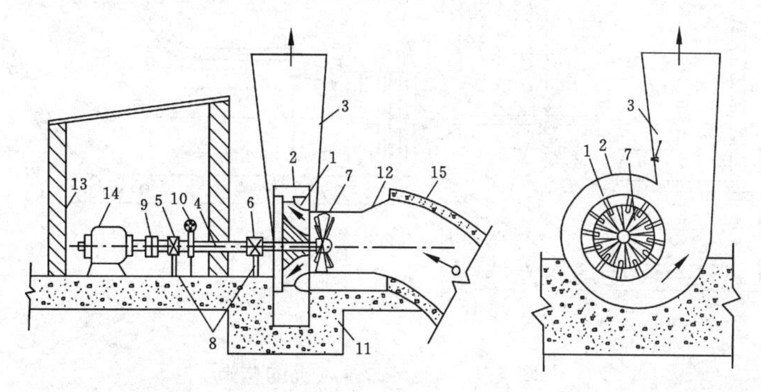

图 4-4　离心式通风机的构造及其在矿井通风井口作抽出式通风的示意图

1——工作轮；2——蜗壳体；3——扩散器；4——主轴；5——止推轴承；6——径向轴承；7——前导器；8——机架；9——联轴器；10——抽动器；11——机座；12——吸风口；13——通风机房；14——电动机；15——风硐

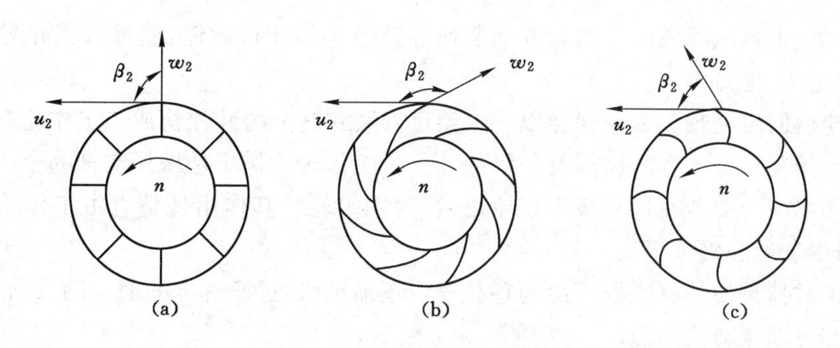

图 4-5　工作轮叶片的构造角度

(a) 径向式；(b) 后倾式；(c) 前倾式

w_2——工作轮出风口叶片的切线速度；u_2——工作轮圆周速度

空气进入风机的形式，有单侧吸入和双侧吸入两种。其他条件相同时，双吸风口风机的动轮宽度和风量是单吸风口风机的 2 倍。在吸风口与工作轮之间还装有前导器，使进入叶轮的气流发生预旋绕，以达到调节风压的目的。

当电动机传动装置带动工作轮在机壳中旋转时，叶片流道间的空气随叶片的旋转而旋转，获得离心力，经叶端被抛出工作轮，流到螺旋状机壳里。在机壳内空气流速逐渐减小，压力升高，然后经扩散器排出。与此同时，在叶片的入口即叶根处形成较低的压力，使吸风口处的空气自叶根流入叶道，从叶端流出，如此源源不断形成连续流动。

我国生产的离心式通风机，适用煤矿作主要通风机的有 4-72-11 型、G4-73-11 型、K4-73-01 型等。型号参数的含义以 K4-73-01№32 型为例说明如下：K——矿用；4——效率最高点压力系数的 10 倍，取整数；73——效率最高点比转速，取整数；0——通风机进风口为双面吸入；1——第一次设计；№32——通风机机号，32为叶轮直径，dm。

二、轴流式通风机

轴流式通风机主要由进风口、工作轮、整流器、主体风筒、扩散器和传动轴等部件组成，如图4-6所示。

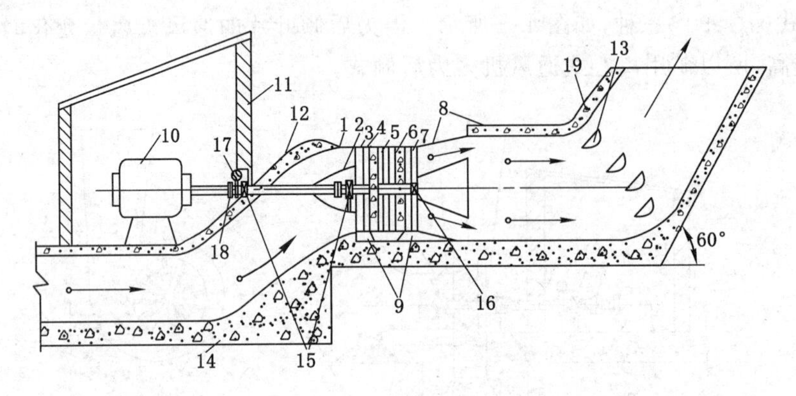

图4-6　轴流式通风机的构造

1——集风器；2——流线体；3——前导器；4——第一级工作轮；5——中间整流器；6——第二级工作轮；7——后整流器；8——环形或水泥扩散器；9——机架；10——电动机；11——通风机房；12——风硐；13——导流板；14——基础；15——径向轴承；16——止推轴承；17——制动器；18——齿轮联轴器；19——扩散塔

进风口是由集风器和流线体构成的断面逐渐缩小的环行通道，使进入工作轮的风流均匀，以减少阻力，提高效率。

工作轮由固定在轴上的轮毂和以一定角度安装在其上的叶片构成。工作轮有一级和二级两种。二级工作轮产生的风压是一级的2倍。工作轮的作用是增加空气的全压。

整流器（导叶）安装在每一级工作轮之后，为固定轮。其作用是整直由工作轮流出的旋转气流，减少动能和涡流损失。

环行扩散器是使从整流器流出的环状气流逐渐扩张，过渡到全断面。随着断面的扩大，空气的一部分动压转换为静压。

轴流式通风机叶片构造如图4-7所示。

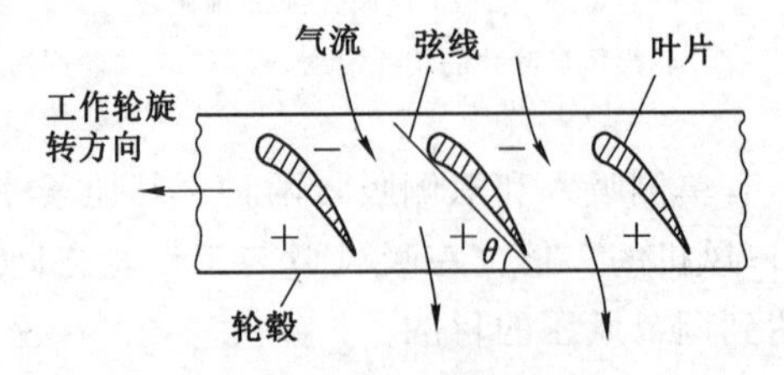

图4-7　轴流式通风机叶片构造

叶片用螺栓固定在轮毂上，呈中空梯形，横截面和机翼形状相似。在叶片迎风侧作一外切线，称为弦线，弦线与工作轮旋转方向（u）的夹角称为叶片安装角，以θ表示。θ角是可调的。因为通风机的风压、风量的大小与θ角有关，所以工作时可根据所需要的风量、风压调节θ的角度。在一级通风机中，θ角的调节范围是10°～40°，二级通风机的调节范围是15°～45°，可按相邻角度差5°或2.5°调节，但每个工作轮上的θ角必须严格保持一致。

为减少能量损失和提高通风机的工作效率，还设有集风器和流线体。集风器是在通风机入风口处呈喇叭状圆筒的机壳，以引导气流均匀平滑地流入工作轮；流线体是位于第一级工作轮前方的呈流线型的半球状罩体，安装在工作轮的轮毂上，用以避免气流与轮毂冲击。

目前我国生产的轴流式通风机中，适用于煤矿作主要通风机的有 2K60 型、GAF 型、2K56 型、KZS 型等。型号参数的含义以 2K60-1-No24 型为例说明如下：2——两级叶轮；K——矿用；60——轮毂比的 100 倍；1——结构设计序号；№24——通风机机号，24 为叶轮直径，dm。

三、对旋式通风机

对旋式局部通风机被列为在全国推广使用的四项装备之一。对旋式局部通风机也是一种轴流式通风机，和传统轴流式通风机相比较，具有高效率、高风压、大风量、性能好、高效区宽、噪声低、运行方式多、安装检修方便等优点。

对旋式通风机由集流器、一级通风机、二级通风机、扩散筒和扩散塔等组成，如图 4-8 所示。风机采用对旋式结构，一、二级叶轮相对安装，旋转方向相反；叶片采用机翼形扭曲叶片，叶面也互为反向，省去了一般轴流式通风机的中、后导叶，减少了压力损失，提高了风机效率。每一级叶轮均采用悬臂结构，分别安装在隔爆型电动机上，形成两台独立的通风机，既没有传统的长轴传动，也没有联轴器，结构简单，还可提高效率。隔爆型电动机安装在主风筒内密闭罩中，密闭罩具有一定的耐压性，可使电动机与通风机流道中含瓦斯的气体隔绝，同时起一定的散热作用。密闭罩有三根导管，既起支撑作用，又可使主风筒与大气相通，使新鲜空气流入密闭罩中。罩内空气可保持正压状态，使得电动机始终处于瓦斯浓度小于 1%的条件下工作，符合安全防爆要求。在主风筒中设置有稳流环，使得通风机性能曲线中无驼峰区，无喘振，在任何阻力情况下均可稳定运行。通风机噪声较低，绝大多数型号在无消声装置的情况下，噪声均可低于 90 dB(A)。通风机叶轮叶片安装角可以调整，一般分为 45°、40°、35°、30°及 25°五个角度。一、二级叶轮叶片安装角角度可以一致，也可不同，又可调节为小于或等于 45°范围内任意角度运行。可以单级运行，也可以双级运行，因此可调范围极广，尤其在矿井投产初期可只运行一级。通风机和扩散器均安装在带轮的平板车上，下设轨道，安装维修很方便。可以反转反风。在各种情况下，反风率均为 70%以上；不需要反风道及通风机的基础，也可不要主通风机房，只需要建造电控值班室。电动机轴承和电动机定子有测温装置，可遥测和报警。电动机轴承还配备了不停机注油和排油管装置。

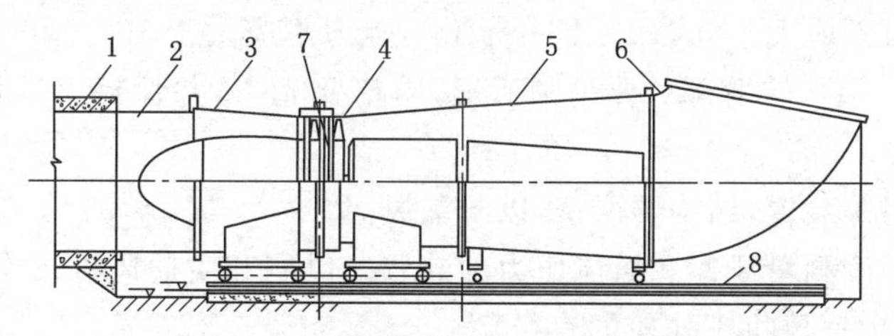

图 4-8　BDK65 型轴流对旋式通风机

1——风道；2——连接风筒；3——一级通风机；4——二级通风机；5——扩散筒；6——扩散塔；7——稳液环；8——钢轨

风机的工作原理是：工作时两级工作轮分别由两个等容量、等转速、旋转方向相反的电动机驱动，当气流通过集流器进入第一个工作轮获得能量后，再经第二级工作轮升压排出。两级工作轮互为导叶，第一级后形成的旋转速度，由第二级反向旋转消除并形成单一的轴向流动。两个工作轮所产生的理论全压为通风机理论全压的1/2,不仅使通过两级工作轮的气流平稳,有利于提高通风机的全压效率,而且使前后级工作轮的负载分配比较合理,不会造成各级电动机出现超功、过载现象。

目前,对旋式通风机有数十个系列。作为煤矿通风机使用的有BD或BDK系列高效节能矿用防爆对旋式主要通风机,最高静压效率可达85%,噪声不大于85 dB(A)。局部通风机主要有FDC-1№6/30型、FSD-2×18.5型、DSF-6.3/60型、DSFA-5型、BDJ60系列、2BKJ-6.0/3.0型、KDF型等。

型号参数的含义以BDK65A-8-№24型为例说明如下:B——防爆型;D——对旋结构;K——矿用;65——轮毂比的100倍;A——叶片数目配比为A类;8——配用8极电机;№24——机号为24,即24 dm。

四、主要通风机附属装置

矿井使用的主要通风机,除了主机之外还有一些附属装置。主要通风机和附属装置统称为通风机装置。附属装置有风硐、扩散器、防爆门和反风装置等。

(一)风硐

风硐是连接通风机和风井的一段巷道,如图4-9所示。

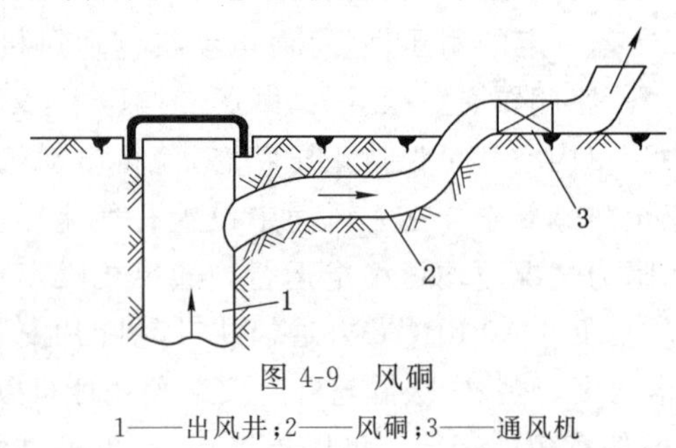

图4-9 风硐

1——出风井;2——风硐;3——通风机

因为通过风硐的风量大、风硐内外压力差大、服务年限长,所以风硐多用混凝土、砖石等材料建筑,对设计和施工的质量要求较高。

良好的风硐应满足以下要求:

(1) 应有足够大的断面,风速不宜超过15 m/s。

(2) 风硐的风阻不应大于0.019 6 N·s^2/m^8,阻力不应大于100~200 Pa。风硐不宜过长,与井筒连接处要平缓,转弯部分要呈圆弧形,内壁要光滑,并保持无堆积物状态,拐弯处应安设导流叶片。

(3) 风硐及闸门等装置,结构要严密,以防漏风。

(4) 风硐内应安设测量风速和风流压力的装置。风硐和主通风机相连的一段长度不应小于(10~12)D(D为通风机工作轮的直径)。

(5) 风硐与倾角大于30°的斜井或立井的连接口距风井1~2 m处应安设保护栅栏,以防止检查人员和工具等坠落到井筒中;在距主要通风机入风口1~2 m处也应安设保护栅栏,以防止风硐中的脏、杂物被吸入通风机。

(6) 风硐直线部分要有流水坡度,以防积水。

(二)防爆门

防爆门是为防止瓦斯或煤尘爆炸时毁坏通风机而安装在装有通风机的井口上的安全装置。

图 4-10 所示为出风井口的防爆门，门 1 用铁板焊成，四周用 4 条钢丝绳绕过滑轮 3，用挂有配重的平衡锤 4 牵住防爆门，其下端放入井口圈 2 的凹槽中。正常通风时它可以隔离地面大气与井下空气。当井下发生爆炸事故时，防爆门即能被爆炸波冲开，起到卸压作用以保护通风机。

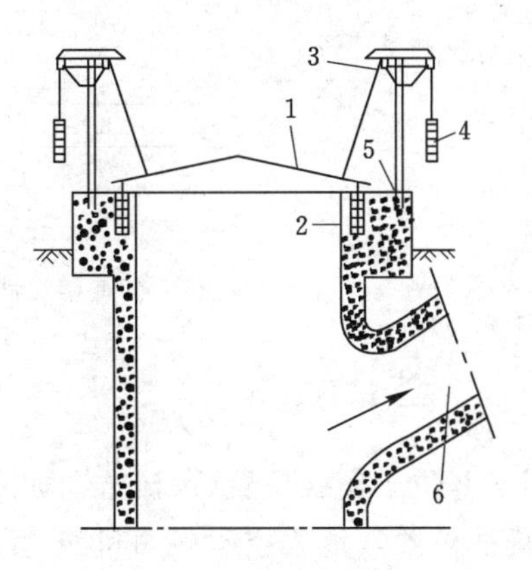

图 4-10　风硐立井防爆门

1——防爆门；2——井口圈；3——滑轮；4——平衡锤；5——平衡锤滑轮支柱；6——风硐

防爆门应布置在出风井轴线上，其面积不得小于出风井口的断面积。从出风井与风硐的交岔点到防爆门的距离应比从该交岔点到主要通风机吸风口的距离至少短 10 m。防爆门必须有足够的强度，并有防腐和防抛出的措施。为了防止漏风，防爆门应该封闭严密。如果采用液体作密封，在冬季应选用不燃的不冻液，且要求以当地出现的十年一遇的最低温度时不冻为准。槽中应经常保持足够的液量，槽的深度必须使其内盛装的液体的压力大于防爆门内外的空气压力差。井口壁四周还应安装一定数量的压脚，当反风时用它压住防爆门，以防掀起防爆门造成风流短路。

(三) 反风装置

当矿井在进风井口附近、井筒或井底车场及其附近的进风巷中发生火灾、瓦斯和煤尘爆炸时，为了防止事故蔓延，以便进行灾害处理和救护工作，有时需要改变矿井的风流方向。《煤矿安全规程》规定，生产矿井主要通风机必须装有反风设施，并能在 10 min 内改变巷道中的风流方向；当风流方向改变后，主要通风机的供给风量不应小于正常供风量的 40%。每季度应至少检查 1 次反风设施，每年应进行 1 次反风演习；当矿井通风系统有较大变化时，应进行 1 次反风演习。

1. 离心式通风机的反风装置

离心式通风机只能用反风门与旁侧反风道的方法反风，如图 4-11 所示。

通风机正常工作时，反风门 1 和 2 处于实线位置，反风时将反风门 1 提起，把反风门 2 放下，地表空气自活门 2 进入通风机，再从活门 1 进入旁侧反风道 3，进入风井流入井下，达到反风的目的。

2. 轴流式通风机的反风装置

轴流式通风机的反风方法有以下三种：

(1) 利用反风门与旁侧反风道反风，如图 4-12 所示。

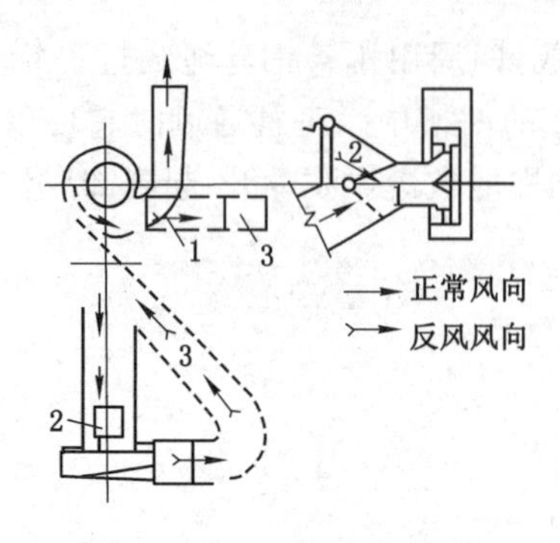

图 4-11 离心式通风机的反风装置

1——反风控制风门；2——反风进风风门；

3——旁侧反风道

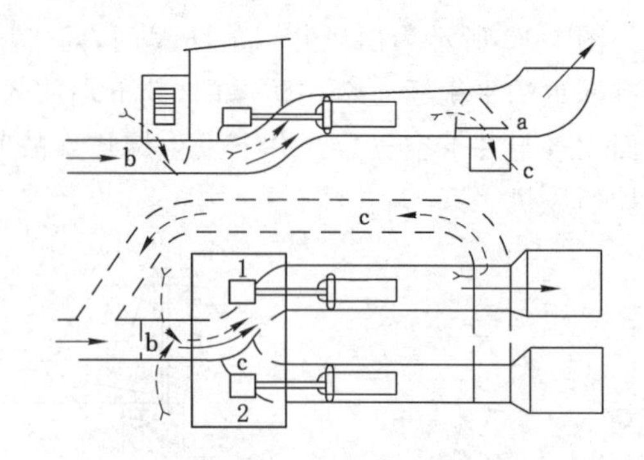

图 4-12 轴流式通风机的反风装置

a、b——反风门；c——旁侧反风道

1、2——电动机

通风机正常工作时反风门 a、b 位于实线位置(风流方向如实线箭头所示)，反风时，可提起反风门 a，放下反风门 b(如虚线位置)，地表空气经百叶窗、活门 b 进入通风机，再由活门 a 进入旁侧反风道，进入风井流入井下(如虚线箭头所示)，达到反风的目的。

(2) 调节通风机叶片角度反风。GAF 型轴流式通风机有两种方法调整叶片安装角，一是运行中采用液压调节，常在电厂的通风机调节中采用。二是采用机械式调节，如图 4-13 所示。

当通风机停转后，从机壳外以手轮调节杆伸入叶轮毂，转动手轮，使蜗杆 2、蜗轮 4 转动，而蜗轮转动则使与其相连的小齿轮 7、大伞齿轮 6、小伞齿轮 5 跟随转动，从而达到改变叶轮 1 安装角的目的。反风时，叶轮旋转方向不变，只需将叶轮转到图中虚线位置即可。

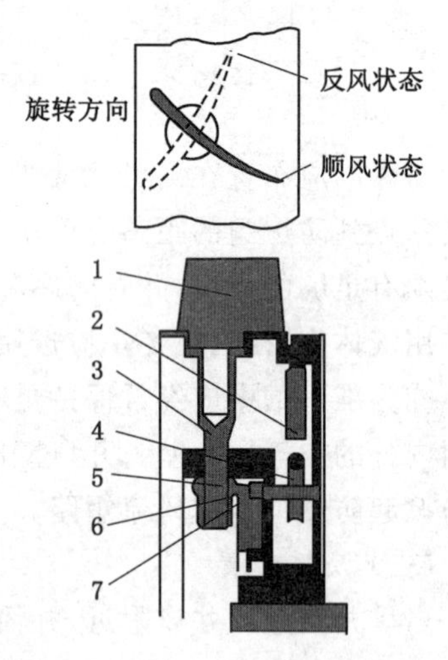

图 4-13 机械式叶轮调节系统

1——叶片；2——蜗杆；3——叶柄；

4——蜗轮；5——小伞齿轮；

6——大伞齿轮；7——小齿轮

(3) 反转通风机叶轮旋转方向反风。这种方法是调换电动机电源的任意两相接线，使电动机改变转向，从而改变通风机叶轮的旋转方向，使井下风流反向。这种方法基建费较少，反风方便，但是一些老型号的轴流式通风机反风后风量达不到要求。一些新型轴流式通风机，将后导叶设计成可调节角度的，反风时，将后导叶同时扭一角度，反风后的风量即能满足要求。

(四) 扩散器

在通风机出口处外接的具有一定长度、断面逐渐扩大的风道，称为扩散器，如图 4-14 所示。其作用是降低出口速压以提高通风机的静压。小型离心式通风机的扩散器由金属板焊接而成，大型离心式通风机的扩散器用砖和混凝土砌筑，其纵断面呈长方形，扩散器的敞角不宜过大，一般为 8°～10°，以防脱流。出口断面与入口断面之比一般为 3～4。轴流式通风机的扩散器由环形扩散器与水泥扩散器组成。环形扩散器由圆锥形内筒和外筒构成，外圆锥体的敞角一般为 7°～12°，内圆锥体的敞角一般为 3°～4°。水泥扩散器为一段向上弯曲的风道，它与水平线所成的夹角为 60°，其高为叶轮直径的 2 倍，长为叶轮直径的 2.8 倍，出风口为长方形断面(长为叶轮直径的2.1倍,宽为叶轮直径的1.4倍)。扩散器的拐弯处为双曲线形,并安设一组导流叶片,以降低阻力。

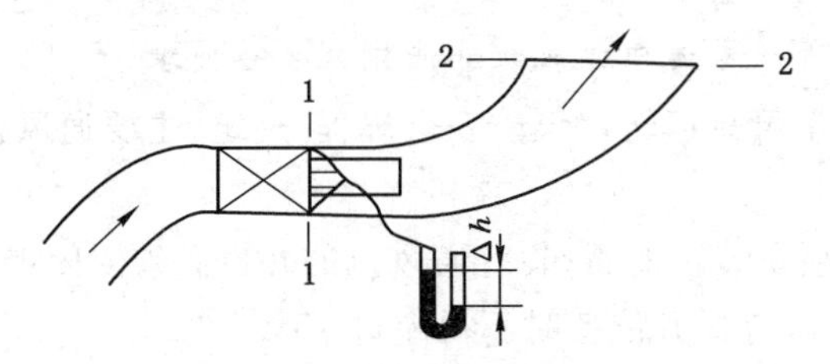

图4-14　扩散器示意图

任务实施

认识通风机及其附属装置

一、任务组织

根据学生人数分组,以能顺利开展组内讨论为宜。明确小组负责人,提出纪律要求。利用通风实训室设备和装置进行教学。

二、任务实施方法与步骤

(1) 组织学生去实验室观看通风机及其附属装置。

(2) 教师讲授"相关知识"。

(3) 学生查阅"知识扩展"并展开讨论。

(4) 教师提问、学生互问,多种形式质证,课堂互评。

三、任务实施注意事项与要求

(1) 要注意培养学生认真严谨的工作习惯和作风。

(2) 教室内应保持秩序和整洁。提醒学生注意安全、爱护物品。

(3) 要注意调动学生学习积极性,让每个学生都积极参与。

(4) 教学结束,请打扫卫生,将所使用的器材恢复原样。

任务评价

学生训练成果评价表

姓名		班级		组别		得分	

评价内容	要求或依据	分数	评分标准
课堂表现	学习纪律、敬业精神、协作精神、学习方法、积极讨论等方面	10分	遵守纪律,学习态度端正、认真,相互协作等满分,其他酌情扣分
口述离心式通风机、轴流式通风机、对旋式通风机的工作原理	准确口述,内容完整	60分	根据口述准确性和完整性酌情扣分
口述主要通风机的附属装置	准确口述,内容完整,积极参与	20分	根据讨论的积极性和发言情况酌情扣分
安全意识	服从组织,照顾自己及他人,听从教师及组长指挥,积极恢复实训室原样等	10分	根据学生表现打分

知识扩展

主要通风机的使用及安全要求

为了保证通风机安全可靠运转,《煤矿安全规程》规定,主要通风机的安装和使用应当符合下列要求:

(1) 主要通风机必须安装在地面;装有通风机的井口必须封闭严密,其外部漏风率在无提升设备时不得超过5%,有提升设备时不得超过15%。

(2) 必须保证主要通风机连续运转。

(3) 必须安装2套同等能力的主要通风机装置,其中1套作备用。备用通风机必须能在10 min内开动。

(4) 严禁采用局部通风机或者风机群作为主要通风机使用。

(5) 装有主要通风机的出风井口应当安装防爆门,防爆门每6个月检查维修1次。

(6) 至少每月检查1次主要通风机。改变主要通风机转数、叶片角度或者对旋式主要通风机运转级数时,必须经矿总工程师批准。

(7) 新安装的主要通风机投入使用前,必须进行试运转和通风机性能测定,以后每5年至少进行1次性能测定。

(8) 主要通风机技术改造及更换叶片后必须进行性能测试。

(9) 井下严禁安设辅助通风机。

主要通风机停止运转时,受停风影响的地点,必须立即停止工作、切断电源,工作人员撤到进风巷道中,由值班矿长迅速决定全矿井是否停止生产、工作人员是否全部撤出。

主要通风机在停止运转期间,对由1台主要通风机担负全矿井通风的矿井,必须打开井口防爆门和有关风门,利用自然风压通风;对由多台主要通风机联合通风的矿井,必须正确控制风流,防止风流紊乱。

任务三 矿井通风机特性

知识要点

风机特性参数及特性曲线;通风机风压和矿井通风阻力的关系。

技能目标

掌握矿用通风机的特性,矿井中通风机风压与通风阻力的关系。

任务分析

(1) 什么叫通风机的个体特性曲线?什么叫通风机的类型特性曲线?

(2) 轴流式通风机和离心式通风机风压特性曲线及功率特性曲线有何差异?在启动时应注意什么问题?

(3) 什么叫通风机的工况点和工作区域?通风机的工况点应在什么区域内变动才

合理？

任务导入

通风机有哪些工作参数？通风机的风压和矿井通风阻力有什么样的关系？

相关知识

一、通风机的工作参数

反映通风机工作特性的基本参数有4个，即通风机的风量$Q_{通}$、压力$H_{通}$、功率$N_{通}$和效率$\eta_{通}$。

1. 通风机的风量$Q_{通}$

$Q_{通}$表示单位时间内通过通风机的风量，单位为m^3/s。当通风机做抽出式工作时，通风机的风量等于回风道总排风量与井口漏入风量之和；当通风机做压入式工作时，通风机的风量等于进风道的总进风量与井口漏出风量之和。通风机的风量要用风表或皮托管与压差计在风硐或通风机扩散器处实测。

2. 通风机的风压$H_{通}$

通风机的风压有全压($H_{通全}$)、静压($H_{通静}$)和动压($h_{通动}$)之分。通风机的全压表示单位体积的空气通过通风机后所获得的能量，单位为$N\cdot m/m^3$或Pa，其值为通风机出口断面与入口断面上的总能量之差。因为出口断面与入口断面高差较小，其位压差可忽略不计，所以通风机的全压为通风机出口断面与入口断面上的绝对全压之差，由公式(4-6)表示：

$$H_{通全}=P_{全出}-P_{全入} \tag{4-6}$$

式中　$P_{全出}$——通风机出口断面上的绝对全压，Pa；

$P_{全入}$——通风机入口断面上的绝对全压，Pa。

通风机的全压包括通风机的静压与动压两个部分，由公式(4-7)表示：

$$H_{通全}=H_{通静}+h_{通动} \tag{4-7}$$

由于通风机的动压用来克服风流自扩散器出口断面到地表大气(抽出式)或风硐(压入式)的局部阻力，所以扩散器出口断面的动压等于通风机的动压，由公式(4-8)表示：

$$h_{扩动}=h_{通动} \tag{4-8}$$

式中　$h_{扩动}$——扩散器出口断面的动压，Pa。

3. 通风机的功率$N_{通}$

通风机的输入功率$N_{通入}$表示通风机轴从电动机得到的功率，单位为kW，可用式(4-9)计算：

$$N_{通入}=\frac{\sqrt{3}UI\cos\varphi}{1\ 000}\eta_{电}\ \eta_{传} \tag{4-9}$$

式中　U——线电压，V；

I——线电流，A；

$\cos\varphi$——功率因数；

$\eta_{电}$——电动机效率；

$\eta_{传}$——传动效率。

通风机的输出功率 $N_{通出}$ 也叫有效功率，是指单位时间内通风机对通过的风量为 $Q_{通}$ 的空气所做的功，由公式(4-10)表示：

$$N_{通出}=\frac{H_{通}Q_{通}}{1\ 000} \tag{4-10}$$

因为通风机的风压有全压与静压之分，所以公式(4-10)中当 $H_{通}$ 为全压时，即为全压输出功率 $N_{通全出}$；当 $H_{通}$ 为静压时，即为静压输出功率 $N_{通静出}$。

4. 通风机的效率 $\eta_{通}$

通风机的效率是指通风机输出功率与输入功率之比。因为通风机的输出功率有全压输出功率与静压输出功率之分，所以通风机的效率分全压效率 $\eta_{通全}$ 与静压效率 $\eta_{通静}$，由式(4-11)和式(4-12)表示：

$$\eta_{通全}=\frac{N_{通全出}}{N_{通入}}=\frac{H_{通全}Q}{1\ 000N_{通入}} \tag{4-11}$$

$$\eta_{通静}=\frac{N_{通静出}}{N_{通入}}=\frac{H_{通静}Q}{1\ 000N_{通入}} \tag{4-12}$$

很显然，通风机的效率越高，说明通风机的内部阻力损失越小，性能也越好。

二、通风机的个体特性曲线及合理工作范围

1. 个体特性曲线

通风机的风量、风压、功率和效率这四个基本参数可以反映出通风机的工作特性。每一台通风机，在额定转速的条件下，对应于一定的风量，就有一定的风压、功率和效率，风量如果变动，其他三个也随之改变。表示通风机的风压、功率和效率随风量变化而变化的关系曲线，称为通风机的个体特性曲线。这些个体特性曲线不能用理论计算方法来绘制，必须通过实测来绘制。

(1) 风压特性曲线

图 4-15 所示为离心式通风机的个体特性曲线，图 4-16 所示为轴流式通风机的个体特性曲线。在煤矿中因主通风机多采用抽出式通风，因此要绘制抽出式通风机的静压特性曲

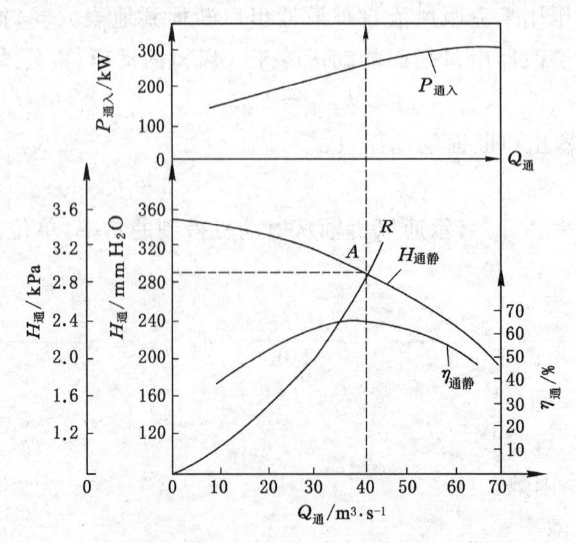

图 4-15 离心式通风机个体特性曲线

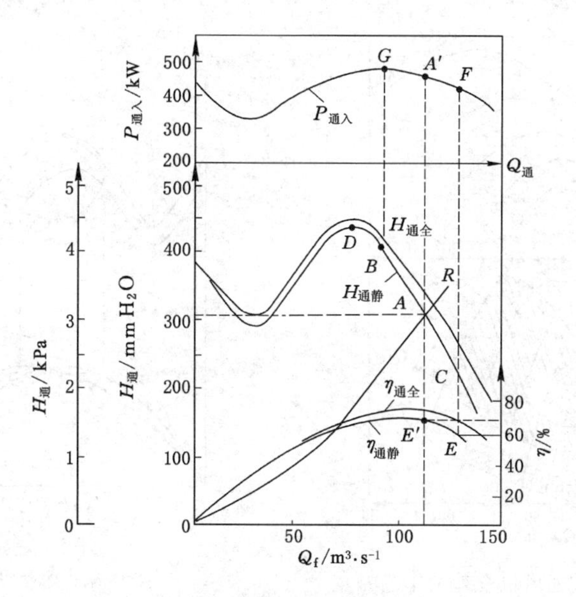

图 4-16　轴流式通风机个体特性曲线

线；当采用压入式通风时，则绘制压入式通风机的全压特性曲线。

从图 4-15 与图 4-16 可看出，离心式与轴流式通风机的风压特性曲线各有其特点：离心式通风机的静压特性曲线比较平缓，当风量变化时，风压变化不大；轴流式通风机的全压特性曲线较陡，并有一个马鞍形的“驼峰”区，当风量变化时，风压变化较大。

(2) 功率曲线

图 4-15 和图 4-16 中 $P_{通入}$ 为通风机的输入功率曲线。从两个图中可看出：离心式通风机当风量增加时，功率也随之增大。所以启动时，为了避免因启动负荷过大而烧毁电动机，应先关闭闸门然后待通风机达到正常工作转速后再逐渐打开。当供风量过大时，矿井常常利用闸门加阻来减少风量节省电能。轴流式通风机在 B 点的右下侧功率随着风量的增加而减小，所以启动时应先全敞开或半敞开闸门，待运转稳定后再逐渐关闭闸门至其合适位置，以防止启动时电流过大，引起电动机过负荷。

(3) 效率曲线

图 4-15、4-16 中 η 为通风机的效率。当风量逐渐增加时，效率也逐渐增大，当增大到最大值后便逐渐下降。因为轴流式通风机叶片的安装角是可调控的，因此叶片的每个安装角 θ 都相应地有一条风压曲线和功率曲线。为了使图清晰，轴流式通风机的效率一般用等效率曲线来表示，如图 4-17 所示。

等效率曲线是把各条风压曲线上的效率相同的点连接起来绘制成的。等效率曲线的绘制方法如图 4-18 所示，轴流式通风机两个不同的叶片安装角 θ_1 与 θ_2 的风压特性曲线分别为 1 与 2，效率曲线分别为 3 与 4。自各个效率值(如 0.2、0.4、0.6、0.8)画水平虚线，分别和 3 与 4 曲线相交，可得 4 对效率相等的交点，从这 4 对交点作垂直虚线分别与相应的个体风压曲线 1 与 2 相交，又在曲线 1 与 2 上得出 4 对效率相等的交点，然后把相等效率的交点连接起来，即得出图中 4 条等效率曲线。

2. 通风机的工况点及合理工作范围

当以同样的比例把矿井总风阻曲线绘制于通风机个体特性曲线图中时，则风阻曲线与

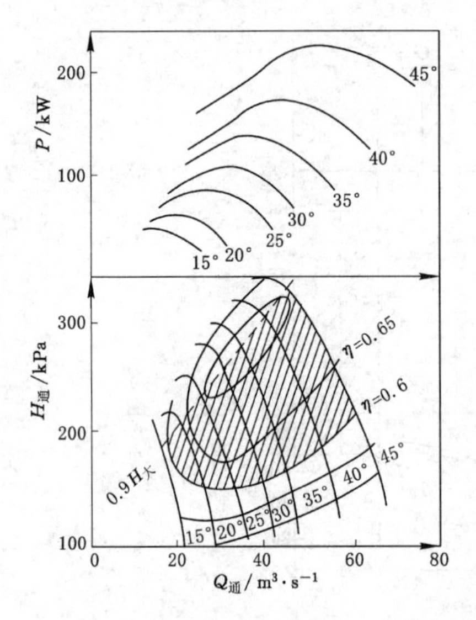

图 4-17　轴流式通风机合理工作范围

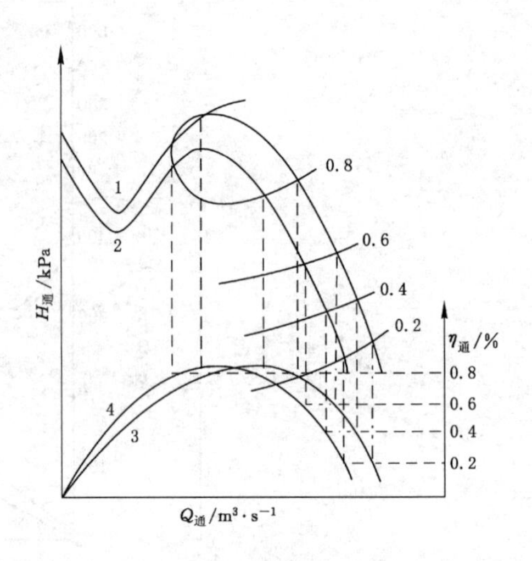

图 4-18　等效率曲线的绘制

风压曲线交于 A 点，此点就是通风机的工况点，如图 4-15、4-16 所示。从图 4-16 中工作点 A 可看出，此时通风机的静压为 3 kPa，风量为 115 m^3/s，功率为 450 kW（A'点决定），静压效率为 0.68（E'点决定）。实验证明，如果轴流式通风机的工况点位于风压曲线"驼峰"的左侧时（D 点左侧），通风机的运转就可能产生不稳定状况，即工况点发生跳动，风量忽大忽小，声音极不正常，所以通风机的工作风压不应大于最大风压的 0.9 倍，即工作点应在 B 点以下。为了经济，主通风机的效率不应低于 0.6，即工作点应在 C 点以上。BC 段就是通风机合理的工作范围。对于图 4-17，其合理工作范围为图中阴影部分。

三、通风机风压与通风阻力的关系

1. 抽出式通风矿井

抽出式通风矿井如图 4-19 所示。对于抽出式通风矿井，通风机的全压为通风机扩散器出口断面 5 与进口断面 4 的绝对全压之差，即：

$$H_{通全}=P_{全5}-P_{全4}=(P_{静5}+h_{动5})-(P_{静4}+h_{动4})=(P_{静5}-P_{静4})+(h_{动5}-h_{动4})$$

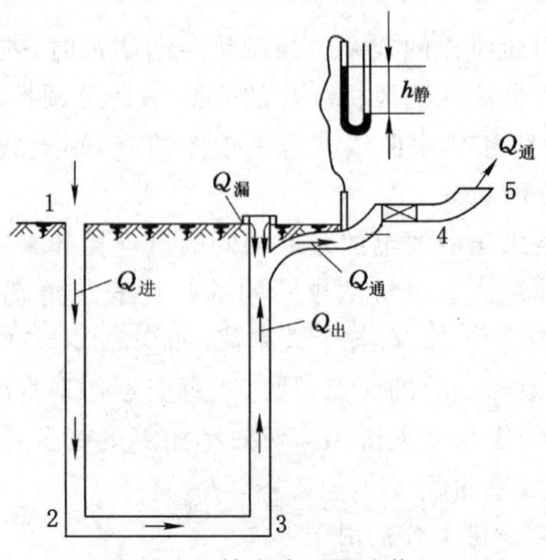

图 4-19　抽出式通风矿井

式中 $P_{全5}$、$P_{全4}$——5、4断面上的绝对全压；

$P_{静5}$、$P_{静4}$——5、4断面上的绝对静压；

$h_{动5}$、$h_{动4}$——5、4断面上的动压。

因为断面5的绝对静压就等于与该断面同标高的地表大气压力 P_0，所以 $P_{静5}-P_{静4}=P_0-P_{静4}=h_{静4}$。$h_{静4}$ 就是4断面的相对静压，也是通风机房静压压差计的读数，故上式可由式(4-13)表示：

$$H_{通全}=h_{静4}-h_{动4}+h_{动5}=h_{全4}+h_{动5} \tag{4-13}$$

公式(4-13)说明，抽出式通风矿井的全压等于该通风机进口断面上的相对静压减去该断面上的动压，再加上扩散器出口断面上的动压。

因为 $h_{动5}=h_{通动}$，$H_{通全}-h_{通动}=H_{通静}$，所以公式(4-13)可写为式(4-14)：

$$H_{通静}=h_{静4}-h_{动4} \tag{4-14}$$

公式(4-14)说明，抽出式矿井通风机的静压等于该通风机进口断面4的相对静压减去该断面上的动压。测算抽出式通风机的静压时要应用此式。

因为 $h_{总}=h_{静4}-h_{动4}\pm H_{自}$，所以：

$$H_{通全}\pm H_{自}=h_{总}+h_{动5} \tag{4-15}$$

$$H_{通静}\pm H_{自}=h_{总} \tag{4-16}$$

公式(4-15)、式(4-16)说明，对于抽出式通风矿井，通风机的全压与自然风压都用来克服矿井通风总阻力与风流从扩散器进入地表大气的局部阻力，通风机的静压与自然风压都用来克服矿井通风总阻力。

因为离心式通风机一般给出全压特性曲线，轴流式通风机一般给出静压特性曲线，所以公式(4-15)是抽出式通风时选择离心式通风机的理论根据，公式(4-16)是抽出式通风时选择轴流式通风机的理论根据。比较此二式可看出，应用公式(4-16)比较简便，因为在设计时只计算 $h_{总}$ 一项，它等于抽出式通风机的静压与自然风压 $H_{自}$ 代数和。

2. 压入式通风矿井

压入式通风矿井如图4-20所示。对于压入式通风矿井，通风机的全压为通风机扩散器3断面与通风机吸风侧2断面上绝对全压之差，由公式(4-17)表示为：

$$H_{通全}=P_{全3}-P_{全2}=(P_{全3}-P_0)+(P_0-P_{全2})=h_{全3}+h_{全2} \tag{4-17}$$

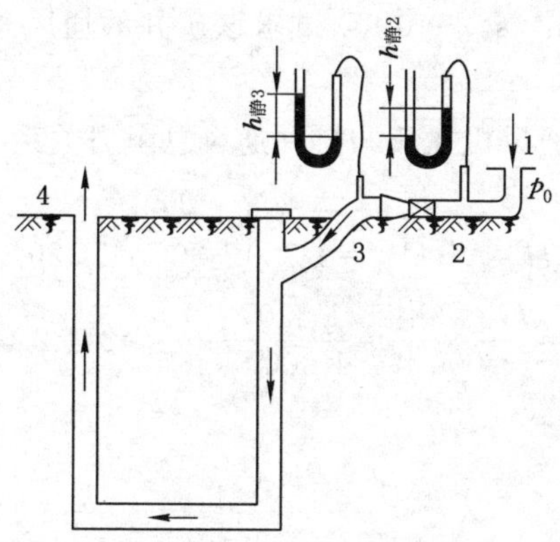

图4-20 压入式通风矿井

因为 $h_{全3}=h_{静3}+h_{动3}$，且 $h_{动3}=h_{通动}$，则可由公式(4-18)表示为：

$$H_{通静}=h_{静3}+h_{全2}=h_{静3}+h_{静2}-h_{动2} \tag{4-18}$$

当采用压入式通风时，测算通风机的全压时要应用公式(4-17)，测算通风机的静压时要应用公式(4-18)。

因为 $h_{总}=h_{全3}+h_{全2}\pm H_{自}$，所以有公式(4-19)和式(4-20)：

$$H_{通全}\pm H_{自}=h_{总} \tag{4-19}$$

$$H_{通静}\pm H_{自}=h_{总}-h_{动3} \tag{4-20}$$

公式(4-19)说明，压入式通风矿井，通风机的全压与自然风压的代数和是用来克服矿井通风总阻力的。因此，对于压入式通风的矿井，就必须选用通风机的全压特性曲线来进行工作，并使用通风机的全压效率来衡量它的工作质量。所以，此式也是采用压入式通风时选择离心式通风机的理论根据。

公式(4-20)说明，压入式通风矿井，通风机的静压与自然风压 $H_{自}$ 的代数和用来克服矿井通风总阻力与通风机动压之差。即如果要使用压入式通风机的静压特性曲线，就必须用此式进行换算，在矿井通风总阻力中减去通风机的动压，然后绘制通风机的静压特性曲线。所以，此式也是采用压入式通风时选择轴流式通风机的理论根据。

压入式通风矿井，如果主通风机不设置抽风段，使其进风口 2 直接和地表大气相通，则通风机的全压和静压由公式(4-21)和式(4-22)表示：

$$H_{通全}=P_{全3}-P_{0}=(P_{静3}+H_{动3})-P_{0}=H_{静3}+H_{动3} \tag{4-21}$$

$$H_{通静}=H_{静3} \tag{4-22}$$

公式(4-21)、式(4-22)就是压入式通风矿井当主通风机不设置抽风段时通风机的全压与静压的测算式。

因为 $H_{总}=H_{静3}+H_{动3}\pm H_{自}$，所以：

$$H_{通全}\pm H_{自}=H_{总}$$

$$H_{通静}\pm H_{自}=H_{总}-H_{动3}$$

上式说明，对压入式通风矿井，主通风机不设抽风段与设抽风段时风压与阻力关系的结论相同。

例 4-2 某主要通风机对矿井做抽出式通风，已知矿井自然风压为 $H_{自}=+200$ Pa，$H_{通静}=1\ 320$ Pa，$Q_{通}=104\ m^3/s$，$\eta=0.65$，试求该矿井的通风总阻力 $h_{总}$，通风机的输入功率 $N_{通}$。

解 由抽出式矿井主要通风机风压与矿井通风总阻力关系

$$H_{通静}\pm H_{自}=h_{总}$$

得：

$$h_{总}=H_{通静}+H_{自}=1\ 320+200=1\ 520\ (Pa)$$

$$N_{通入}=\frac{H_{通静}Q_{通}}{1\ 000\eta}=\frac{1\ 320\times 104}{1\ 000\times 0.65}=211.2\ (kW)$$

知识扩展

1. 通风机比例定律

目前我国制造的通风机种类较多，同一系列的通风机其叶轮直径也有多种，即使同一叶轮直径的通风机也有不同的转速。因此，用个体特性曲线表示通风机的性能，将过于繁杂，使用起来也不方便，不便于比较不同类型通风机的性能。

在流体力学范畴内，有流体流动的相似原理，可设计小型流动来模拟实际流动，二者在力学上要保持几何、运动、动力三方面相似。这个理论可应用在矿井通风中。

两个通风机相似是气体在通风机内流动过程相似，或者说它们之间在任一对应点的同名物理量之比保持常数，这些常数叫相似常数或比例常数。我们把几何尺寸、运动和动力相似的一组通风机叫同类型（或同系列）通风机。同一系列通风机在相似工况点的流动是彼此相似的。对同类型的通风机，当转速 n、叶轮直径 D 和空气密度 ρ 发生变化时，通风机的性能也发生变化，可应用通风机的比例定律说明其性能变化规律。根据通风机的相似条件，可求出通风机的比例定律为：

$$\frac{H_{通1}}{H_{通2}}=\frac{\rho_1}{\rho_2}\left(\frac{n_1}{n_2}\right)^2\left(\frac{D_1}{D_2}\right)^2 \tag{4-23}$$

$$\frac{Q_{通1}}{Q_{通2}}=\frac{n_1}{n_2}\left(\frac{D_1}{D_2}\right)^3 \tag{4-24}$$

$$\frac{N_1}{N_2}=\frac{\rho_1}{\rho_2}\left(\frac{n_1}{n_2}\right)^3\left(\frac{D_1}{D_2}\right)^5 \tag{4-25}$$

$$\eta_1=\eta_2 \tag{4-26}$$

上述公式说明：通风机的风压与空气密度的一次方、转速的二次方、叶轮直径的二次方成正比，通风机的风量与转速的一次方、叶轮直径的三次方成正比，通风机的功率与空气密度的一次方、转速的三次方、叶轮直径的五次方成正比，通风机对应工作点的效率相等。

例 4-3　某矿使用 4-72-11№20B 型离心式通风机作主要通风机，在转速 $n=630$ r/min 时，矿井的风量 $Q=58\ \mathrm{m^3/s}$。后来由于生产需要，矿井总风阻增大，风量 Q 减少为 51.5 $\mathrm{m^3/s}$，不能满足生产要求。拟采用调整主要通风机转数的方法来维持原风量 $Q=58\ \mathrm{m^3/s}$，试求转速应调整为多少。

解　由通风机比例定律知，当通风机的叶轮直径 D 不变时，通风机的风量与转速成正比，即：

$$n_2=\frac{Q_2}{Q_1}n_1=\frac{58}{51.5}\times 630=710\ (\mathrm{r/min})$$

通风机的比例定律在实际工作中有着重要的用途。应用比例定律，可以根据一台通风机的个体特性曲线，推算和绘制转数、叶轮直径或空气密度不相同的另一台同类型通风机的个体特性曲线。通风机制造厂就是根据通风机相似模型实验测得的个体特性曲线，应用比例定律推算、绘制空气密度为 1.2 $\mathrm{kg/m^3}$ 时，各种叶轮直径、各种转速的同类型通风机的个体特性曲线，供用户选择通风机使用。

2. 通风机的类型特性曲线

在同类型通风机中，当转速、叶轮直径各不相同时，其个体特性曲线会有很多组。为了简化和有利于比较，可将同一类型中各种通风机的特性只用一组特性曲线来表示，这一组特性曲线称为通风机的类型特性曲线或无因次特性曲线。通风机类型特性曲线的有关参数，可由比例定律得出。

(1) 压力系数($\bar{H}$)

$$\bar{H}=\frac{H_{通}}{\rho u^2}=c(常数) \tag{4-27}$$

式中，$\bar{H}$ 称为压力系数，无因次。

公式(4-27)中，如果 $H_{通}$ 为通风机的全压，则压力系数称为全压系数；如果 $H_{通}$ 为通风机的静压，则压力系数称为静压系数。公式(4-27)表明，同类型通风机在相似工况点，其压力系数 $\bar{H}$ 为常数。

(2) 流量系数($\bar{Q}$)

$$\bar{Q}=\frac{Q_{通}}{\frac{\pi}{4}D^2u}=c(\text{常数}) \tag{4-28}$$

式中，$\bar{Q}$ 称为流量系数，无因次。

公式(4-28)表明，同类型通风机在相似工况点，其流量系数 $\bar{Q}$ 为常数。

(3) 功率系数($\bar{N}$)

$$\bar{N}=\frac{1\ 000N}{\frac{\pi}{4}\rho D^2u^3}=\frac{\bar{H}\bar{Q}}{\eta}=c(\text{常数}) \tag{4-29}$$

式中，$\bar{N}$ 称为功率系数，无因次。

公式(4-29)表明，同类型通风机在相似工况点，其效率相等，功率系数 $\bar{N}$ 为常数。

因为 $u=\frac{\pi Dn}{60}$，所以通风机的风压 $H_{通}$、风量 $Q_{通}$、功率 N 与相应的无因次系数的关系式为：

$$H_{通}=0.002\ 74\rho D^2n^2\bar{H} \tag{4-30}$$

$$Q_{通}=0.041\ 08D^3n\bar{Q} \tag{4-31}$$

$$N=1.127\times10^{-7}\rho D^5n^3\bar{N} \tag{4-32}$$

同类型通风机的 $\bar{H}$、$\bar{Q}$、$\bar{N}$ 和 η 可以用通风机的相似模型实验来获得，即将通风机模型与实验管道相连接运转，并利用实验管道依次调节通风机的工况点，然后测算与各工况点相对应的 $H_{通}$、$Q_{通}$、N 和 η 值，利用上式计算出各工况点相应的 $\bar{H}$、$\bar{Q}$、$\bar{N}$ 和 η 值。然后以 $\bar{Q}$ 为横坐标，以 $\bar{H}$、$\bar{N}$ 和 η 为纵坐标绘出 $\bar{H}$-$\bar{Q}$，$\bar{N}$-$\bar{Q}$ 和 η-$\bar{Q}$ 曲线，即为该类型通风机的类型特性曲线，如图 4-21 所示为 4-72-11 型离心式通风机类型特性曲线。

对于不同类型的通风机，可以用类型特性曲线比较其性能，可根据类型特性曲线和通风机的直径、转速推算得到个体特性曲线，由个体特性曲线亦可推算得到类型特性曲线。需要指出的是，对同一系列通风机，当几何尺寸(D)相差较大时，在加工和制造过程中很难保证流道表面相对粗糙度、叶片厚度及机壳间隙等参数完全相似，为了避免因尺寸相差较大而产生误差，有些风机类型特性曲线有多条，可根据不同尺寸选用。在应用图 4-21 推算个体特性曲线时№12、№16、№20 号通风机就按№10 模型推算，№6、№8 号通风机就按№5 模型推算。

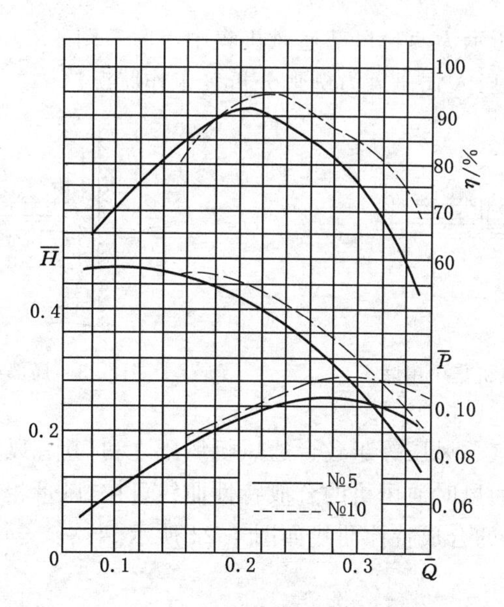

图 4-21　4-72-11 型离心式通风机类型特性曲线

任务四　通风机联合运转

知识要点

通风机的串联与并联。

技能目标

掌握通风机的联合运转相关知识。

任务分析

(1) 在什么情况下通风机要串联工作？什么情况下通风机要并联工作？

(2) 怎样保证通风机联合工作时安全、经济、有效？

任务导入

在长巷掘进局部通风中，当风筒的通风阻力过大而风量却不需要很大时，或当矿井通风阻力不大，而需要风量很大时，通风机怎么工作才能满足需要呢？

相关知识

两台或两台以上的通风机串联或并联在一起运行，以升高总风压或增加总风量，称为通风机的联合工作或联合运转。

一、通风机的串联

在长巷掘进局部通风中，当风筒的通风阻力过大而风量却不需要很大时，可采用局部通风机串联工作。图 4-22 所示为两台局部通风机集中串联。图 4-23 所示为两台局部通风机间隔串联。现以集中串联压入式通风为例来分析其工作状况。

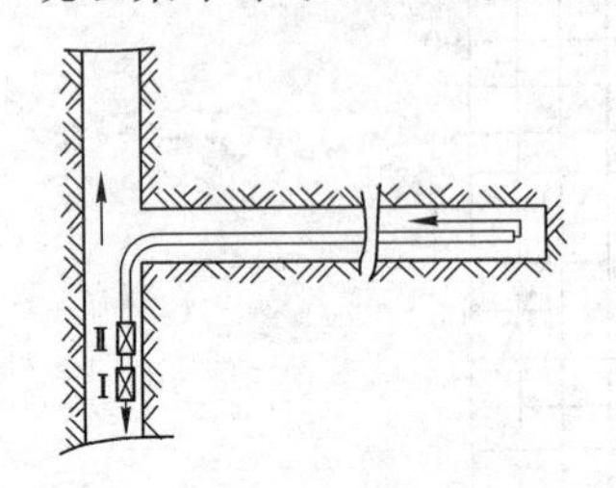

图 4-22　局部通风机集中串联

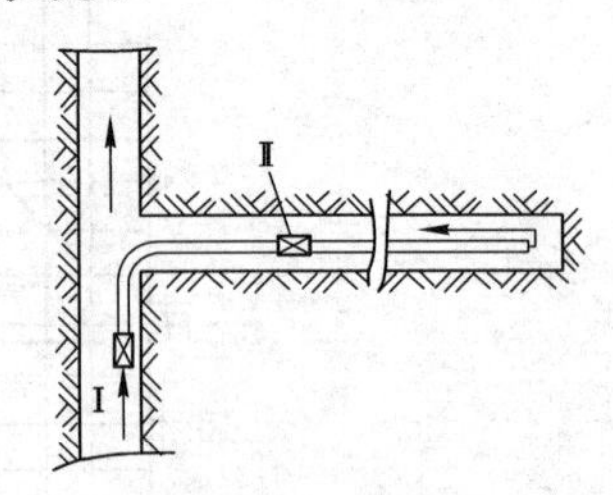

图 4-23　局部通风机间隔串联

通风机串联工作时,其总风压等于各台通风机风压之和,其总风量为通过各通风机的风量。根据上述特性,串联通风时通风机的合成特性曲线可按"风量相等,风压相加"的原则绘制。局部通风机集中串联的合成特性曲线如图 4-24 所示。

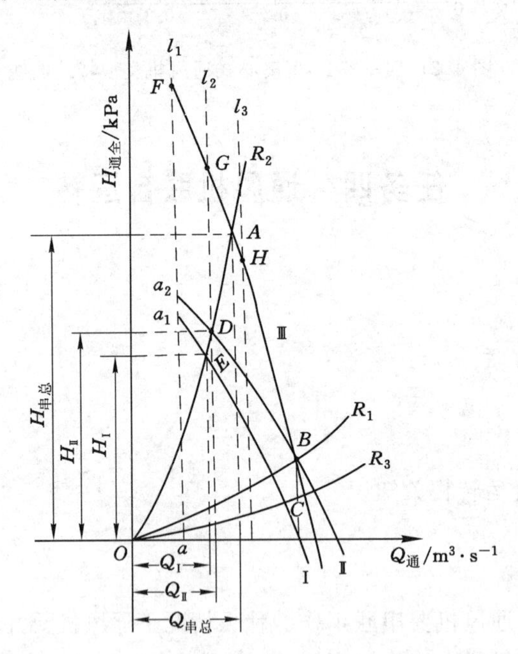

图 4-24　通风机集中串联图解分析

在 l_1 的等风量线上,两台通风机特性曲线Ⅰ和Ⅱ上对应的风压为 aa_1 和 aa_2,将线段 aa_1 加于 aa_2 线段上即得 F 点;同理在等风量线 l_2、l_3 上可得 G、H 等点。将各点连接成光滑的曲线即可绘出串联工作时的合成特性曲线Ⅲ。

根据网络的风阻特性曲线的不同,通风机集中串联工作可能出现下述三种情况:

(1) 当网络风阻特性曲线为 R_1 时,它与合成特性曲线Ⅲ的交点为 B 点,而此 B 点就是从小通风机曲线Ⅰ与横轴的交点作垂线交于大通风机曲线Ⅱ的交点。这时串联通风的总风压和总风量与通风机Ⅱ单独工作的风压和风量一样,通风机Ⅰ在空运转,串联无效果。

(2) 当网络风阻特性曲线为 R_2 时,它与合成特性曲线Ⅲ交于 A 点(在 B 点上侧)。这时通风机串联工作的总风压 $H_{串总}$ 大于任何一台通风机单独工作时的风压,总风量 $Q_{串总}$ 大于任何一台通风机单独工作时的风量，这时串联通风是有效的。

(3) 当网络风阻特性曲线为 R_3 时，它与合成特性曲线Ⅲ交于 C 点(在 B 点下侧)，这时串联工作的总风压与总风量均小于通风机Ⅱ单独工作时的风压和风量，通风机Ⅰ不仅不起作用，反而成为通风阻力了。

由上述分析可知，B 点即为通风机串联工作时的临界点，通过 B 点的风阻 R_1 为临界风阻。若工作点位于 B 点的上侧，串联通风是有效的；若工作点位于 B 点的下侧，串联通风是有害的。所以，通风机串联工作适用于因风阻过大而风量不足的风网；风压特性曲线相同的通风机串联工作较好；串联合成特性曲线与工作风阻曲线要相匹配，不能出现小能力风机阻碍通风的情况，也要注意避免使每台通风机都工作在效率较低的工况下。当单孔长距离掘进通风风筒风阻很大时，采用局部通风机串联通风效果才显著。

二、通风机的并联

当矿井通风阻力不大，而需要风量很大时，可采用通风机并联工作。通风机并联工作分为集中并联和分区并联。图 4-25 所示为运转主通风机与备用主通风机同时开动的集中并联。

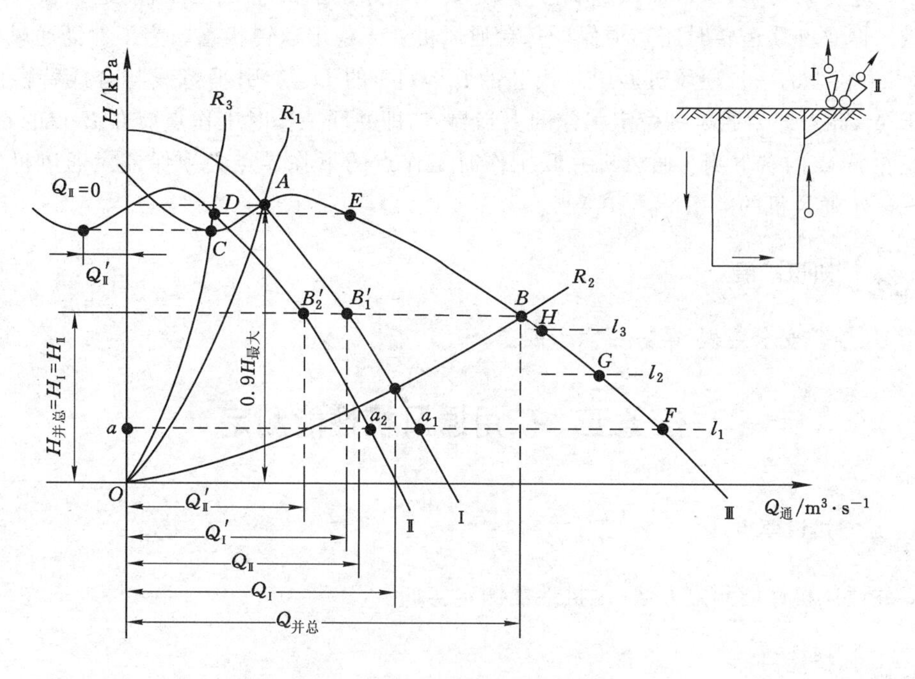

图 4-25 通风机集中并联图解分析

通风机并联工作时，其总风压等于各台通风机的风压，总风量等于各台通风机风量之和。根据上述特性，并联通风时通风机的合成特性曲线可按“风压相等，风量相加”的原则来绘制。如图 4-25 所示，在 l_1 的风压等量线上，两台通风机特性曲线Ⅰ和Ⅱ上对应的风量为 aa_1 和 aa_2。将 aa_2 线段加于 aa_1 线段上即得 F 点，同理在各风压等量线 l_2、l_3 上可得 G、H 等点。将各点连接成光滑的曲线即可绘出并联工作时的合成特性曲线Ⅲ。

根据矿井通风网络风阻值的不同，通风机并联工作可能出现下述三种情况：

(1) 当通风网络风阻特性曲线为 R_1 时，它与合成特性曲线Ⅲ的交点 A 恰好就是通风机

Ⅰ的特性曲线与同一网络风阻特性曲线的交点，此时并联通风的总风量就等于通风机Ⅰ单独工作时的风量，通风机Ⅱ通过的风量为零，不起作用，即并联通风是无效的。

(2) 当通风网络风阻特性曲线为R_2时，它与合成特性曲线Ⅲ的交点B(位于A点右下侧）即为并联通风的工作点。从B点作水平线与两通风机特性曲线交于$B_1{}'$和$B_2{}'$，由这两点确定通过两台通风机各自的风量分别为$Q_{通Ⅰ}{}'$和$Q_{通Ⅱ}{}'$，而且$Q_{并总}=Q_{通Ⅰ}{}'+Q_{通Ⅱ}{}'$，$H_{并总}=H_{通Ⅰ}=H_{通Ⅱ}$。从图中可看出，通风机并联工作时的总风量$Q_{并总}$大于任一台通风机单独对该网络工作时的风量$Q_{通Ⅰ}$或$Q_{通Ⅱ}$，并且风阻$R$值越小，两台通风机单独对该网络工作的风量之和与并联总风量的差值越小，这就是说通风机并联工作时，其工作点在A点的右下侧，并联通风才有效，而且风阻值越小，其效果越好。

(3) 当通风网络风阻特性曲线为R_3时，它与合成特性曲线Ⅲ交于C点(在A点左侧)。此时并联通风的总风量将小于通风机Ⅰ单独对该网络工作时的风量，通风机Ⅱ出现负风量($-Q_{通Ⅱ}{}'$)，这就是说通风机Ⅱ并不帮助通风机Ⅰ对矿井网络通风，而成为通风机Ⅰ的进风通路，这种并联工作是不允许的。

从上述分析可知，从增加风量观点看，只要工作点位于A点的右下侧，通风机并联工作就有效。但是并联运转时还必须保证每台通风机处于稳定运转状态。为了保证通风机运转稳定，可由较小的一台通风机静压曲线Ⅱ的$0.9H_{最大}$的D点，引平行线与合成特性曲线Ⅲ交于E点，此点即为通风机稳定工作的上临界点，即并联工作时工作点应在E点的右下侧，而不是在A点的右下侧。通风机并联工作时工作点的下临界点必须保证大通风机的效率$\eta_{静}\geqslant 0.6$，小通风机的效率$\eta_{静}\geqslant 0.5$。

知识扩展

学习《煤矿安全规程》第一百六十四条。

任务五　矿用通风机性能测定

知识要点

矿井通风机性能测定方法；风机性能测定实训。

技能目标

能参与进行通风机的性能实验。

任务分析

为什么要进行通风机性能实验？实验时应测定哪些数据？使用哪些仪器？最后用什么形式表达实验结果？

任务导入

怎么测定风机的性能？如何得到通风机的性能曲线？

相关知识

通风机制造厂提供的通风机特性曲线，是根据不带扩散器的模型测定获得的，而实际运行的通风机都装有扩散器，另外由于安装质量和运转磨损等原因，通风机的实际运转性能往往与厂方提供的性能曲线不相同。因此，通风机在正式运转之前和运转几年后，必须通过测定以测绘其个体特性曲线。

通风机性能实验的内容是测量通风机的风量、风压、输入功率和转速，并计算通风机的效率，然后绘出通风机实际运转特性曲线。

主要通风机的性能测定，一般在新安装矿井或停产检修时进行。根据矿井具体情况，可以采用由回风井短路或带上井下通风网络进行。矿井通风改造、急需了解通风机性能时，也可在矿井不停产条件下，采用备用通风机进行性能实验，由反风门楼百叶窗短路进风和调节工况。

抽出式通风矿井，一般测算通风机的静压特性曲线、输入功率曲线和静压效率曲线；压入式通风矿井，一般测算通风机全压特性曲线、输入功率曲线和全压效率曲线。

一、测定前的准备

1. 制订实验方案

制订实验方案时，应对回风井、风硐、通风机设备的周围环境做系统的周密调查，然后根据本矿的具体情况，确定合理可行的方案。

2. 准备仪表、工具和记录表格

通风机性能实验所需要的仪表都必须经过校正，并培训测量人员使之都能正确地使用。需要的仪表、工具见附表Ⅳ-1～附表Ⅳ-10。

3. 其他准备工作

(1) 记录通风机和电动机的铭牌技术数据，并检查通风机和电动机各部件的完好状况。

(2) 测量测风地点和安设工况调节框架处的巷道断面尺寸。

(3) 在工况调节地点安装调节框架，并准备足够的木板，在测风地点安装皮托管，在电路上接入电工仪表。

(4) 安装临时的联络通信设施。

(5) 检查地面漏风情况，并采取堵漏措施。

(6) 清除风硐内碎石等杂物和积水。

4. 组织分工

矿总工程师负责组织通风、机电和矿山救护队等部门成立通风机实验指挥组，设总指挥一人。同时下设工况调节组、测风组、测压组，电气测量组、通信联络组、安全组和速算组，每组的人数由工作任务而定。主要通风机操作工在测定整个过程中都要参加，了解全部安排，并听从总指挥的命令。

二、测定方法与步骤

通风机性能实验的布置方式应根据具体情况因地制宜地确定，其总的要求是要选择风流稳定区为测量风量和风压的地点，以使测出的数据准确可靠。对于生产矿井，一般都是利用通风机风硐进行实验，其布置如图 4-26 所示。

在Ⅰ—Ⅰ断面处设框架，用木板来调节通风机的工况。在Ⅱ—Ⅱ断面处设静压管，测该

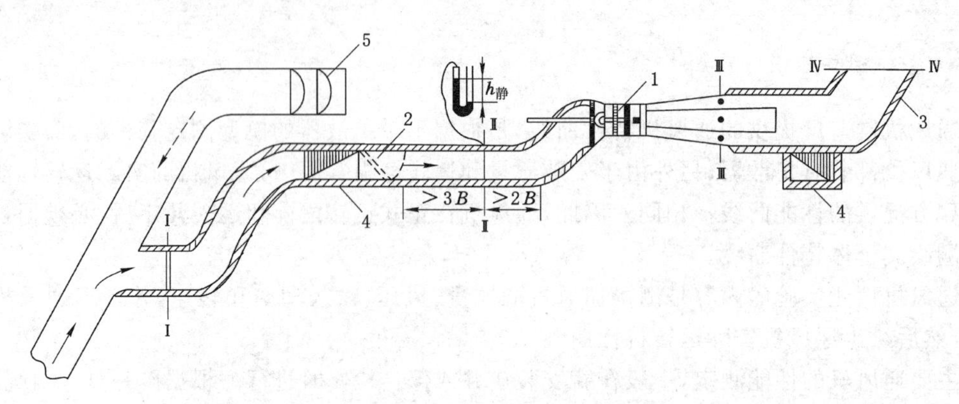

图 4-26　通风机性能实验时的布置

1——通风机；2——风硐；3——扩散器；4——反风绕道；5——防爆门

断面的相对静压。用风表在Ⅱ—Ⅱ断面之后测风速，或者在Ⅲ—Ⅲ断面的圆锥形扩散器的环形空间用皮托管测算风速。

（一）工况调节的位置和方法

通风机性能实验时，工况调节地点一般设在与回风井交接处的风硐口，如图 4-26 中Ⅰ—Ⅰ断面位置（当条件不许可时可设在总回风道或利用风硐闸门与井口防爆门调节）。其方法是在调节地点的巷道内安设稳固的框架（用工字钢、木料都可），如图 4-27 所示。

图 4-27　工况调节框架

靠通风机风压的吸力将薄木板吸附在其上，缩小有效断面积以改变通风阻力。框架必须牢固、结实，安装时插入巷壁的深度应不小于 150 mm。木板也应有足够的强度，并备有多种规格，以便使用。调节工况点的数目不应少于 8～10 个，以保证测得的特性曲线光滑、连续。在轴流式通风机风压曲线的“驼峰”区，测点要密些，在稳定区测点可疏些。

离心式通风机一般采用封闭启动，即网络风阻最大时启动（又称关闸门启动），然后逐渐提升闸门降阻调节工况。轴流式通风机一般采用开路启动，即网络风阻最小时启动（又称开闸门启动），然后逐渐放下闸门增阻调节工况。

（二）通风机性能参数的测定

1. 静压的测定

静压测量的位置应在工况调节处与风机入口之间的直线段上，距通风机入风口的 2 倍叶轮直径以远的稳定风流中，如图 4-26 中Ⅱ—Ⅱ断面处。

为了测出测压断面上的平均相对静压，可在风硐内设十字形连通管，在连通管上均匀设置静压管，然后将总管连接到压差计上，如图 4-28 所示。

2. 风速的测定

(1) 用风表在工况调节处与通风机入口之间的风流稳定区测平均风速，并计算风量，例如可在图 4-26 中Ⅱ—Ⅱ断面附近测风。

(2) 用皮托管和微压计测量风流动压，然后换算成平均风速，并计算风量。皮托管可安

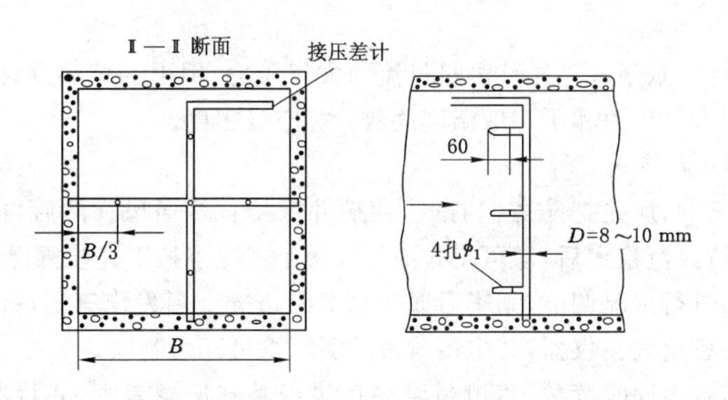

图 4-28　静压管的布置

设在测量静压的Ⅱ—Ⅱ断面处，也可以安设在通风机圆锥形扩散器的环形空间，如图 4-29 所示。为了使测量数据准确可靠，在测量断面上按等面积布置多根(图中为 12 根)皮托管。安装时应将皮托管固定牢靠，务必使头部正对风流方向。若微压计台数充足，每支皮托管可配一台微压计，其连接方法如图 4-29 所示，然后求动压的算术平均值。若微压计台数不足，可采用几支皮托管并联于一台微压计上，这样使读数与计算都较简便，虽有点误差，但对测量结果影响不大。

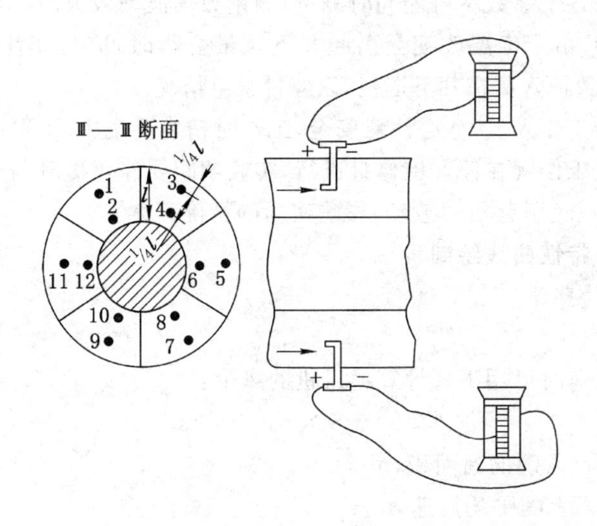

图 4-29　测动压时皮托管的布置

3. 电动机功率及其效率的测定

电动机输入功率可用两个单相功率表或一个三相功率表来测量，也可以采用电压表、电流表和功率因数表测量。电动机的效率可根据制造厂家的特性曲线选取，使用时间较久的电动机可采用间接方法即损耗法测定。

4. 通风机与电动机转速的测定

通风机与电动机的转速，可用转速表测定。通风机与电动机直联时，应测定电动机的转速。如果用带轮传动，应分别测定通风机和电动机的转速。

5. 空气密度的测定

用空盒气压计或数字式气压计测量风流的大气压力,用干湿球温度计测量风流的干温度和湿温度,根据大气压力和干湿球温度读数计算空气密度。

(三) 操作程序及步骤

在工况调节之前,应先把防爆门打开,使矿井保持自然通风。然后再由总指挥发出信号,启动通风机,待风流稳定后,即可正式测量。每个工况点按下述步骤操作:

第一声信号:进行工况调节,完毕后通知总指挥,5 min后发出第二声信号。

第二声信号:各组调整仪器,其中用风表的测风组可开始测风。

第三声信号:各组同时读数,将测量结果记录于基础记录表中,并将结果通知速算组。速算组将各组测量结果进行速算、绘图,并认为工况点间隔合适,测量数据准确,此点测量工作可结束,通知总指挥,转入第二点的测量工作。

如此继续进行,直到将预定的测点数目测完为止。

在通风机性能实验中应注意以下事项:

(1) 通风机应在低负荷工况下启动,随时注意电动机的负荷和各部件的温升。轴流式通风机在"驼峰"点附近应特别注意。如果发现超负荷或其他异常现象,必须立即关掉电动机进行处理。

(2) 同一工况的各个参数尽可能同时测量,测量数据波动较大时,应取其平均值。

(3) 测定过程中,由于工况改变会引起井下风量变小时,应密切注意井下瓦斯变化情况,必要时组织矿山救护队员在井下巡视,以应付紧急情况。

(4) 进入风硐的工作人员,务必注意安全,工作时精力要集中,不可粗心大意。

(5) 通风机实验工作宜在停产检修日进行,实验期间要停止提升与运输工作,不要开闭井下巷道中的风门,以免引起压力波动,影响实验的精确程度。

三、数据整理与特性曲线绘制

(一) 测定数据的整理

1. 风量的计算

(1) 用风表测风速时可用下式计算通风机的风量:

$$Q'_{通} = S \times \bar{v}, \quad m^3/s \tag{4-33}$$

式中 S——测风地点风硐的断面积,m^2,

$\bar{v}$——测风断面上的平均风速,m/s。

(2) 用皮托管测风时先用下式换算测压断面上的平均风速:

$$\bar{v} = \sqrt{\frac{2}{\rho}} \frac{\sum_{i=1}^{n} \sqrt{h_{动 i}}}{n}, \quad m/s \tag{4-34}$$

式中 $h_{动 i}$——第 i 个测点的动压值,Pa;

n——测点数;

ρ——空气密度,kg/m^3。

然后计算风量:

$$Q'_{通} = S_0 \times \bar{v}, \quad m^3/s \tag{4-35}$$

式中 S_0——安设皮托管处风流通过的面积,m^2。

2. 抽出式通风机静压的计算

由式(4-14)知，抽出式通风机的静压为：

$$H'_{通静}=h_{静}-h_{动}，\quad Pa \tag{4-36}$$

式中　$h_{静}$——风硐内测静压断面的相对静压，Pa。

风硐内测静压断面上的平均动压 $h_{动}$ 可按下式计算：

$$h_{动}=\frac{\rho}{2}\left(\frac{Q'_{通}}{S'}\right)^2，\quad Pa \tag{4-37}$$

式中　S'——风硐内测静压断面的面积，m^2。

3. 通风机输入功率和静压输出功率的计算

$$N'_{通入}=\frac{\sqrt{3}UI\cos\varphi}{1\ 000}\eta_{电}\eta_{传}，\quad kW \tag{4-38}$$

$$N'_{通静出}=\frac{H'_{通静}Q'_{通}}{1\ 000}，\quad kW \tag{4-39}$$

4. 通风机静压效率的计算

为了便于比较，要将通风机的上述四项数据换算到额定转速和空气密度 1.2 kg/m³ 的条件下，然后再绘制通风机特性曲线。

(1) 通风机转速的校正系数 K_n

$$K_n=\frac{n_{额}}{n_i} \tag{4-40}$$

式中　$n_{额}$——通风机的额定转速，r/min；

　　　n_i——第 i 个工况点实测的转速，r/min。

(2) 空气密度的校正系数 K_ρ

$$K_\rho=\frac{\rho_0}{\rho_i}=\frac{1.2}{\rho_i} \tag{4-41}$$

式中　ρ_0——井下标准空气密度，1.2 kg/m³；

　　　ρ_i——第 i 个工况点实测的空气密度，kg/m³。

则，校正后的通风机风量：

$$Q_{通}=Q'_{通}\times K_n，\quad m^3/s$$

校正后的通风机静压：

$$H_{通静}=H'_{通静}\times K_n^2\times K_\rho，\quad Pa$$

校正后的通风机输入功率：

$$N_{通入}=N'_{通入}\times K_n^3\times K_\rho，\quad kW$$

校正后的通风机输出静压功率：

$$N_{通静出}=N'_{通静出}\times K_n^3\times K_\rho，\quad kW$$

由于静压效率为通风机的输出功率与输入功率之比，故校正前后静压效率相同。

(二) 特性曲线的绘制

将上述计算结果汇总到附表Ⅳ-10 中，然后以 $Q_{通}$ 值为横坐标，分别以 $H_{通静}$、$N_{通入}$、$\eta_{静}$ 为纵坐标，将所对应的各点描绘于坐标图上，即可得出若干个点，用光滑的曲线将这些点连接，便可绘出通风机的个体特性曲线。

任务实施

通风机性能测定模拟实训

一、任务组织

根据学生人数分组，以能顺利开展组内讨论为宜。明确小组负责人，提出纪律要求。在通风实训室进行教学。

二、任务实施方法与步骤

(1) 教师讲授“相关知识”。

(2) 学生提前准备好相关仪表设备、记录表格，并保证所用仪表设备均在检定期内。

(3) 学生分组进行通风机性能测定模拟实训。

(4) 课堂互评。

三、任务实施注意事项与要求

(1) 要注意培养学生认真严谨的工作习惯和作风。

(2) 教室内应保持秩序和整洁。提醒学生注意安全、爱护物品。

(3) 教学结束，请打扫卫生，将所使用的器材恢复原样。

任务评价

学生训练成果评价表

<table>
<tr><td>姓名</td><td></td><td>班级</td><td></td><td>组别</td><td></td><td>得分</td><td></td></tr>
<tr><td colspan="2">评价内容</td><td colspan="2">要求或依据</td><td>分数</td><td colspan="3">评分标准</td></tr>
<tr><td colspan="2">课堂表现</td><td colspan="2">学习纪律、敬业精神、协作精神、学习方法、积极讨论等</td><td>10 分</td><td colspan="3">遵守纪律，学习态度端正、认真，相互协作等满分，其他酌情扣分</td></tr>
<tr><td colspan="2">模拟测定风机的性能</td><td colspan="2">能准确测定，操作规范</td><td>40 分</td><td colspan="3">根据操作准确性酌情扣分</td></tr>
<tr><td colspan="2">数据处理、绘制通风机的性能曲线</td><td colspan="2">积极参与，全面准确</td><td>40 分</td><td colspan="3">根据数据处理和性能曲线的绘制情况酌情扣分</td></tr>
<tr><td colspan="2">安全意识</td><td colspan="2">服从组织，照顾自己及他人，听从教师及组长指挥，积极恢复实训室原样等</td><td>10 分</td><td colspan="3">根据学生表现打分</td></tr>
</table>

知识扩展

学习《煤矿安全规程》第一百五十八条。

项目五　矿井通风系统

矿井通风系统是指向矿井各用风点供给新鲜空气、排出污浊空气的通风方式(中央式、对角式、混合式)、通风方法(抽出式、压入式、抽压混合式)、通风网络和通风控制设施的总称。设计合理、管理到位的矿井通风系统,是保证矿井安全生产的前提。

《煤矿安全规程》规定:矿井必须有完整独立的通风系统,必须按实际风量核定矿井产量。

任务一　采区通风系统

知识要点

矿井采区通风系统的基本要求、基本类型以及采煤工作面通风形式及特点。

技能目标

学会读矿井通风系统图、工作面通风系统图。

任务分析

在读采区通风系统图之前,需要了解采区通风系统相关知识,需要对井下巷道的位置关系有清晰的认识。

任务导入

煤矿在正常生产过程中,井下巷道随着采掘作业的进行,在不断变化,所以需要相关技术人员随着生产的进行,按照需要绘制通风系统图。矿井通风系统图可以反映全矿井的通风状况,便于分析通风系统和风量分配的合理性,对整个矿井通风状况和保障矿井安全生产起着重要作用。

相关知识

通常情况下,生产矿井一般都由几个同时生产的采区组成。每个采区内有采煤工作面、备用工作面、掘进工作面、硐室等矿井通风的主要对象。为了保证安全生产和便于管理,建立独立的采区通风系统是基础要求。

一、对采区通风系统的要求

采区通风系统是矿井通风系统的主要组成单元,它包括采区主要进、回风道和工作面进、回风巷道的布置方式，采区通风路线的连接形式，工作面通风方式，以及采区内的通风设施等内容。

采区通风系统的确定主要取决于采区巷道布置和采煤方法，同时要满足通风的特殊要求。比如瓦斯大或地温高，有时是决定通风系统的主要条件。在确定采区通风系统时，应遵守安全、经济、技术先进合理的原则，满足下列基本要求：

(1) 采区必须实行分区通风，建立独立的通风系统。

① 准备采区，在采区构成通风系统以后方可开掘其他巷道。

② 采煤工作面在采区构成完整的通风、排水系统后，方可回采。

③ 高瓦斯矿井、有煤(岩)与瓦斯(二氧化碳)突出危险的矿井的每个采区和开采容易自燃煤层的采区，必须设置至少一条专用回风巷。

④ 低瓦斯矿井开采煤层群和分层开采采用联合布置的采区，必须设置一条专用回风巷。

⑤ 采区的进、回风巷必须贯穿整个采区，严禁一段为进风巷、一段为回风巷。

(2) 采、掘工作面应实行独立通风。

(3) 在采区通风系统中，要保证风流稳定性，不允许使用角联通风。

(4) 在采区通风系统中，应力求通风系统简单，以便在发生事故时易于控制风流和撤出人员。

(5) 对于必须设置的通风设施(风门、风桥、风墙等)和通风设备(局部通风机、辅助通风机等)，要选择好适当位置，严把规格标准，严格管理制度，保证通风设备安全运转。

(6) 在采区通风系统中，要保证通风阻力小，通风能力大，风流畅通，风量按需分配。

(7) 在采区通风系统中，要减少采区漏风量，合理排放采空区瓦斯，防止采空区自燃。

(8) 设置消防洒水管路、避难硐室和灾变时控制风流的设施，明确避灾路线和安全标志。必要时，煤层瓦斯含量高的采区要建立瓦斯抽放系统，自燃采区要建立防灭火灌浆系统，煤尘具有爆炸性的采区要建立洒水防尘系统和隔爆系统。

(9) 采区绞车房和变电所，应实行分区通风，构建独立通风系统。

二、采区进、回风上(下)山的选择

采区进、回风上(下)山，是采区通风系统的主要风路，是由采区巷道布置所决定的。在确定采区巷道布置时，要同时考虑采区的通风问题。上(下)山的数量，低瓦斯单一煤层开采可采用两条上(下)山，有时采用三条上(下)山；多煤层开采、高瓦斯矿井、煤(岩)与瓦斯(二氧化碳)突出矿井以及开采容易自燃煤层的采区一般为三条甚至四条上(下)山。具体布置如下。

(一) 单一煤层开采时的布置

1. 两条上(下)山

采用两条上山时，一条进风，另一条回风。可以采用轨道上山进风、运输上山回风，也可采用运输上山进风、轨道上山回风。

(1) 轨道上山进风、运输上山回风

轨道上山进风、运输上山回风如图 5-1 所示。这种通风的好处是新鲜风流不受煤炭释放的瓦斯、煤尘污染及放热的影响，工作面卫生条件好；轨道上山的绞车房易于通风；下部车场不设风门。但轨道上山的上部和中部车场凡与回风巷相连处，均要设风门与回风隔开，为此车场巷道要有适当的长度，以保证两道风门之间有一定的间距，以解决通风与运输的矛盾。

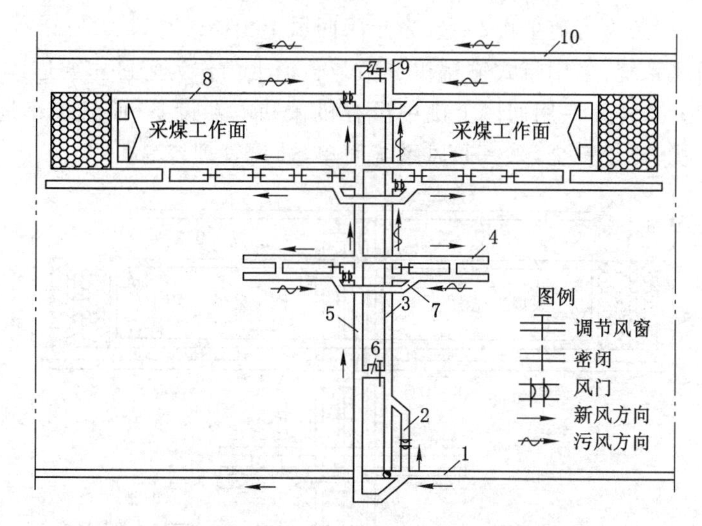

图 5-1　轨道上山进风的采区通风系统

1——进风大巷；2——进风联络巷；3——运输机上山；4——运输机平巷；5——轨道上山；6——采区变电所；7——绞车房；8——回风巷；9——回风石门；10——总回风巷

(2) 运输上山进风、轨道上山回风

运输上山进风、轨道上山回风如图 5-2 所示。这种通风的特点是运煤设备处在新风中，比较安全。由于风流方向与运煤方向相反，容易引起煤尘飞扬，煤炭在运输过程中释放的瓦斯，可使进风流的瓦斯和煤尘浓度增大，影响工作面的安全、卫生条件；输送机设备所散发的热量，使进风流温度升高；此外，需在轨道上山的下部车场内安设风门，这样易造成风流短路，同时影响材料的运输。

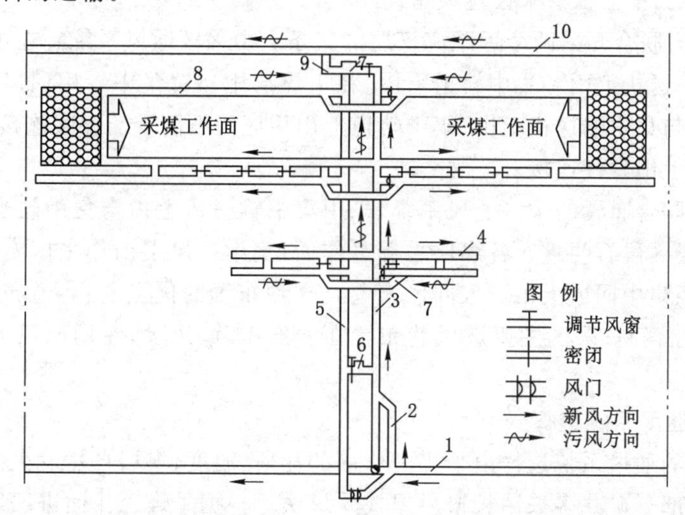

图 5-2　输送机上山进风的采区通风系统

1——进风大巷；2——进风联络巷；3——运输机上山；4——运输机平巷；5——轨道上山；6——采区变电所；7——绞车房；8——回风巷；9——回风石门；10——总回风巷

2. 单一煤层三条上山的采区通风系统

单一煤层三条上山的采区通风系统如图 5-3 所示。上山均布置在煤层中，其中一条为带式输送机上山，一条为轨道上山，一条为专用回风上山。

这种采区通风系统，采用带式输送机上山与轨道上山作为采区主要进风巷，回风上山作采区专用回风巷。这样使专用回风上山中没有机械和电器设备，而且绞车运输与带式输送机运输又互不干扰，比较安全，采区通风系统简单，通风管理容易。

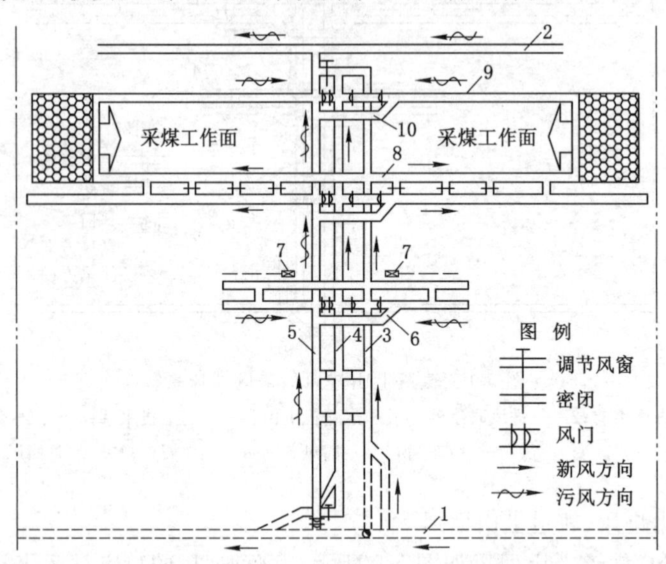

图 5-3 单一煤层采区通风系统图

1——运输大巷；2——回风大巷；3——运输上山；4——轨道上山；5——专用回风上山；6——中部车场；7——局部通风机；8——区段进风巷道；9——区段回风巷道；10——上部车场

（二）多煤层三条上山的采区通风系统

图 5-4 所示为联合开采两个近距离煤层的三条上山采区通风系统。在下煤层的底板岩石中，布置集中输送机上山和集中轨道上山，在上煤层中布置集中专用回风上山。上、下煤层中的区段平巷与集中输送机上山、集中轨道上山用区段石门及溜煤眼连接，区段回风平巷与集中专用回风上山直接连接。

这种多煤层联合布置的采区通风系统，采用集中输送机上山与集中轨道上山作采区主要进风巷，风流经区段石门进入各煤层采掘工作面；集中回风上山作采区专用回风巷，各煤层流出的污风，经集中回风上山流入回风大巷。这种布置的优点是：巷道布置集中，通风系统简单，通风管理容易；采区主要进风巷布置在岩石中，漏风少；专用回风上山中无任何设备，比较安全。

三、工作面通风系统选择

采煤工作面的通风系统选择由采煤工作面的瓦斯、温度、煤层自然发火倾向及采煤方法等确定。我国大部分矿井多采用长壁后退式采煤法。根据采煤工作面进回风巷的布置方式和数量，可将长壁式采煤工作面通风系统分为 U、Z、H、Y、双 Z 和 W 等类型。这些形式都是由 U 型改进而成的，其目的是预防瓦斯局部积聚，加大工作面长度，增加工作面供风量，改善工作面气候条件。

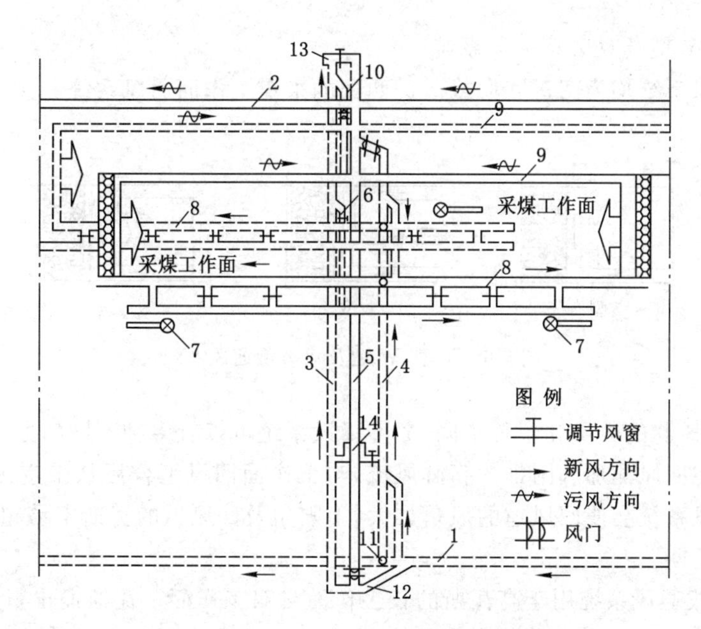

图 5-4　多煤层三条上山的采区通风系统

1——运输大巷；2——回风大巷；3——轨道上山；4——运输上山；5——回风上山；6——中部车场；7——局部通风机；8——区段进风巷道；9——区段回风巷道；10——上部车场；11——煤仓；12——下部车场；13——绞车房；14——变电所

(1) U 型与 Z 型通风系统

该类型的通风系统如图 5-5 所示。工作面通风系统只有一条进风巷道和一条回风巷道。

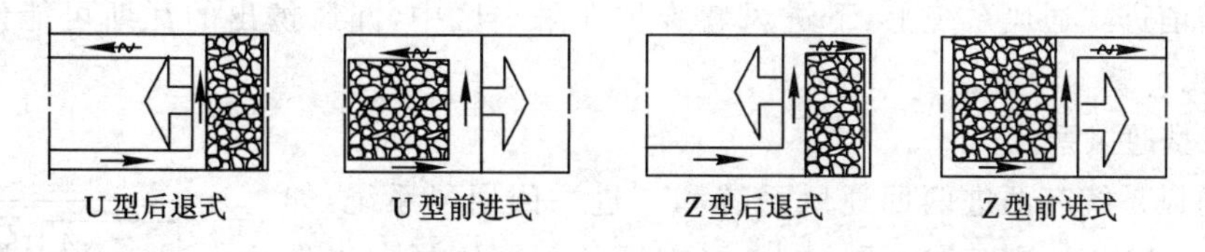

图 5-5　U 型与 Z 型通风系统

U 型后退式通风系统，主要优点是结构简单，巷道施工维修量小，工作面漏风小，风流稳定，易于管理等。缺点是在工作面上隅角附近瓦斯易超限，工作面进、回风巷要提前掘进，掘进工作量大。我国大多数矿井采用 U 型后退式通风系统。

U 型前进式通风系统的主要优点是工作面维护量小，不存在采掘工作面串联通风的问题，采空区瓦斯不涌向工作面，而是涌向回风平巷。缺点是工作面采空区漏风大。

Z 型后退式通风系统的主要优点是采空区瓦斯不会涌入工作面，而是涌向回风巷，工作面采空区回风侧能用钻孔抽放瓦斯。缺点是不能在进风侧抽放瓦斯。

Z 型前进式通风系统的优点是工作面的进风侧沿采空区可以抽放瓦斯。缺点是采空区的瓦斯易涌向工作面特别是上隅角，回风侧不能抽放瓦斯。

Z 型通风系统的采空区的漏风，介于 U 型后退式和 U 型前进式通风系统之间，且该通风系统需沿空支护巷道和控制采空区的漏风，难度较大。

(2) Y 型、W 型及双 Z 型通风系统

这三种通风系统均为两进一回或一进两回的采煤工作面通风系统。该类型的通风系统如图 5-6 所示。

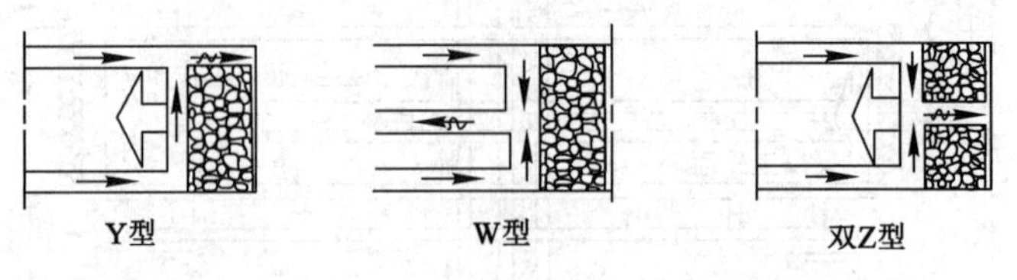

图 5-6　Y 型、W 型及双 Z 型通风系统

根据进、回风巷的数量和位置不同，Y 型通风系统可以有多种不同的方式。生产实际中应用较多的是在回风侧加入附加的新鲜风流，与工作面回风汇合后从采空区侧流出的通风系统。Y 型通风系统会使回风道的风量加大，上隅角及回风道的瓦斯不易超限，并可以在上部进风侧抽放瓦斯。

W 型后退式通风系统用于高瓦斯的长工作面或双工作面。瓦斯涌出量很大时，常采用上、下平巷进风，中间平巷回风的 W 型通风系统。或者采用由中间平巷进风，上、下平巷回风的通风系统，以增加风量，提高产量。在中间平巷内布置钻孔抽放瓦斯时，抽放钻孔处于抽放区域的中心，抽放率比采用 U 型通风系统的工作面提高 50%。

W 型前进式通风系统在采空区内维护巷道，巷道维护困难，漏风大，采空区的瓦斯也大。

双 Z 型后退式通风系统上、下进风巷布置在煤体中，漏风携出的瓦斯不进入工作面，比较安全。

双 Z 型前进式通风系统上、下进风巷维护在采空区中，漏风携出的瓦斯可能使工作面的瓦斯超限。

(3) H 型通风系统

H 型通风系统有两进两回通风系统和三进一回通风系统，如图 5-7 所示。其优点是工作面风量大；采空区的瓦斯不涌向工作面，气候条件好；增加了工作面的安全出口；工作面机电设备都在新鲜风流中；通风阻力小；在采空区的回风巷中可以抽放瓦斯，易控制上隅角的瓦斯。缺点是沿空护巷困难；由于有附加巷道，可能影响通风的稳定性，管理复杂。

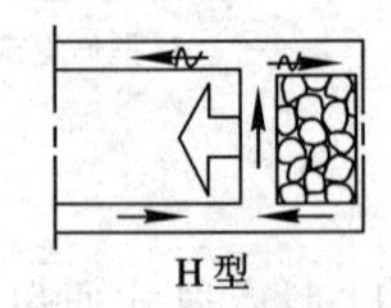

图 5-7　H 型通风系统

四、采煤工作面上行通风与下行通风

上行通风与下行通风是针对进风流方向与采煤工作面的关系而言的。风流沿采煤工作面由下向上流动的称为上行通风。风流沿采煤工作面由上向下流动的称为下行通风。风流方向与煤炭运输方向一致时称为同向通风，否则为逆向通风。如图5-8所示。

(一) 上行通风优缺点

优点：采煤工作面和回风巷道风流中的瓦斯以及从煤壁及采落的煤炭中不断放出的瓦斯，由于其比重小，有一定的上浮力，瓦斯自然流动的方向和通风方向一致，有利于较快地降低工作面的瓦斯浓度，防止在低风速地点造成瓦斯局部积聚。

缺点：采煤工作面为逆向通风，容易引起煤尘飞扬，增加了采煤工作面风流中的煤尘浓

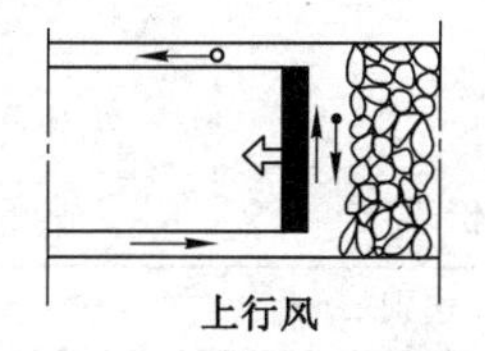

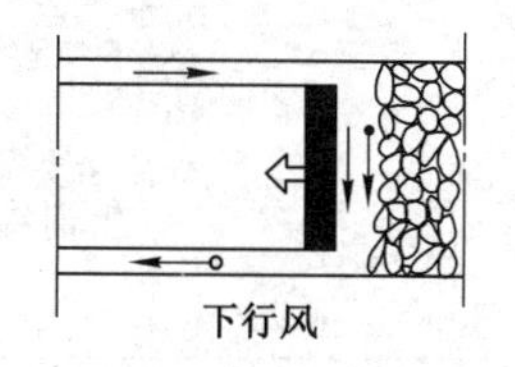

图 5-8 采煤工作面上行风与下行风

度；煤炭在运输过程中放出的瓦斯，又随风流带到采煤工作面，增加了采煤工作面的瓦斯浓度；运输设备运转时所产生的热量随进风流散发到采煤工作面，使工作面气温升高。

（二）下行通风优缺点

优点：采煤工作面进风流中煤尘浓度较小，这是因为工作面内为同向通风，降低了吹起煤尘的能力；采煤工作面的气温可以降低，这是因为风流进入工作面的路线较短，风流与地温热交换作用较小，而且工作面运输平巷内的机械发热量不会带入工作面；不易出现瓦斯局部积聚，因为风流方向与瓦斯轻浮向上的方向相反，当风流保持足够的风速时，就能够对向上轻浮的瓦斯具有较强的扰动、混合能力，使瓦斯局部积聚难以产生，而且煤炭在运输过程中放出的瓦斯不会带入工作面。

缺点：工作面运输平巷中设备处在回风流中；一旦工作面发生火灾，控制火势比较困难；当发生煤与瓦斯突出事故时，下行通风极易引起大量的瓦斯逆流而进入上部进风水平，扩大突出的波及范围。

经过现场实践和实验室实验分析，采煤工作面采用下行通风对工作面的煤尘抑制，特别是对急倾斜煤层采煤工作面的煤尘抑制是很有利的，同时对防止采煤工作面顶板瓦斯的成层积聚和采空区的漏风以及抑制煤炭自燃也都是有利的。因此《煤矿安全规程》规定，有煤（岩）与瓦斯（二氧化碳）突出危险的采煤工作面不得采用下行通风。

任务实施

认识采区通风系统

一、任务组织

根据学生人数分组，以能顺利开展组内讨论为宜。明确小组负责人，提出纪律要求。

利用多媒体器材和网络进行教学。

二、任务实施方法与步骤

（1）教师讲授“相关知识”。

（2）学生展开讨论。

（3）教师提问、学生互问，多种形式质证。

（4）课堂互评。

三、任务实施注意事项与要求

（1）要注意培养学生认真严谨的工作习惯和作风。

（2）教室内应保持秩序和整洁。提醒学生注意安全、爱护物品。

（3）要注意调动学生学习积极性，多设置开放性问题，鼓励学生积极讨论和提出问题。

（4）教学结束，请打扫卫生，将所使用的器材恢复原样。

任务评价

学生训练成果评价表

姓名		班级		组别		得分	

评价内容	要求或依据	分数	评分标准
课堂表现	学习纪律、敬业精神、协作精神、学习方法、积极讨论等	10 分	遵守纪律，学习态度端正、认真，相互协作等满分，其他酌情扣分
口述采区通风系统的基本要求	准确口述、内容完整	20 分	根据口述准确性和完整性酌情扣分
讨论采区通风系统基本类型及采煤工作面通风形式，明确其优缺点及适用条件	积极参与，全面准确	60 分	根据讨论的积极性和发言情况酌情扣分
安全意识	服从组织，照顾自己及他人，听从教师及组长指挥，积极恢复实训室原样等	10 分	根据学生表现打分

思考与练习

5-1　采区通风系统应满足哪些基本要求？

5-2　何谓上行风、下行风？试分析采煤工作面采用上行通风和下行通风的优缺点。

任务二　通风设施及漏风计算

知识要点

通风设施种类及施工要求，矿井漏风的种类，矿井漏风的防治措施及漏风参数的计算。

技能目标

能够对通风设施进行构筑设计，并能使用相关仪器对矿井漏风率进行测算。

任务分析

在进行通风设施构筑时，必须严格按照安全质量标准化要求执行。

任务导入

矿井通风构筑物是矿井通风系统中的风流调控设施，用以保证风流按生产需要的路线流动。凡用于引导风流、遮断风流和调节风量的装置，统称为通风构筑物。合理地安设通风构筑物，并使其经常处于完好状态，是矿井通风技术管理的一项重要任务。

矿井通风系统漏风是危害矿井通风安全的重要隐患，减少漏风率、保障通风设施的可靠性，是矿井通风安全管理的重要任务。

相关知识

通风设施是指矿井中用于控制风流流动的通风构筑物的总称。为了保证风流按设计的路线流动，满足各个用风地点的风量需求，需要在某些巷道中设置相应的通风设施对风流进行控制。通风设施必须选择合理位置，按施工方法进行施工，保证施工质量，严格管理制度，否则会造成大量漏风或风流短路，破坏通风系统的稳定性。

一、通风设施

矿井通风设施按作用不同可分为两类。一类是通过风流的通风设施，如主要通风机风硐、反风装置、风桥、导风板和调节风窗；另一类是隔断风流的通风设施，如井口密闭、挡风墙、风帘和风门等。

（一）引导风流的设施

1. 风桥

(1) 风桥类型

风桥是将两股平面交叉的新、污风流隔成立体交叉的一种通风设施，污风从桥上通过，新风从桥下通过。风桥按其结构不同，可分为以下三种。

① 绕道式风桥

绕道式风桥如图 5-9 所示，开凿在岩石中，坚固耐用，漏风小，但工程量较大。主要用于服务年限很长，通过风量在 20 m^3/s 以上的主要风路中。

② 混凝土风桥

混凝土风桥如图 5-10 所示，结构紧凑，比较坚固。当服务年限较长，通过风量为 10～20 m^3/s 时，可以采用。

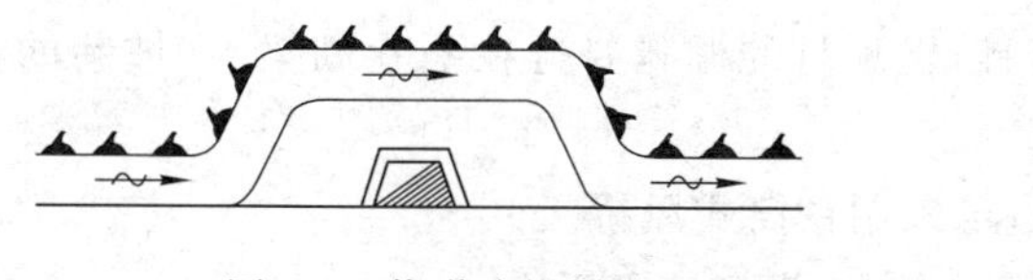

图 5-9　绕道式风桥

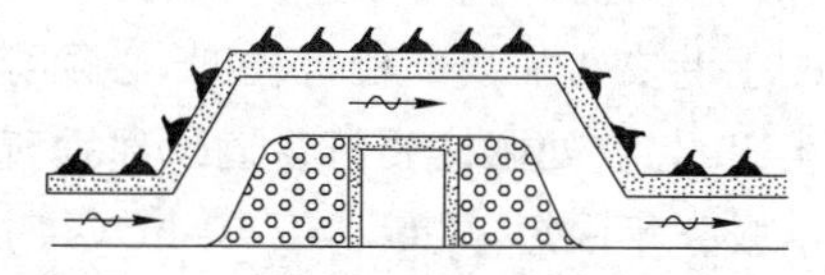

图 5-10　混凝土风桥

③ 铁筒风桥

铁筒风桥如图 5-11 所示，由铁筒与风门组成。铁筒直径不小于 0.8～1 m，风筒壁厚不小于 5 mm，每侧应设两道以上风门。一般用于服务年限短，通过风量为 10 m^3/s 的次要风路中使用。

图 5-11　铁筒风桥

(2) 风桥的质量标准

① 用不燃材料建筑。

② 桥面平整，不漏风。

③ 风桥前后各 5 m 范围内巷道支护良好，无杂物、积水和淤泥。

④ 风桥的断面不小于原巷道断面的4/5，呈流线型，坡度小于30°。

⑤ 风桥的两端接口严密，四周实帮、实底要填实。

⑥ 风桥上下不准设风门。

(3) 风桥施工方法

① 施工前的准备工作

a. 施工前，必须掌握施工图纸要求和安全技术措施，并按要求施工。

b. 施工地点要进行通风，并检查瓦斯、二氧化碳等情况，保证施工安全。

c. 准备好施工所需材料及工具，妥善保护施工地点敷设的管路、电缆等设备，并检查巷道支护情况，发现问题及时处理。

② 风桥施工操作

a. 两坡挑顶的要求如下：挑顶前先加固顶板及起坡点外5 m内的支架；根据施工要求打炮眼，爆破挑顶；装药、爆破必须由专职爆破员按有关规定进行。爆破前必须撤出人员，在巷道交岔口外设好警戒，发出信号后再爆破；爆破后由施工负责人和爆破员共同验炮。验炮后应一人监护，并进行临时支护后再清渣。

b. 挑正顶的要求如下：挑正顶前，先将炮眼打好，然后回掉原支架；装药时，必须认真检查顶板，并打好临时支柱；爆破只能放小炮；挑正顶时必须先加强下巷支架，必要时可在棚梁下打临时支柱。

c. 卧底时，应先在附近支架棚梁处打上临时支柱，维护好顶板。

d. 对砌墙的要求如下：可用砖、料石砌墙，风桥两端坡度不能大于30°，呈流线型；砌墙应先放好中腰线，并按规定掏槽，见实帮实底；墙面要砌平整，勾缝或抹面应符合质量标准要求，顶帮应接严填实；风桥前墙及桥面用水泥预制板铺密，后墙用砖或料石砌筑，墙中加填黄土，层层用木锤捣实，用砂浆将桥面抹平。

e. 上巷支护需要支棚打柱时，必须穿鞋；正顶打的棚腿要打在下巷棚梁上；坡巷的支架必须牢固，起坡处棚柱要与巷道顶部垂直。

f. 服务年限短，风量小于10 m^3/s时，可采用铁筒式风桥。

g. 风桥施工完毕后，要将管路、电缆悬挂整齐，现场清理干净。

③ 风桥施工时的注意事项

a. 用铁筒作风桥时，每个接头均要加衬垫、拧紧，两端应呈流线型。

b. 施工时，现场负责人要经常检查支架顶板情况，发现问题应及时处理，并应将人员撤到安全地点，然后向通风调度汇报。

c. 风桥中不准设风门，上、下巷连通的绕道需设风门时，按风门施工的要求进行。

d. 风桥建成后，要将内外墙全面整修勾缝或抹面。竣工后，报通风部门验收，凡不符合质量标准处，必须返工。

2. 导风板

矿井中常用的导风板有以下几种。

(1) 引风导风板

压入式通风的矿井中，为防止井底车场漏风，在进风石门与巷道交叉处，安设引导风流的导风板，以便利用风流流动的方向性，改变风流的分配状况，提高矿井的有效风量率。如图5-12所示是导风板的安装示意图。导风板可用木板、铁板或混凝土板制成。

挡风板要做成圆弧形与巷道光滑连接。导风板的长度应超过交叉口一定距离，一般为0.5～1 m。

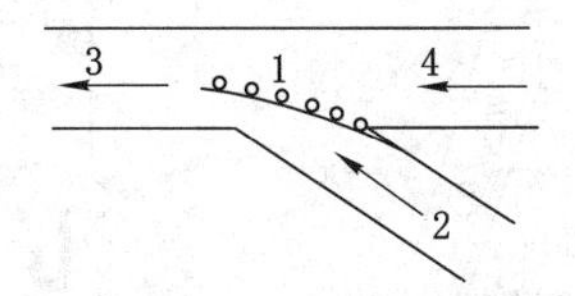

图 5-12　引风导风板

1——导风板；2——进风石门；3——采区巷道；4——车场绕道

(2) 降阻导风板

通过风量较大的巷道直角转弯时，为降低通风阻力，可用铁板制成机翼形或普通弧形导风板，以减少风流冲击的能量损失。如图 5-13 所示是直角转弯处导风板的装置图。导风板的敞角 $\alpha=100^{\circ}$，导风板的安装角 $\beta=45^{\circ}\sim50^{\circ}$。安设此种导风板后可使直角导风板的局部阻力系数由原来的 1.4 降低到 0.3～0.4。

(3) 汇流导风板

汇流导风板如图 5-14 所示。在三岔口巷道中，当两股风流对头相遇汇合在一起时，可安设导风板，以减少风流相遇时的冲击能量损失。此种导风板由木板制成，安装时应使导风板伸入汇流巷道中，所分成的两个隔间面积与各自所通过的风量成正比。

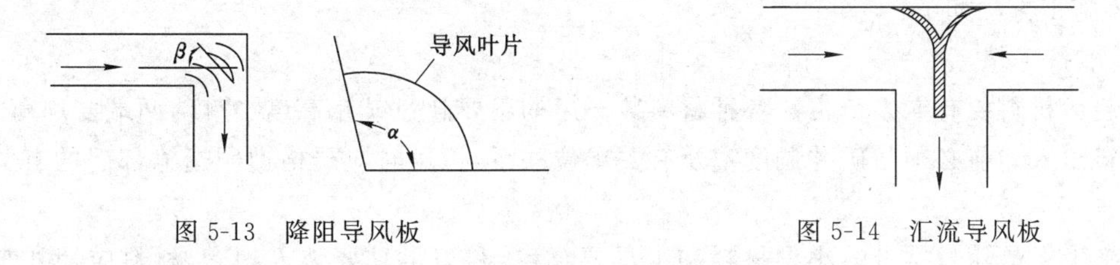

图 5-13　降阻导风板　　　　图 5-14　汇流导风板

(二) 隔断风流的设施

隔断风流的设施主要有挡风墙、风门。

1. 密闭(又称挡风墙)

密闭是隔断风流的构筑物。在不允许风流通过也不允许行人行车的井巷，如采空区、旧巷、火区以及进风与回风大巷之间的联络巷道，都必须设置密闭，将风流截断。

密闭按其结构及服务年限的不同，可分为临时密闭和永久密闭两类。

(1) 临时密闭：一般是在立柱上钉木板，木板上抹黄泥建成临时性挡风墙。但当巷道压力不稳定，并且挡风墙的服务年限不长(2 a 以内)时，可用长度约 1 m 的圆木段和黄泥砌筑成挡风墙。这种挡风墙的特点是：可以缓冲顶板压力，使挡风墙不产生大量裂缝，从而减少漏风。但在潮湿的巷道中容易腐烂。

(2) 永久密闭：在服务年限长(2 a 以上)时使用。挡风墙材料常用砖、石、水泥等不燃性材料修筑，其结构如图 5-15 所示。为了便于检查密闭区内的气体成分及密闭区内发火时便于灌浆灭火，挡风墙上应设观测孔和注浆孔；密闭区内如有水时，应设放水管或反水沟以排出积水。为了防止放水管在无水时漏风，放水管一端应制成 U 形，利用水封防止放水管漏风。

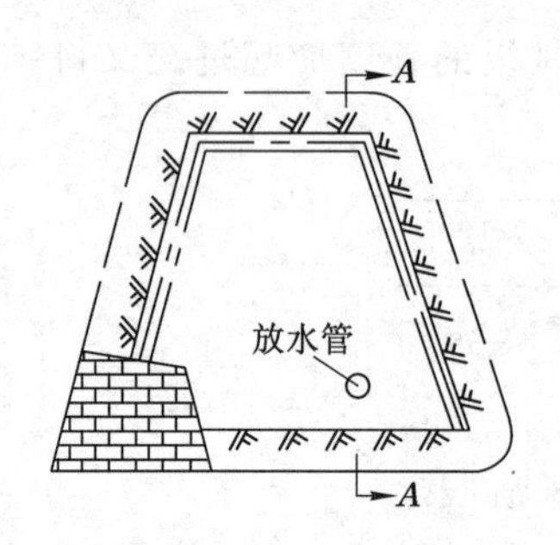

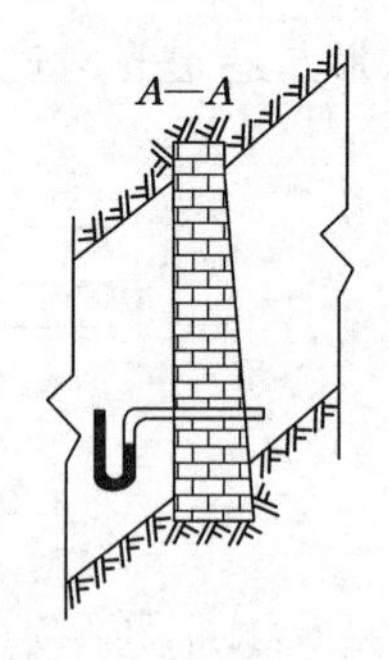

图 5-15 永久密闭

永久密闭的质量标准如下：

① 用不燃性材料建筑，严密不漏风，墙体厚度不小于 0.5 m。

② 密闭前无瓦斯积聚，5 m 内支架完好，无片帮、冒顶，无杂物、积水和淤泥。

③ 密闭周边要掏槽，见硬底、硬帮，与煤岩接实，并抹有不少于 0.1 m 的裙边。

④ 密闭内有水的要设反水池与反水管；有自然发火倾向的采空区密闭要设观测孔、灌浆孔，孔口要堵严密。

⑤ 密闭前要设栅栏、警标、说明牌板和检查箱。

⑥ 墙面要平整，无裂缝、重缝和空缝。

密闭施工方法如下：

(1) 准备工作

① 装运材料要有专人负责。各种材料装车后均不要超过矿车高度、宽度，两端要均衡。

② 料车入井前必须与矿井调度室及有关单位联系，运送时应严格遵照运输部门的有关规定。

③ 施工人员随身携带的小型材料和工具要拿稳，利刃工具要装入护套，材料应捆扎牢固，要防止触碰架空线。

④ 井下装卸笨重材料要相互照应。靠巷帮堆放的材料要整齐，不得影响运输、通风、行人。

⑤ 人力运输过溜煤眼时，要注意安全。不准使用刮板输送机及带式输送机运送材料。

⑥ 施工前必须对施工地点、规格、要求了解清楚，掌握有关安全技术措施和施工要求，做到安全施工。

⑦ 密闭位置应选择在顶底帮坚硬、未遭破坏的煤岩巷道内，避免设在动压区。

⑧ 施工地点必须通风良好，瓦斯、二氧化碳等有害气体的浓度不超过《煤矿安全规程》的规定。

⑨ 必须由外向里逐步检查施工地点前后 5 m 的支架、顶板情况，发现问题及时处理。处理时由一人处理、一人监护，处理不完必须及时进行临时支护。

⑩ 拆除密闭地点的支架，必须先加固其附近巷道支架；若顶板破碎，应先用托棚或探梁将梁托住，再拆棚腿，不准空顶作业。

⑪ 掏槽时应注意以下几点：掏槽一般应按先上后下的原则进行，掏出的煤、矸等物要及时运走，巷道应清理干净；掏槽深度必须符合规定要求，见实帮实底；砌碹巷道密闭要拆碹掏

槽，并按专门安全措施施工。

（2）永久密闭施工操作

① 在有水沟的巷道中建筑的永久密闭，要保证水流畅通，但不能漏风。

② 用砖、料石砌墙时，竖缝要错开，横缝要水平，排列必须整齐；砂浆要饱满，灰缝要均匀一致；干砖要浸湿；墙心逐层用砂浆填实；墙厚要符合标准。

③ 双层砖或料石中间填黄土的密闭，黄土湿度不宜过大，且应随砌随填，层层用木锤捣实。

④ 砌墙到中上部时要预留观测孔及灌浆孔，铁管孔口应伸入密闭内 1 m 以上，外口距密闭墙至少 0.2 m。外口要设阀门，不用时关闭。

⑤ 密闭封顶要与顶帮接实。当顶板破碎时，托棚或探梁上的原支架棚梁应随砌墙进度而逐渐拆下，且应除去浮煤、矸后再掏槽砌墙。

⑥ 密闭墙砌实后要勾缝或抹面，墙四周要包边抹，其宽度不少于 0.2 m。要求抹平，打光压实。

（3）临时密闭施工操作

① 用砖建筑的临时密闭的厚度不应小于 240 mm，其他质量要求与永久密闭相同。

② 建筑木板临时密闭时应满足以下要求：应根据巷道断面大小，确定打立柱的数量。立柱要打牢固，且与巷道顶、底板接实；木板条采用鱼鳞式搭接方式，自上往下依次压茬排列钉在立柱上，压茬宽度不小于 15 mm，四周木板均要伸入槽内接实；木板钉严实后，必须清除杂物，然后用白石灰加黄泥或水泥加黄泥浆沿木板压茬缝及墙四周抹平。

③ 建木段临时密闭时应满足以下要求：先在巷道底部铺一层黄泥，上铺一层木段，然后依次铺黄泥、木段，层层用锤砸实，木段外露处要排列均匀整齐；墙内有水时，必须预先埋下一根铁管排水，水管外口要装水闸门；木段墙与巷道顶帮之间的缝隙要用黄泥填实，并用黄泥加白灰或水泥把墙面抹平整。

（4）密闭施工中的注意事项

① 掏槽只能用大锤、钎子、手镐、风镐施工，不准采用爆破方法。

② 在立眼或急倾斜巷道中施工时，必须佩戴保险带，并制定安全措施。

③ 砌墙高度超过 2 m 时，要搭脚手架，保证安全牢靠。

④ 施工完毕后，要认真清理现场，做到密闭前 5 m 支架完好，在距巷道岔口 1～2 m 处应设置栅栏、警标，悬挂说明牌。

2. 风门

在不允许风流通过但需行人或行车的巷道内，必须设置风门。风门的门扇安设在挡风墙墙垛的门框上。墙垛可用砖、石、木段和水泥砌筑。

按其材料的不同，风门的建筑材料有木材、金属材料、混合材料等三种。

按其结构的不同，可分为普通风门和自动风门两种。在行人或通车不多的地方，可设普通风门；而在行人通车比较频繁的主要运输巷道上，则应安设自动风门。

普通风门用人力开启，一般多用木板或铁皮制成，图 5-16 所示是单扇木质沿口普通风门。这种风门的结构特点是门扇与门框呈斜面沿口接触，接触处有可缩性衬垫，比较严密、坚固，一般可使用 1.5～2 a。门扇开启方向要迎着风流，使门扇关上后在风压作用下保持风门关闭严密。门框和门扇都要顺风流方向倾斜，与水平面成 80°～85°倾角。门框下设门槛，过车的门槛要留有轨道通过的槽缝，门扇下部要设挡风帘。

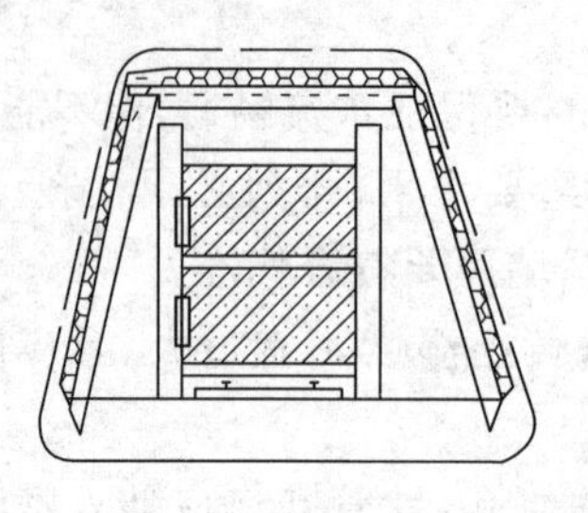

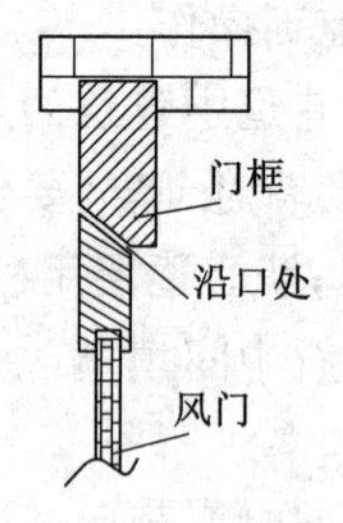

图 5-16　普通风门

自动风门是借助各种动力来开启与关闭的一种风门，按其动力不同分为碰撞式、气动式、电动式和水动式等，如图 5-17 所示。

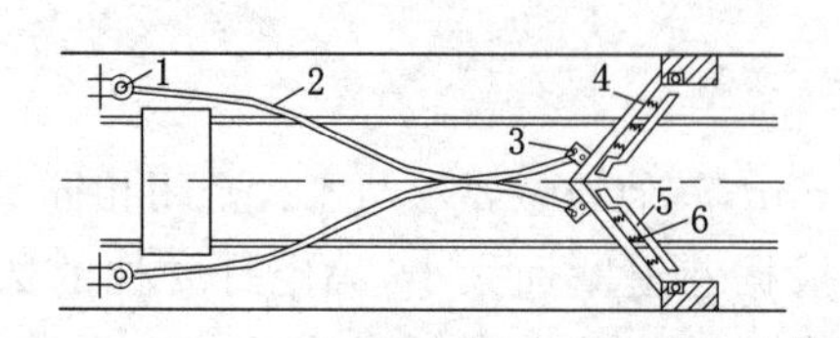

(a) 碰撞式自动风门示意图

1——杠杆回转轴；2——碰撞风门杠杆；3——风耳；
4——门板；5——推门弓；6——缓冲弹簧

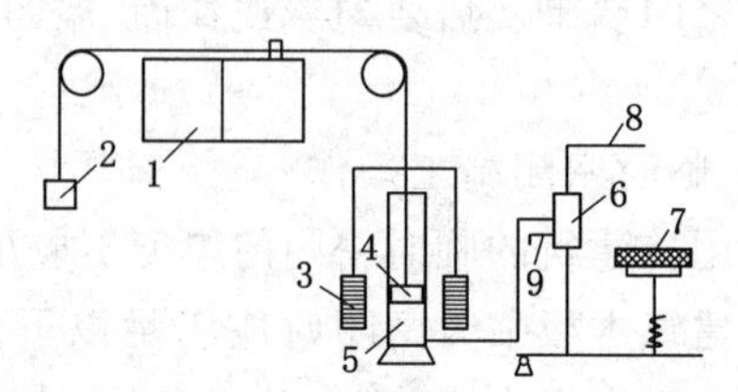

(b) 水力配重自动风门示意图

1——门扇；2——平衡锤；3——重锤；4——活塞；
5——水缸；6——三通水阀；7——电磁铁；
8——高压水管；9——放水管

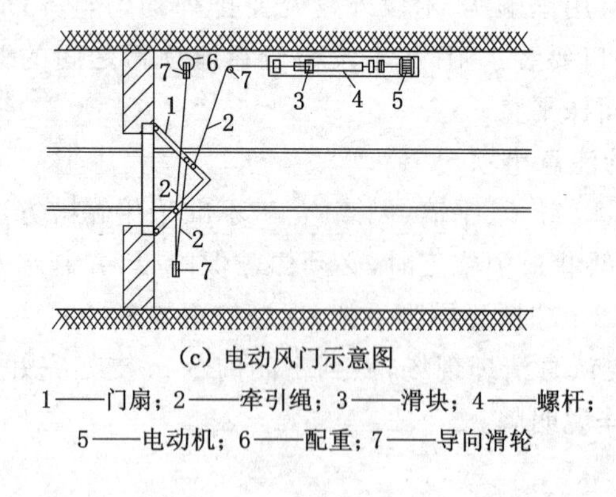

(c) 电动风门示意图

1——门扇；2——牵引绳；3——滑块；4——螺杆；
5——电动机；6——配重；7——导向滑轮

图 5-17　自动风门

(1) 碰撞式自动风门

碰撞式自动风门由木板、推门杠杆、门耳、缓冲弹簧、推门弓和铰链等组成。门框和门扇倾斜 80°～85°。风门是靠矿车碰撞门板上的门弓和推门杠杆而自动打开、借风门自重而关闭的。这种风门具有结构简单，易于制作和经济实用等优点；缺点是撞击部件容易损坏，需经常维修。故多用于行车不太频繁的巷道中。

(2) 气动或水动风门

这种风门的动力来源是压缩空气或高压水。它由电气触点控制电磁阀，电磁阀控制气缸或水缸的阀门,使气缸或水缸中的活塞做往复运动,再通过联动机构控制风门的开闭。这种风门简单可靠,但只能用于有压缩空气和高压水源的地方。北方矿井严寒易冻的地方不能使用。

(3) 电动风门

电动风门以电动机提供动力。电动机经过减速器带动联动机构,使风门开闭。电动机的启动和停止可用车辆触及开关或光电控制器自动控制。电动风门应用广泛,适用性强,只是减速和传动机构稍微复杂些。

永久风门的质量标准如下:

(1) 每组风门不少于两道。通车风门间距不小于一列车长度,行人风门间距不少于 5 m。进、回风巷道之间需要设风门处同时设反向风门,其数量不少于两道。

(2) 风门能自动关闭。通车风门实现自动化,矿井总回风和采区回风系统的风门要安装闭锁装置;风门不能同时敞开(包括反风门)。

(3) 门框要包边,沿口有垫衬,四周接触严密。门扇平整不漏风,门扇与门框不歪扭。门轴与门框要向关门方向倾斜 80°～85°。

(4) 风门墙垛要用不燃性材料建筑,厚度不小于 0.5 m,严密不漏风。墙垛周边要掏槽,见硬顶、硬帮,与煤体接实。墙垛平整,无裂缝、重缝和空缝。

(5) 风门水沟要设反水池或挡风帘,通车风门要设底坎,电路、管路孔要堵严。风门前后各 5 m 内巷道支护良好,无杂物、积水和淤泥。

风门施工方法如下:

(1) 施工前的准备工作

① 装运材料及施工前的准备工作与密闭施工时的相同。

② 在有电缆线、管路处施工时,要妥善保护电缆、管路,防止破坏。需移动高压电缆时,要事先与机电部门取得联系。

③ 墙垛四周要掏槽,其深度必须符合质量要求。

(2) 永久风门施工操作

① 稳门框时应按以下规定进行:先稳下门槛,下槛的上平面要稍微高于轨面,下槛设好后再安装门框及上槛横梁,要求门框与门槛互成直角,上、下槛应互相平行;根据风压大小,门框应朝顺风的方向倾斜一定的角度,一般以 85°左右为宜。调好门框倾角后,用棍棒、铁丝将门框稳固。

② 在有水沟的巷道中砌风门墙垛前,必须先砌反水池;砌墙垛时应按永久施工操作要求施工;两边墙垛施工要平行进行,逐渐把门框牢固嵌入墙垛内。

③ 若需要在风门墙垛中通过电缆线路,在砌墙时要预留孔口孔位。

④ 反向风门要与正向风门同时施工,除门框倾斜角度、开关方向与正向风门相反外,其余要求与正风门相同。

⑤ 风门墙垛砌好后,墙两边均要用细灰砂浆勾缝或满抹平整,做到不漏风。水泥砂浆凝固后,方可施工风门门扇。

⑥ 安装门轴时,应将做好的门轴带螺丝的一端打入在门框上钻取的孔内,并搭正装牢。

⑦ 安装门扇时,应将门带上的圆孔套入门框的轴上,并使门扇与门框四周接触严密,要求风门不坠、不歪,开关自如。

⑧ 风门下部及水沟应钉挡风帘，确保严密不漏风；管线孔应用黄泥封堵严实。

⑨ 安设有自动开关装置的主要通车风门时，应保证其灵敏可靠，开关自如。

(3) 临时木板风门的安设操作

① 立柱安设要牢固，且要有一定倾角；回风侧门要打撑木，风压大时回风侧门上槛过梁上要设横梁，并牢固嵌入巷道两帮。稳门框操作与永久风门相同。

② 稳框后钉木板时，上下木板之间要求采用鱼鳞式搭接，且应由上往下钉，其压茬宽度不得小于 20 mm，顶帮及下帮要压边并接触槽内实茬。

③ 木板钉齐后要清渣抹缝，杂物要清除干净，并用黄泥掺水泥或白灰浆勾缝或抹满，保证墙面、四周不漏风。

④ 水泥浆凝固后即可安装风门扇，门扇的安装及调整与永久风门相同。

(4) 调节风窗安装操作

① 密闭墙上需设调节风窗时，窗框预留在墙的正上方；风门上设有调节风窗时，窗框预留在风门扇的上方。

② 当密闭、风门墙砌筑到预留位置时，即可将制好的调节风窗嵌入墙内。调节窗口要备有可调节的插板。

③ 调节风窗除窗口施工外，其余质量标准和施工操作要求与风门、密闭的质量标准和施工操作相同。

(5) 风门施工安全注意事项

① 在架线电机车巷道中设风门及进行有关工作时，必须先和有关单位联系，在停电、挂好“有人工作，不准送电”的停电牌、设好临时地线及保护好架空线后方能施工。施工完毕后立即取掉临时地线，摘下停电牌，合闸送电。

② 在运输巷道中设风门时，要注意来往车辆，做到安全施工。

③ 每个风门施工完毕后，其前后 5 m 内的支架要保护完好，并应清理剩余材料，保证清洁、畅通。

二、漏风及有效风量

1. 矿井漏风及其危害性

在矿井通风中，将流至矿井中各用风地点，起到通风作用的风量称为有效风量；将空气未经用风地点而由采空区、地表塌陷区、通风构筑物和煤柱裂隙等通道直接流(渗)入回风道或排出地表的现象称为漏风，该风量称为漏风风量。

漏风的危害：使工作面和用风地点的有效风量减少，气候和卫生条件恶化，增加无益的电能消耗，并可导致煤炭自燃等事故。

减少漏风、提高有效风量是通风管理部门的基本任务。

2. 漏风的分类及原因

(1) 漏风的分类

矿井漏风按漏风地点可分为以下两种：

① 外部漏风(或称井口漏风)：泛指地表附近如箕斗井井口以及地面主要通风机附近的井口、防爆门、反风门、调节闸门等处的漏风。

② 内部漏风(或称井下漏风)：是指井下各种通风构筑物、采空区以及碎裂煤柱等处的漏风。

(2) 漏风的原因

漏风通路两端存在压差时，就可产生漏风。漏风风流通过孔隙的流态，取决于漏风孔隙情况和漏风大小。

3. 矿井漏风率及有效风量率

(1) 矿井有效风量 $Q_{有效}$：风流通过井下各工作地点实际风量的总和。

$$Q_{有效}=\sum Q_{采i}+\sum Q_{掘i}+\sum Q_{硐i}+\sum Q_{其他i},\quad m^3/s \tag{5-1}$$

式中　$Q_{采i}$、$Q_{掘i}$、$Q_{硐i}$、$Q_{其他i}$——用采煤工作面、掘进工作面、硐室和其他用风地点进(回)风流的实测风量换成的标准状态下风量，m^3/s。

(2) 矿井有效风量率 $P_{有效}$：矿井有效风量 $Q_{有效}$ 与各台主要通风机风量总和之比。矿井有效风量率应不低于 85%。

$$P_{有效}=Q_{有效}/\sum Q_{通i}\times 100\% \tag{5-2}$$

式中　$Q_{通i}$——第 i 台主要通风机的实测风量换成标准状态的风量，m^3/s。

(3) 矿井外部漏风量 $Q_{外漏}$：主要通风机装置及其风井附近地表漏失的风量总和，可用各台主要通风机风量总和减去矿井总回(或进)风量来计算。

$$Q_{外漏}=\sum Q_{通i}-\sum Q_{井i},\quad m^3/s \tag{5-3}$$

式中　$\sum Q_{井i}$——第 i 号回(或进)风井的实测风量换算成的标准状态下风量，m^3/s。

(4) 矿井外部漏风率 $P_{外漏}$：矿井外部漏风量 $Q_{外漏}$ 与各台主要通风机风量总和之比。

$$P_{外漏}=Q_{外漏}/\sum Q_{通i}\times 100\% \tag{5-4}$$

(5) 矿井漏风系数 K：矿井总进风量与矿井总有效风量之比。

$$K=Q_{总进}/Q_{有效} \tag{5-5}$$

式中　$Q_{总进}$——矿井实测总进风量换算成的标准状态下风量，m^3/s。

矿井主要通风机装置外部漏风率无提升设备时不得超过 5%，有提升设备时不得超过 15%。

4. 减少漏风、提高有效风量的措施

漏风风量受漏风通道两端的压差与漏风风阻的影响。为了保证矿井生产的安全性和经济性，必须采取措施减少矿井漏风，提高有效风量。

(1) 合理地选择矿井开拓系统和采煤方法。服务年限长的主要巷道应开掘在岩石内；应尽量采用后退式及下行式开采顺序；用冒落法管理顶板的采煤方法应适当增加煤柱尺寸或砌石垛以杜绝采空区漏风。

(2) 合理选择通风系统。应尽量选择漏风小的矿井通风系统和采区通风系统。

(3) 及时封堵漏风通道。及时充填地面塌陷坑洞及裂隙。地表附近的小煤窑和古窑必须查明，标在巷道图上。相关的通道必须修建可靠的密闭，必要时要填砂、填土或注浆。储煤仓中的存煤保持一定的厚度。采空区和不用的通风联络巷必须及时封闭。往采空区注浆、洒水等，可以提高其压实程度，减少漏风。

(4) 减少井口漏风。斜井可多设几道风门并加强其工程质量。立井应加强井盖的密封。此外，也应防止反风装置和闸门等处漏风。

(5) 防止井下通风设施漏风。通风设施安设位置、类型及质量必须规范化、系列化，保证工程质量；通风设施不应设在有裂隙的地点；压差大的巷道中应采用质量高的通风设施。

任务实施

矿井通风设施构筑实训

学生分组，按照标准作业流程进行通风设施构筑实训。

实训器材：风桥、风门、密闭等设施。

一、风桥构筑标准作业流程

序号	流程步骤	作业内容	作业标准	安全提示
1	准备工器具、材料	(1) 准备脚手架、梯子、铁锹、锤子、撬棍、钳子、木锯、扳手、保险带、便携式甲烷检测仪等； (2) 准备工字钢、模板、砖（料石）、水泥、砂子等材料	(1) 工器具齐全、完好； (2) 材料充足	
2	检查作业环境	(1) 检查作业地点通风及有毒、有害气体情况； (2) 检查作业地点巷道支护情况	(1) 通风良好； (2) 有毒有害气体不超限，符合相关规定要求； (3) 巷道支护良好，无漏顶、片帮； (4) 作业环境无杂物、淤泥、积水	严禁在有毒有害气浓度体超限，巷道支护不完好的情况下作业
3	构筑基础墙	(1) 掏底槽，铺地基，砌基础墙； (2) 根据合适的高度安设脚手架	(1) 墙体厚度、规格符合设计要求，掏槽见硬帮硬底； (2) 脚手架搭设稳固	
4	搭设工字钢梁	(1) 用工字钢梁搭设梁骨架，工字钢梁密排平放，要排列均匀、平整； (2) 根据合适的高度安设脚手架	(1) 选用型号统一、材质相同的工字钢梁，工字钢梁长度符合设计要求； (2) 脚手架搭设稳固	
5-1	铺设钢梁两侧模板	在钢梁两侧铺设模板，模板用铁丝捆绑牢固	模板铺设均匀，捆绑牢固	
5-2	铺设钢梁下方模板	在钢梁下方架设模板，并将模板用木垛、钢管或铁丝等，捆绑牢固	模板架设牢固，承压强度符合设计	脚手架搭设稳固且脚手架下方严禁人员通过
6	灌注混凝土	混凝土搅拌均匀，充实墙体	(1) 风桥两端接口严密，四周接实严密不漏风，砂浆比例符合设计要求； (2) 风桥宽度与原巷道相符，风桥垂距符合设计要求，严密不漏风	
7	拆除模板	混凝土凝固后，拆除钢梁下方两侧的模板，对风桥内进行密封处理并抹面	(1) 先局部后整体拆除模板； (2) 抹面符合设计要求，顶帮接实，严密不漏风	

续表

序号	流程步骤	作业内容	作业标准	安全提示
8-1	构筑风桥上侧墙	掏槽，砌风桥上两侧墙	墙体厚度、规格符合设计要求，严密不漏风	
8-2	充填坡面	用料石、混凝土等材料充填风桥护坡	风桥通风断面不小于原巷道断面的4/5，坡度小于30°，呈流线型	
9	收尾工作	(1) 拆除登高设施； (2) 清理现场杂物； (3) 对风桥质量进行检查验收并填写记录。	(1) 回收材料，码放整齐； (2) 现场环境整洁； (3) 符合质量标准化标准，记录清晰、翔实	

二、永久风门砌筑标准作业流程

序号	流程步骤	作业内容	作业标准	安全提示
1	准备工器具、材料	(1) 准备铁锹、大铲、挂线、卷尺、登高作业设施等； (2) 准备便携式瓦斯检测仪、水平仪； (3) 准备门框、门扇、砖(料石)、水泥、砂子、门轴、螺栓、风门挂钩、闭锁装置、监控装置等	(1) 工器具齐全、完好； (2) 材料充足	
2	检查作业环境	(1) 检查作业地点通风及有毒、有害气体情况； (2) 检查作业地点巷道支护情况	(1) 通风良好； (2) 有毒有害气体不超限，符合相关规定要求； (3) 巷道支护良好，无漏顶、片帮； (4) 作业环境无杂物、淤泥、积水	严禁在有毒有害气体超限，巷道支护不完好的情况下作业
3	掏槽	(1) 按照施工图纸，确认施工风门位置； (2) 风门四周掏槽	掏槽按照设计要求	按照设备使用说明规范操作，防止风镐伤人
4	安装门框	用水平仪立框，两边吊线确定门框角度	风门框体顺风方向倾斜80°～85°范围内	
5	砌筑墙体	(1) 风门有水沟时，安设挡风帘或反水池； (2) 缆线穿过风门墙体时，预留缆线穿孔； (3) 挂线砌筑风门墙垛，竖缝错开，横缝水平，排列整齐，砂浆饱满，墙两面用细灰砂浆勾缝或满抹； (4) 搭设脚手架	(1) 水沟严密不漏风； (2) 缆线用套管保护，不用的管线孔应用黄泥封堵严密，墙体与巷帮接触严密； (3) 墙面平整，无裂缝、重缝和空缝，严密不漏风； (4) 横梁必须用螺丝固定牢靠	脚手架搭设稳固且下方严禁人员通过

续表

序号	流程步骤	作业内容	作业标准	安全提示
6	墙体抹面	墙体抹面,墙体周边抹裙边	墙面每平方米凹凸不超过10 mm,墙体周边抹有不少于100 mm的裙边,严密不漏风	脚手架搭设稳固且下方严禁人员通过
7	安装风门	(1)墙体凝固后,安装门扇; (2)门扇、门框要包边沿口,有垫衬; (3)门扇底边安设挡风帘加地坎	(1)门扇不歪扭,能自动关闭; (2)门扇、门框四周接触严密不漏风	
8	安设闭锁、语音报警	安设语音报警及风门开关传感器	语音报警装置、开关传感器安设牢固,灵敏可靠	脚手架搭设稳固且下方严禁人员通过
9	现场清理	(1)清理现场杂物、回收剩余材料; (2)对永久风门编号管理	(1)现场清理干净,材料码放整齐; (2)风门统一编号,统一管理	
10	验收	相关业务部门验收,并填写验收单	符合质量标准化标准相关要求,记录规范,内容翔实	

三、永久密闭砌筑标准作业流程

序号	流程步骤	作业内容	作业标准	安全提示
1	准备工器具、材料	(1)准备脚手架、梯子、铁锹、大铲、挂线、便携式瓦斯检测仪等; (2)准备砖(石)、水泥、砂子、观测管、措施管、反水管等	(1)工器具齐全、完好; (2)材料充足	
2	检查作业环境	(1)检查作业地点通风及有毒、有害气体情况; (2)检查作业地点巷道支护情况	(1)通风良好; (2)有毒有害气体不超限,符合相关规定要求; (3)巷道支护良好,无漏顶、片帮; (4)作业环境无杂物、淤泥、积水	严禁在有毒有害气体浓度超限,巷道支护不完好的情况下作业
3	掏槽	(1)密闭周边要掏槽(砌碹巷道要破碹后掏槽); (2)达到一定高度时,安设脚手架	(1)掏槽深度顶不少于300 mm,底不少于200 mm,帮不少于500 mm,宽度大于墙后300 mm,见硬帮硬底与煤岩接实; (2)脚手架搭接稳固	封闭采空区的密闭必须做到"三断"(缆线、水管、金属网)
4	砌筑密闭	(1)墙体不燃性材料砌筑(采用砖、石、混凝土等不燃性材料); (2)达到一定高度时,安设脚手架	(1)密闭强度符合设计要求,墙面凸凹不大于10 mm,无裂缝、重缝和空缝; (2)严密不透风(手触无感觉,耳听无声音),墙体厚度不小于0.5 m; (3)脚手架搭接稳固	脚手架搭设稳固且下严禁人员通过

续表

序号	流程步骤	作业内容	作业标准	安全提示
5	墙体抹面	(1) 墙面平整，抹裙边； (2) 达到一定高度时，安设脚手架	(1) 墙体周边抹面不少于 100 mm 裙边，严密不漏风； (2) 脚手架搭接稳固	脚手架搭设稳固且下严禁人员通过
6-1	安设反水管	密闭内高外低的要设反水池或反水管	密闭墙体上留设反水管(距底板高 300 mm 设置直径不小于 100 mm 的反水管)或反水池	
6-2	安设观测孔、措施孔	有煤层自然发火倾向的采空区密闭，要设观测孔、措施孔	(1) 密闭墙体上留设观测管(密闭墙的 2/3 中上部设直径不小于 DN50 的观测孔)； (2) 措施管(距顶板低 300 mm 设置直径不小于 DN100 的措施管)	
7	收尾工作	(1) 拆除作业设施； (2) 清理垃圾、回收材料； (3) 安设施栅栏、警标、牌板； (4) 对密闭编号	(1) 剩余材料靠边码放整齐； (2) 作业地点清理干净； (3) 在密闭前设置栅栏、警标、说明牌和检查牌板； (4) 密闭统一编号，统一管理	
8	验收汇报	对密闭质量检查验收并填写记录	符合质量标准化标准相关要求，记录规范，内容翔实	

任务评价

学生训练成果评价表

姓名		班级		组别		得分	

评价内容	要求或依据	分数	评分标准
任务实施过程表现	学习纪律、敬业精神、协作精神、学习方法、安全文明意识等	10 分	遵守纪律，学习态度端正、认真，相互协作等满分，其他酌情扣分
口述通风设施种类及施工要求	准确口述、内容完整	10 分	根据口述准确性和完整性酌情扣分
口述矿井漏风的种类、矿井漏风的防治措施	准确口述、内容完整	10 分	根据口述准确性和完整性酌情扣分
能根据标准作业流程构筑通风设施	实验过程完整，方法正确，结果真实。实验中由教师检查过程及结果	50 分	不能概述实验要求的扣 10 分，实验内容不完整的扣 15 分，实验未完成扣 30 分，其他酌情扣分
实训报告	学生按要求写出实训过程、存在问题、结果及总结	20 分	不能概述其主要要求的扣 10 分，实验内容不完整的扣 10 分，其他酌情扣分

知识扩展

第一项:《煤矿安全规程》第一百四十二条至第一百五十五条。

第二项:某煤矿外部漏风率测定记录单。

一、测定时间:

二、参加测定人员:

三、计算方法:测出矿井总回风和风硐的风量。通过矿井风硐风量与矿井总回风风量比较,可以得出矿井外部漏风风量。

(1) 矿井外部漏风量计算

$$Q_{外漏}=Q_{主通}-Q_{实测}$$

式中 $Q_{外漏}$——外部漏风量,m^3/min;

$Q_{主通}$——矿井各主通风机工作风量总和,m^3/min;

$Q_{实测}$——回风井实测风量之和,m^3/min。

(2) 矿井外部漏风率计算

$$Q_{外漏率}=Q_{外漏}\div Q_{主通}$$

式中 $Q_{外漏率}$——矿井外部漏风率,m^3/min;

$Q_{外漏}$——外部漏风量之和,m^3/min;

$Q_{主通}$——矿井各主通风机工作风量总和,m^3/min。

(3) 实测数据及计算结果

测定地点	实测数据		断面/m^2	测定仪器
	风速/$m\cdot s^{-1}$	风量/$m^3\cdot min^{-1}$		
风硐	7.48	2 870.6	6.4	中速风表
矿井总回风	3.41	2 762.1	13.5	微速风表

总回风巷道断面为矩形,断面积为:$4.5\times3=13.5\ m^2$。

风硐为半圆拱断面,净断面为:$2.8\ m\times2.6\ m$。

风硐断面积为:$2.8\times1.2+3.14\times1.4^2/2=6.4\ m^2$。

按照上述公式及实测数据得出:

外部漏风量=2 870.6-2 762.1=108.5 m^3/min。

外部漏风率=108.5/2 870.6×100%=3.8%。

(4) 外部漏风率测定示意图(图 5-18)

四、测试结果评价:

(1) 经过核查,矿井通风系统合理,无串联通风,无短路风流,矿井各风门使用正常。矿井通风系统合理完善。

(2) 风表测量数据每个测点的三个数据差值小于 5%,没有出现过大和过小数据,风量测量结果有效。

(3) 该矿井风属于无提升设备风井,《煤矿安全规程》规定其外部漏风率不大于 5%,该矿实测外部漏风率为 3.8%,符合《煤矿安全规程》规定。

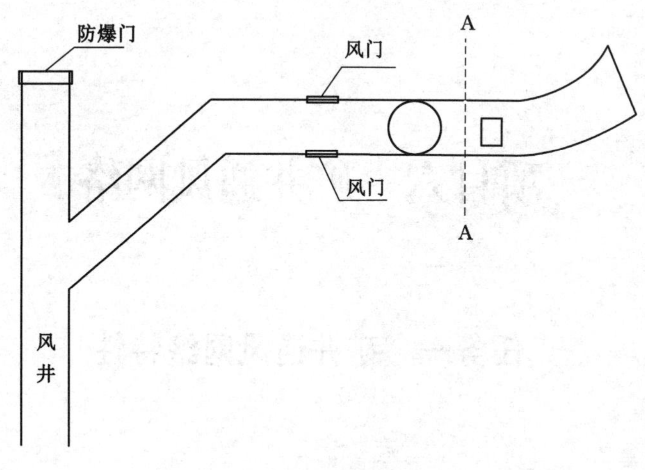

图 5-18　外部漏风率测定示意图

（4）根据以上实测结果，该矿及外部漏风量为 108.5 m^3/min，矿井外部漏风率为 3.8%，符合《煤矿安全规程》规定。

思考与练习

5-3　试述通风设施的种类及其作用。对不同的通风设施有何质量要求？

5-4　什么叫漏风？漏风是如何分类的？漏风的主要危害有哪些？

5-5　产生漏风的原因是什么？如何防止漏风？

5-6　某矿进行外部漏风率测定，实测数据及计算结果见下表。总回风巷道断面为半圆拱，断面面积为 8.19 m^2。风硐为半圆拱断面，净断面为 4.2 m^2。试按照公式及实测数据计算出该矿的外部漏风量和外部漏风率。

测定地点	实测数据		断面/m^2	测定仪器
	风速/$m \cdot s^{-1}$	风量/$m^3 \cdot min^{-1}$		
风硐	6.98	1758	4.2	中速风表
矿井总回风	3.64	1698	8.19	中速风表

项目六　矿井通风网络

任务一　矿井通风网络特性

知识要点

通风网络特性；风网中风流流动遵循的规律。

技能目标

(1) 掌握串联、并联以及简单角联网络的特性及优缺点。

(2) 掌握风网风量平衡定律、风压平衡定律和阻力定律。

任务分析

(1) 井下通风网络的连接形式有哪些？各有哪些特性？

(2) 风流在通风网络中流动，遵循哪些规律？

任务导入

风流在井巷中流动，其风压、风量的分配遵循什么规律？不同的通风网络之间在安全性、经济性等方面有没有不同？

相关知识

一般把矿井和采区通风系统中风流分岔、汇合线路的结构形式称为矿井通风网络。通风网络中各风流分支的基本连接形式有串联、并联和角联三种，不同连接形式具有不同的通风特性和安全效果。

为了研究方便，通常将通风网络分为简单通风网络和复杂通风网络两种。仅由风流分支串联和并联组成的网络，称为简单通风网络。通常将含有角联分支甚至包含多条角联分支的风路，称为复杂通风网络。

一、串联风路及其特性

若干风路顺次首尾相接、中间没有风流分合点的通风网络，称为串联风路，也称为“一条龙”通风，如图 6-1 所示。

其特性如下：

(1) 由于风流连续与质量守恒，串联风路的总风量等于各段风路的分风量，由公式

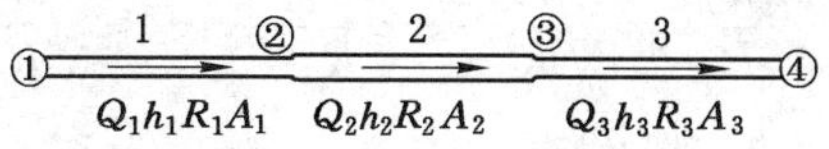

①
1
②
2
③
3
④
$Q_1h_1R_1A_1$
$Q_2h_2R_2A_2$
$Q_3h_3R_3A_3$

图 6-1　串联风路

(6-1)表示：

$$Q_{串}=Q_1=Q_2=\cdots=Q_n \tag{6-1}$$

(2) 根据伯努利方程与能量守恒，串联风路的总阻力等于各段风路的助力之和，由公式(6-2)表示：

$$h_{串}=h_1+h_2+\cdots+h_n=\sum_{i=1}^{n}h_i \tag{6-2}$$

(3) 串联风路的总风阻等于各段风路的风阻之和。

根据通风阻力定律 $h=RQ^2$，公式(6-2)可写成：

$$R_{串}\,Q_{串}^2=R_1Q_1^2+R_2Q_2^2+\cdots+R_nQ_n^2$$

因为 $Q_{串}=Q_1=Q_2=\cdots=Q_n$，所以

$$R_{串}=R_1+R_2+\cdots+R_n=\sum_{i=1}^{n}R_i \tag{6-3}$$

(4) 串联风路的总等积孔平方的倒数等于各段风路等积孔平方的倒数之和。

由 $A=\dfrac{1.19}{\sqrt{R}}$，得 $R=\dfrac{1.19^2}{A^2}$，将其代入公式(6-3)并整理得：

$$\frac{1}{A_{串}^2}=\frac{1}{A_1^2}+\frac{1}{A_2^2}+\cdots+\frac{1}{A_n^2} \tag{6-4}$$

或

$$A_{串}=\frac{1}{\sqrt{\dfrac{1}{A_1^2}+\dfrac{1}{A_2^2}+\cdots+\dfrac{1}{A_n^2}}} \tag{6-5}$$

二、并联风路及其特性

两条或两条以上有共同的始点和终点的分支构成的通风网络，称为并联风路，如图 6-2 所示。

1. 并联风路的特性

(1) 由于风流连续与质量守恒，并联风路的总风量等于并联各分支风量之和，即

$$Q_{并}=Q_1+Q_2+\cdots+Q_n=\sum_{i=1}^{n}Q_i \tag{6-6}$$

(2) 根据伯努利方程与能量守恒，并联风路的总阻力等于任一并联分支的阻力，即

$$h_{并}=h_1=h_2=\cdots=h_n \tag{6-7}$$

(3) 并联风路的总风阻平方根的倒数等于并联各分支风阻平方根的倒数之和。由 $h=RQ^2$，得 $Q=\sqrt{\dfrac{h}{R}}$，将其代入公式(6-6)得：

②
Q_1
Q_2
h_1
h_2
R_1
R_2
A_1
A_2
①

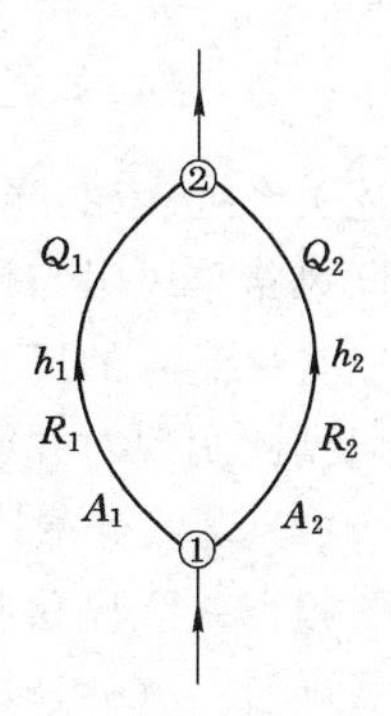

图 6-2　并联风路

$$\sqrt{\frac{h_{并}}{R_{并}}}=\sqrt{\frac{h_1}{R_1}}+\sqrt{\frac{h_2}{R_2}}+\cdots+\sqrt{\frac{h_n}{R_n}}$$

因为 $h_{并}=h_1=h_2=\cdots=h_n$，所以

$$\frac{1}{\sqrt{R_{并}}}=\frac{1}{\sqrt{R_1}}+\frac{1}{\sqrt{R_2}}+\cdots+\frac{1}{\sqrt{R_n}} \tag{6-8}$$

或

$$R_{并}=\frac{1}{\left(\frac{1}{\sqrt{R_1}}+\frac{1}{\sqrt{R_2}}+\cdots+\frac{1}{\sqrt{R_n}}\right)^2} \tag{6-9}$$

当 $R_1=R_2=\cdots=R_n$ 时，则

$$R_{并}=\frac{R_1}{n^2}=\frac{R_2}{n^2}=\cdots=\frac{R_n}{n^2} \tag{6-10}$$

(4) 并联风路的总等积孔等于并联各分支等积孔之和。由 $A=\frac{1.19}{\sqrt{R}}$，得 $\frac{1}{\sqrt{R}}=\frac{A}{1.19}$，将其代入公式(6-8)，得：

$$A_{并}=A_1+A_2+\cdots+A_n \tag{6-11}$$

2. 并联风路的风量自然分配

(1) 风量自然分配的概念

流入并联风路后，总风量在各并联分支中遵循一定的规律进行自然分配，但其总值保持不变，这称为并联风路风量的自然分配。

在并联风路中，其总阻力等于各分支阻力，即

$$h_{并}=h_1=h_2=\cdots=h_n$$

亦即

$$R_{并}Q_{并}^2=R_1Q_1^2=R_2Q_2^2=\cdots=R_nQ_n^2$$

由上式可以得出如下各关系式：

$$Q_1=\sqrt{\frac{R_{并}}{R_1}}Q_{并} \tag{6-12}$$

$$Q_2=\sqrt{\frac{R_{并}}{R_2}}Q_{并} \tag{6-13}$$

……

$$Q_n=\sqrt{\frac{R_{并}}{R_n}}Q_{并} \tag{6-14}$$

上述关系式表明：当并联风路的总风量一定时，并联风路的某分支所分配得到的风量取决于并联风路总风阻与该分支风阻比值的平方根。风阻大的分支自然流入的风量小，风阻小的分支自然流入的风量大。这是并联风路风量自然分配的规律，是并联网络的一种特性，我们可以据此实现对并联分支风量的按需调节，对矿井安全生产意义重大。

(2) 自然分配风量的计算

根据并联风路中各分支的风阻，可计算各分支自然分配的风量。将公式(6-9)依次代入式(6-12)、(6-13)和(6-14)中，整理后得各分支分配的风量计算公式(6-15)～(6-18)：

$$Q_1=\frac{Q_{并}}{1+\sqrt{\frac{R_1}{R_2}}+\sqrt{\frac{R_1}{R_3}}+\cdots+\sqrt{\frac{R_1}{R_n}}} \tag{6-15}$$

$$Q_2 = \frac{Q_{并}}{\sqrt{\frac{R_2}{R_1}} + 1 + \sqrt{\frac{R_2}{R_3}} + \cdots + \sqrt{\frac{R_2}{R_n}}} \tag{6-16}$$

……

$$Q_n = \frac{Q_{并}}{\sqrt{\frac{R_n}{R_1}} + \sqrt{\frac{R_n}{R_2}} + \cdots + \sqrt{\frac{R_n}{R_{n-1}}} + 1} \tag{6-17}$$

当 $R_1 = R_2 = \cdots = R_n$ 时，则

$$Q_1 = Q_2 = \cdots = Q_n = \frac{Q_{并}}{n} \tag{6-18}$$

计算并联风路各分支自然分配的风量，也可根据并联网络中各分支的等积孔进行计算。将 $\sqrt{R} = \frac{1.19}{A}$ 依次代入式(6-12)、(6-13)和(6-14)中，整理后可得各分支分配的风量计算公式(6-19)～(6-21)：

$$Q_1 = \frac{A_1}{A_{并}} Q_{并} = \frac{A_1}{A_1 + A_2 + \cdots + A_n} Q_{并} \tag{6-19}$$

$$Q_2 = \frac{A_2}{A_{并}} Q_{并} = \frac{A_2}{A_1 + A_2 + \cdots + A_n} Q_{并} \tag{6-20}$$

……

$$Q_n = \frac{A_n}{A_{并}} Q_{并} = \frac{A_n}{A_1 + A_2 + \cdots + A_n} Q_{并} \tag{6-21}$$

因此，在计算并联网络中各分支自然分配的风量时，可根据给定的条件选择相应的公式，以方便计算。

三、串联风路与并联风路特性的比较

并联风路与串联风路相比，具有如下明显优点。

(1) 总风阻小，总等积孔大，通风容易，通风动力费用少。

如图 6-3 所示，假设有两条并联分支 1 和 2，其风阻 $R_1 = R_2$，通过的风量 $Q_1 = Q_2$，阻力 $h_1 = h_2$。现将它们分别组成串联风路和并联风路，各参数比较如下。

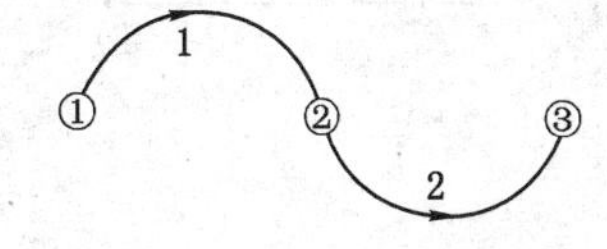

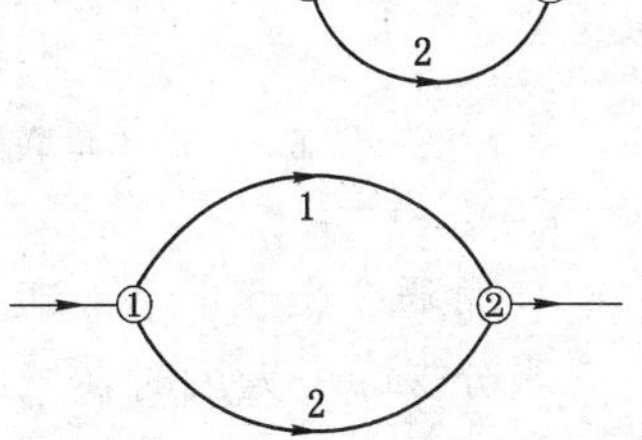

图 6-3　串联与并联风路比较

① 总风量

串联风路：　$Q_{串} = Q_1 = Q_2$

并联风路：　$Q_{并} = Q_1 + Q_2 = 2Q_1$

故　$Q_{并} = 2Q_{串}$

② 总风阻

串联风路：　$R_{串} = R_1 + R_2 = 2R_1$

并联风路：　$R_{并} = \frac{R_1}{n^2} = \frac{R_1}{4}$

故　$R_{并} = \frac{1}{8} R_{串}$

③ 总阻力

串联风路：$h_{串}=h_1+h_2=2h_1$

并联风路：$h_{并}=h_1=h_2$

故 $h_{并}=\frac{1}{2}h_{串}$

通过上述比较可明显看出，在两条分支通风条件完全相同的情况下，并联风路的总风阻仅为串联风路总风阻的1/8；并联风路的总阻力为串联风路总阻力的1/2，也就是说并联风路比串联风路的通风动力要节省一半，而总风量却大了一倍。这说明，并联风路比串联风路经济得多。

(2) 并联风路各分支独立通风，风流新鲜，互不干扰，有利于安全生产；而串联时，后面分支的入风是前面分支排出的污风，风流不新鲜，空气质量差，不利于安全生产。

(3) 并联风路各分支的风量，可根据生产需要进行调节；而串联风路各分支的风量则不能进行调节，不能有效地利用风量。

(4) 并联风路的某一分支风路中发生事故，易于控制与隔离，不致影响其他分支巷道，事故波及范围小，安全性好；而串联风路的某一分支发生事故，容易波及整个风路，安全性差。

四、角联风路及其特性

在并联的两条分支之间，还有一条或几条分支相通的连接形式称为角联风路，连接于并联两条分支之间的分支称为角联分支，如图6-4所示。仅有一条角联分支的网络称为简单角联网络；含有两条或两条以上角联分支的网络称为复杂角联网络，如图6-5所示。

角联分支的风流方向不稳定，以图6-4所示的简单角联风路为例，角联分支5中的风流方向有三种可能。

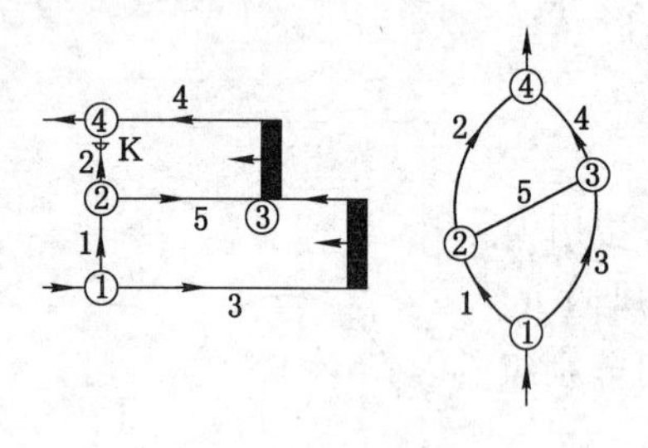

图6-4 简单角联网络

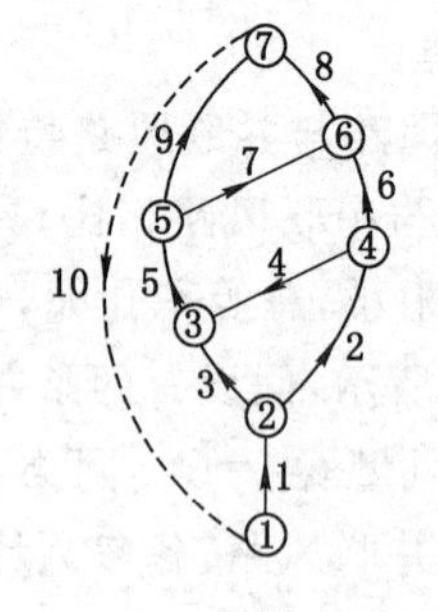

图6-5 复杂角联网络

1. 角联分支5中无风流

当分支5中无风时，②、③两节点的总压力相等，即

$$P_{总2}=P_{总3}$$

又①、②两节点的总压力差等于分支1的风压，即

$$P_{总1}-P_{总2}=h_1$$

①、③两节点的总压力差等于分支3的风压，即

$$P_{总1}-P_{总3}=h_3$$

故

$$h_1=h_3$$

同理可得 $$h_2=h_4$$

则 $$\frac{h_1}{h_2}=\frac{h_3}{h_4}$$

亦即 $$\frac{R_1Q_1^2}{R_2Q_2^2}=\frac{R_3Q_3^2}{R_4Q_4^2}$$

又 $Q_5=0$，得 $Q_1=Q_2$，$Q_3=Q_4$，所以

$$\frac{R_1}{R_2}=\frac{R_3}{R_4} \tag{6-22}$$

式(6-22)即为角联分支5中无风流通过的判别式。

2. 角联分支5中风向由②→③

当分支5中风向由②→③时，②节点的总压力大于③节点的总压力，即

$$P_{总2}>P_{总3}$$

又知 $$P_{总1}-P_{总2}=h_1$$

$$P_{总1}-P_{总3}=h_3$$

则 $h_3>h_1$，即 $$R_3Q_3^2>R_1Q_1^2$$

同理可得 $h_2>h_4$，即 $$R_2Q_2^2>R_4Q_4^2$$

将上述两不等式相乘，并整理得

$$\frac{R_1R_4}{R_2R_3}<\left(\frac{Q_2Q_3}{Q_1Q_4}\right)^2$$

又知 $$Q_1>Q_2,\quad Q_3<Q_4$$

所以 $$\frac{R_1R_4}{R_2R_3}<1$$

即 $$\frac{R_1}{R_2}<\frac{R_3}{R_4} \tag{6-23}$$

式(6-23)即为角联分支5中风向由②→③的判别式。

3. 角联分支5中风向由③→②

同理可推导出角联分支5中风向由③→②的判别式

$$\frac{R_1}{R_2}>\frac{R_3}{R_4} \tag{6-24}$$

由上述三个判别式可以看出，简单角联风路中角联分支的风向完全取决于两侧各邻近分支的风阻比，而与其本身的风阻无关。若角联分支两侧各邻近分支的风阻发生变化，角联分支的风量与风向就会随之发生变化。

可见，角联分支一方面具有容易调节风向的优点，另一方面又有出现风流不稳定的可能性。角联分支风流的不稳定性不仅容易引发矿井灾害事故，而且可能使事故影响范围扩大。

如图6-4所示，当风门K未关上使 R_2 减小，或分支巷道4中某处发生冒顶等使 R_4 增大，分支巷道的风阻比就会发生改变，可能会使角联分支5中无风或风流③→②，从而导致两工作面串联通风或上工作面风量不足而使其瓦斯浓度增加造成瓦斯事故。当发生火灾事故时，角联分支的风流反向可能使火灾烟流蔓延而扩大灾害范围。因此，保持角联分支风流的稳定性对安全生产极端重要。

对简单角联风路来说，角联分支的风向可由上述判别式确定。复杂角联风路角联分支

风向，一般通过通风网络解算确定。在生产矿井，也可以通过测定其风量确定。

五、风量分配的基本定律

根据通风阻力定律、质量守恒定律以及能量守恒定律可知，风流在通风网络中流动时，均遵守阻力定律、风量平衡定律、风压(阻力)平衡定律。它们反映了通风网络中三个最主要通风参数——风量、风压(阻力)和风阻间的相互关系，是通风网络解算的理论基础。

1. 通风阻力定律

井巷中的正常风流均为紊流，通风网络中各分支都遵守紊流通风阻力定律，即

$$h = RQ^2 \tag{6-25}$$

2. 风量平衡定律

根据质量守恒定律，风量平衡定律是指在紊流状态下单位时间流入该节点的空气质量等于流出该节点的空气质量，或者说在通风网络中，流入与流出某节点或闭合回路的各分支的风量的代数和等于零，称为风量平衡定律，即

$$\sum Q_i = 0 \tag{6-26}$$

如图6-6(a)所示，节点⑥处的风量平衡方程为

$$Q_{1-6} + Q_{2-6} + Q_{3-6} - Q_{6-4} - Q_{6-5} = 0$$

如图6-6(b)所示，回路②—④—⑤—⑦—②的风量平衡方程为

$$Q_{1-2} + Q_{3-4} - Q_{5-6} - Q_{7-8} = 0$$

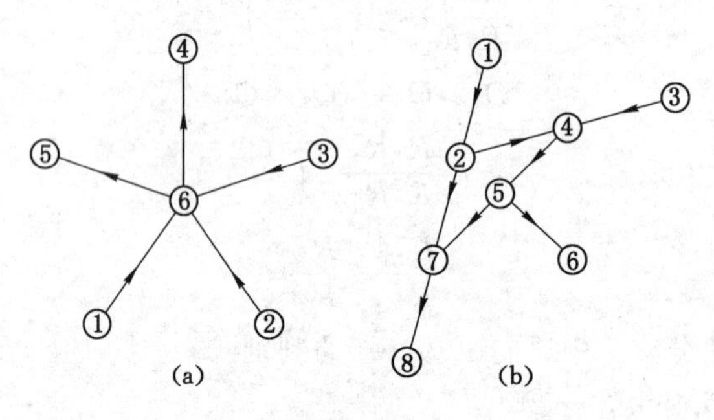

图6-6 节点和闭合回路

3. 风压(阻力)平衡定律

风压(阻力)平衡定律是指在通风网络的任一闭合回路中，各分支的风压(或阻力)的代数和等于零，即

$$\sum h_i = 0 \tag{6-27}$$

如图6-6(b)中的回路②—④—⑤—⑦—②，有

$$h_{2-4} + h_{4-5} + h_{5-7} - h_{2-7} = 0$$

当闭合回路中有通风机风压和自然风压作用时，各分支的风压代数和等于该回路中通风机风压与自然风压的代数和，即

$$H_{通} \pm H_{自} = \sum h_i \tag{6-28}$$

式中，$H_{通}$ 和 $H_{自}$ 分别为通风机风压和自然风压。$H_{自}$ 与 $H_{通}$ 方向相同时取“+”，方向相反时取“−”。

任务实施

学握矿井通风网络的特性

一、任务组织

学生分组，在矿井通风系统模型室进行教学。

二、任务实施方法与步骤

(1) 教师讲授“相关知识”。

(2) 学生进行课堂题目演算。

(3) 学生查阅“知识扩展”并展开讨论。

(4) 教师提问、学生互问，多种形式质证。

(5) 课堂互评。

三、任务实施注意事项与要求

(1) 要注意培养学生认真严谨的工作习惯和作风。

(2) 通过实题演算引导学生自行总结不同通风网络的特性和优缺点。

(3) 要注意调动学生学习积极性，鼓励学生积极讨论和提出问题。

(4) 教学结束，请打扫卫生，将所使用的器材恢复原样。

任务评价

学生训练成果评价表

姓名		班级		组别		得分	

评价内容	要求或依据	分数	评分标准
任务实施过程表现	学习纪律、敬业精神、协作精神、学习方法、安全文明意识等	10分	遵守纪律，学习态度端正、认真，相互协作等满分，其他酌情扣分
实题演算	能利用所列公式进行演算，得出准确结果	50分	根据演算过程与结果打分
口述不同通风网络的特性	准确口述、内容完整	30分	根据口述准确性和完整性酌情扣分
安全意识	服从组织，照顾自己及他人，听从教师及组长指挥，积极恢复实训室原样等	10分	根据学生表现打分

知识扩展

学习《煤矿安全规程》第一百五十条。

任务二　通风网络解算

知识要点

矿井通风网络解算原理。

技能目标

操作矿井通风网络解算软件。

任务分析

能否事先计算矿井各巷道风量？其原理是什么？矿井通风网络解算软件都有哪些？择其一介绍操作方法。

任务导入

根据风路风量分配的自然规律，能否事先计算矿井各巷道的自然分配风量以便验算其风量、风速是否符合要求？

相关知识

简单通风网络可根据前面的公式将总进风量分配到各巷道，从而得出每个巷道的风量等参数，而复杂通风网络包含串、并、角联风路，其各分支风量分配难以直接求解。可以利用风量分配的基本定律列出数学方程式，建立方程组，求解出网络内各分支自然分配的风量，这个过程称为通风网络解算。

一、解算通风网络

解算通风网络使用较广泛的是回路法，基本过程是首先根据风量平衡定律假定出初始风量，由回路风压平衡定律推导出风量修正计算式，逐步对网络各分支风量进行校正，直至风压逐渐平衡，则认为各分支风量接近真值。

1. 解算通风网络的数学模型

下面主要介绍回路法中使用最多的斯考德-恒斯雷法。

斯考德-恒斯雷法是由英国学者斯考德和恒斯雷对美国学者哈蒂·克劳斯提出的用于水管网的迭代计算方法进行改进并用于通风网络解算的。

对节点数为 m、分支数为 n 的通风网络，可选定 $N=n-m+1$ 个余树枝和独立回路。以余树枝风量为变量，树枝风量可用余树枝风量来表示。根据风压平衡定律，每一个独立回路对应一个方程，这样建立起一个由 N 个变量和 N 个方程组成的方程组，求解该方程组的根即可求出 N 个余树枝的风量，然后求出树枝的风量。

斯考德-恒斯雷法的基本思路是：利用拟定的各分支初始风量，将方程组按泰勒级数展开，舍去二阶以上的高阶量，简化后得出回路风量修正值的一般数学表达式(6-29)：

$$\Delta Q=-\frac{\sum R_iQ_i^2 \mp H_{通} \mp H_{自}}{2\sum |R_iQ_i|} \tag{6-29}$$

式中 $\sum R_iQ_i^2$——独立回路中各分支风压(或阻力)的代数和，分支风向与余树枝同向时其风压取正值，反之为负值；

$\sum |R_iQ_i|$——独立回路中各分支风量与风阻乘积的绝对值之和。

$H_{通}$——独立回路中的通风机风压，其作用的风流方向与余树枝同向时取负号，反之为正号；

$H_{自}$ ——独立回路中的自然风压，其作用的风流方向与余树枝同向时取负号，反之为正号。

按公式(6-29)分别求出各回路的风量修正值 ΔQ_i，由此对各回路中的分支风量进行修正，求得风量的近似真实值，由公式(6-30)表示：

$$Q'_{ij}=Q_{ij}\pm\Delta Q_i \tag{6-30}$$

式中，Q_{ij} 和 Q'_{ij} 分别为修正前后分支风量。ΔQ_i 的正负按所修正分支的风向，与余树枝同向时取正号，反之取负号。

如此经过多次反复修正，各分支风量接近真值。当达到预定的精度时计算结束，此时所得到的近似风量，即可认为是要求的自然分配的风量。上述公式(6-29)和(6-30)即为斯考德-恒斯雷法的迭代计算公式。

当独立回路中既无通风机又无自然风压作用时，公式(6-29)可简化为公式(6-31)：

$$\Delta Q=-\frac{\sum R_iQ_i^2}{2\sum|R_iQ_i|} \tag{6-31}$$

下面以并联风路来解释回路风量修正值 ΔQ 的计算公式。

如图 6-7 所示为由两个分支 1 和 2 组成的并联风路，其总风量 Q，风阻分别为 R_1 和 R_2。设两个分支自然分配的真实风量分别为 $Q_{真1}$ 和 $Q_{真2}$，拟定的初始风量分别为 Q_1 和 Q_2，则初拟风量与真实风量的差值即为回路风量修正值 ΔQ。

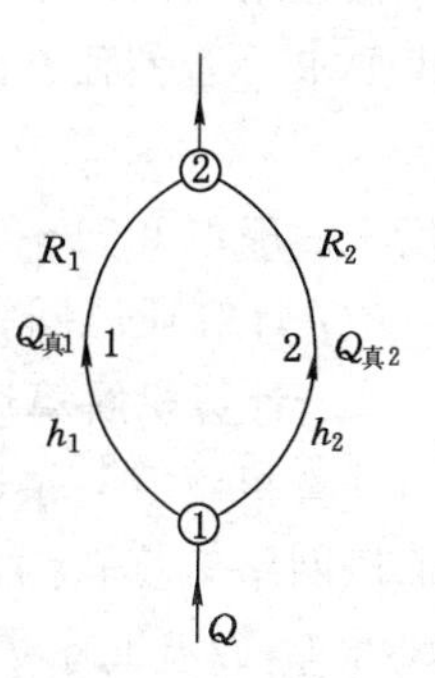

图 6-7 并联风路

若 $Q_1<Q_{真1}$，必有 $Q_2>Q_{真2}$，则

$$Q_{真1}=Q_1+\Delta Q,\quad Q_{真2}=Q_2-\Delta Q$$

根据 $\sum Q_i=0$，得 $$Q_{真1}+Q_{真2}=Q_1+Q_2=Q$$

根据 $h=RQ^2$ 和 $\sum h_i=0$，得

$$h_{真1}=R_1Q_{真1}^2=R_1\ (Q_1+\Delta Q)^2=R_1Q_1^2+2R_1Q_1\Delta Q+R_1\Delta Q^2$$

$$h_{真2}=R_2Q_{真2}^2=R_2\ (Q_2-\Delta Q)^2=R_2Q_2^2-2R_2Q_2\Delta Q+R_2\Delta Q^2$$

$$h_{真1}=h_{真2}$$

忽略二次微量 ΔQ^2，整理得近似式：

$$(2R_1Q_1+2R_2Q_2)\Delta Q=-(R_1Q_1^2-R_2Q_2^2)$$

故

$$\Delta Q=-\frac{R_1Q_1^2-R_2Q_2^2}{2(R_1Q_1+R_2Q_2)}$$

将上式写成一般形式，即可得公式(6-29)与(6-31)：

$$\Delta Q=-\frac{\sum R_iQ_i^2\mp H_{通}\mp H_{自}}{2\sum|R_iQ_i|}$$

或 $$\Delta Q=-\frac{\sum R_iQ_i^2}{2\sum|R_iQ_i|}$$

修正风量的计算公式，即公式(6-30)：

$$Q'_{ij}=Q_{ij}\pm\Delta Q_i$$

2. 解算步骤

使用斯考德-恒斯雷法，一般经过以下步骤：

(1) 绘制通风网络图，标定风流方向。

(2) 输入网络结构及数据。

(3) 确定独立回路数，选择并确定独立回路的分支构成。

(4) 拟定初始风量。先给余树枝赋一组初值，再计算各树枝初始风量。

(5) 计算回路风量修正值，及时修正回路中各分支的风量。

(6) 检查精度是否满足要求。

修正一次网络中所有分支的风量，称为迭代一次。每次迭代后应判断是否满足给定的精度要求。若各独立回路风量修正值均小于预定精度 ε，迭代结束，即

$$\max|\Delta Q_i|<\varepsilon,\quad 1\leqslant i\leqslant N \tag{6-32}$$

精度 ε 一般取 0.01～0.001 m^3/s。

(7) 计算通风网络总阻力、总风阻。

二、计算机解算通风网络软件应用简介

计算机解算复杂通风网络，速度快、精度高。随着计算机技术的发展，涌现出很多成熟的通风网络解算软件，比如澳大利亚的 VentSim、波兰的 VentGraph、美国的 VentPC、日本的风丸等，以及北京煤科总院的 VentAnaly、辽宁工程技术大学的 MVSS。下面以安徽理工大学研制开发的通风网络解算软件 MVENT 为例介绍其一般应用方法。

1. MVENT 软件的使用方法

启动 MVENT 软件，出现软件运行的主窗口如图 6-8 所示。

图 6-8 MVENT 软件主窗口

(1) 通风网络原始数据的输入

从“数据”菜单选择“表格式数据”命令后，出现数据输入窗口。选择“新建”命令，在对话框中选择“基本通风网络数据文件”，即出现图 6-9 所示表格，输入数据并存盘。

文件[F] 编辑[E] 寻找[S] 行编辑[L]

分支	巷道名称	类	形	始点	末点	系数	长度	面积	风阻	需风
1	AA	0	0	0	0	0.0	0	0.0	0.0	0.0
2	AA	0	0	0	0	0.0	0	0.0	0.0	0.0
3	AA	0	0	0	0	0.0	0	0.0	0.0	0.0

欢迎使用本软件，研制开发者:李湖生. 版权所有，1996年 NUM

图 6-9 通风网络基础数据输入窗口

表中包括以下内容：

① 分支：是指各分支在网络图中的编号，应为正整数。

② 巷道名称：为不超过 20 个字符的连续字符串，不能有空格。

③ 类：是指分支的类型，用来区别不同类型的井巷。其取值如下：1——一般分支，2——地面大气分支，3——风机分支，4——辅助通风机分支，5——漏风分支。在该软件中，只要将风机分支正确标记，其余都可标为一般分支。

④ 形：是指巷道的断面形状等的标识。其取值如下：1——圆形，2——半圆形，3——三心拱，4——梯形(矩形)，5——已知风阻，6——固定风量。当取值为 1～4 时，分支风阻要根据阻力系数、分支长度、断面等计算；取 5 时，则必须输入风阻值。

⑤ 始点、末点：分别为分支的始节点和末节点号，应为正整数。

⑥ 系数：是分支的摩擦阻力系数乘以 10 000 后的数值。当已知风阻时，可不输入(为 0)。单位可为国际单位或工程单位，注意单位应统一。

⑦ 长度：分支巷道的长度。当已知风阻时，可不输入(为 0)。单位：m。

⑧ 面积：分支巷道平均断面积。已知风阻时可不输入(为 0)。单位：m^2。

⑨ 风阻：当已知风阻(形为 5)时输入。单位可为国际单位或工程单位，注意单位应统一。

⑩ 需风：分支为固定风量分支(形为 6)时输入，否则无效。单位：m^3/s。

(2) 通风网络各分支位能差的输入

如果需要考虑通风网络中的自然风压，通过给定各分支的位能差，软件将根据所选择的独立回路计算各回路的自然风压，并且在网络解算时起作用(解算前应在“选项”菜单中选择“读入分支位能差”)。

从数据输入窗口的“文件”菜单下选择“新建”命令，选择对话框中“分支位能差数据文件”，即出现图 6-10 所示表格，输入数据并存盘。

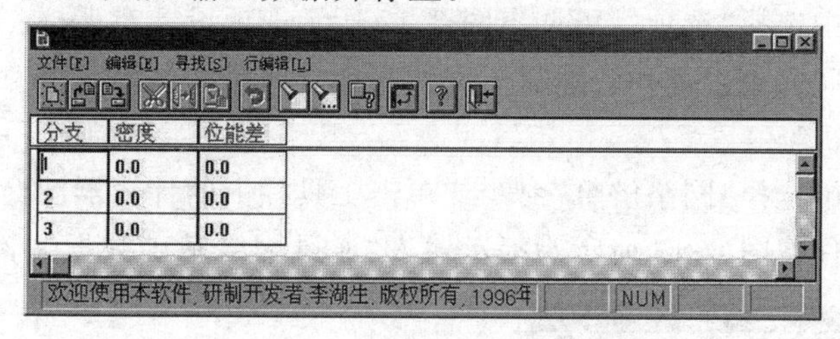

图 6-10　通风网络分支位能差数据输入窗口

表中包括以下内容：

① 分支：同上。

② 密度：分支的平均风流密度。如果输入 0 值，则软件自动赋为 1.2 kg/m^3。

③ 位能差：分支始末节点的位能差。可按公式：$H_{位12}=\rho_{均12}g(Z_1-Z_2)$计算，式中 $\rho_{均12}$ 为分支平均密度，单位：kg/m^3；Z_1 和 Z_2 分别为分支始末节点的标高，单位：m。

(3) 风机特性数据的输入

从主窗口“数据”菜单中选择“风机数据”命令，即可调出风机特性数据输入对话框，如图 6-11 所示，输入数据并存盘。

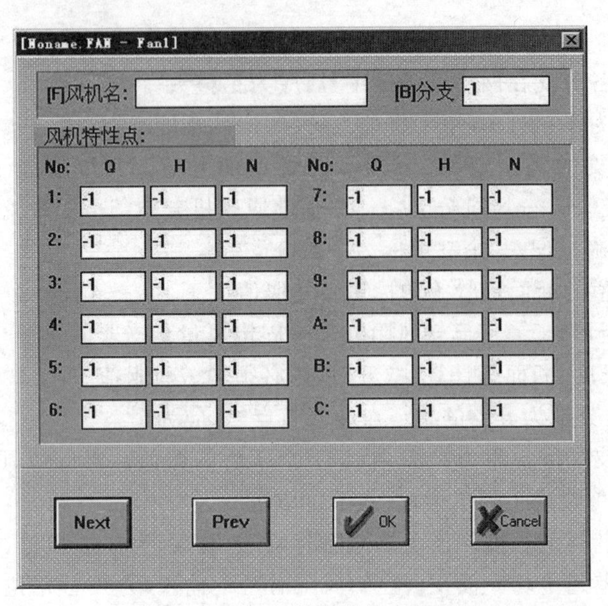

图 6-11 风机特性数据输入对话框

风机数据输入对话框中包括如下数据输入项：

① 风机名：为不超过 20 个字符的连续字符串。

② 风机所在分支：为风机在通风网络中所在的分支号。

③ 风机风量：是风机特性曲线上所取的一些特征点的风量，最多可输入 12 个特征点。

④ 风机风压：是对应于上述风机风量的特征点的风机静压。

⑤ 风机功率：是对应于上述风机风量时的风机输入功率。

（4）选项设定

在“网络解算”中选择“选项”，可调出图 6-12 所示选项设置对话框。可设置独立回路选择方法、网络解算算法、是否读入自然风压文件和独立回路文件。

（5）网络解算

在“网络解算”中选择“网络解算”命令或单击工具栏上的计算器图标。软件将自动提示输入所需的数据文件。图 6-13 所示为提示输入“通风网络基础数据文件”的对话框。同样

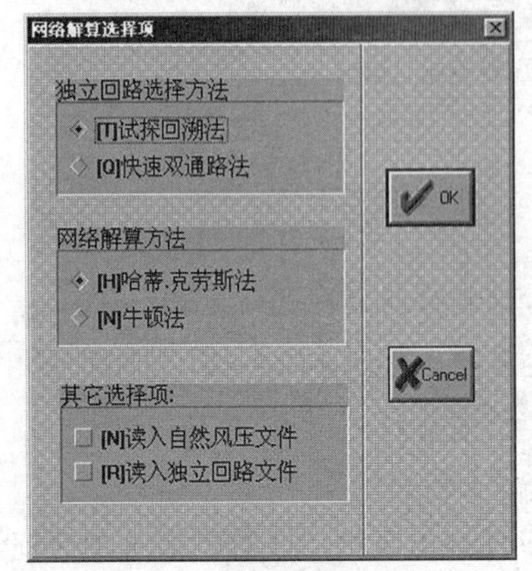

图 6-12 选项设置对话框

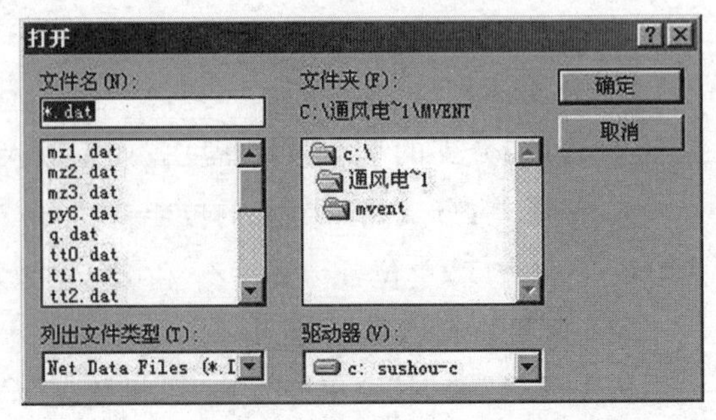

图 6-13 数据文件输入对话框

按提示可输入“风机数据文件”和“分支位能文件”。

(6) 结果分析

解算结果以表格形式显示，如图 6-14 所示。

C:\通风电~1\MVENT\大例102.RST - [Data Editor]

文件[F]　编辑[E]　寻找[S]　行编辑[L]

分支	巷道名称	始点	末点	风阻	风量	风压	调节
1	AA	0	0	0.0	0.0	0.0	0.0
2	AA	0	0	0.0	0.0	0.0	0.0
3	AA	0	0	0.0	0.0	0.0	0.0

欢迎使用本软件,研制开发者:李湖生 版权所有,1996年　NUM

图 6-14　网络解算结果显示窗口

2. 网络解算软件应用

网络解算软件可用于解决矿井通风设计和矿井通风管理中的实际问题，比如矿井设计时的风量分配、通风总阻力、风机工况点等的计算及风机选型和通风系统优化；生产矿井的风量调节计算、通风状态预测及矿井系统改造等。

任务实施

矿井通风网络解算软件实训

一、任务组织

根据学生人数分组，以能顺利开展组内讨论为宜。明确小组负责人，提出纪律要求。

利用矿井通风网络解算软件教学。

二、任务实施方法与步骤

(1) 教师讲授“相关知识”。

(2) 学生查阅“知识扩展”。

(3) 学生分组操作矿井通风网络解算软件。

(4) 课堂互评。

三、任务实施注意事项与要求

(1) 要注意培养学生认真严谨的工作习惯和作风。

(2) 教室内应保持秩序和整洁。提醒学生注意安全、爱护物品。

(3) 要注意调动学生学习积极性，鼓励每个学生用不同数据代入软件运算。

(4) 教学结束，请打扫卫生，将教室恢复原样。

任务评价

学生训练成果评价表

姓名		班级		组别		得分	
评价内容		要求		分数	评分标准		
课堂表现		学习纪律、敬业精神、协作精神、学习方法、积极讨论等		10分	遵守纪律，学习态度端正、认真，相互协作等满分，其他酌情扣分		

续表

手动迭代解算角联风路	能代人公式准确计算	40分	根据计算情况酌情扣分
操作解算软件	积极参与，拿出结果	40分	根据操作情况酌情扣分
安全意识	服从组织，照顾自己及他人，听从教师及组长指挥，积极恢复教室原样等	10分	根据学生表现打分

知识扩展

斯考德-恒斯雷法的核心是每次迭代中各回路风量修正值的计算，因回路修正值可逐个回路独立计算，因而也可手算。

手算时要注意：拟定的初始风量应尽量接近真实风量，以加快计算速度；独立回路中分支的风压和回路风量修正值的符号也可按顺时针流向取正值，逆时针流向取负值确定；通风机风压和自然风压的符号按顺负逆正确定；某分支风量，如在其他回路和后面的计算中再次出现，其风量的取值和风向应以最末一次为准。

例 6-1 某通风网络如图 6-15 所示，已知总风量为 $Q=25\ m^3/s$，各分支风阻分别为：$R_1=0.487\ N\cdot s^2/m^8$，$R_2=0.652\ N\cdot s^2/m^8$，$R_3=0.860\ N\cdot s^2/m^8$，$R_4=0.984\ N\cdot s^2/m^8$，$R_5=0.465\ N\cdot s^2/m^8$。试用斯考德－恒斯雷法解算该网络的自然分风，并求其总阻力和总风阻。（$\varepsilon\leqslant 0.01\ m^3/s$）

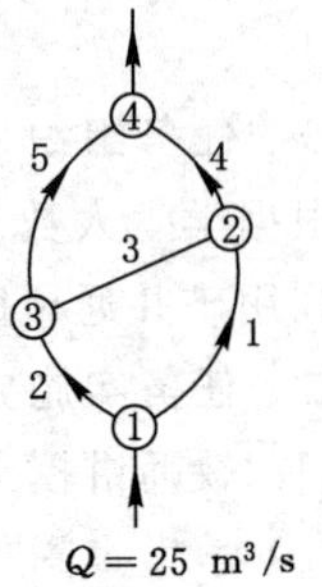

图 6-15 角联通风网络

解 （1）判断角联分支 3 的风流方向

因 $$\frac{R_1}{R_4}=\frac{0.487}{0.984}=0.495,\quad \frac{R_2}{R_5}=\frac{0.652}{0.465}=1.402$$

则 $$\frac{R_1}{R_4}<\frac{R_2}{R_5}$$

故知角联分支 3 的风向为②→③。

（2）确定独立回路数

$$N=n-m+1=5-4+1=2$$

选定两个网孔 1—2—3 和 3—4—5 作为两个独立回路。

（3）拟定各分支的初始风量

可将角联分支 3 的风量初拟为 0，即 $Q_3=0$。

风路①—②—④和①—③—④按两分支并联网络的风量自然分配拟定，具体如下：

$$Q_1=Q_4=\frac{Q}{1+\sqrt{\dfrac{R_1+R_4}{R_2+R_5}}}=\frac{25}{1+\sqrt{\dfrac{0.487+0.984}{0.652+0.465}}}=11.64\ m^3/s$$

$$Q_2=Q_5=Q-Q_1=25-11.64=13.36\ m^3/s$$

（4）迭代计算

回路 1—2—3 第一次迭代计算：

风量修正值

$$\Delta Q=-\frac{\sum R_iQ_i^2}{2\sum|R_iQ_i|}=-\frac{(-R_1Q_1^2+R_2Q_2^2-R_3Q_3^2)}{2(R_1Q_1+R_2Q_2+R_3Q_3)}$$

$$=-\frac{(-0.487\times11.64^2+0.652\times13.36^2+0)}{2(0.487\times11.64+0.652\times13.36+0)}=-1.75\ \mathrm{m^3/s}$$

风量修正

$$Q'_1=11.64-(-1.75)=13.39\ \mathrm{m^3/s}$$

$$Q'_2=13.36+(-1.75)=11.61\ \mathrm{m^3/s}$$

$$Q'_3=0-(-1.75)=1.75\ \mathrm{m^3/s}$$

回路 3—4—5 第一次迭代计算：

风量修正值

$$\Delta Q=-\frac{(R_3Q'^2_3-R_4Q_4^2+R_5Q_5^2)}{2(R_3Q'_3+R_4Q_4+R_5Q_5)}$$

$$=-\frac{(0.860\times1.75^2-0.984\times11.64^2+0.465\times13.36^2)}{2(0.860\times1.75+0.984\times11.64+0.465\times13.36)}=+1.24\ \mathrm{m^3/s}$$

风量修正

$$Q''_3=1.75+1.24=2.99\ \mathrm{m^3/s}$$

$$Q'_4=11.64-1.24=10.40\ \mathrm{m^3/s}$$

$$Q'_5=13.36+1.24=14.60\ \mathrm{m^3/s}$$

按同样的方法，进行第二次、第三次迭代计算，直到满足精度要求为止。表 6-1(下页)为本题计算过程和结果。

(5) 计算精度校验

本例经过三次迭代计算即能满足指定精度要求，见表 6-1。

(6) 计算网络的总阻力与总风阻

$$h_{总}=h_{1-2-4}=h_1+h_4=0.487\times13.16^2+0.984\times10.38^2=190.36\ \mathrm{Pa}$$

$$R_{总}=\frac{h_{总}}{Q^2}=\frac{190.36}{25^2}=0.305\ \mathrm{N\cdot s^2/m^8}$$

任务三　矿井通风图件

知识要点

矿井通风系统图件相关知识。

技能目标

掌握矿井通风系统图件的绘制方法。

任务分析

矿井对通风图件有什么规定？矿井通风图件有几种？如何绘制？

表 6-1 迭代计算表

回路	分支	风阻 R /N·s²·m⁻⁸	第一次迭代计算					第二次迭代计算					第三次迭代计算				
			初始风量 Q /m³·s⁻¹	2*RQ*	*RQ*² /Pa	风量修正值 Δ*Q* /m³·s⁻¹	渐近风量 *Q* /m³·s⁻¹	初始风量 Q /m³·s⁻¹	2*RQ*	*RQ*² /Pa	风量修正值 Δ*Q* /m³·s⁻¹	渐近风量 *Q* /m³·s⁻¹	初始风量 Q /m³·s⁻¹	2*RQ*	*RQ*² /Pa	风量修正值 Δ*Q* /m³·s⁻¹	渐近风量 *Q* /m³·s⁻¹
1—2—3	1	0.487	11.64	11.34	−65.98		13.39	13.39	13.04	−87.32		13.18	13.18	12.84	−84.60		13.16
	2	0.652	13.36	17.42	+116.38		11.61	11.61	15.14	+87.88		11.82	11.82	15.41	+91.09		11.83
	3	0.860	0	0	0		+1.75	2.99	5.14	−7.69		2.78	2.80	4.82	−6.74		2.79
小计				28.76	+50.40	−1.75			33.32	−7.13	+0.21			33.07	−0.25	+0.01	
3—4—5	3	0.860	1.75	3.01	+2.63		2.99	2.78	4.78	+6.65		2.80	2.79	4.80	+6.70		2.79
	4	0.984	11.64	22.91	−133.32		10.40	10.40	20.47	−106.43		10.38	10.38	20.43	−106.02		10.38
	5	0.465	13.36	12.42	+83.00		14.60	14.60	13.58	+99.12		14.62	14.62	13.60	+99.39		14.62
小计				38.34	−47.69	+1.24			38.83	−0.66	+0.02			38.83	+0.07	−0.002	

任务导入

矿井生产都需要哪些通风图件？对通风图件有什么规定？如何绘制？

相关知识

矿井通风系统图是煤矿生产的必备图件。它是根据矿井开拓、采区巷道布置及矿井的通风系统绘制而成的。在矿井通风系统图中，应包括以下内容：

(1) 矿井通风系统的风流路线与风流方向。

(2) 各巷道、硐室、工作面的风量值与阻力值。

(3) 各通风构筑物和安全设施所在的位置。

矿井通风系统图分为矿井通风系统示意图和矿井通风网络图。

一、矿井通风系统示意图

矿井通风系统示意图是表示矿井通风系统的风流路线与风向、风速、风量及阻力、通风设备和通风构筑物等情况的总图。

通风系统示意图按范围可分为矿井通风系统示意图和采区通风系统示意图，根据投影关系可分为水平投影示意图和轴测投影(立体)示意图。二者既可采用单线条表示巷道，也可采用双线条表示巷道。

(一) 矿井通风系统水平投影示意图绘制

通风系统水平投影示意图是根据各巷道在水平面上的投影绘制而成的。

对于单一煤层开采的矿井通风系统和采区通风系统，其通风系统水平投影示意图一般是在复制的开拓平面图上加注风向、风量、通风设备与通风构筑物绘制而成。

对于多煤层、多水平开采的矿井，其通风系统水平投影示意图多采用单线条表示巷道。绘图时各主要巷道按投影关系与比例绘制，各采区与工作面尺寸按比例绘制。至于各煤层的各采区与工作面不必拘泥于严格的高程和投影关系，可有意识地将各煤层的各采区或工作面位置错开，以便在图纸上清楚地看出各巷道在通风系统中的相互关系，避免图形重叠混乱，如图 6-16 所示。

(二) 矿井通风系统轴测投影(立体)示意图绘制

对多煤层、多水平开采的矿井通风系统，采用水平投影示意图时投影关系不清，不直观，使用起来很不方便，因此多采用轴测投影(立体)示意图。

矿井通风系统轴测投影示意图是在矿井巷道布置平面图的基础上，根据轴测投影关系绘制而成的。由于立体感强，又被称为立体示意图。

轴测投影是一种平行投影，可以完全反映立方体的三个相互垂直的尺度。轴测投影的实质是把空间物体连同空间坐标轴投影于投影面，利用三个坐标轴确定物体的三个尺度。

轴测投影的特点是：平行于某一坐标轴的所有线段，其变形系数(沿某一投影轴的线段的投影长度与该线段沿相应空间轴的实长之比)相等。根据变形系数不同，轴测投影分等测投影、二测投影和三测投影。假如三个维度的变形系数相同，称为等测投影。两个变形系数相等而第三个不等，称为二测投影。如果三个变形系数均不等，称为三测投影。

按照投影方向和投影面的关系，轴测投影有可分为直角轴测投影和斜角轴测投影两类。每一类又有上述三种投影，故轴测投影共有六种。

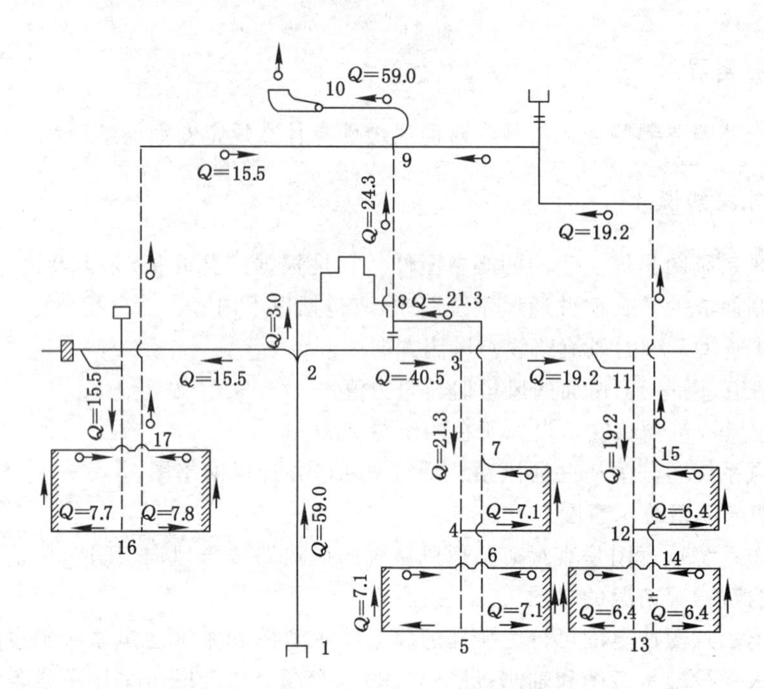

图 6-16 某矿通风系统水平投影示意图

两轴测投影轴间的夹角，称为轴间角。在斜角轴测投影中，相交于一点的任意三条直线，均可作为轴测投影轴。通常让一直线处于竖直位置，令其为 Z 轴。

绘制轴测投影图时，可根据需要采用不同类型的轴测投影。实际工作中一般多采用斜角二测投影。

如图 6-17 所示某矿通风系统立体示意图。

下面以一具体例子说明其作法。

如图 6-18 所示为某矿井某局部地区三个水平的巷道平面图，试作该地区巷道的轴测投影图。作图步骤如下。

(1) 在平面图上选定假定坐标系的坐标原点和坐标轴的方向。坐标原点宜采用平面图上已有的特征点，例如竖井中心或固定的测点等。坐标轴 X 和 Y 宜平行于主要巷道的方向。如图 6-19 所示，在平面图上画坐标格网。

(2) 选择轴测投影类型，确定轴间角和变形系数。如图 6-19 所示，绘制斜角二测投影图，令 X 轴的变形系数为 0.5，Y 轴和 Z 轴的变形系数均为 1，X 轴和 Y 轴的轴间角为45°。

(3) 根据各水平的巷道平面图作各水平的巷道轴测投影图。由上而下，首先作－30 m 水平的巷道轴测投影。如图 6-19 所示，在图纸的上部作轴测投影轴 X、Y、Z。根据平面图的比例尺和变形系数，画－30 m 水平的轴测投影坐标格网。然后根据平面图中巷道特征点的坐标，比如井筒中心的坐标(－5,0)，在轴测坐标格网中按坐标(－5,0)画出井筒中心。作出各特征点的投影后，用双线画出各巷道的轮廓。

(4) 上水平画完之后，将竖轴 Z 向下延长。在延长线上按比例尺截取－30 m 水平与－230 m 水平间高差的投影长。该长为变形系数乘高差，即 $1\times(230-30)=200$ m。此后过截取点，平行于上水平的 X 轴和 Y 轴作下一水平的 X 轴和 Y 轴，然后按上一步骤所述，

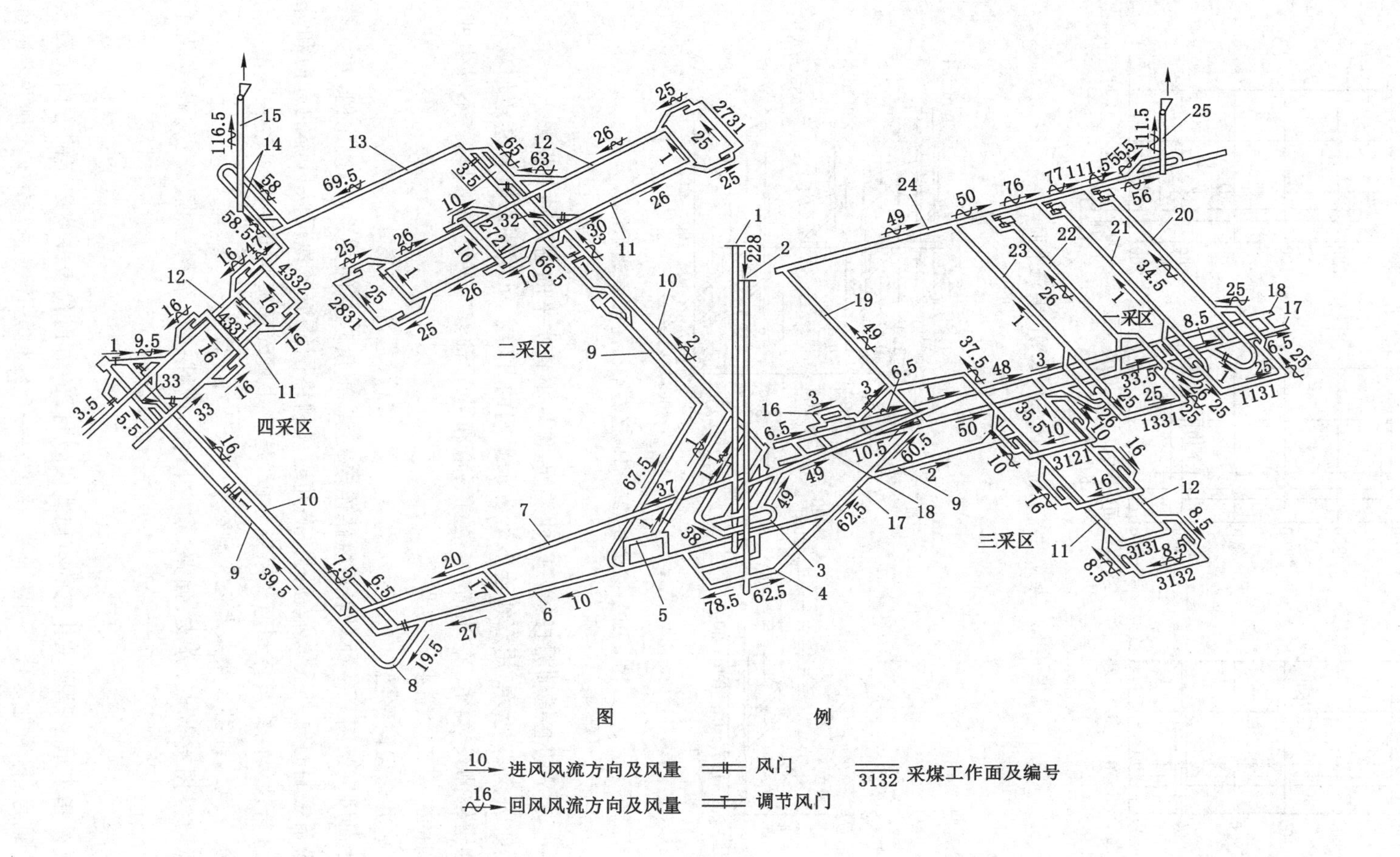

图6-17　某矿通风系统立体示意图

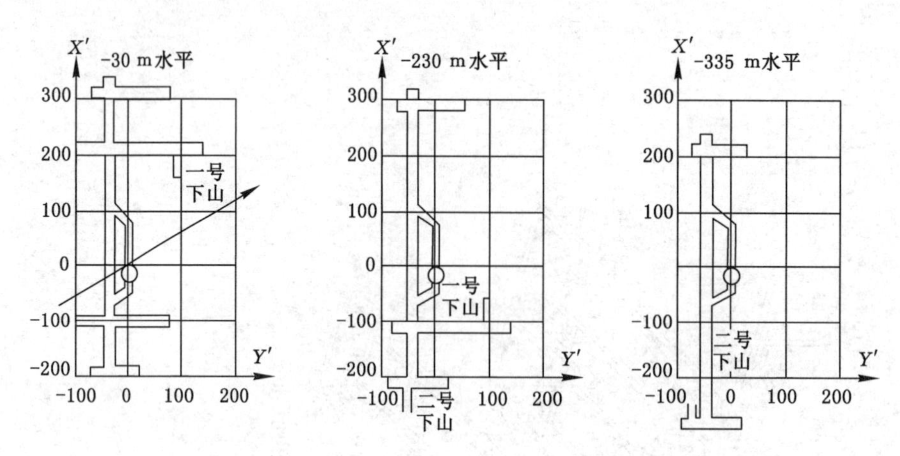

图 6-18　某矿井某局部地区三个水平的巷道平面图

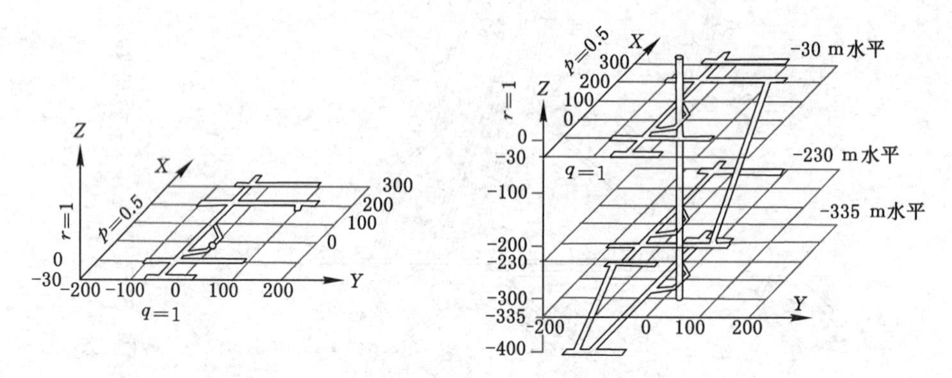

图 6-19　某矿井某局部地区斜角二测投影图画法

做－230 m 水平的巷道轴测投影。以此类推，作以下各水平的巷道轴测投影。

(5) 如图 6-19 所示，用双线连上下各水平间的井巷。可用阴影将各巷道加以修饰，得该地区巷道轴测投影图。在此图中，竖直巷道和沿 Y 轴方向的巷道的长度，不发生变形；沿 X 轴方向的巷道长度缩小了一半。

二、矿井通风网络图

矿井通风网络图是一种只表示风路连接关系，不反映空间关系，不按比例，并大致按风向用单线条绘制的通风系统示意图。矿井通风网络图能清楚地反映风流的方向和分合关系，便于进行通风网络解算和通风系统分析，是矿井通风管理的重要图件之一。

(一) 通风网络图的基本术语和概念

通风网络图有节点、分支、回路、独立回路、网孔、树、余树、树枝、余树枝等几个基本术语。

1. 分支

分支是指表示一段通风井巷的有向线段，线段的方向代表井巷风流的方向。每条分支可有一个编号，称为分支号。如图 6-20 中的每一条线段就代表一条分支。用井巷的通风参数如风阻、风量和风压等，可对分支赋权。不表示实际井巷的分支，如图 6-20 中的连接进、回风井口的地面大气分支 8，可用虚线表示。

2. 节点

节点是指两条或两条以上分支的交点。每个节点有唯一的编号,称为节点号。在网络图中用圆圈加节点号表示节点,如图 6-20 中的①~⑥均为节点。

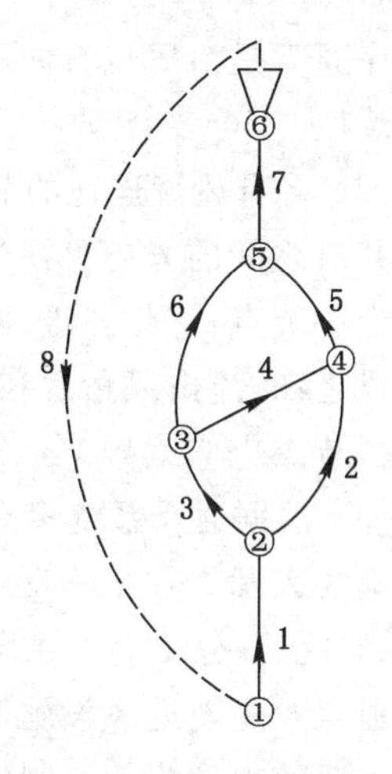

图 6-20 简单通风网络图

3. 回路

由两条或两条以上分支首尾相连形成的闭合线路,称为回路。单个回路(其中没有分支),该回路又称网孔。如图 6-20 中,1—2—5—7—8、2—5—6—3 和 4—5—6 等都是回路,其中 4—5—6 是网孔,而 2—5—6—3 不是网孔,因为其回路中有分支 4。

4. 树

由包含通风网络图的全部节点且任意两节点间至少有一条通路和不形成回路的部分分支构成的一类特殊图,称为树;由网络图余下的分支构成的图,称为余树。如图 6-21 所示各图中的实线图和虚线图就分别表示图 6-20 的树和余树。可见,由同一个网络图生成的树各不相同。组成树的分支称为树枝,组成余树的分支称为余树枝。一个节点数为 m,分支数为 n 的通风网络的余树枝数为 $n-m+1$。

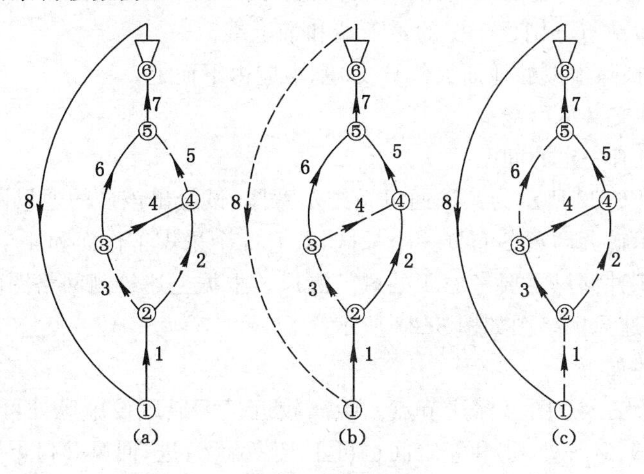

图 6-21 树和余树

5. 独立回路

由通风网络图的一棵树及其余树中的一条余树枝形成的回路,称为独立回路。如图 6-21(a)中的树与余树枝 5、2、3 可组成的三个独立回路分别是:5—6—4、2—4—6—7—8—1 和 3—6—7—8—1。由 $n-m+1$ 条余树枝可形成 $n-m+1$ 个独立回路。

(二) 通风网络图的绘制

为了更清晰地表达通风系统中各井巷间的连接关系及其通风特点,可将通风网络图的节点移位、分支取直伸缩。习惯上将通风网络图画成"椭圆"形。

绘制矿井通风网络图,一般可按如下步骤进行:

(1) 在矿井通风系统示意图上,沿风流方向将井巷风流的分合点(节点)加以编号。编号顺序通常是沿风流方向从小到大,亦可按系统、按翼分开编号。节点编号不能重复且要保持连续性。

(2) 将有风流连通的节点用单线条(直线或弧线)连接成为分支并对其进行编号。进、回风井口之间的分支可视为风阻为零,一般称为虚拟分支。对进、回风井较多的通风系统,可假定一节点,它与各进、回风井口之间以虚拟分支相连,此节点的流入风量之和等于矿井总回风之和,流出风量之和等于矿井总进风量。这一假定节点称为虚拟节点。对虚拟分支和虚拟节点也应编号。

(3) 根据通风系统示意图,用单线条表示分支,按照节点与分支编号顺序绘图。虚拟分支用虚线表示。在正确反映风流分合关系的前提下,把图形画得尽量简明、清晰、美观。

(4) 在各分支上加注风向、风量、风阻、阻力等值,同时还应将进回风井、用风地点、主要漏风地点及主要通风设施等加以标注,并以图例说明。

一般按上述步骤绘制的通风网络图比较复杂,不便于使用,需要做进一步简化。简化原则如下:

(1) 某些距离相近的节点,其间风阻很小时,可简化为一个节点。

(2) 风压较小的局部网络,如井底车场等,可合并为一个节点。

(3) 同标高的各进风井口与回风井口可视为一个节点。

(4) 用风地点并排布置在网络图的中部;进风系统和回风系统分别布置在图的下部和上部;进、回风井口节点分别位于图的最下端和最上端。

(5) 分支方向(除虚拟的地面大气分支)基本应由下而上。

(6) 分支间的交叉尽可能少。

(7) 节点间应有一定的间距。

例 6-2　如图 6-22 所示为某矿通风系统示意图,试绘出该矿的通风网络图。

解　图中所示矿井两翼各布置一个采区,共有 6 个采煤工作面和 4 个掘进头,独立通风硐室共有 7 个。矿井漏风主要考虑 4 处风门漏风。根据上述绘制网络图的一般步骤与一般原则,绘制的矿井通风网络图如图 6-23 所示。

绘制过程简述如下:

(1) 在通风系统示意图上标注节点。距离较近且无通风设施等处可并为一个节点,如图 6-22 中的⑤、⑬、⑭等处;①和③之间也可不取节点②;进、回风井口可视为一个节点。

(2) 确定主要用风地点。在网络图中可用长方形方框表示用风点,框内填写相应的名称,如图 6-23 中所示的采掘工作面、独立通风各硐室等。将它们在网络图中部"一"字形排开。

(3) 确定进风节点。根据用风地点的远近,布置在用风点的下部并一一标明清楚。

(4) 确定回风节点。根据用风地点的远近,布置在用风点的上部并一一标明清楚。

(5) 节点连线。连接风流相通的节点,可先连进风节点至用风点,再连回风节点至用风点,然后连各进、回风节点间的线路。各步连线方向基本一致,总体方向从下向上。

(6) 按(2)~(5)绘出网络图草图,检查分合关系无误后,开始整理图形。调整好各节点与用风地点的位置,使整体布局趋于合理。此步较费力,需耐心反复修改直至满意为止。

(7) 最后标注主要通风设施。主通风机和局部通风机型号及其他通风参数等本图不做标示。

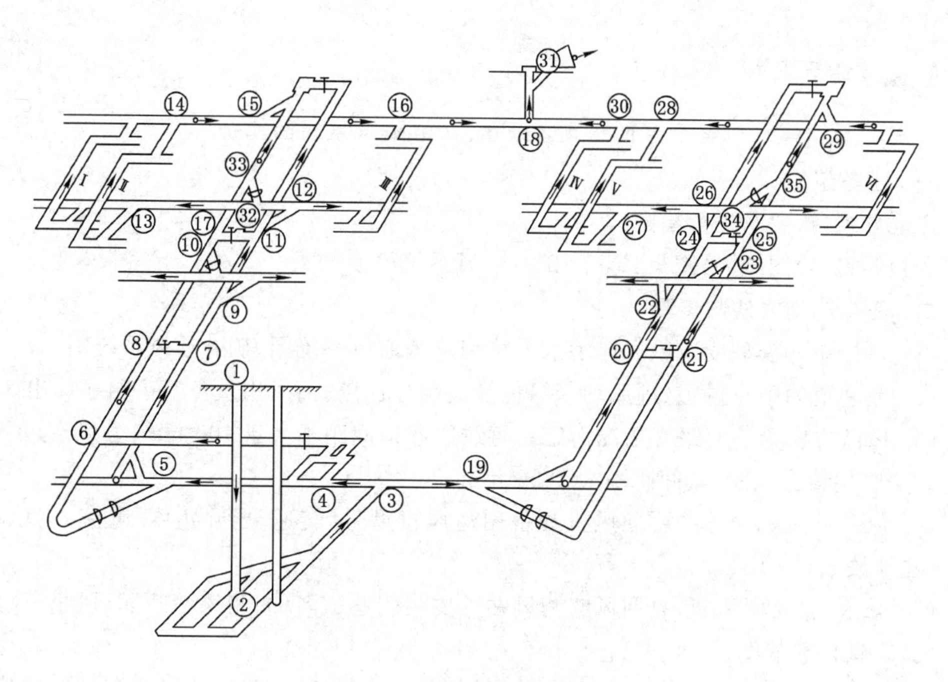

图 6-22　矿井通风系统示意图

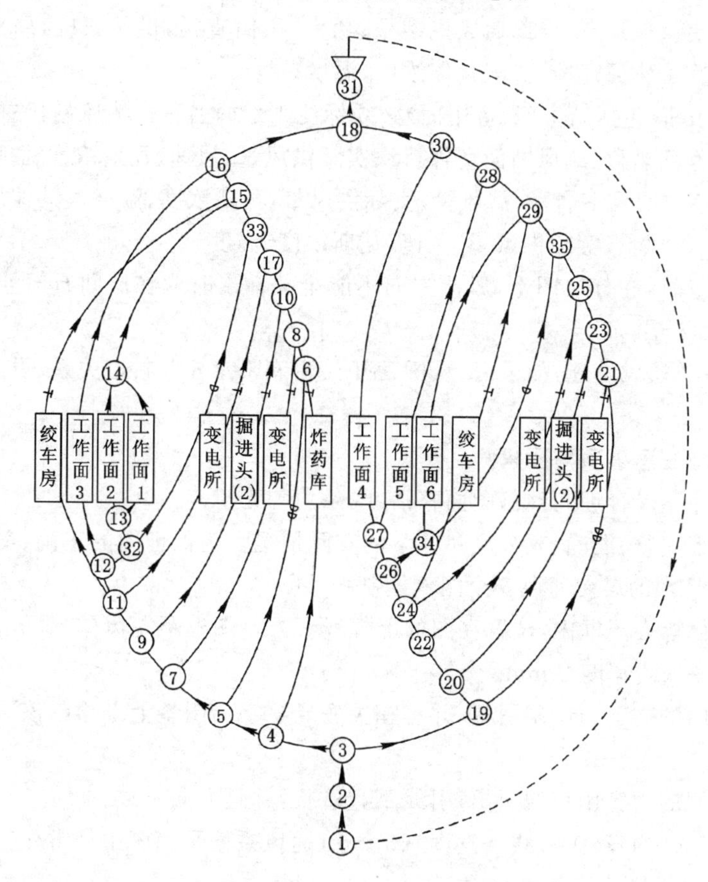

图 6-23　矿井通风网络图

任务实施

绘制采区通风系统图、矿井通风系统图实训

一、任务组织

学生分组，按要求进行绘图。

实验器材：绘图纸、绘图尺、笔等、矿井通风系统模型。

二、任务实施方法与步骤

(1) 根据矿井模型或通风立体示意图绘制采区通风系统图、矿井通风系统图。

(2) 在巷道的中央位置，进风均用绿色箭头明显标出，回风用灰色箭头明显标出。

(3) 风流方向箭头间距视情况而定。直线段巷道间距不大于 100 mm，分风点、汇合点、转变处均要用箭头表示，其间距不大于 50 mm。

(4) 风井处应标明其主要通风机和备用通风机型号、转速、扇叶角度、电流、电压、排风量，水柱计读数，等积孔。

(5) 采区、主要回风巷、总回风巷测风站处要注明巷道名称、测风站断面、风量、风速、瓦斯浓度、二氧化碳浓度、温度。

(6) 掘进工作面均要标注工作面名称，局部通风机位置、风筒延接路线要基本准确。在局部通风机处注明供风地点，局部通风机型号、功率，风筒直径，供风长度，局部通风机供风量，风筒出口风量，工作面瓦斯、二氧化碳浓度，温度。

(7) 采煤工作面(包括结束面、备用面)必须标注工作面名称。测风站位置基本准确，在测风站处注明工作面名称、测风断面、需风量、实际供风量、风速、瓦斯浓度、温度。

(8) 机电硐室注明硐室名称、需风量、实际供风量、瓦斯浓度、温度。其他用风地点应注明供风地点名称、需风量、实际供风量、风速、瓦斯浓度、温度。

(9) 分层开采时，在分层图上，风流方向不能全部标出时应在层间石门处注明"由××层来"，或"进入××层"。

(10) 填全各类通风设施，如风门、风桥、密闭、调节风窗等。巷道关系、设施位置要填绘准确。

三、任务实施注意事项与要求

(1) 图纸整体布局合理、美观，图面整洁，线条均匀光滑。

(2) 标注内容完整、准确，充分反映井下的实际情况。为保证图的正确、美观和统一，要求按照"知识扩展"中的煤矿通风安全图例绘制。

(3) 图名一律标在图框内，位置在图的上框线下方。图框距左边界 25 mm，距其他三个边界各 10 mm，图框线宽度 2 mm。

(4) 在每张图的右下角绘制图签，并有相关领导签字。图签上方绘制该图图例，要求完整、准确。

(5) 需要标明的内容用直线引出，引线不宜过长，并且方向一致。

(6) 图纸绘制及内容标注，线条宽度 0.3 mm(通风系统平面图中经常变动的通风设施、风流风向的标注可用铅笔绘制)。

任务评价

学生训练成果评价表

姓名		班级		组别		得分	

评价内容	要求或依据	分数	评分标准
任务实施过程表现	学习纪律、敬业精神、协作精神、学习方法、安全文明意识等	10分	遵守纪律，学习态度端正、认真，相互协作等满分，其他酌情扣分
口述矿井通风系统的类型及其适用条件	准确口述、内容完整	10分	根据口述准确性和完整性酌情扣分
口述主要通风机的工作方式与安装地点	准确口述、内容完整	10分	根据口述准确性和完整性酌情扣分
能根据采掘平面图绘制出矿井通风系统图	实验过程完整，方法正确，结果真实。实验中由教师检查过程及结果	50分	不能概述实验要求的扣10分，实验内容不完整的扣15分，实验未完成扣30分，其他酌情扣分
实训报告	学生按要求写出实训过程、存在问题、结果及总结	20分	不能概述其主要要求的扣10分，实验内容不完整的扣10分，其他酌情扣分

知识扩展

1. 煤矿通风安全图例

名　称	图　例	要　求
新风		绿色
污风		红色
主要通风机		注明主要通风机型号、电动机功率、叶片角度、排风量、主要通风机风压等
局部通风机	F	注明局部通风机型号、功率，全风压供风量，供风长度
风筒		
永久风门		
自动风门		凸弧迎向风流
调风风门		

续表

名　称	图　例	要　求
调节墙	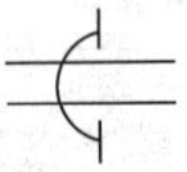	
栅栏	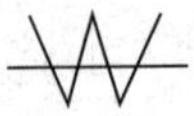	
永久密闭	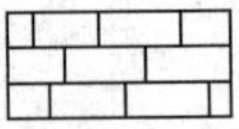	
临时密闭	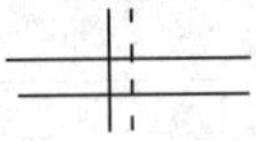	
测风站	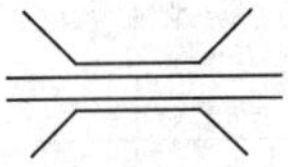	注明断面积、风速、风量、温度
风桥	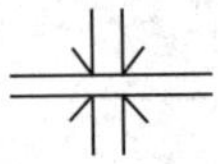	
防爆门	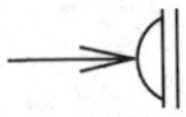	
防火门	B	

2. 防尘、防灭火图例

名　称	图　例	要　求
防尘水幕	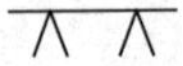	
隔爆水棚		
阀门	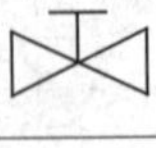	
防尘、注浆、注氮管路	ϕ ___ × ___ m	标明管路直径、长度
束管	___ × ___ m	标明束管芯数、长度
消防材料库	消	红色
火源点	火	红色
净压水池	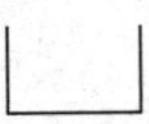 V:×× m^3	标明水池容量

3. 安全监控系统图

名　称	图　例	要　求
甲烷传感器	CH_4	注明报警浓度、断电浓度、断电范围、复电浓度
一氧化碳传感器	CO	注明报警浓度
风速传感器	V	
温度传感器	T	
烟雾传感器	Y	
风压传感器	P	
风门开停传感器		
设备开停传感器	K	
风筒传感器	FT	
馈电传感器	KD	

4.《煤矿安全规程》相关规定

第一百五十七条　矿井通风系统图必须标明风流方向、风量和通风设施的安装地点。必须按季绘制通风系统图，并按月补充修改。多煤层同时开采的矿井，必须绘制分层通风系统图。

应当绘制矿井通风系统立体示意图和矿井通风网络图。

5. 煤矿一通三防系统图绘制规范及图例

(1) 一通三防图纸绘制总体要求

① 整体布局合理、美观，图面整洁，线条均匀光滑。

② 标注内容完整、准确，充分反映井下实际情况，严格按照图纸填图说明和标注格式进行标注。

③ 图名一律标在图廓内，位置在图的上图廓线下方留白位置居中，图名(字高 33 mm，仿宋体，字与字之间一个字间距，不带边框)与上部内图廓线间距 30 mm。

④ 在每张图的左上角绘制一通三防图纸说明。图纸说明中，除图纸名称项目外，其他内容和格式与采掘工程平面图图纸说明一致。

⑤ 在每张图的右下角绘制图签。

⑥ 在每张图的左下角绘制一通三防图纸图例。

⑦ 多煤层同时开采必须绘制分层通风系统图，上报通风管理部的通风系统图可绘制在同一张图纸上。

⑧ 矿井通风系统图及立体示意图均要绘制指北针，位置同采掘工程平面图。

⑨ 通风系统图风流方向均用箭头线标注，风流分支处必须标明风流方向。

⑩ 通风系统图中，测风站数量能够反映矿井风流分配情况。

(2) 矿井通风系统平面图(××煤矿×煤层通风系统图)的绘制要求及标注内容

① 在 1∶2 000 或 1∶5 000 采掘工程平面图上绘制。

② 图上标注内容：主要通风机、风流方向、局部通风机、风筒、密闭、风门、正反向风门、防火门、调节、风桥、测风站、防爆门、节点编号、采空区、火区、巷道名称及采掘工作面编号等。

③ 主要通风机应标注的内容：主要通风机型号、电动机型号、排风量、井下总回风量、转速、叶片角度(或前导器角度)、电动机额定功率、电动机实际功率、主要通风机负压(即装置静压)、等积孔等。

④ 局部通风机应标注的内容：局部通风机安装地点、型号、风筒直径、全负压风量、局部通风机实际吸风量、风筒供风距离。

⑤ 测风(站)点标注的内容：地点、断面积、风速、风量、气温、瓦斯浓度、二氧化碳浓度。

(3) 矿井通风立体示意图(××煤矿通风立体示意图)的绘制要求及标注内容

① 图幅不小于零号图纸。

② 所有井巷用双线(或一粗一细)绘制。

③ 坐标系选择：沿煤层走向的巷道与 X 轴平行，与走向垂直的巷道与 Y 轴平行，立井与 Z 轴平行，X 轴垂直 Z 轴，X 轴与 Y 轴成 $45°\sim60°$。为了充分体现层次关系，Z 坐标轴要选择适当比例。对于井田范围较大、形状不规范的矿井，可根据本矿实际，将坐标系适当旋转。

④ 绘图时可不严格按比例，但要反映矿井通风系统的空间立体情况，突出层次。

⑤ 为了更好地反映主要井巷的相对空间位置，进风井、回风井、暗斜井、溜煤眼、石门、大巷、采区主要巷道用 0.6 mm 实线绘制。

⑥ 图上标注内容：和通风系统平面图一致。

⑦ 图名、图签、图例、标注内容的标注方法和矿井通风系统平面图相同。

(4) 矿井通风网络图(××煤矿通风网络图)的绘制要求及标注内容

① 采用一号图纸单线条(粗细 0.44 mm)绘制。

② 凡构成独立通风系统的所有用风点均要在图上显示。

③ 网络的简化：简单的串联或并联分支可用一条等效分支代替，对压降很小的井底车场、采区车场及某些巷道可并为一个节点。

④要尽量减少风路的交叉。交汇点用节点编号(直径 6 mm，仿宋)；不交汇的交叉巷道用直径 3 mm 的半圆形绕线绘制。

⑤ 网络图一般采取上下放置，其进风段下方，用风段在中间，回风段在上方。形状为椭圆形。

⑥ 图上标注内容：主要通风机、局部通风机、风筒、风流方向、节点编号、风门、调节、主要巷道名称及采掘工作面编号。

⑦ 图名、图签、图例、标注内容的标注方法和矿井通风系统相同。

思考与练习

6-1　如图 6-24 所示某矿通风系统，试绘制其通风网络图。

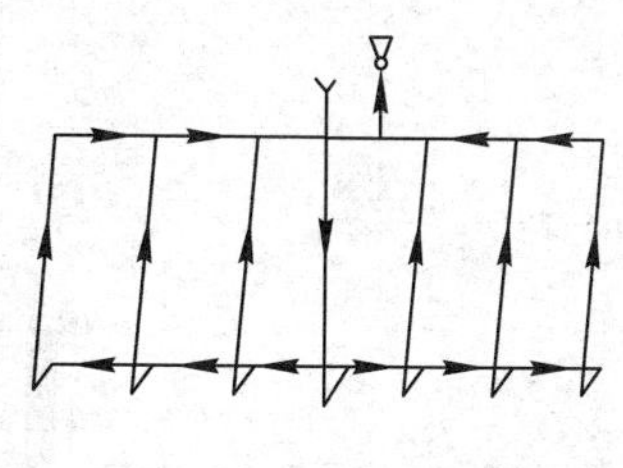

图 6-24　题 6-1 图

6-2　如图 6-25 所示某矿通风系统，试绘制其通风网络图。

6-3　如图 6-26 所示某矿通风系统，试绘制其通风网络图。

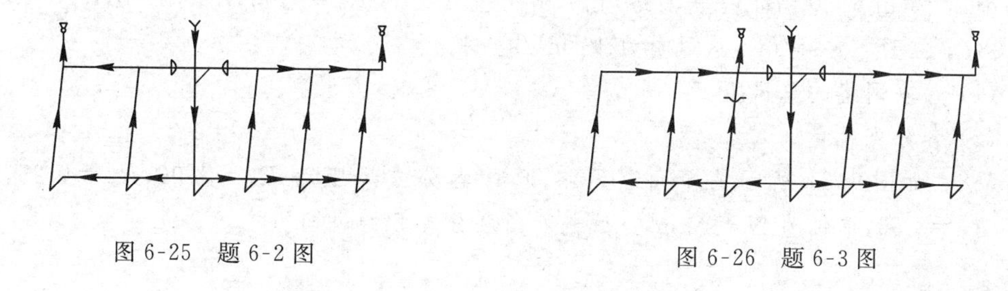

图 6-25　题 6-2 图　　　　图 6-26　题 6-3 图

6-4　如图 6-27 所示某采区通风系统，试绘制其通风网络图。

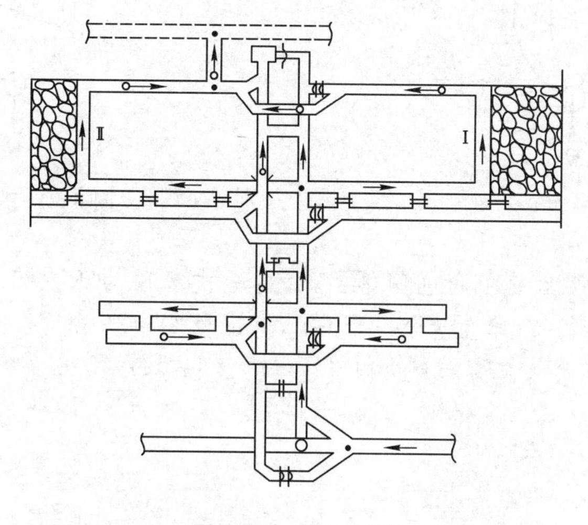

图 6-27　题 6-4 图

6-5　如图 6-28 所示某采煤工作面通风系统，已知 $R_1=0.49$，$R_2=1.47$，$R_3=0.98$，$R_4=1.47$，$R_5=0.49$，单位为 $\mathrm{N \cdot s^2/m^8}$，该系统的总风压 $h_{16}=80$ Pa。

(1) 风门 K 关闭时，求工作面风量。

(2) 当风门 K 打开时，总风压保持不变的情况下，求工作面风量及流过风门 K 的风量。

6-6　如图6-29所示某矿通风系统，已知井巷各段的风阻为$R_{1-2}=0.225$，$R_{2-3}=0.372$，$R_{3-4}=0.176$，$R_{4-5}=0.431$，$R_{2-6}=0.441$，$R_{6-7}=0.176$，$R_{7-5}=0.51$，$R_{6-8}=0.245$，单位为$N\cdot s^2/m^8$。试绘制该矿通风网络图，并计算矿井的总风阻、总阻力、总等积孔和每翼自然分配的风量。

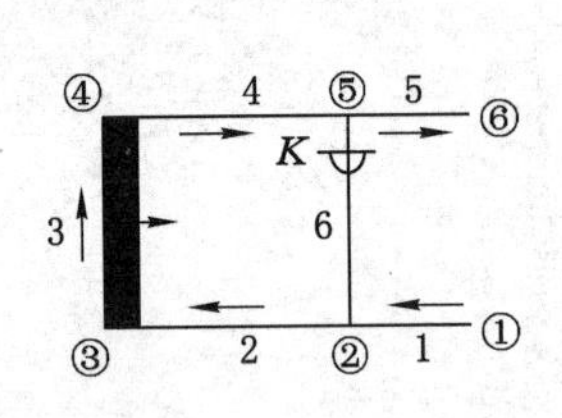

图6-28　题6-5图

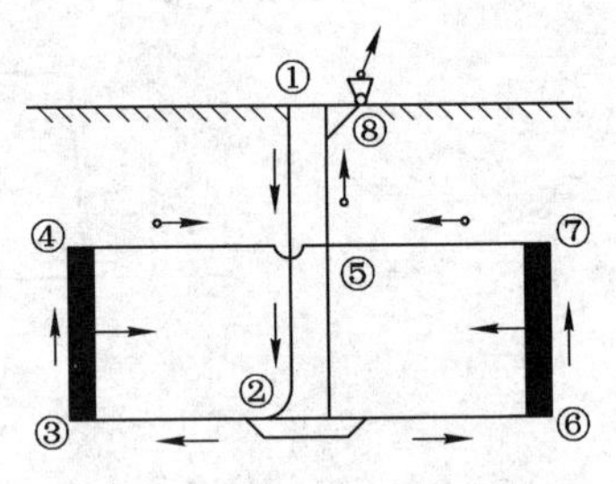

图6-29　题6-6图

6-7　如图6-30所示并联网络，已知各分支风阻为$R_1=1.03$，$R_2=1.68$，$R_3=1.27$，$R_4=1.98$，单位为$N\cdot s^2/m^8$，总风量为40 m^3/s。求：

(1) 并联网络的总风阻。

(2) 各分支风量。

6-8　如图6-31所示简单角联网络，已知各分支风阻为$R_1=1.02$，$R_2=0.95$，$R_3=0.77$，$R_4=0.56$，单位为$N\cdot s^2/m^8$。试判断角联分支5的风向。

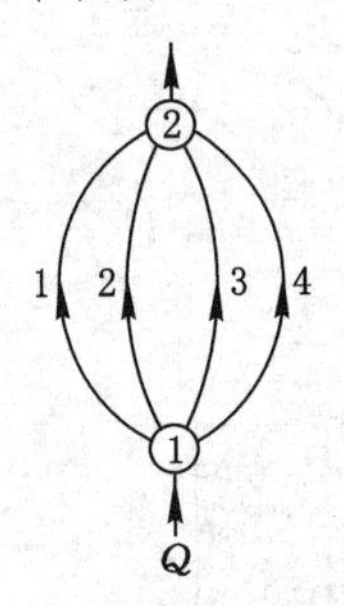

图6-30　题6-7图

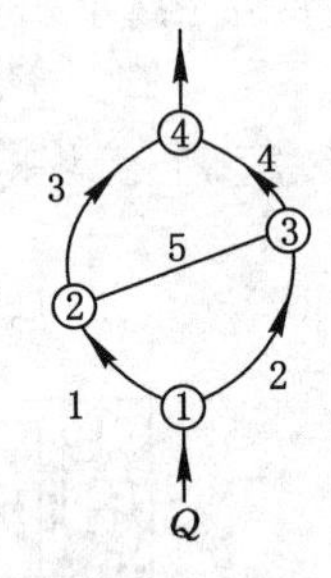

图6-31　题6-8图

6-9　如图6-31所示简单角联网络，已知各分支风阻为$R_1=1.05$，$R_2=0.876$，$R_3=0.787$，$R_4=0.67$，$R_5=0.97$，单位为$N\cdot s^2/m^8$，总风量Q=35 m^3/s，试用斯考德-恒斯雷法解算各分支的风量，并求总阻力和总风阻。($\varepsilon<0.01\ m^3/s$)

项目七 掘进通风

在新建、扩建或生产矿井中，都需要开掘大量的井巷工程，以便准备开拓系统、新的采区及工作面。在掘进巷道时，为了稀释并排出掘进工作面涌出的有害气体及爆破后产生的炮烟和矿尘，创造良好的气候条件，保证人员的健康和安全，必须不断地对掘进工作面进行通风，这种通风称为掘进通风或局部通风。

任务一 掘进通风方法

知识要点

掘进通风方法的种类、特点及适用条件。

技能目标

能根据工作面条件，正确选用合理的掘进通风方法。

任务分析

本任务主要是学习不同局部通风方法、优缺点及在日常生产中如何应用。

任务导入

掘进通风的目的，一是能最大限度地清除有害气体和矿尘，防止瓦斯和粉尘爆炸事故的发生；二是能供给足够的氧气并降低工作面温度湿度，提供适宜的工作环境。要达到这一目的，有赖于通风方法和通风参数的正确选择。

相关知识

一、掘进通风方法

掘进通风方法按通风动力形式不同分为局部通风机通风、矿井全风压通风和引射器通风三种。其中，局部通风机通风是最为常用的掘进通风方法。

（一）局部通风机通风

局部通风机是井下局部地点通风所用的通风设备。局部通风机通风是利用局部通风机作动力，用风筒导风把新鲜风流送入掘进工作面。局部通风机通风按其工作方式不同分为压入式、抽出式和混合式三种。

1. 压入式通风

压入式通风如图 7-1 所示。局部通风机和启动装置安设在离掘进巷道口 10 m 以外的进风侧巷道中，新鲜风流经风筒送入掘进工作面，污风沿掘进巷道排出。如图 7-2 所示，风流从风筒出口形成的射流属末端封闭的有限贴壁射流，由于吸卷作用，射流断面逐渐扩大，直至射流的断面达到最大值，此段称作扩张段，用 $L_{扩}$ 表示；然后射流断面逐渐缩小，直至为零，此段称收缩段，用 $L_{收}$ 表示。风筒出口至射流反向的最远距离称为射流的有效射程，用 $L_{射}$ 表示，由公式(7-1)计算得出：

$$L_{射}=(4\sim 5)\sqrt{S} \tag{7-1}$$

式中　S——巷道断面，m^2。

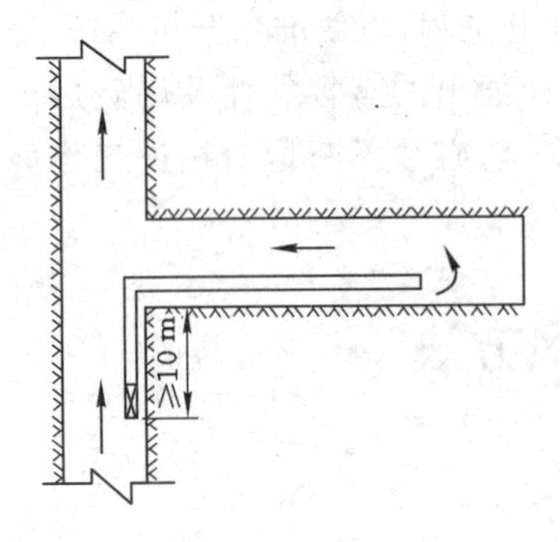

图 7-1　压入式通风

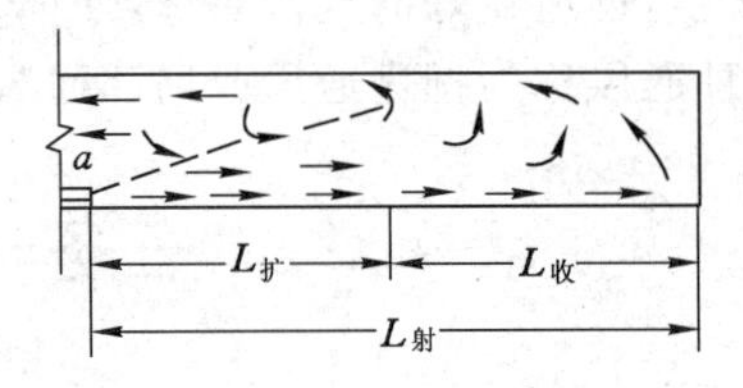

图 7-2　有效贴壁射流

在有效射程以外的独头巷道会出现循环涡流区，为有效排出炮烟，风筒出口与工作面的距离应小于有效射程 $L_{射}$。

压入式通风的优点是局部通风机和启动装置都位于新鲜风流中，不易引起瓦斯和煤尘爆炸，安全性好；风筒出口风流的有效射程长，排烟能力强，工作面通风时间短；既可用硬质风筒，又可用柔性风筒，适应性强。缺点是污风沿巷道排出，污染范围大；掘进巷道炮烟排出速度慢，通风时间长。适用于以排出瓦斯为主的煤巷、半煤岩巷掘进通风。

2. 抽出式通风

如图 7-3 所示为抽出式通风。局部通风机安装在离掘进巷道口 10 m 以外的回风侧巷道中，新鲜风流沿掘进巷道流入工作面，污风经风筒由局部通风机抽出。

抽出式通风风筒吸入口附近会形成一股抽入风筒的风流，离风筒口越远风速越小，所以，只在距风筒口一定距离以内有吸入炮烟的作用，此段距离称为有效吸程，用 $L_{吸}$ 表示，一般情况下由式(7-2)计算得出：

$$L_{吸}=1.5\sqrt{S} \tag{7-2}$$

式中　S——巷道断面积，m^2。

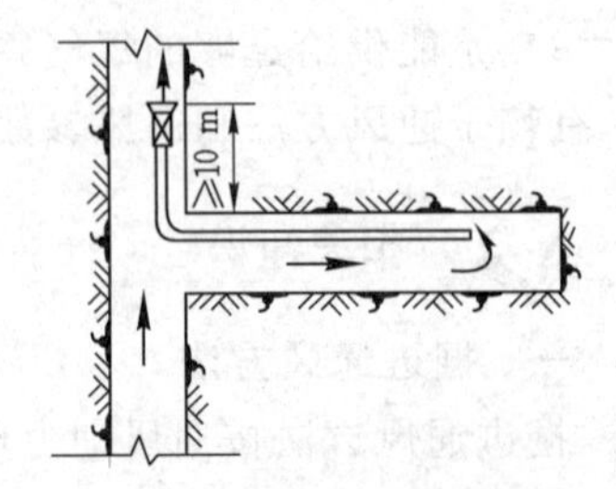

图 7-3　抽出式通风

有效吸程以外的独头巷道会形成循环涡流区，炮烟处于停滞状态。因此，抽出式通风风筒吸入口距工作面的距离应小于有效吸程，这样才能取得好的排烟效果。

抽出式通风的优点是污风经风筒排出，掘进巷道中为新鲜风流，劳动卫生条件好；爆破时人员只需撤到安全距离即可，往返时间短；排烟时间短，有利于提高掘进速度。其缺点是风筒吸入口的有效吸程短，风筒吸风口距工作面距离过远则通风效果不好，过近则爆破时易崩坏风筒；因污风由局部通风机抽出，安全性差。因此在瓦斯矿井中一般不使用抽出式通风。

3. 混合式通风

混合式通风是一个掘进工作面同时采用压入式和抽出式联合工作。按局部通风机和风筒的布设位置不同可分为长抽短压、长压短抽和长压长抽三种方式。

(1) 长抽短压

长抽短压布置方式如图 7-4(a)所示。工作面污风由压入式风筒压入的新风冲淡和稀释,由抽出式风筒排出。具体要求是:抽出式风筒吸风口与工作面的距离应小于污染物分布集中带长度,与压入式风机的吸风口距离应大于 10 m 以上;抽出式风机的风量应大于压入式风机的风量;压入式风筒的出口与工作面间的距离应在有效射程之内。长抽短压式通风要求其抽出式风筒必须用刚性风筒或带刚性骨架的可伸缩风筒。若采用柔性风筒,则可将抽出式局部通风机移至风筒入口,改为压入式通风,如图 7-4(b)所示。

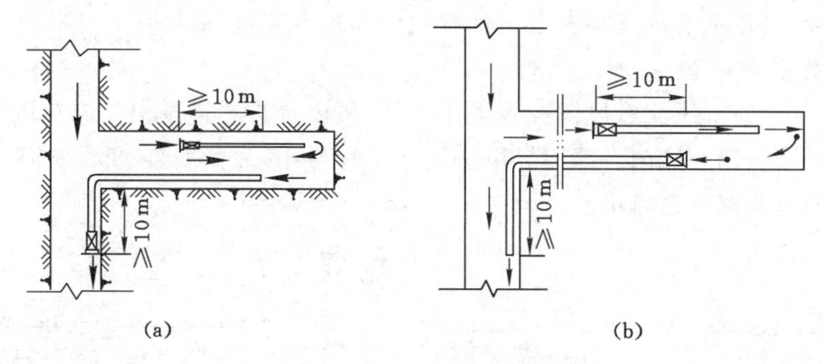

图 7-4　长抽短压通风方式

(a) 回风部分采用刚性风筒或带刚性骨架的可伸缩风筒;(b) 回风部分采用柔性风筒

(2) 长压短抽

长压短抽布置方式如图 7-5 所示。新鲜风流经压入式风筒送入工作面,工作面污风经抽出式通风机后沿巷道排出。抽出式风筒吸风口与工作面距离应小于有效吸程,应尽可能靠近最大产尘点。压入式风筒出风口应超前抽出式风筒出风口 10 m 以上,与工作面的距离不应超过有效射程。压入式通风机风量应大于抽出式通风机风量。

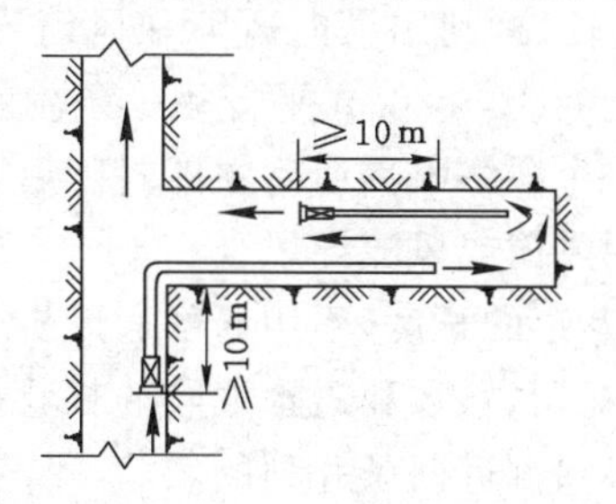

图 7-5　长压短抽通风方式

混合式通风兼有抽出式与压入式通风的优点,通风效果好。主要缺点是增加了一套通风设备,电能消耗大,管理也比较复杂;降低了压入式与抽出式两列风筒重叠段巷道内的风量。混合式通风适用于大断面、长距离岩巷掘进巷道中。煤巷综掘工作面多采用与除尘风机配套的长压短抽混合式。《煤矿安全规程》规定,煤巷、半煤岩巷的掘进如采用混合式通风时,必须制定安全措施。但在瓦斯喷出区域或煤(岩)与瓦斯突出煤层、岩层中,掘进通风方式不得采用混合式。

（二）矿井全风压通风

矿井全风压通风是直接利用矿井主通风机所造成的风压，借助风障或风筒等导风设施将新风引入工作面，并将污风排出掘进巷道。矿井全风压通风的形式有以下几种。

1. 利用纵向风障导风

如图 7-6 所示，在掘进巷道中安设纵向风障，将巷道分隔成一侧进风一侧回风。风障材料应漏风小、经久耐用、便于取材。短巷道掘进时可用木板、帆布等材料，长巷道掘进时用砖、石和混凝土等材料。纵向风障在矿山压力作用下可能变形破坏，容易产生漏风。当矿井主要通风机能克服导风设施的阻力时，全风压能连续供给掘进工作面风量，不需附加局部通风机，管理方便，但工程量大且有碍运输，所以只适用于地质构造稳定、矿山压力较小、长度较短，或使用通风设备不安全或技术上不可行的局部地点巷道掘进中。

2. 利用风筒导风

如图 7-7 所示，新鲜风流经风筒进入工作面，污风由掘进巷道排出。应在风筒入口处的巷道中设置挡风墙和调节风门。风筒导风法辅助工程量小，风筒安装、拆卸方便。通常适用于需风量不大的短巷掘进通风中。

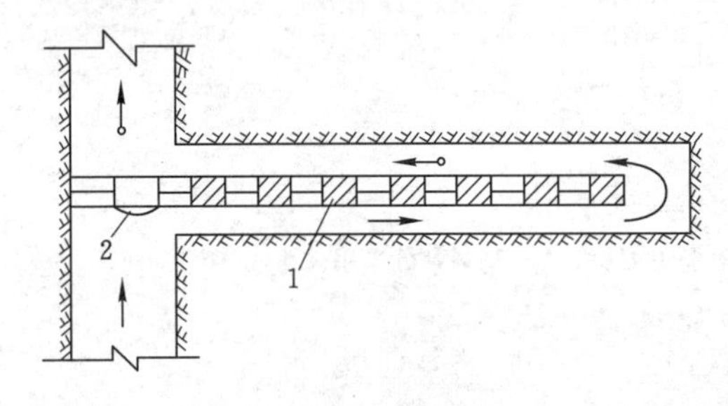

图 7-6 风障导风

1——风障；2——调节风门

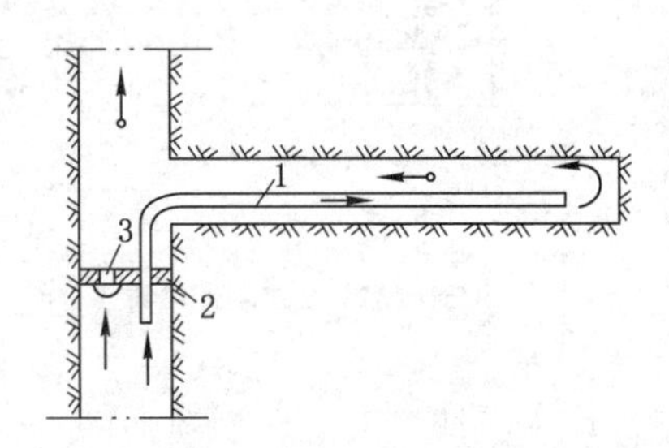

图 7-7 风筒导风

1——风筒；2——风墙；3——调节风门

3. 利用平行巷道通风

如图 7-8 所示，当掘进巷道较长，利用纵向风障和风筒导风有困难时，可采用两条平行巷道通风。采用双巷掘进，距主巷 10～20 m 平行掘一条副巷（或配风巷），主副巷之间每隔一定距离开掘一个联络眼，前一个联络眼贯通后立即封闭后一个联络眼。主巷进风、副巷回风，两条巷道的独头部分可利用风筒或风障导风。

平行巷道通风可缩短独头巷道的长度，不用局部通风机就可保证较长巷道的掘进通风，连续可靠，安全性好，适用于有瓦斯、冒顶和透水危险的长巷掘进，特别适于在开拓布置上为满足运输、通风和行人需要而必须掘进两条并列的斜巷、平巷或上下山的掘进中。

4. 钻孔导风

如图 7-9 所示，离地表或邻近水平较近处掘进长巷反眼或上山时，可用钻孔提前沟通掘进巷道以形成贯穿风流。为增大贯穿风流风量，可利用大直径钻孔或在钻孔口安装风机。

（三）引射器通风

利用引射器通过风筒导风的方法称为引射器通风。引射器通风一般采用压入式，布置方式如图 7-10 所示。此种方法主要优点是无电气设备，无噪声；水力引射器通风还能降温降尘，在煤与瓦斯突出严重的煤层掘进时，水力引射器通风设备简单，比较安全。缺点是供

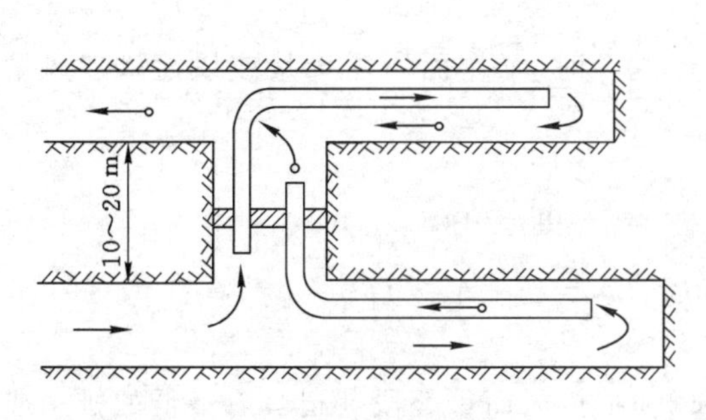

图 7-8　平行巷道导风

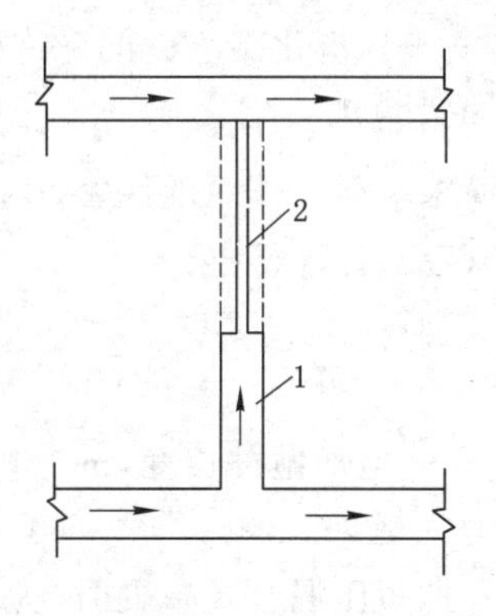

图 7-9　钻孔导风

1——上山；2——钻孔

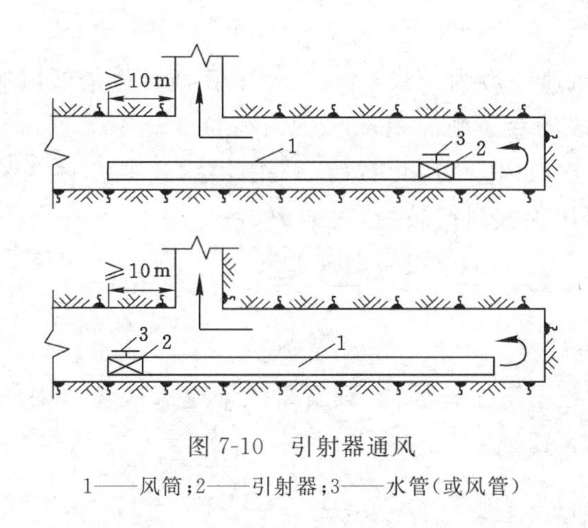

图 7-10　引射器通风

1——风筒；2——引射器；3——水管(或风管)

风量小，需要水源或压气。适用于需风量不大的短巷道掘进通风。

二、掘进工作面风量计算

掘进工作面需风量，应满足《煤矿安全规程》对作业地点空气的成分、含尘量、气温、风速等规定要求，按下列因素计算。

(一) 排出炮烟所需风量

1. 压入式通风

当风筒出口到工作面的距离 $L_{压} \leqslant L_{射} = (4\sim5)\sqrt{S}$ 时，工作面所需风量或风筒出口的风量 $Q_{需}$ 由公式(7-3)表示：

$$Q_{需} = \frac{0.465}{t}\left(\frac{AbS^2L^2}{P_{漏}^2\ C_{碳}}\right)^{1/3}, \quad m^3/min \tag{7-3}$$

式中 t ——通风时间，一般取 20～30 min；

A ——同时爆破炸药量，kg；

b——每千克炸药产生的 CO 当量，煤巷爆破取 100 L/kg，岩巷爆破取 40 L/kg；

S——巷道断面积，m^2；

L——巷道通风长度，m；

$P_{漏}$——风筒始、末风量之比，即漏风系数；

$C_{碳}$——二氧化碳浓度的允许值，取0.02%。

2. 抽出式通风

当风筒末端至工作面的距离$L_{抽} \leqslant L_{吸} = 1.5\sqrt{S}$时，工作面所需风量或风筒入口风量$Q_{需}$可由式(7-4)计算得出：

$$Q_{需} = \frac{0.254}{t}\sqrt{\frac{AbSL_{抽}}{C_{碳}}}, \quad m^3/min \tag{7-4}$$

式中 $L_{抽}$——炮烟抛掷长度，m。电雷管起动时，$L_{抽} = 15 + A/5$。

3. 混合式通风

采用长抽短压混合式布置时，为防止循环风和维持风筒重叠段巷道具有最低的排尘或稀释瓦斯风速，抽出式风筒的吸风量$Q_{入}$应大于压入式风筒出口风量$Q_{出}$，即：

$$Q_{入} = (1.2 \sim 1.25)\ Q_{出}$$

或

$$Q_{入} = Q_{出} + 60vS \tag{7-5}$$

式中 v——最低排尘风速一般为0.15～0.25 m/s，瓦斯释放最低风速为0.5 m/s；

S——风筒重叠段的巷道断面积，m^2。

上式中压入式风筒出口风量$Q_{出}$可按(7-3)式计算，式中L改为抽出式风筒吸风口到工作面的距离$L_{距}$，并且因压入式风筒较短，式中$P_{漏} \approx 1$，故

$$Q_{出} = \frac{0.465}{t}\left(\frac{AbS^2 L_{距}{}^2}{C_{碳}}\right)^{1/3}, \quad m^3/min \tag{7-6}$$

（二）排除瓦斯所需风量

在有瓦斯涌出的巷道掘进工作面内，其所需风量应保证巷道内任何地点瓦斯浓度不超限，其值可按式(7-7)计算：

$$Q_{瓦} = \frac{100K_{CH_4} Q_{CH_4}}{C_{CH_4} - C_{进CH_4}} \tag{7-7}$$

式中 $Q_{瓦}$——排出瓦斯所需风量，m^3/min；

Q_{CH_4}——巷道瓦斯绝对涌出总量，m^3/min；

C_{CH_4}——最高允许瓦斯浓度；

$C_{进CH_4}$——进风流中的瓦斯浓度；

K_{CH_4}——瓦斯涌出不均匀系数，取1.5～2.0。

（三）排出矿尘所需风量

风流的排尘风量可按下式计算：

$$Q_{尘} = \frac{G}{G_{高} - G_{基}} \tag{7-8}$$

式中 $Q_{尘}$——排尘所需风量，m^3/min。

G——掘进巷道的产尘量，mg/min。

$G_{高}$——最高允许含尘量，当矿尘中含游离SiO_2大于10%时为2 mg/m^3，小于10%时为10 mg/m^3；对含游离SiO_2大于10%的水泥粉尘，为6 mg/m^3。

$G_{基}$——进风流中基底含尘量，一般要求不超过0.5 mg/m^3。

（四）按风速验算风量

岩巷按最低风速0.15 m/s或$Q \geqslant 9S$(m^3/min)验算。半煤岩和煤巷按不能形成瓦斯层

的最低风速 0.25 m/s 或 $Q \geqslant 15S$(m^3/min) 验算。

掘进巷道需风量,原则上应按排除炮烟、瓦斯、矿尘诸因素分别计算,取其中最大值,然后按风速验算,而在实际工作中一般按通风的主要任务计算风量。如有大量瓦斯涌出的巷道,则按瓦斯因素计算;无瓦斯涌出的岩巷,则按炮烟和矿尘因素计算;综掘煤巷按矿尘和瓦斯因素计算。

三、掘进通风系统设计

应根据开拓、开采巷道布置、掘进区域煤岩层的自然条件以及掘进工艺,确定合理的局部通风方法及其布置方式,选择风筒类型和直径,计算风筒出入口风量,计算风筒通风阻力,选择局部通风机。

(一) 局部通风系统的设计原则

局部通风是矿井通风系统的一个重要组成部分,其新风取自矿井主风流,其污风又排入矿井主风流。其设计原则可归纳如下:

(1) 在矿井和采区通风系统设计中应为局部通风创造条件。

(2) 局部通风系统要安全可靠、经济合理和技术先进。

(3) 尽量采用技术先进的低噪声、高效型局部通风机,如对旋式局部通风机。

(4) 压入式通风宜用柔性风筒,抽出式通风宜采用带刚性骨架的可伸缩风筒或完全刚性的风筒。

(5) 当一台局部通风机不能满足通风要求时可考虑选用两台或多台局部通风机联合运行。

(二) 局部通风设计步骤和选型

局部通风设计步骤如下:

(1) 确定局部通风系统,绘制掘进巷道局部通风系统布置图。

(2) 按通风方法和最大通风距离,选择风筒类型与风筒直径。

(3) 计算风机风量和风筒出口或入口风量。

(4) 按掘进巷道通风长度变化,分阶段计算局部通风系统总阻力。

(5) 按计算所得局部通风机设计风量和风压,选择局部通风机。

(6) 按矿井灾害特点,选择配套安全技术装备。

1. 风筒的选择

选用风筒要与局部通风机选型一并考虑,其原则如下:

(1) 风筒直径能保证最大通风长度时,局部通风机供风量能满足工作面通风的要求。

(2) 在巷道断面允许的条件下,尽可能选择直径较大的风筒,以降低风阻,减少漏风,节约通风电耗。一般来说,立井凿井时,选用 600～1 000 mm 的铁风筒或玻璃钢风筒;通风长度在 200 m 以内,宜选用直径为 400 mm 的风筒;通风长度 200～500 m,宜选用直径 500 mm 的风筒;通风长度 500～1 000 m,宜选用直径 800～1 000 mm 的风筒。

2. 局部通风机的选型

已知井巷掘进所需风量和所选用的风筒,即可计算风筒的通风阻力。根据风量和风筒的通风阻力,在可选择的各种通风动力设备中选用合适的设备。

(1) 确定局部通风机的工作参数

根据掘进工作面所需风量 $Q_{需}$ 和风筒的漏风情况,用下式计算通风机的工作风量:

$$Q_{通} = p_{漏} Q_{需} \tag{7-9}$$

式中 $Q_{通}$——局部通风机的工作风量，m^3/min；

$Q_{需}$——掘进工作面需风量，m^3/min；

$P_{漏}$——风筒的漏风系数。

压入式通风时，设风筒出口动压损失为 $h_{动}$，则局部通风机全风压 $H_{全}$(Pa)为：

$$H_{全} = R_{风} Q_{需} Q_{通} + h_{动} = R_{风} Q_{需} Q_{通} + 0.811\rho \frac{Q_{需}^2}{D^4} \tag{7-10}$$

式中 $R_{风}$——压入式风筒的总风阻，$N \cdot s^2/m^8$；

$h_{动}$——风筒出口动压损失，Pa；

ρ——空气密度，kg/m^3；

D——局部通风机叶轮直径，m；

其余符号含义同式(7-9)。

抽出式通风时，设风筒入口局部阻力系数 $\xi_{风} = 0.5$，则局部通风机静风压 $H_{静}$(Pa)可按式(7-11)计算得出：

$$H_{静} = R_{风} Q_{通} Q_{需} + 0.406\rho \frac{Q_{需}^2}{D^4} \tag{7-11}$$

式中 $H_{静}$——局部通风机静风压，Pa；

$\xi_{风}$——风筒入口局部阻力系数；

其余符号含义同式(7-10)。

(2) 选择局部通风机

根据需要的局部通风机的工作风量 $Q_{通}$、局部通风机全压 $H_{通}$ 的值，在各类局部通风机特性曲线上，确定局部通风机的合理工作范围，选择长期运行效率较高的局部通风机。

现场通常根据经验选取局部通风机。表 7-1 所示为部分矿区炮掘工作面局部通风机与风筒配套使用的经验数据。

表 7-1 部分矿区局部通风机和风筒配套经验数据

通风距离/m	掘进工作面有效风量/$m^3 \cdot min^{-1}$	选用风筒/mm	选用局部通风机				备注
			BKJ 型	JBT 型	功率/kW	台数	
<200	60～70	385	BKJ60-№4	JBT-41	2	1	
300	60～70	385	2BKJ60-№4	JBT-42	4	1	
<300	120	460～485	BKJ56-№5	JBT-51	5.5	1	
300～500	60～70	460～485	BKJ56-№5	JBT-51	5.5	1	
	120	460～485	2BKJ56-№5	JBT-52	11	1	
	120	600	BKJ56-№5	JBT-51	5.5	1	
500～1 000	60～70	460～485	2BKJ56-№5	JBT-51	11	1	
	60～70	600	BKJ56-№5	JBT-52	5.5	1	
	120	600	2BKJ56-№5	JBT-51	11	1	

续表 7-1

通风距离 /m	掘进工作面有效风量 /$m^3 \cdot min^{-1}$	选用风筒 /mm	选用局部通风机				备注
			BKJ 型	JBT 型	功率/kW	台数	
>1 000	60～70	600	2BKJ56-№5		11	1	
1 500	250	800	2BKJ56-№6	JBT-62	28	1	节长 50 m
2 000	500	1 000	2BKJ56-№6		28	2	

任务实施

了解掘进通风

一、任务组织

根据学生人数分组，以能顺利开展组内讨论为宜。明确小组负责人，提出纪律要求。在通风实训室，借助多媒体器材和网络进行教学。

二、任务实施方法与步骤

（1）教师讲授“相关知识”。

（2）学生查阅“知识扩展”并展开讨论。

（3）教师提问、学生互问，多种形式质证。

（4）课堂互评。

三、任务实施注意事项与要求

（1）要注意培养学生认真严谨的工作习惯和作风。

（2）教室内应保持秩序和整洁。提醒学生注意安全、爱护物品。

（3）要注意调动学生学习积极性，多设置开放性问题，鼓励学生积极讨论和提出问题。

（4）教学结束，请打扫卫生，将所使用的器材恢复原样。

任务评价

学生训练成果评价表

<table>
<tr><td>姓名</td><td></td><td>班级</td><td></td><td>组别</td><td></td><td>得分</td><td></td></tr>
<tr><td colspan="2">评价内容</td><td colspan="2">要求或依据</td><td>分数</td><td colspan="3">评分标准</td></tr>
<tr><td colspan="2">课堂表现</td><td colspan="2">学习纪律、敬业精神、协作精神、学习方法、积极讨论等</td><td>10 分</td><td colspan="3">遵守纪律，学习态度端正、认真，相互协作等满分，其他酌情扣分</td></tr>
<tr><td colspan="2">口述掘进通风的方法、优缺点和适用条件</td><td colspan="2">准确口述、内容完整</td><td>20 分</td><td colspan="3">根据口述准确性和完整性酌情扣分</td></tr>
<tr><td colspan="2">手绘各种掘进通风方法的布置简图</td><td colspan="2">积极参与，绘图准确</td><td>20 分</td><td colspan="3">根据各种要求标注情况酌情扣分</td></tr>
<tr><td colspan="2">进行掘进通风系统设计</td><td colspan="2">独立进行，计算准确</td><td>40 分</td><td colspan="3">根据计算情况及准确性酌情扣分</td></tr>
<tr><td colspan="2">安全意识</td><td colspan="2">服从组织，照顾自己及他人，听从教师及组长指挥，积极恢复实训室原样等</td><td>10 分</td><td colspan="3">根据学生表现打分</td></tr>
</table>

知识扩展

学习《煤矿安全规程》第八十三条、第八十四条、第一百四十三条、第一百六十二条至第一百六十五条。

思考与练习

7-1 有效射程、有效吸程的含义是什么？

7-2 试述局部通风机压入式、抽出式通风的优缺点及其适用条件。

7-3 简述压入式通风的排烟过程及其技术要求。

7-4 试述混合式通风的特点与要求。

7-5 全风压通风有哪些布置方式？试简述其优缺点和适用条件。

任务二 局部通风设备及技术管理

知识要点

局部通风设备的种类、性能及安装操作；掘进通风管理的措施。

技能目标

能根据工作面条件，选择局部通风设备；熟悉掘进通风技术、管理及安全规定。

任务分析

在了解局部通风设备工作性能及适用条件的基础上，结合工作面掘进风量需求，完成局部通风设备选型，并熟悉设备的安装操作。

任务导入

掘进工作的效率与安全体现在局部通风设备对掘进工作的适应性上。当适应性好时，掘进事故率低、工作安全高效。通过局部通风设备的合理选型与正确操作可实现这一目标。

相关知识

一、局部通风设备

(一) 局部通风机

井下局部地点通风所用的通风机称为局部通风机。掘进工作面工作条件要求通风机体积小、风压高、效率高、噪声低、性能可调、坚固防爆。

1. 局部通风机的种类和性能

(1) BKJ66-11 系列局部通风机

BKJ66-11 型矿用局部通风机结构如图 7-11 所示。该系列通风机机号有 3.6、4.0、4.5、5.6、6.0、6.3 等 6 个规格。其部分型号性能特性曲线如图 7-12 所示，性能曲线参数表如表

7-2所示。

BKJ66-11系列通风机的优点是：效率高，最高效率达90%，且高效区宽，耗电少，噪声低。

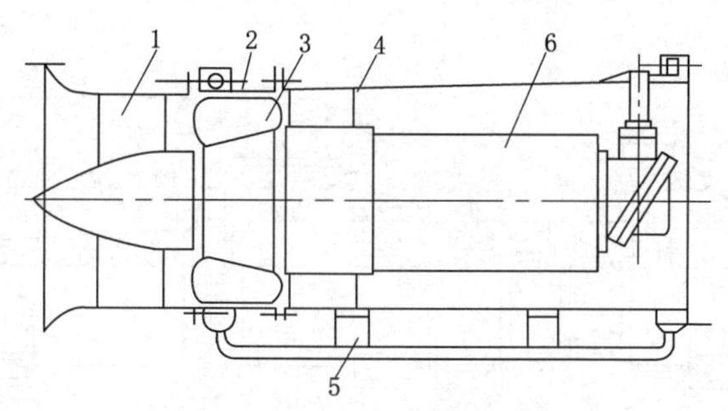

图 7-11 BKJ系列局部通风机结构图

1——前风筒；2——主风筒；3——叶轮；4——后风筒；5——滑架；6——电动机

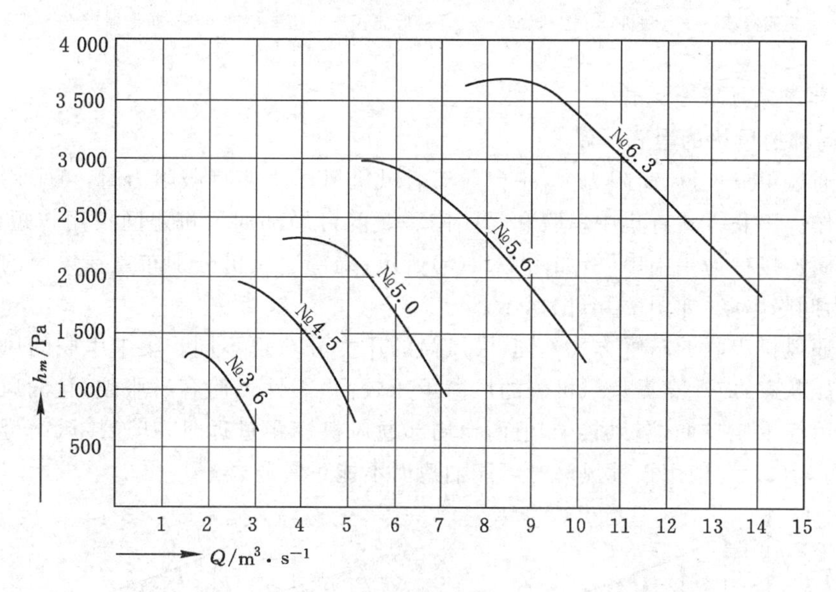

图 7-12 BKJ66-11型局部通风机部分性能曲线图

表 7-2 **BKJ66-11型局部通风机性能参数表**

型号	风量 $/m^3 \cdot min^{-1}$	全风压 /Pa	功率 /kW	转速 $/r \cdot min^{-1}$	动轮直径 /m
BKJ66-11№3.6	80～150	600～1 200	2.5	2 950	0.36
BKJ66-11№4.0	120～210	800～1 500	5.0	2 950	0.40
BKJ66-11№4.5	170～300	1 000～1 900	8.0	2 950	0.45
BKJ66-11№5.0	240～420	1 200～2 300	15	2 950	0.50
BKJ66-11№5.6	330～570	1 500～2 900	22	2 950	0.56
BKJ66-11№6.3	470～800	2 000～3 700	42	2 950	0.63

(2) 对旋式局部通风机

我国生产的对旋式局部通风机特点是噪声低，结构紧凑，风压高，流量大，效率高，部件通用化，使用安全，维修方便，既可整机使用，又可分级使用，从而减少能耗。图7-13所示是我国研制生产的FDⅡ系列对旋轴流式通风机结构。

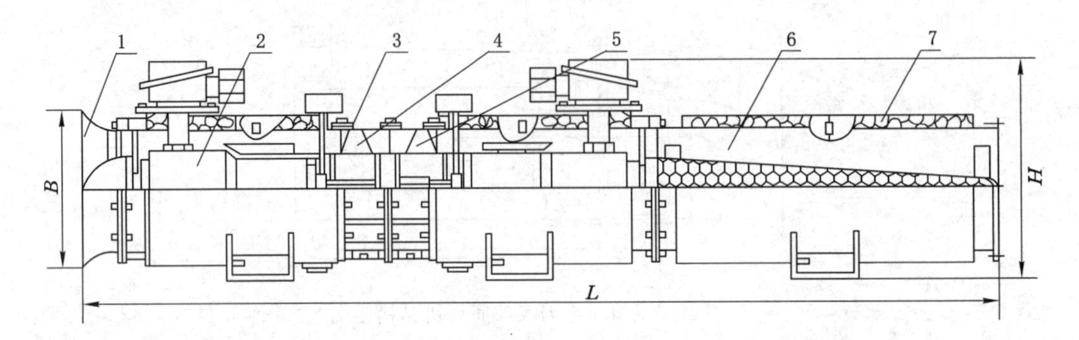

图7-13　FDⅡ系列低噪声对旋轴流局部通风机结构

1——集流器；2——电动机；3——机壳；4——Ⅰ级叶轮；5——Ⅱ级叶轮；6——扩散器；7——消声层

2. 局部通风机联合工作

(1) 局部通风机的串联

掘进通风距离长、风筒阻力大，一台局部通风机风压不能克服阻力时，可采用局部通风机串联工作。串联方式有集中串联和间隔串联。两台局部通风机之间仅用较短(1～2 m)的铁质风筒连接称为集中串联，如图7-14(a)所示；局部通风机分别布置在风筒的端部和中部，则称为间隔串联，如图7-14(b)所示。

局部通风机串联的布置方式不同，沿风筒的压力分布也不同。集中串联的风筒全长均应处于正压状态，应注意靠近风机侧的风筒承压较高，柔性风筒容易胀裂，且漏风较大。间隔串联的风筒承压较低，漏风较少，但两台局部通风机相距过远时，其连接风筒可能出现负压段，如图7-14(c)，使用柔性风筒时可能抽瘪而不能正常通风。

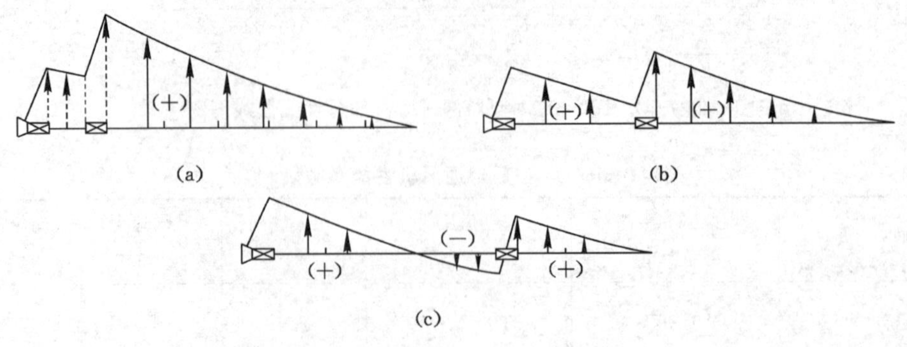

图7-14　局部通风机串联布置

(a) 集中串联；(b) 间隔串联；(c) 风机间距过远

(2) 局部通风机并联

当风筒风阻不大，用一台局部通风机供风不足时，可采用局部通风机集中并联工作。

（二）风筒

1. 风筒的类型

掘进通风使用的风筒分硬质风筒和柔性风筒两类。

(1) 硬质风筒

硬质风筒主要有铁风筒和玻璃钢风筒。铁风筒一般由厚2～3 mm的铁板卷制而成，常见的铁风筒规格见表7-3。铁风筒的优点是坚固耐用，使用时间长，各种通风方式均可使用。缺点是成本高，易腐蚀，笨重，拆、装、运不方便，在弯曲巷道中使用困难。铁风筒在煤矿中使用日渐减少。玻璃钢风筒的优点是比铁风筒轻便（重量仅为其1/4），抗酸、碱腐蚀性强，摩擦阻力系数小，但成本比铁风筒高。

表7-3　　常用铁风筒规格参数表

风筒直径 /mm	风筒节长 /m	风筒壁厚 /mm	垫圈厚 /mm	风筒质量 /kg·m^{-1}
400	2,2.5	2	8	23.4
500	2.5,3	2	8	28.3
600	2.5,3	2	8	34.8
700	2.5,3	2.5	8	46.1
800	3	2.5	8	54.5
900	3	2.5	8	60.8
1 000	3	2.5	8	60.8

(2) 柔性风筒

柔性风筒主要有帆布风筒、胶布风筒和人造革风筒等。常见的胶布风筒规格如表7-4所示。柔性风筒的优点是轻便，拆装搬运容易，接头少。缺点是强度低，易损坏，使用时间短，且只能用于压入式通风。目前煤矿中采用压入式通风时均采用柔性风筒。

表7-4　　常用胶布风筒规格参数表

风筒直径 /mm	风筒节长 /m	风筒壁厚 /mm	垫圈厚 /mm	风筒质量 /kg·m^{-1}
300	10	1.2	1.3	0.071
400	10	1.2	1.6	0.126
500	10	1.2	1.9	0.196
600	10	1.2	2.3	0.283
800	10	1.2	3.2	0.503
1 000	10	1.2	4.0	0.785

综掘工作面需要解决除尘问题，在抽出式通风中带刚性骨架的可伸缩柔性风筒得到了开发和应用。在柔性风筒内每隔一定距离加一个圆钢丝圈或螺旋形钢丝圈，可使风筒能承受一定的负压，而且具有可伸缩的特点，比铁风筒方便。图7-15(a)所示是用金属整体螺旋弹簧钢丝为骨架的塑料布风筒。图7-15(b)所示为快速接头软带。风筒直径(mm)有300、

400、500、600 和 800 等规格。

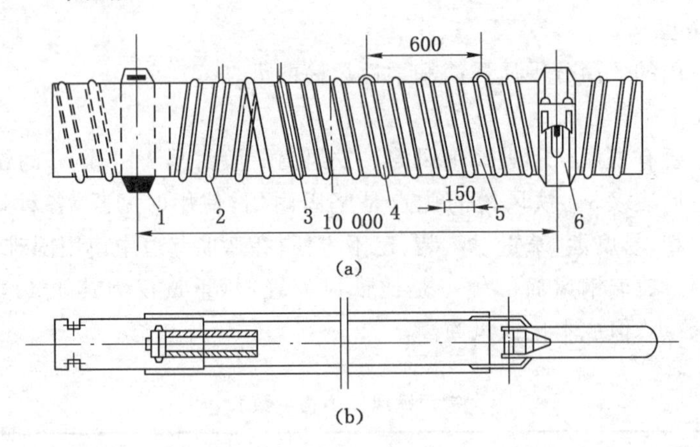

图 7-15 可伸缩风筒结构

1——圈头；2——螺旋弹簧；3——吊钩；4——塑料压条；5——风筒布；6——快速弹簧接头

2. 风筒的阻力

依据摩擦阻力计算公式得风筒阻力计算公式：

$$h_{摩}=\alpha\frac{LU}{S^3}Q^2=\frac{64\alpha L}{\pi^2 D^5}Q^2,\quad \text{Pa}$$

式中 D——风筒直径，m。

同直径的风筒的摩擦阻力系数 α 值可视为常数，金属风筒的 α 值可按表 7-5 选取，玻璃钢风筒的 α 值可按表 7-6 选取。

表 7-5 金属风筒摩擦阻力系数

风筒直径/mm	200	300	400	500	600	800
$\alpha\times10^4$/N·s^2·m^{-4}	49	44.1	39.2	34.3	29.4	24.5

表 7-6 JZK 系列玻璃钢风筒摩擦阻力系数

风筒型号	JZK-800-42	JZK-800-50	JZK-700-36
$\alpha\times10^4$/N·s^2·m^{-4}	19.6～21.6	19.6～21.6	19.6～21.6

柔性风筒和带刚性骨架的柔性风筒的摩擦阻力系数与其壁面承受的风压有关。在实际应用中，整列风筒风阻除与长度和接头等有关外，还与风筒的吊挂、维护等管理质量密切相关，一般根据实测风筒百米风阻作为衡量风筒管理质量和设计的数据。在缺少实测资料时，胶布风筒的摩擦阻力系数 α 值与百米风阻 R_{100} 可参用表 7-7 所列数据。

表 7-7 胶布风筒的摩擦阻力系数与百米风阻值

风筒直径/mm	300	400	500	600	700	800	900	1 000
$\alpha\times10^4$/N·s^2·m^{-4}	53	49	45	41	38	32	30	29
R_{100}/N·s^2·m^{-8}	412	314	94	34	14.7	6.5	3.3	2.0

3. 风筒的漏风

金属和玻璃钢风筒的漏风主要发生在接头处；胶布风筒不仅接头而且全长的壁面和缝合针眼都有漏风，所以风筒漏风属于连续的均匀漏风。漏风使局部通风机风量 $Q_{通}$ 与风筒出口风量 $Q_{出}$ 不等。因此，应该用始、末端风量的几何平均值作为风筒的风量 Q，即：

$$Q=\sqrt{Q_{通} \cdot Q_{出}} \tag{7-12}$$

$Q_{通}$ 与 $Q_{出}$ 之差就是风筒的漏风量 $Q_{漏}$，它与风筒种类，接头的数目、方法和质量，以及风筒直径、风压等有关，但更主要的是与风筒的维护和管理密切相关。反映风筒漏风程度的指标参数如下。

(1) 漏风率

风筒漏风量占局部通风机工作风量的百分数称为风筒漏风率 $\eta_{漏}$，由公式(7-13)表示：

$$\eta_{漏}=\frac{Q_{漏}}{Q_{通}}\times 100\%=\frac{Q_{通}-Q_{出}}{Q_{通}}\times 100\% \tag{7-13}$$

$\eta_{漏}$ 虽能反映风筒的漏风情况，但不能作为对比指标。故常用百米漏风率 $\eta_{漏100}$ 表示，由公式(7-14)计算得出：

$$\eta_{漏100}=\eta_{漏}/L\times 100 \tag{7-14}$$

式中　L——风筒全长，m。

一般要求柔性风筒的百米漏风率达到表 7-8 的数值。

表 7-8　柔性风筒的百米漏风率

通风距离/m	< 200	200～500	500～1 000	1 000～2 000	>2 000
$\eta_{漏100}$/%	< 15	< 10	< 3	< 2	< 1.5

(2) 有效风量率

掘进工作面风量占局部通风机工作风量的百分数称为有效风量率 $p_{有效}$，由公式(7-15)表示。

$$p_{有效}=\frac{Q_{出}}{Q_{通}}\times 100\%=\frac{Q_{通}-Q_{漏}}{Q_{通}}\times 100\%=(1-\eta_{漏})\times 100\% \tag{7-15}$$

(3) 漏风系数

风筒有效风量率的倒数称为风筒漏风系数 $p_{漏}$。金属风筒的 $p_{漏}$ 值可按公式(7-16)计算：

$$p_{漏}=\left(1+\frac{1}{3}KDn\sqrt{R_0 L}\right)^2 \tag{7-16}$$

式中　K——相当于直径为 1 m 的金属风筒每个接头的漏风率。法兰盘加草绳垫圈连接时，K =0.002～0.002 6 $m^3/s \cdot Pa^{1/2}$；加胶质垫圈连接时，K =0.003～0.001 6 $m^3/s \cdot Pa^{1/2}$。

D——风筒直径，m。

n——风筒接头数，个。

R_0——每米风筒的风阻，$N \cdot s^2/m^8$。

L——风筒全长，m。

柔性风筒的 $p_{漏}$ 值可用式(7-8)计算：

$$p_{漏}=\frac{1}{1-n\eta_{接}} \tag{7-17}$$

式中　n ——风筒接头数，个；

$\eta_{接}$ ——每个接头的漏风率，插接时 $\eta_{接}=0.01\sim0.02$，螺圈反边接头时 $\eta_{接}=0.005$。

二、掘进通风管理

掘进通风管理技术措施主要有加强风筒管理的措施、保证局部通风机安全运转的措施、掘进通风安全技术装备系列化、局部通风机的消声措施等。

(一) 加强风筒管理的措施

1. 减少风筒漏风

(1) 改进风筒接头方法和减少接头数

风筒接头的好坏直接影响风筒的漏风和风筒阻力。改进风筒接头方法和减少风筒接头数，是减少风筒漏风的重要措施之一。

① 改进接头方法

风筒接头一般采用插接法，即把风筒的一端顺风流方向插到另一节风筒中，并拉紧风筒使两个铁环靠紧。这种接头方法操作简单，但漏风大。为减少漏风，可以采用反边接头法。

反边接头法分单反边、双反边(图 7-16)和多反边(图 7-17)三种形式。单反边接头法，是在一个接头上留反边，只将缝有铁环的接头 1 留 200～300 mm 的反边，而接头 2 不留反边，将留有反边的接头插入(顺风流)另一个接头中，然后将两风筒拉紧使两铁环紧靠，再将接头 1 的反边翻压到两个铁环之上即可。双反边接头法，是在两个接头上均留有 200～300 mm 的反边，如图 7-16(a)所示，且比单反边多翻压一层[图 7-16(c)]。多反边接头法，比双

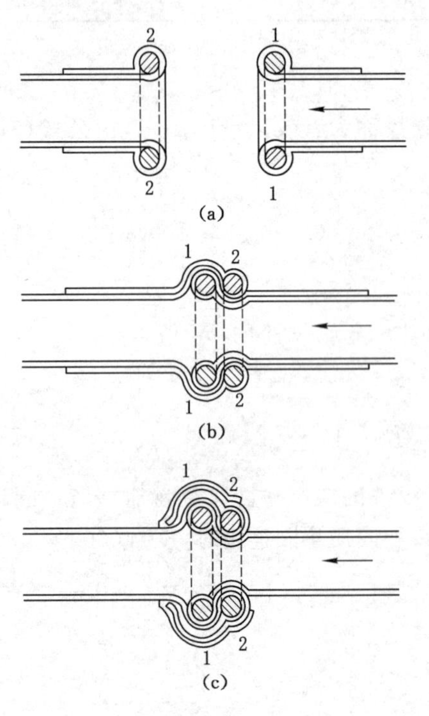

图 7-16　双反边接头

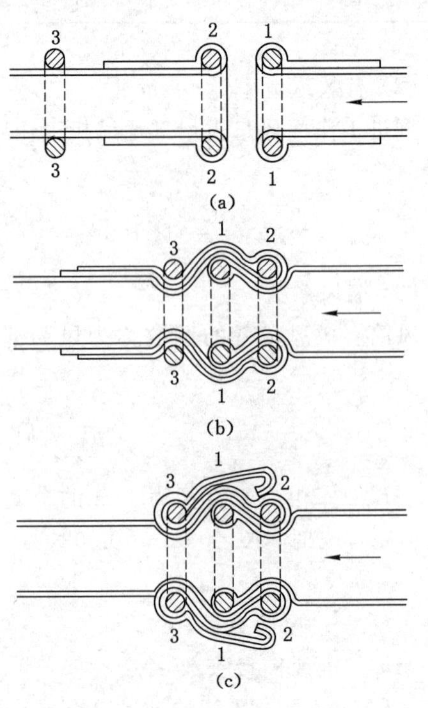

图 7-17　多反边接头

反边增加一个活铁环 3，将活铁环 3 套在风筒 2 上，如图 7-17(a)所示，将 1 端顺风流插入 2 端，并将 1 端的反边翻压到 2 端上，将活铁环 3 套在 1、2 端的反边上，如图 7-17(b)所示，最后将 1、2 反边再同时翻压在铁环 3、1 上，如图 7-17(c)所示。反边接头法的翻压层数越多，漏风越少。

② 减少接头数

尽量减少接头数，即尽量选用长节风筒可减少接头漏风。目前普遍使用的柔性风筒每节长 10 m，采用胶粘接头法将 5～10 节风筒顺序粘接起来，使每节风筒的长度增加到 50～100 m，可减少漏风。

(2) 减少针眼漏风

胶布风筒是用线缝制成的，尤其在风筒吊环鼻和缝合处有很多针眼，据现场观测，在 1 kPa 压力下，针眼普遍漏风。因此，用胶布粘补针眼可以减少漏风。

(3) 防止风筒破口漏风

靠近工作面的前端应设置 3～4 m 长的一段铁风筒，随工作面推进向前移动，以防爆破崩坏胶布风筒。掘进巷道要加强支护，以防冒顶、片帮砸坏风筒。风筒要吊挂在上帮的顶角处，防止被矿车刮破。对于风筒的破口、裂缝要及时粘补，损坏严重的风筒应及时更换。

2. 降低风筒的风阻

风筒吊挂应逢环必挂，缺环必补；吊挂平直，拉紧吊稳。局部通风机要用托架抬高，尽量和风筒呈一直线。风筒拐弯应圆缓，勿使风筒褶皱。在一条巷道内，应尽量使用同规格的风筒，如使用不同直径的风筒，应该使用异径风筒连接。风筒中有积水时，要及时放掉，以防止风筒变形破裂和增大风阻值。放水方法，可在积水处安设自行车气门嘴，放水时拧开，放完水再拧紧。

(二) 保证局部通风机安全可靠运转

在掘进通风管理工作中，应加强对局部通风机检查和维修，严格执行局部通风机的安装、停开等管理制度，以保证局部通风机正常运转。《煤矿安全规程》规定，局部通风机的安装和使用，必须符合下列要求：

(1) 局部通风机必须由指定人员负责管理，保证正常运转。

(2) 压入式局部通风机和启动装置，必须安装在进风巷道中，距回风口距离不得小于 10 m；全风压供给该处的风量必须大于局部通风机的吸风量，局部通风机安装地点到回风口间的巷道中的最低风速必须符合《煤矿安全规程》的规定。

(3) 必须采用抗静电、阻燃风筒。风筒口到掘进工作面的距离以及混合式通风的局部通风机和风筒的安设，应在作业规程中明确规定。

(4) 严禁使用 3 台以上(含 3 台)的局部通风机同时向 1 个掘进工作面供风。不得使用 1 台局部通风机同时向 2 个作业的掘进工作面供风。

(5) 瓦斯喷出区域、高瓦斯矿井、煤(岩)与瓦斯(二氧化碳)突出矿井中，掘进工作面的局部通风机应采用"三专"(专用变压器、专用开关，专用线路)供电；也可采用装有选择性漏电保护装置的供电线路供电，但每天应有专人检查 1 次，保证局部通风机可靠运转。低瓦斯矿井掘进工作面的局部通风机，可采用装有选择性漏电保护装置的供电线路供电，或与采煤工作面分开供电。

(6) 使用局部通风机通风的掘进工作面，不得停风；因检修、停电等原因停风时，必须撤出人员，切断电源。恢复通风前，必须检查瓦斯。只有在局部通风机及其开关附近 10 m 以内风流中的瓦斯浓度都不超过 0.5%时，方可人工开启局部通风机。

（三）掘进通风安全技术装备系列化

掘进安全技术装备系列化，对于保证掘进工作面通风安全可靠性具有重要意义。掘进安全技术装备系列化是在治理瓦斯、煤尘、火灾等灾害的实践中不断发展起来的多种安全技术装备系统，是预防和治理相结合的防止掘进工作面瓦斯、煤尘爆炸、火灾等灾害的行之有效的综合性安全措施。主要内容如下。

1. 保证局部通风机稳定运转的装置

(1) 双风机、双电源、自动换机和风筒自动倒风装置

正常通风时由专用开关供电，使局部通风机运转通风；一旦常用局部通风机因故障停机，电源开关自动切换，备用风机即刻启动，继续供风，从而保证了局部通风机的连续运转。由于双风机共用一道主风筒，风机要实现自动倒换时，则连接两风机的风筒也必须能够自动倒风。风筒自动倒风装置有以下两种结构。

① 短节倒风

如图 7-18(a)所示，将连接常用风机风筒一端的半圆与连接备用风机风筒一端的半圆胶粘、缝合在一起（其长度为风筒直径的 1～2 倍），套入共用风筒，并对接头部进行粘连防漏风处理，即可投入使用。常用风机运转时，由于风机风压作用，连接常用风机的风筒被吹开，将与其并联的备用风机风筒紧压在双层风筒段内，关闭了备用风机风筒。若常用风机停转，备用风机启动，则连接常用风机的风筒被紧压在双层风筒段内，关闭了常用风机风筒，从而达到自动倒风换流的目的。

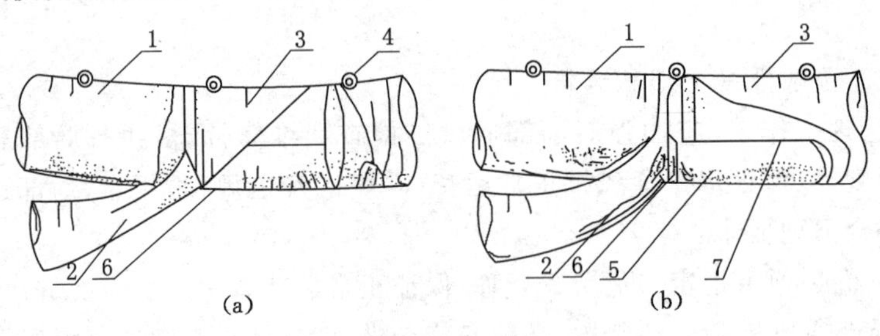

图 7-18 倒风装置

(a) 短节倒风装置；(b) 切换片倒风装置

1——常用风筒；2——备用风筒；3——共用风筒；4——吊环；5——倒风切换片；6——风筒粘接处；7——缝合线

② 切换片倒风

如图 7-18(b)所示，在连接常用风机的风筒与连接备用风机的风筒之间平面夹粘一片长度等于风筒直径 1.5～3.0、宽度大于 1/2 风筒周长的倒风切换片，将其嵌套在共用风筒内并胶粘在一起，经防漏风处理后便可投入使用。常用风机运行时，由于风机风压作用，倒风切换片将连接备用风机的风筒关闭。若常用风机停机，备用风机启动，用倒风切换片将连接常用风机的风筒关闭，从而达到自动倒风换流的目的。

(2)“三专两闭锁”装置

“三专”是指专用变压器、专用开关、专用电缆，“两闭锁”则指风、电闭锁和瓦斯、电闭锁。其功能是只有在局部通风机正常供风、掘进巷道内的瓦斯浓度不超过规定限值时，方能向巷

道内机电设备供电；当局部通风机停转时，自动切断所控机电设备的电源；当瓦斯浓度超过规定限值时，系统能自动切断瓦斯传感器控制范围内的电源，而局部通风机仍可正常运转。若局部通风机停转、停风区内瓦斯浓度超过规定限值，局部通风机便自行闭锁，重新恢复通风时，要人工复电，先送风，当瓦斯浓度降到安全允许值以下时才能送电，从而提高了局部通风机连续运转供风的安全可靠性。

(3) 局部通风机遥讯装置

其作用是监视局部通风机开停运行状态。高瓦斯和突出矿井所用的局部通风机要安设载波遥迅器，以便实时监视其运转情况。

2. 加强瓦斯检查和监测

(1) 安设瓦斯自动报警断电装置，实现瓦斯遥测。当掘进巷道中瓦斯浓度达到1%时，通过低浓度瓦斯传感器自动报警；瓦斯浓度达到1.5%时，通过瓦斯断电仪自动断电。高瓦斯和突出矿井要装备瓦斯断电仪或瓦斯遥测仪，炮掘工作面迎头5 m内和巷道冒顶处瓦斯积聚地点要设置便携式瓦斯检测报警仪。班组长下井时也要随身携带这种仪表，以便随时检查可疑地点的瓦斯浓度。

(2) 爆破员配备瓦斯检测器，坚持“一炮三检”，在掘进作业的装药前、爆破前和爆破后都要认真检查爆破地点附近的瓦斯浓度。

(3) 实行专职瓦斯检查员随时检查瓦斯制度。

3. 综合防尘措施

掘进巷道的矿尘来源，当用钻眼爆破法掘进时，主要产生于钻眼、爆破、装岩工序，其中以凿岩产尘量最高；当用综掘机掘进时，切割和装载工序以及综掘机整个工作期间，矿尘产生量都很大。因此，要做到湿式煤电钻打眼，爆破使用水炮泥，综掘机内外喷雾。要有完善的洒水除尘和灭火两用的供水系统，实现爆破喷雾、装煤岩洒水和转载点喷雾，安设喷雾水幕净化风流，定期用预设软管冲刷清洁巷道，从而减少矿尘的飞扬和堆积。

4. 防火、防爆安全措施

机电设备严格采用防爆型及安全火花型；局部通风机、装岩机和煤电钻都要采用综合保护装置；移动式和手持式电气设备必须使用专用的不延燃性橡胶电缆；照明、通信、信号和控制专用导线必须用橡套电缆。高瓦斯及突出矿井要使用乳化炸药，推广屏蔽电缆和阻燃抗静电风筒。

5. 隔爆与自救措施

设置安全可靠的隔爆设施，所有人员必须携带自救器。煤与瓦斯突出矿井的煤巷掘进，应安设防瓦斯逆流灾害设施，如防突反向风门、风筒和水沟防逆风装置、压风急救袋，以及避难硐室，并安装直通地面调度室的电话。

(四) 局部通风机消声措施

局部通风机运转时噪声很大，常达100～110 dB(A)，大大超过《煤矿安全规程》规定的允许标准。《煤矿安全规程》规定：作业场所的噪声，不应超过85 dB(A)。大于85 dB(A)时，需配备个人防护用品；大于或等于90 dB(A)时，还应采取降低作业场所噪声的措施。高噪声严重影响井下人员的健康和劳动效率，甚至可能导致人身事故。降低噪声的措施，一是研制、选用低噪声高效率局部通风机；二是在现有局部通风机上安设消声器。

局部通风机消声器是一种能使声能衰减并能通过风流的装置。对消声器的要求是通风阻力小、消声效果好、轻便耐用。图 7-19 所示的局部通风机消声的方法是：在局部通风机的进、出口各加一节 1 m 长的消声器，消声器外壳直径与局部通风机相同，外壳内套以用穿孔板（穿孔直径 9 mm）制成的圆筒，直径比外壳小 50 mm，在微孔圆与外壳间充填吸声材料。消声器中间安设用穿孔板制的芯筒，其内也充填吸声材料。另外，在局部通风机壳也设一吸声层。因吸声材料具有多孔性，当风流通过消声器时，声波进入吸声材料的孔隙而引起孔隙中的空气和吸声材料细小纤维的振动，由于摩擦和黏滞阻力，使相当一部分声能转化为热能而达到消声目的。这种消声器可使噪声降低 18 dB(A)。

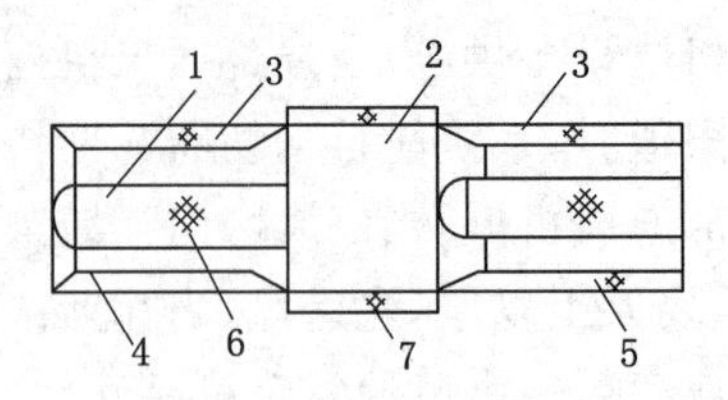

图 7-19 局部通风机消声

1——芯筒；2——局部通风机；3——消声器；4——圆筒；5，6——吸声材料；7——吸声层

还有一种用微孔板做的消音器。它是利用气流经微孔板时，空气在微孔（孔径 1 mm）中来回摩擦而消耗能量的。微孔板消音器是在外壳内设两层微孔板风筒；其直径分别比外壳小 50 mm、80 mm，内外层穿孔率分别为 2% 和 1%。微孔板消音器的芯筒也用微孔板制作。这种消音器可使局部通风机噪音降低 13 dB。

上述两种消音器消音效果较好，但体积较大，潮湿粉尘粘在吸音材料上或堵塞微孔板时会使消音功能降低。

任务实施

一、任务组织

根据学生人数分组，明确小组负责人，提出纪律要求，分组分项目实训。

二、任务实施方法与步骤

(1) 教师讲授"相关知识"。

(2) 教师组织学生开展实操训练。

(3) 课堂互评。

三、任务实施注意事项与要求

(1) 要注意培养学生认真严谨的工作习惯和作风。

(2) 教室内应保持秩序和整洁。提醒学生注意安全、爱护物品。

(3) 教学结束，请打扫卫生，将所使用的器材恢复原样。

四、实训任务

局部通风设备实训是在掌握局部通风机工作原理、《煤矿安全规程》、局部通风机安装要求、局部通风机电源、风电闭锁瓦斯闭锁、煤矿瓦斯及煤尘爆炸知识、井下各种气体超限危害及预防知识基础上的实操环节。

(一) 掘进通风系统模型实训

利用实训室通风系统模型，直观学习下内容：

(1) 综掘工作面与炮掘工作面巷道布置。

(2) 掘进通风系统及方式。

(3) "三专两闭锁"掘进通风工艺。

(4) 综合防尘系统、隔爆设施、瓦斯监测系统和运输系统的布置方式、相互位置及工艺流程。

（二）局部通风机安装

1. 安装准备

按照下达的任务，列出详细的安装计划。

2. 安装顺序

安设支架（吊挂件）→安设风机（安消声器）→安过渡节→安风筒→接线→试机。

3. 正常安装

（1）安设稳固的局部通风机标准底架或吊挂用品。采用底架时，底架离地高度应大于30 cm。采用吊挂式时，局部通风机吊挂高度及与顶帮间距要符合规定要求。

（2）将局部通风机安放在底架上（或挂好），固定好。

（3）安装消声器。

（4）安装风机与风筒之间的过渡节，中间要加垫圈，上紧螺栓，要保证密封性。

（5）安装风筒，要与过渡节接牢，不漏风。

（6）待开关、相关设备安装完毕后进行试机。如果运转不正常或有其他问题，需调整、处理，直到局部通风机正常运行为止。

4. 特殊安装

（1）安装抽出式风机前，首先应进行瓦斯检查（安设地点前后10 m范围和风筒吸入口），只有当瓦斯浓度符合规定时，才准安装。

（2）安装抽出式风机，必须同时安装瓦斯自动检测报警断电装置。

（3）抽出式风机抽出的风流中瓦斯浓度大于0.5%时，应安设瓦斯遥测和风量自动控制装置。

（4）湿式除尘风机安装结束后，应检查风叶与筒壁的间隙，间隙不得小于2.5 mm。

（5）高瓦斯矿井或瓦斯矿井高瓦斯区安装局部通风机时，要使用双电源双风机，并能自动切换，保证可靠供风。

5. 安全规定

（1）安装以前必须在地面对局部通风机进行试运转，保证完好，满足供风要求。

（2）采用抽出式通风方式时，局部通风机极其启动装置必须安装在掘进巷口10 m以外的回风侧。

（3）局部通风机应安装在设计的地点，安装地点应支护良好、无滴水。

（4）局部通风机安装地点的风量，应大于局部通风机的最大吸风量，并保证该处巷道的风速满足安全生产要求。

（5）局部通风机进出风口前5 m范围内不得有杂物或障碍物。

（6）局部通风机的安装位置要避开尘源，消声器吸风口应加装防护罩。

（7）局部通风机必须安设风电闭锁、瓦斯自动检测报警断电仪等相关设备。

（8）局部通风机安装时，必须有专职瓦斯检查员跟班检查瓦斯，且现场必须有安监人员督察安全措施的执行情况。

（9）局部通风机安装、移动必须做到“三定、三汇报”——定开完工时间，定负责人，定专项安全措施；开工前、作业过程中、完工后必须电话汇报调度。

（10）局部通风机安装结束后，必须实现挂牌管理，管理牌上应详细标明地点、队别等项目。严禁随意开停局部通风机。

(11) 安装完后,要组织验收,合格后方可投入使用。

(三) 局部通风机操作

1. 操作准备

启动前应先检查局部通风机的网罩是否牢固,机体是否稳固,进风附近是否有易被吸入的杂物,风机与风筒的连接是否牢固,检查风电闭锁装置是否完好。

2. 操作顺序

检查气体浓度→检查风机、风筒→断续启动→观察运转情况。

3. 正常操作

(1) 操作前,检查双局部通风机自动换机及风电闭锁使用情况。

(2) 同一地点安装2台以上局部通风机及其开关时,应有明显的标志,便于准确区分。操作前要看清牌板,以免发生误操作。

(3) 局部通风机应断续启动,不要一次启动,以防止风筒脱节或吊环脱落。

(4) 局部通风机的开关应标明正反向位置,操作前要仔细观察。

(5) 局部通风机启动后,如果发现旋转方向不对,应当停止运转,停稳后再将开启手柄扳向另外一个方向。

(6) 局部通风机启动后,发现机体颤动等异常时,要及时查清原因,进行处理。

(7) 局部通风机的电动机轴两端的滚动轴承,需要定期添加润滑油。

(8) 局部通风机要及时添加润滑油,润滑油应采用1号、2号锂基润滑油或2号、3号钙基润滑油。

(9) 润滑油的加注,应填满轴承腔的1/2,不宜过多,以免引起流失。每月可以加注1次,每3～6个月将轴承座拆开进行一次清洗换油。

4. 特殊操作

(1) 局部通风机运转中发出"沙沙"声时,说明缺润滑油,要及时添加润滑油。

(2) 局部通风机运转中发生低沉的运转声时,说明局部通风机动力电压过低。此时局部通风机的供风量有较大的下降,要根据情况,及时设定风量,如果影响安全生产,要立即撤出工作人员进行处理。

(3) 发现局部通风机外壳温度过高等异常情况,要撤出人员,进行检查处理。

(4) 为保证局部通风机在单巷长距离供风时的正常运转,可以采用双路供电,以备电路发生故障时,及时接通备用电路供电。

(5) 局部通风机停止运转后,司机必须通知工作面撤出人员,并在距巷道口2 m处设置醒目的栅栏,禁止人员进入停风区。

(6) 局部通风机发生故障后,要立即向调度室进行汇报,等待处理,不得离岗。

(7) 抽出式局部通风机的操作规定,除了上述外,还应遵守下列操作规程:

① 抽出式风机应安装甲烷自动检测报警断电仪。

② 使用无除尘装置的风机时,在距风机5 m处的风筒内应安设水幕喷雾装置,并能正常使用。

③ 启动前必须先打开安全风窗,待正常运转后方可逐渐关闭。

④ 当风机内的瓦斯浓度超限时,可以打开安全风窗,逐渐调节风窗渗入新风。

⑤ 启动湿式除尘风机前，首先接通水管，在保证连续供水后方能启动风机。

5. 安全规定

(1) 局部通风机不得随意停机，严禁无计划停风。

(2) 掘进工作面临时停工时，不准停止局部通风机的运转。因检修、停电、故障等原因停风时，必须将人员全部撤至全风压进风流处，并切断电源。

(3) 启动前，应先由瓦斯检查员检查掘进工作面及停风区和局部通风机及其开关附近10 m内风流中的瓦斯浓度，不超过0.5%时，方可由指定人员开启局部通风机。

(4) 局部通风机必须由专人管理，必须挂有局部通风机管理牌板，填有司机姓名、风机编号、风筒长度、使用地点、风机型号、功率等内容。

(四) 风筒安装、拆除、维护

1. 操作准备

携带必要的工具和材料，了解风筒直径、长度及接续情况。

2. 操作顺序

安装时：运输→吊挂→检查。拆除时：拆除→运输→检查(晾晒)→修补→保存。

3. 正常操作

(1) 风筒的吊挂要平、直、稳、紧，避免风筒被刮破、挤扁、爆破崩破。

(2) 风筒吊挂要逢环必挂，尽量靠近巷道一帮，高度符合设计要求。

(3) 吊挂风筒要采取由外向里的方向，逐节连接、吊挂。

(4) 风筒的接头要严密，胶质风筒采用反压边接头。

(5) 铁风筒与胶质风筒连接处要加软质衬垫，并用铁丝箍紧，确保不漏风。

(6) 风筒的直径要保持一致，如果不一致，需使用过渡节连接。

(7) 斜巷和立井施工时，风筒需要注意接头牢固，防止脱落。

(8) 经常检查风筒的质量，发现有破口、漏风，要及时修补。

(9) 更换风筒时，不得随意停风。确需停风时，应按照矿井技术负责人签发的停风计划执行。

(10) 在正常工作中，如果风筒突然断开、大破裂，影响到正常供风时，应及时通知受影响地点的人员，并尽快修复、更换。在更换过程中要注意检查有害气体的积聚情况，按照有关规定操作。更换完毕后，要向调度室和通防部门汇报。

(11) 巷道掘进完成以后，应在通防部门的指挥下及时把风筒全部拆除。拆除的风筒要运至井上，冲洗、晒干，修补完好。

(12) 拆除独头巷道的风筒时，不得停风，要由里向外依次拆除。

(13) 在带式输送机、刮板输送机附近操作时，必须先和输送机司机联系好，停止输送机运转，保证操作者安全。

(14) 在电机车运行的巷道中吊挂风筒时，要设安全警戒，严防被车刮、装、撞。在架线电机车巷道中施工时需要停电。在巷道高处吊挂风筒时要设台架，操作时要站稳。

(15) 风筒过风门时，要加接硬质过渡风筒通过风门，不得用软质风筒直接过风门。

(16) 在巷道中开挖水沟时，要用掩护物遮挡风筒，以防止爆破崩坏风筒。

(17) 风筒吊挂一般应避开电缆及各种管线，以免相互影响。

4. 风筒修补

(1) 修补风筒时，粘补风筒的胶浆应按要求配制。根据破口大小，裁剪补丁(以圆形为好)；补丁四周应大于破口 2 cm 以上；补丁边应裁剪成斜面；补丁和破口处应刷净，漏出风筒原色，晒干后涂上胶浆进行粘贴，粘贴后应用木锤砸实，使其粘贴紧密；最后应涂上滑石粉。

(2) 10 cm 以上的破口，应先用线缝合后，再进行粘贴。

(3) 风筒上的吊环应齐全，吊环间距应一致，能保证风筒吊挂平直；两端铁圈要缝牢。

(4) 修补好的风筒应妥善保存，每季度要晾晒一次。

(5) 制作过渡节风筒时，长度应大于 2 m。

(6) 修补风筒时，应准备一台局部通风机，用来吹干风筒。

(7) 汽油、胶水必须单独存放，应保持严密。周围严禁烟火。

(8) 风筒修理室内不得使用火炉取暖。

(9) 风筒修理室内需配备灭火器材，做好防火工作。

5. 安全规定

(1) 风筒末端到工作面的距离，必须在作业规程中明确规定，必须保证工作面有足够的风量。

(2) 风筒必须使用有"煤安"标志的合格产品。

(3) 风筒需要拐弯的地方要设弯头缓慢拐弯，不准拐死弯或受挤压。

(4) 一台风机不允许同时向两个掘进工作面供风。

(5) 风筒管理要做到"五不让"：不让风筒落后工作面的距离超过作业规程规定，不让风筒脱节，不让别人改变风筒的位置和方向，不让风筒堵塞不通，不让风筒浸在水中。

任务评价

学生训练成果评价表

姓名		班级		组别		得分	

评价内容	要求或依据	分数	评分标准
课堂表现	学习纪律、敬业精神、协作精神、学习方法、积极讨论等	10 分	遵守纪律，学习态度端正、认真，相互协作等满分，其他酌情扣分
掘进通风系统模型实训	准确口述、手绘图件，内容完整	20 分	根据口述和绘图的准确性、完整性酌情扣分
局部通风机安装	安装计划、顺序全面准确，操作符合规范	20 分	根据实操情况酌情扣分
局部通风机操作	准备充分，顺序正确，操作规范	20 分	根据实操情况酌情扣分
风筒安装、拆除、维护	准备充分，顺序正确，操作规范	20 分	根据实操情况酌情扣分
安全意识	服从组织，照顾自己及他人，听从教师及组长指挥，积极恢复实训室原样等	10 分	根据学生表现打分

思考与练习

7-6　局部通风机串联、并联的目的、方式和使用条件是什么？

7-7　试述局部通风设计的步骤。

7-8　局部通风机选型设计的一般原则是什么？

7-9　掘进通风安全装备系列化包括哪些内容？有何安全作用？

7-10　风筒的选择与使用应注意哪些问题？

7-11　某岩巷掘进长度 1 200 m，用混合式（长抽短压）通风，断面为 8 m^2，一次爆破炸药量 10 kg，抽出式风筒距工作面 40 m，通风时间 20 min。试计算工作面需风量和抽出式风筒的吸风量。

项目八　矿井风量调节

在矿井通风网络中，一方面，按照巷道风阻的匹配关系，分配到各作业地点的风量往往不能满足要求，需要采取相应的调节与控制风量的措施；另一方面，矿井通风网络是一个动态网络，随着生产的推进使通风网络各分支风量都在不断发生变化，而通风网络中的各个用风地点的风量需求基本不变，所以经常需要根据通风网络的变化，调配各网络分支的风量。

矿井风量调节按照调节范围，可分为局部风量调节和矿井总风量调节。通常将在采区内、采区之间和生产水平之间的风量调节称为局部风量调节；将对全矿总风量进行增减的调节称为矿井总风量调节。

任务一　局部风量调节

知识要点

矿井局部风量调节的原理和方法。

技能目标

会制定局部风量调节方案。

任务分析

煤矿井下作业地点经常发生变化，从而引起作业地点风量变化，为了满足生产需要，必须进行风量调节。

任务导入

在矿井生产中，矿井风网的供风量会因巷道的延伸、工作面的推进等因素不断发生变化，另外，瓦斯涌出量等发生变化也会引起风网内需风量的变化。这些变化都会导致井下各用风地点的实际供风量与需求风量产生较大差异，甚至引起矿井总风量的供需变化。为了保证井下风流按所需的风量和预定的路线流动，就需要对矿井风量进行调节。

相关知识

局部风量调节是指在采区内部各个工作面之间、采区之间或生产水平之间的风量调节。局部风量调节通常有三种方法，即增加风阻调节法、降低风阻调节法和增加风压调节法。

一、增加风阻调节法

1. 增阻法调节原理及分类

增阻调节法是以并联网络中阻力大的风路的阻力值为基础，在各阻力较小的巷道中安设调节风窗等设施，增大其局部阻力，减小其风量或增大与其并联的风路上风量。这是目前使用最普遍的局部调节风量方法。

增阻调节是一种耗能调节法。具体措施主要有安设调节风窗、临时风帘、空气幕调节装置等。其中使用最多的是调节风窗，安装在风门或密闭墙体上部，其制造和安装都较简单。矿用临时风帘是一种引导风流的设施，用柔性材料制作，主要用于局部短时瓦斯超限或者风量不足引导增大风流，保证井下通风安全；矿用空气幕调节装置由风机、供风器及整流器三大部件组成，安装在巷道侧壁的硐室内。工作时，风流从风机的出口进入供风器的顶圆底方长管，流经异面矩形管后，射出一股扁平风流，在矿井主要运输巷道和行人巷道内可实现隔断、引射和调节风流的作用。

2. 增阻调节的计算

图 8-1 所示为某采区两个采煤工作面的通风网络图。已知两风路的风阻值 $R_1=0.8\ \mathrm{N\cdot s^2/m^8}$，$R_2=1.0\ \mathrm{N\cdot s^2/m^8}$，若总风量 $Q=12\ \mathrm{m^3/s}$，则该并联网络中自然分配的风量计算如下：

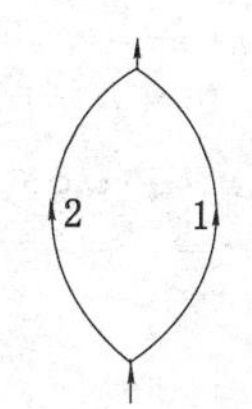

图 8-1 并联通风网络

第一步：计算各风路实际通过的风量：

$$Q_1=\frac{Q}{1+\sqrt{\dfrac{R_1}{R_2}}}=\frac{12}{1+\sqrt{\dfrac{0.8}{1.0}}}=6.3\ \mathrm{m^3/s} \tag{8-1}$$

$$Q_2=Q-Q_1=12-6.3=5.7\ \mathrm{m^3/s}$$

第二步：计算各风路实际需要的风量及通风阻力。

如煤矿正常生产要求 1 风路的风量应为 $Q_1=4.0\ \mathrm{m^3/s}$，2 风路的风量应为 $Q_2=8.0\ \mathrm{m^3/s}$，显然自然分配的风量不符合生产要求。按满足生产要求的风量计算，两风路的阻力分别为：

$$h_1=R_1Q_1^2=0.8\times4^2=12.8\ \mathrm{Pa}$$

$$h_2=R_2Q_2^2=1.0\times8^2=64.0\ \mathrm{Pa}$$

第三步：计算出调节风窗需要增大的阻力。

上述风路 2 的阻力大于风路 1 的阻力，这与并联网络两风路风压平衡的规律不符，因此必须进行调节。采用增阻调节法，即以 h_2 的数值为并联风网的总阻力，在 1 风路上增加一项调节风窗的局部阻力 $h_{窗}$，使两风路的阻力相等，这时进入两风路的风量即为需要的风量。

$$h_1+h_{窗}=h_2 \quad 或 \quad h_{窗}=h_2-h_1$$

即

$$h_{窗}=64-12.8=51.2\ \mathrm{Pa}$$

通过上述计算可以得知：增阻调节法的实质就是以并联网络中阻力较大的分支阻力值为依据，在阻力较小的分支中增加局部阻力，使并联各分支的阻力达到平衡，满足并联网络各分支通风压力相等的特性，以保证各分支风量按需分配。

图 8-2、8-3 所示为增阻调节法的调节装置示意图。

调节风窗的开口断面积可按式(8-2)～式(8-5)计算得出：

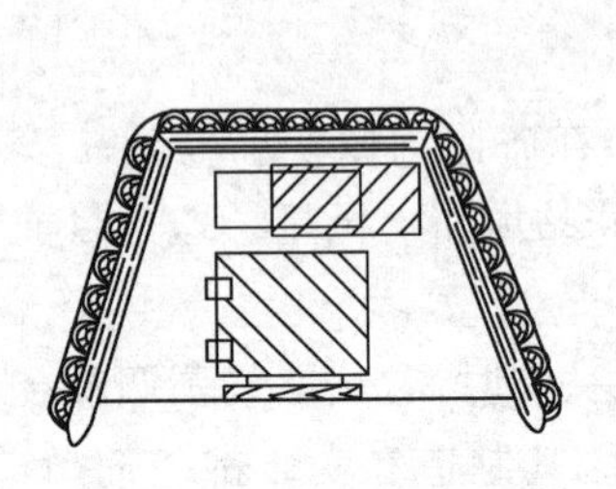

图 8-2　调节风窗

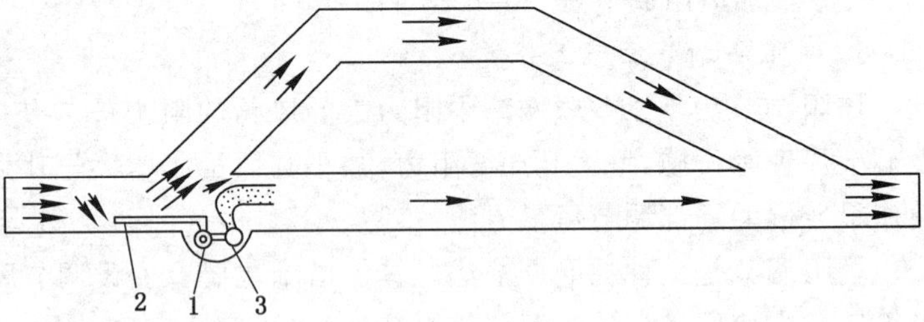

图 8-3　风幕

当 $S_{窗}/S \leqslant 0.5$ 时：

$$S_{窗}/S = \frac{Q}{0.65Q + 0.84S\sqrt{h_{窗}}} \tag{8-2}$$

或
$$S_{窗} = \frac{S}{0.65 + 0.84S\sqrt{R_{窗}}} \tag{8-3}$$

当 $S_{窗}/S > 0.5$ 时：

$$S_{窗} = \frac{QS}{Q + 0.759S\sqrt{h_{窗}}} \tag{8-4}$$

或
$$S_{窗} = \frac{S}{1 + 0.759S\sqrt{R_{窗}}} \tag{8-5}$$

式中　$S_{窗}$——调节风窗的断面积，m^2；

S ——巷道的断面积，m^2；

Q ——通过的风量，m^3/s；

$H_{窗}$——调节阻力，Pa；

$R_{窗}$——调节风窗的风阻，$N \cdot s^2/m^8$，$R_{窗} = h_{窗}/Q^2$。

上例中，若1分支回风侧设置调节风窗处的巷道断面 $S_1 = 4.5\ m^2$，则调节风窗的开口断面积满足：

$$\frac{S_{窗}}{S} = \frac{Q}{Q + 0.759S\sqrt{h_{窗}}} = \frac{4}{4 + 0.759 \times 4.5\sqrt{51.2}} = 0.14 < 0.5$$

则
$$S_{窗} = \frac{QS}{Q + 0.759S\sqrt{h_{窗}}} = \frac{4 \times 4.5}{4 + 0.759 \times 4.5\sqrt{51.2}} \approx 0.63\ m^2$$

3. 增阻法调节风量分析

增阻法调节实质是通过增大较小阻力分支的阻力，使其与大阻力分支的阻力相等。如果主要通风机特性曲线不变，增阻调节会导致网络总风量减少，特定条件下可能达不到调节风量的预期效果。

如图 8-4 所示，已知主要通风机特性曲线Ⅰ和两分支风阻 R_1、R_2。在图上按照“风压相等、风量相加”的原则，绘制并联风网的总风阻曲线 R。R 与Ⅰ的交点 a 即为主要通风机的工作点，a 点的横坐标为矿井的总风量 Q。从 a 作水平线与 R_1、R_2 交于 b、c 两点，则 b、c 两点的横坐标 Q_1、Q_2 为两风路自然分配的风量。如果在1风路中采取增阻法调节，增加的风阻值为 $R_{窗}$，1风路中的风阻则上升为 R_1'（$R_1' = R_1 + R_{窗}$），在图上绘出 R_1' 的曲线，并

绘出 R_1' 和 R_2 并联的风阻曲线 R'，由 R' 与Ⅰ的交点 a' 解出调节后的矿井总风量 Q'。由 a' 作水平线交 R_1' 和 R_2 于 b'、c'，则调节后分配在两分支中的风量分别为 Q_1'、Q_2'。可以看出，风量调节后由于矿井总风阻值的增加，使总风量减少，其减少值为 $\Delta Q=Q-Q'$；增阻的1分支中风量也减少，其减少值为 $\Delta Q_1=Q_1-Q_1'$；另一支风量增加，其增加值为 $\Delta Q_2=Q_2'-Q_2$。显然减少的多，增加的少，其差值就等于总风量的减少值，即：

$$Q=(Q_1+Q_2)-(Q_1'+Q_2')=(Q_1-Q_1')-(Q_2'-Q_2)=\Delta Q_1-\Delta Q_2,\quad \mathrm{m^3/s}$$

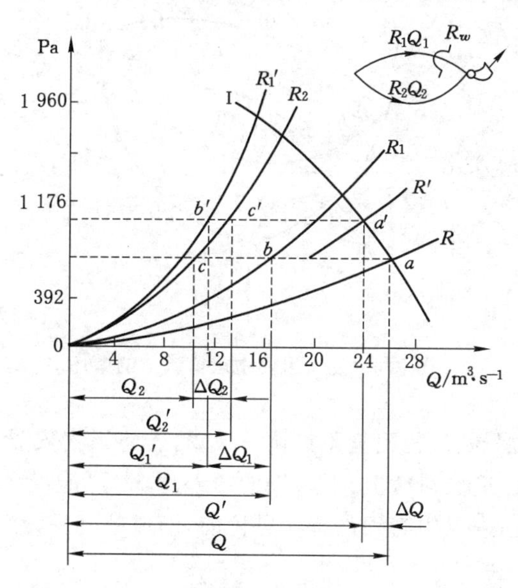

图 8-4　增阻法调节分析

总风量的减少值与主要通风机性能曲线的缓、陡有关。如图 8-5 所示，Ⅰ为轴流式通风机风压特性曲线，Ⅱ为离心式通风机风压特性曲线，R、R' 分别为调节前后的风阻曲线。可以看出，$\Delta Q<\Delta Q'$，表明通风机风压特性曲线越陡，总风量减少值越小，反之则越大。

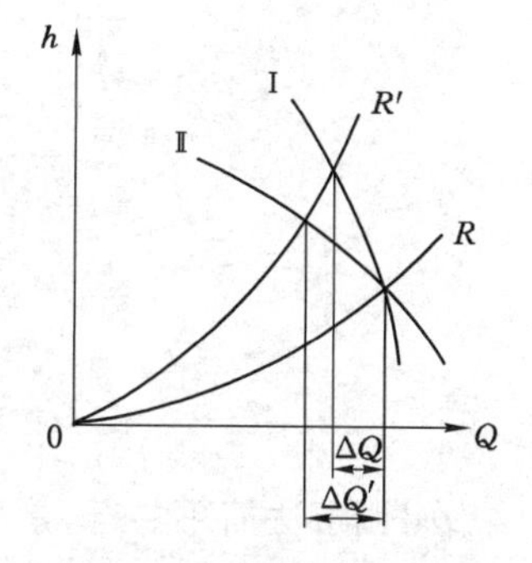

图 8-5　通风机风压曲线陡缓对调风的影响

4. 增阻调节法的使用

使用调节风窗调节风量应注意如下问题：

(1) 调节风窗应尽量安设在回风巷道中，以免妨碍运输。当必须安设在运输巷道时，可用若干个面积较大的调节风门来代替一个面积较小的调节风窗（这些大面积调节风窗的阻力之和，应等于小面积调节风窗的阻力）的多段调节方法，以利于运输设备通过。

(2) 在复杂风网中采用增阻法调节时，应按先内后外使每个网孔的阻力依次达到平衡的原则逐渐调节。要合理确定风窗位置，防止重复设置。如图 8-6 所示复杂网络，若每条风路所需的风压值已确定（图中括号内数值，单位 Pa），合理的调节顺序应该按 $A\to B\to C\to D\to E$ 网孔依次调节，并分别在 ab(10 Pa)支路、cd(50 Pa)支路、ef 支路设置调节风窗，增加的风压值分别为 10 Pa、20 Pa、30 Pa。

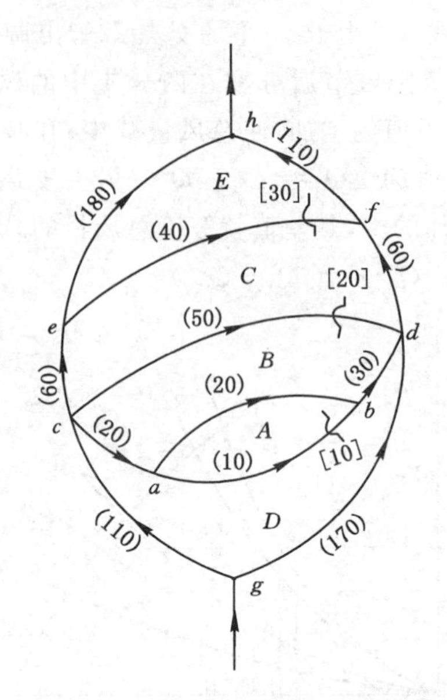

图 8-6 复杂风网中风窗调节的顺序

(3) 为了防止风桥漏风,风桥附近不设调节风窗,若将风窗安设在风桥之前[图8-7(a)],风流经风窗后压降很大,造成风桥上、下风流的压差增大,可能导致风桥漏风增大。如果必须在风桥附近安装风窗,进风中必须设置在风桥前,回风中必须设置在风桥后。一般应如图8-7(b)所示安设调节风窗。

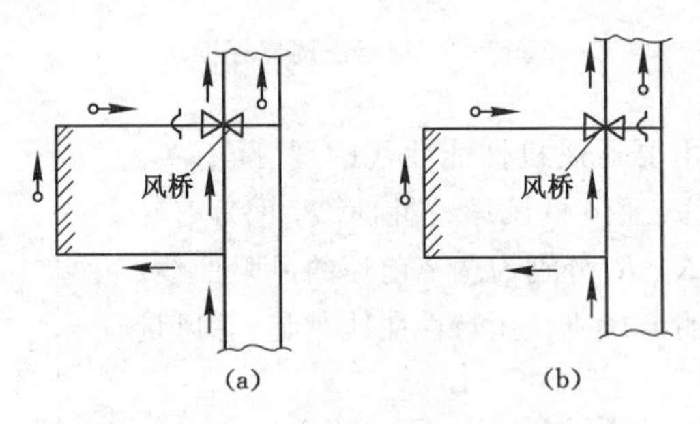

图 8-7 风桥前后风窗的位置

增阻调节法简单易行,是采区内巷道间的主要调节措施。但这种方法会使矿井的总风阻增加,若主要通风机风压特性曲线不变,会导致矿井总风量下降;否则,就应改变主要通风机风压特性曲线,以弥补增阻后总风量的减少,这势必增加通风电力费用。因此,在安排产量和布置巷道时,应尽量使网孔中各风路的阻力不要相差悬殊。同时调节风窗应安设在适宜的地点,避免调节风窗两侧风压差导致漏风引起煤炭自燃。

二、降低风阻调节法

降阻调节法是以并联网络中阻力较小风路的阻力值为基础,在阻力较大的风路中采取降阻措施,使其与较小风路阻力值相等。

由 $R=\alpha LU/S^3$ 可知,降低风阻法的措施通常有如下五种:

(1) 扩大巷道断面:扩大巷道断面,可减少风流摩擦阻力,降低矿井风阻,增大供风量。

(2) 开掘并联巷道:在满足生产要求的情况下开掘并联巷道,可降低整个网络的风阻。

(3) 缩短风流路线的总长度:巷道过长导致了风阻较大。在满足生产要求的情况下,应尽可能减少巷道的长度。

(4) 清除巷道中的局部阻力物:清除或减少巷道中存在的杂物(煤渣、施工材料)、机械设备、人员及支护构筑物,会减小巷道内的局部摩擦阻力。

(5) 改善巷道支护条件,采用阻力小的支护形式以减少巷壁的摩擦阻力。通常来说砌碹支护巷壁的摩擦阻力最小。

降阻措施的工程量和投资一般较大、施工工期较长,所以常在对矿井通风系统进行较大改造时进行。在生产实际中,对于通过风量大风阻也大的风硐、回风石门、总回风道等地段,采取扩大断面、改变支护形式等减阻措施,往往效果明显。

1. 降阻调节的计算

如图 8-8 所示的并联网络,两巷道的风阻分别为 R_1 和 R_2,所需风量为 Q_1 和 Q_2,则两巷道的阻力分别为:

$$h_1 = R_1 Q_1{}^2$$

$$h_2 = R_2 Q_2{}^2$$

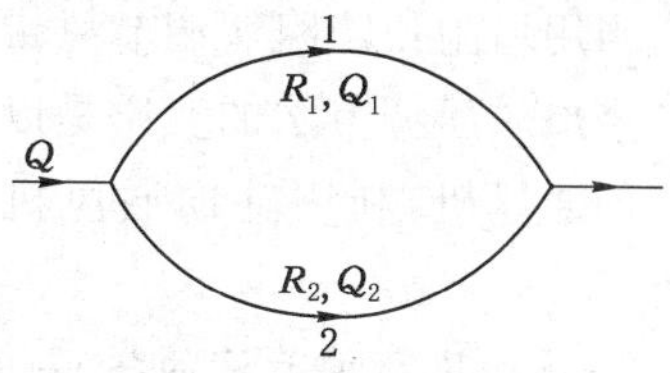

图 8-8　并联网络

如果 $h_1 > h_2$,则以 h_2 为依据,把 h_1 减到 h'_1,为此,必须把 R_1 降到 R'_1,即:

$$h'_1 = R'_1 Q_1{}^2 = h_2$$

$$R'_1 = \frac{h_2}{Q_1^2} \tag{8-6}$$

上式表明:为保证降租调节风量的按需分配,当两并联巷道的阻力不等时,以小阻力为依据,设法降低大阻力巷道的风阻,使网孔达到阻力平衡。

一般降阻的主要办法是扩大巷道的断面。如把巷道全长 L_1(m)的断面扩大到 S'_1,则:

$$R'_1 = \frac{\alpha'_1 L_1 U'_1}{S'^3_1}$$

式中　α'_1——巷道 1 扩大后的摩擦阻力系数,$N \cdot s^2/m^4$。

U'_1——巷道 1 扩大后的周界,m。其中,$U'_1 = C\sqrt{S'_1}$,C 决定于巷道断面形状的系数。梯形巷道 $C=4.03 \sim 4.28$,三心拱巷道 $C=3.8 \sim 4.06$,半圆拱巷道 $C=3.78 \sim 4.11$。

S'_1——巷道 1 扩大后的巷道面积,m^2。

由上式得到巷道 1 扩大后的断面积为:

$$S'_1 = \left(\frac{\alpha'_1 L_1 C}{R'_1}\right)^{\frac{2}{5}} \tag{8-7}$$

如果所需降阻的数值不大或客观上又无法采用扩大巷道断面的措施时,可改变巷道壁面的平滑程度或支架形式,以减少摩擦阻力系数来调节风量。改变后的摩擦阻力系数可用下式计算:

$$\alpha'_1 = \frac{R'_1 S'^{\frac{5}{2}}_1}{L_1 C} \tag{8-8}$$

式中各项指标符号意义同上。

2. 降阻调节的分析

降阻调节的优点是使矿井总风阻减少，矿井总风量增加。在增加风量的风路中风量的增加值将大于另一风路的风量减少值，其差值就是矿井总风量的增加值。由于这种调节法工程量大，投资多，施工时间长，所以降阻调节多使用在矿井产量增大或原设计不合理，或者某些主要巷道年久失修的情况下，用来降低主要风流中某一段巷道的阻力。

一般，当所需降低的阻力值不大时，应首先考虑减少局部阻力。另外，也可在阻力大的巷道旁侧开掘并联巷道。在一些老矿中，应注意利用废旧巷道。

三、增加风压调节法

1. 增加风压调节法的实质

当用增阻或降阻法调节风量达不到目的或不经济时，可采用增加风压调节法。

增加风压调节法的实质是以较小阻力风路的阻力值为依据，在较大阻力风路中安设一台辅助通风机，利用辅助通风机和主要通风机的风压共同克服阻力，从而保证风量按需分配。

2. 增加风压调节法的措施

增加风压调节法既可利用辅助通风机风压来进行调节，也可利用自然风压来进行调节。

(1) 辅助通风机调节法

辅助通风机的安设主要有两种：有风墙的辅助通风机和无风墙的辅助通风机。为方便行人、运输，在原巷道旁侧掘一条绕道安装辅助通风机，在原巷道内设带有风门的风墙，风门向风压大的一侧开启，并要求两道风门之间的距离大于一列车的长度，即为有风墙的辅助通风机安设方法；当调节所需克服的阻力较小时，将辅助通风机直接安设在巷道中，利用辅助通风机出口速度增加巷道内的风量，即为无风墙的辅助通风机安设方法。

当前有些矿井使用局部可控循环风调节法，一般都使用有风墙的辅助通风机使风流产生局部循环。

(2) 利用自然风压调节法

少数矿井通过改变进回风路线、降低进风流温度、增加回风流温度等方法，增大矿井或局部的自然风压，达到局部增加风量的目的，即为利用自然风压调节法。

3. 增压调节的计算

如图 8-9 所示，一采区和二采区所需要的风量分别为 27.07 m^3/s 和 34.7 m^3/s，风阻分别为 0.69 $N \cdot s^2/m^8$ 和 1.27 $N \cdot s^2/m^8$。若按需分风，一采区阻力为 505.6 Pa，二采区阻力为 1 529.2 Pa。总进风段 1—2 的风阻为 0.23 $N \cdot s^2/m^8$，风量为 61.77 m^3/s，阻力为 877.6 Pa；总回风段 3—4 的风阻为 0.02 $N \cdot s^2/m^8$，阻力为 76.3 Pa。主要通风机附近的漏风量为 6.83 m^3/s，通过主要通风机的风量为 68.6 m^3/s。

如果采用增加风压的调节方法，则以阻力小的一采区的阻力值为依据，在阻力较大的二采区内安设一台辅助通风机，让辅助通风机产生的风压和主要通风机风压共同来克服二采区的阻力。布置方法有以下两种：

(1) 选择合适的辅助通风机，但不调整主要通风机的风压曲线。如图 8-10 所示，若现用主要通风机是 $70B_2$-21 型№24 号、600 r/min 的轴流式通风机，其动轮叶片安装角度是 27.5°，它的静风压特性曲线是Ⅰ曲线。可以看出，当这台主要通风机需通过 68.6 m^3/s 的风量时，能够产生的静风压 $H_{通静}=1\ 519\ \text{Pa}$，即此时通风机的工作点是 a 点。

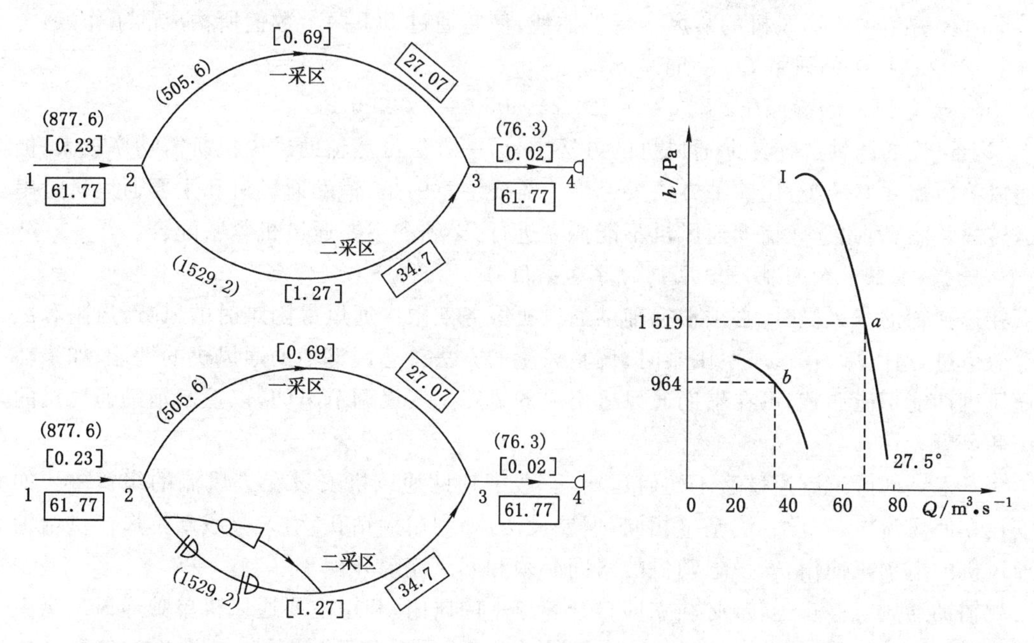

图 8-9　两采区通风系统参数简图　　　　图 8-10　主要通风机的风量风压曲线

在两个并联采区以外，总进风段和总回风段的总阻力为：

$$h_{1-2}+h_{3-4}=877.6+76.3=953.9\ \text{Pa}$$

当矿井的自然风压很小或可忽略不计时，主要通风机能够供给两个并联采区使用的剩余风压为：

$$H_{通静}-(h_{1-2}+h_{3-4})=1\ 519-953.9=565.1\ \text{Pa}$$

二采区按需通过 $34.7\ \text{m}^3/\text{s}$ 的风量时，其阻力是 $1\ 529.2\ \text{Pa}$。这个数值超出主要通风机能够供给这个采区使用的剩余风压，故需在这个采区内安置一台合适的辅助通风机。这台辅助通风机要按以下两个数值来选择：

① 通过辅助通风机的风量为二采区的风量：

$$Q_{辅}=34.7\ \text{m}^3/\text{s}$$

② 辅助通风机的全风压：

$$H_{辅全}=1\ 529.2-565.1\approx 964\ \text{Pa}$$

它的全风压特性曲线应通过或大于这两个数值所构成的工作点 b。

一采区按需通过 $27.07\ \text{m}^3/\text{s}$ 的风量时，其阻力是 $505.6\ \text{Pa}$，这个数值小于主要通风机能够供给这个采区使用的剩余风压，即 $565.1-505.6=59.5\ \text{Pa}$。

在此情况下，还要在一采区的回风流中安设调节风门，使它能够产生 $59.5\ \text{Pa}$ 的阻力。

(2) 选择合适的辅助通风机，同时调整主通风机的风压曲线。在二采区安设一台辅助通风机，这台辅助通风机需用以下两个数值来选择：

① 通过辅助通风机的风量：

$$Q_{辅}=34.7\ \text{m}^3/\text{s}$$

② 辅助通风机的全风压：

$$H_{辅全}=1\ 529.2-505.6=1\ 023.6\ \text{Pa}$$

同时要调整主要通风机的静风压特性曲线，使它通过以下两个数值所构成的工作点：

① 主要通风机的风量 $Q_{通}=34.7\ m^3/s$。

② 主要通风机的静风压 $H_{通静}=1\ 529.2-505.6=1\ 023.6$ Pa。

以上讨论的两种选择辅助通风机的方法中，后一方法虽然辅助通风机所需功率较大，但主通风机所需功率较小，比前种方法要经济。需要注意的是，辅助通风机和主要通风机是串联运转的关系，因此选择辅助通风机不能孤立进行，必须和主要通风机紧密配合。

4. 选择、安装和使用辅助通风机的注意事项

在选择辅助通风机时，必须根据辅助通风机服务期限内通风最困难时的风量、风阻和风压等数值进行计算。在通风不困难时，调整风量的方法首选调整辅助通风机的性能；如果辅助通风机性能不能调整，可在辅助通风机出风的风路上安设调节风门，以控制辅助通风机的风压和风量。

为了保证新鲜风流通过又不妨碍运输，一般把辅助通风机安设在进风流的绕道中。如果安设在回风流中，安设方法基本相同，但要设法(如利用大钻孔)引入一股新鲜风流供给辅助通风机的电动机使用，安设电动机的房间必须和回风流隔开。

如辅助通风机停止运转，必须立即打开巷道中的风门，利用主要通风机单独通风。当主要通风机停止运转时，辅助通风机也应立即停止运转，同时打开风门，以免发生相邻采区风流逆转以及循环风，并同时根据具体情况采取相应的安全措施。重新开动辅助通风机前应检查附近 20 m 以内的瓦斯浓度，只有在不超过规定时才允许开动辅助通风机。

在采空区附近的巷道中安设辅助通风机时要选择合适的位置，避开漏风区域，避免产生循环风，以免煤炭自燃。

井下通风状况不断变化，每隔一定时间，要根据通风参数检测结果及时调整主要通风机和辅助通风机的工作点，使之相互配合。另外，辅助通风机运转时将使其进风路上的风流能量降低、出风路上的风流能量提高，如果辅助通风机能力过大，就有可能使图 8-9 中 3 点的空气能量同 2 点的空气能量接近、相等甚至超过，此时一采区将风量不足、没有风流甚至发生逆转，这是安全生产所不允许的。一旦出现上述情况，可迅速增加二采区的风阻。

5. 增压调节法的优缺点及适用条件

与降阻调节法类似，增压调节法所在风路风量会增大。一般来说，它比降阻调节法施工方便、工期短，但管理工作较复杂，安全性较差。

与增阻调节法比较，增压调节法虽然增加了辅助通风机的购置费、安装费、电力费和绕道开掘等费用，但若能使主要通风机电费降低很多，考虑服务时间又长，可能还是经济的。缺点是管理工作较复杂，安全性较差，施工比较困难。

当并联风网中各条风路的阻力相差悬殊、主要通风机风压满足不了阻力较大的风路，不能采用增阻调节法，采用降阻调节法又来不及时，可采用安装辅助通风机的增压调节法。

四、各种调节方法的比较

1. 增阻调节法的优缺点与使用条件

增阻调节法简单、方便、易行、见效快，是采区巷道间的主要调节措施。但会增加矿井总风阻，减小总风量。要想保持总风量不减小，就得改变主要通风机风压特性曲线，提高风压，会增加通风电费。因此，在安排产量和布置巷道时应尽量使网孔中各风路阻力相近，尽可能

减少调节风门数量。

2. 降阻调节法的优缺点与使用条件

降阻调节法降低了矿井总风阻，矿井总风量增加。但工程量大，投资较多，施工时间长，一般在对矿井通风系统进行较大的改造时采用。通常情况下，当所需降低的阻力值不大时，应首先考虑减少局部阻力或在阻力大的巷道旁侧开掘并联巷道。在一些老矿井中，应注意利用废旧巷道。

3. 增压调节法的优缺点与使用条件

增压调节法的施工相对比较方便，并可以降低矿井总风阻，增加矿井总风量，降低矿井主要通风机能耗。但设备投资较大，通风机能耗较大，且安全管理工作较复杂，安全性较差。在我国煤矿中很少使用辅助通风机调节，在金属矿井使用较多。

任务实施

局部风量调节计算及模型实训

（一）实验目的

（1）掌握增阻调节法调节风量的原理和现场操作过程。

（2）掌握降阻调节法调节风量的原理和现场操作过程。

（二）实验设备和仪表

教学矿井模型、通风机管网系统、皮脱管、U形压差计、单管压差计、风表、空盒气压计、湿度计、胶皮管、皮尺、小钢尺、酒精、液体比重计等。

（三）实验内容和实验方法

实验内容包括以下两个步骤。

1. 步骤一

本项目实训通过矿井实训中心巷道模型进行测定，包括以下内容：

（1）测定各巷道的通风阻力；

（2）测定各巷道的通过的风量；

（3）给定已知条件进行计算。

如图8-11所示为某校实训室两个采煤工作面的通风网络图。已知两风路的风阻值 $R_1=0.6\ \mathrm{N\cdot s^2/m^8}$，$R_2=0.7\ \mathrm{N\cdot s^2/m^8}$，若总风量 $Q=5\ \mathrm{m^3/s}$，则该并联网络中自然分配的风量计算如下：

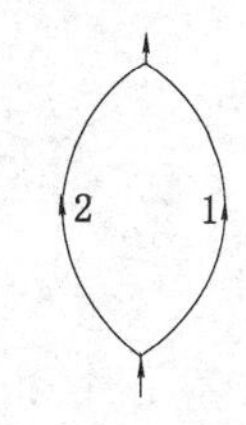

图8-11　两采煤工作面并联通风网络

第一步，计算出各分支采区（巷道）实际通过的风量。

$$Q_1=\frac{Q}{1+\sqrt{\frac{R_1}{R_2}}}=\frac{5}{1+\sqrt{\frac{0.6}{0.7}}}=2.59\ \mathrm{m^3/s}$$

$$Q_2=Q-Q_1=5-2.59=2.41\ \mathrm{m^3/s}$$

第二步，计算出各分支采区（巷道）实际需要的风量计算出各分支的通风阻力。

如按实际煤矿正常生产要求，1采区（巷道）分支的风量应为 $Q_1=2\ \mathrm{m^3/s}$，2采区（巷道）分支的风量应为 $Q_2=3\ \mathrm{m^3/s}$，按满足生产要求的风量，两分支的阻力分别为：

$$h_1=R_1Q_1{}^2=0.6\times 2^2=2.4\ \mathrm{Pa}$$

$$h_2=R_2Q_2{}^2=0.7\times 3^2=6.3\ \mathrm{Pa}$$

$$h_1 + h_{窗} = h_2 \quad 或 \quad h_{窗} = h_2 - h_1$$

即

$$h_{窗} = 6.3 - 2.4 = 3.9\ \text{Pa}$$

调节风窗的开口断面积计算如下：

当 $S_{窗}/S \leqslant 0.5$ 时：

$$S_{窗} = \frac{QS}{0.65Q + 0.84S\sqrt{h_{窗}}}$$

或

$$S_{窗} = \frac{S}{0.65 + 0.84S\sqrt{R_{窗}}}$$

当 $S_{窗}/S > 0.5$ 时：

$$S_{窗} = \frac{QS}{Q + 0.759S\sqrt{h_{窗}}}$$

或

$$S_{窗} = \frac{S}{1 + 0.759S\sqrt{R_{窗}}}$$

上例中，若1分支回风侧设置调节风窗处的巷道断面 $S_1 = 4.5\ \text{m}^2$，则调节风窗的开口断面积为：

$$\frac{S_{窗}}{S} = \frac{Q}{0.65Q + 0.84S\sqrt{h_{窗}}} = \frac{2}{0.65 \times 2 + 0.84 \times 4.5\sqrt{3.9}} = 0.24 < 0.5$$

则

$$S_{窗} = \frac{QS}{0.65Q + 0.84S\sqrt{h_{窗}}} = \frac{2 \times 4.5}{4 + 0.759 \times 4.5\sqrt{3.9}} \approx 1.12\ \text{m}^2$$

2. 步骤二

本项目实训通过矿井实训中心巷道模型进行，通风参数测定给出已知条件，由学生独立分组思考进行计算，最终完成减阻调节。

(1) 测定出各巷道的通风阻力。

(2) 测定出各巷道的通过的风量。

(3) 给定题目已知条件进行计算。

实训模型经简化后的通风系统如图8-12所示。

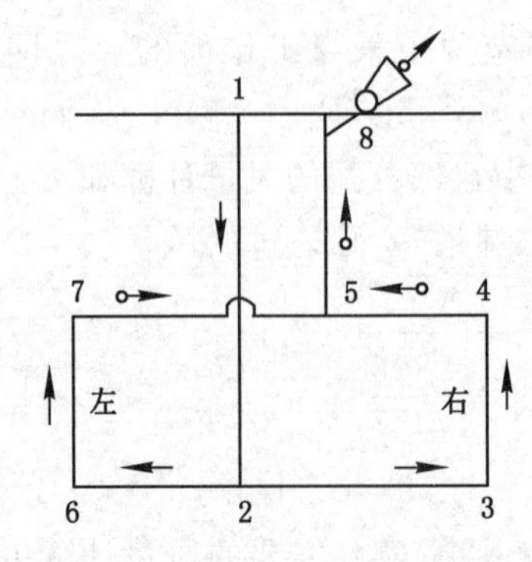

图8-12 某矿经简化后的通风系统

已知 $R_{1-2} = 0.15\ \text{N} \cdot \text{s}^2/\text{m}^8$，$R_{2-3-4} = 0.59\ \text{N} \cdot \text{s}^2/\text{m}^8$，$R_{4-5} = 1.13\ \text{N} \cdot \text{s}^2/\text{m}^8$，$R_{2-6-7-5} = 1.52$，$R_{5-8} = 0.11\ \text{N} \cdot \text{s}^2/\text{m}^8$。左右两翼需要的风量为 $Q_{左} = 23\ \text{m}^3/\text{s}$，$Q_{右} = 28\ \text{m}^3/\text{s}$，4—5

段为回风道，长为 795 m。若采用扩大 4—5 段巷道断面来调节风量，则扩大后的巷道断面积应为多少？（预计扩大后巷道的摩擦阻力系数 $\alpha'=0.012$，断面积形状仍为梯形，其断面系数 $K=4.16$）

（1）按需风量计算左右两翼风路阻力

$$h_{左}=R_{2-6-7-5}Q_{左}^{2}=804.1\ \text{Pa}$$

$$h_{右}=R_{2-3-4-5}Q_{右}^{2}=1\ 348.5\ \text{Pa}$$

（2）扩大 4—5 段断面应降低的阻力

$$\Delta h=h_{右}-h_{左}=544.4\ \text{Pa}$$

（3）4—5 段巷道断面扩大前的阻力

$$h_{4-5}=R_{4-5}Q_{右}^{2}=1.13\times 28^{2}=885.92\ \text{Pa}$$

设 R'_{4-5} 为 4—5 段扩大后的风阻，则 4—5 段扩大后的阻力为：

$$R'_{4-5}Q_{右}^{2}=h_{4-5}-\Delta h$$

$$R'_{4-5}=\frac{h_{4-5}-\Delta h}{Q_{右}^{2}}=0.44\ \text{N}\cdot\text{s}^{2}/\text{m}^{8}$$

$$S'_{4-5}=\left(\frac{\alpha' LK}{R'_{4-5}}\right)^{\frac{2}{5}}=6.1\ \text{m}^{2}$$

任务评价

学生训练成果评价表

姓名		班级		组别		得分	

评价内容	要求或依据	分数	评分标准
课堂表现	学习纪律、敬业精神、协作精神、学习方法、积极讨论等	10 分	遵守纪律，学习态度端正、认真，相互协作等满分，其他酌情扣分
口述局部风量调节方法的种类	准确口述、内容完整	20 分	根据口述准确性和完整性酌情扣分
讨论对局部调节风量的各个方法的优缺点	积极参与，全面准确	60 分	根据讨论的积极性和发言情况酌情扣分
安全意识	服从组织，照顾自己及他人，听从教师及组长指挥，积极恢复实训室原样等	10 分	根据学生表现打分

知识扩展

风量调节、测风管理制度

一、风量调节

（1）每季召开一次矿井风量平衡会，由技术矿长负责召集，通风队及通风科、安监站、调度室有关人员参加，对矿井通风系统及风量分配进行分析，找出存在的问题，制定相应的风量调节措施。

（2）按照矿井风量平衡的原则，由通风队具体负责风量调节工作。

(3) 每月不定期由分管技术的副科长负责召集通风队长、测风班长碰头会,研究采掘工作面风量分配问题。

(4) 风量调节工作要由通风副队长以上干部现场指挥,发现问题及时处理和汇报,每次调节结果要写在风量调节记录本上。

二、测风

(1) 按照有关规定,每 10 天进行一次全面测风,采掘工作面根据需要随时进行测风。

(2) 对重点工作面,在测风的同时进行矿井风压的测定,为采掘工作面防治自然发火或巷道贯通管理提供科学数据。

(3) 上井后将测风结果填写在测风记录本上,负责通风的副矿长每天要审阅测风记录,对出现的问题要及时组织人力进行处理。

思考与练习

8-1 某巷道 $ABECD$ 如图 8-13 所示,各段巷道的风阻为:$R_{A-B}=0.39$,$R_{B-E-C}=1.96$,$R_{C-D}=0.59$,单位:$N\cdot s^2/m^8$。通过 $A—D$ 巷道的风量为 10 m^3/s 。要在 $B—C$ 间开掘一条并联巷道 $B—F—C$,使 AD 间总风量增加到 15 m^3/s,若 AD 间风压保持不变,求巷道 BFC 的风阻和通过 BFC 的风量。

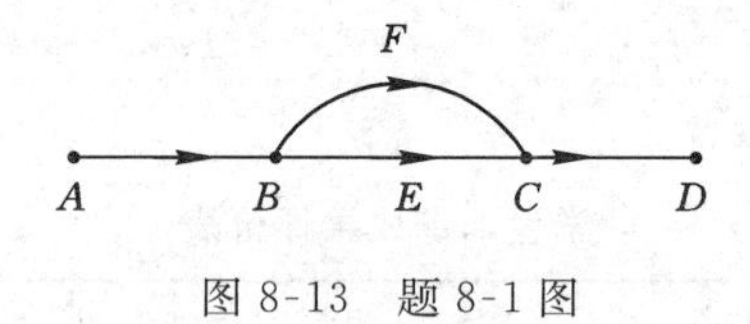

图 8-13 题 8-1 图

任务二 矿井总风量调节

知识要点

矿井总风量调节方法及原理;通风机联合运转总风量调节。

技能目标

会制定矿井总风量调节方案。

任务分析

工作面数量或位置变化,会引起全矿井风量的变化,为了使每个工作面都能满足生产需求,就要对矿井的总风量进行调节。

任务导入

(1) 矿井总风量调节法有哪些?

(2) 不同风机的总风量调节方法一样吗？

(3) 通风机联合运转的矿井总风量该如何调节？

相关知识

随着矿井生产的不断发展变化，不仅需要对矿井进行局部风量调节，当矿井（或一翼）总风量不足或过大时，也需要对矿井进行总风量（或总风压）调节。矿井总风量调节主要是通过改变主通风机的叶轮转速、轴流式风机叶片角度和离心式风机的前导器叶片角度等来改变通风机的风压特性曲线或改变主要通风机的工作风阻曲线来调整主要通风机的工况点，从而改变矿井总风量。

一、改变主通风机特性曲线

(1) 离心式通风机

对于矿井使用中的离心式通风机，其实际工作特性曲线主要决定于风机的转速。如图8-14所示，一台离心式通风机在转速为n_1时，其风压特性曲线为Ⅰ。如果实际产生的风量（Q_1）不能满足矿井需风量（Q_2），可用比例定律求出该风机所需新的转速n_2，由公式(8-9)表示：

$$n_2 = n_1 \frac{Q_2}{Q_1} \tag{8-9}$$

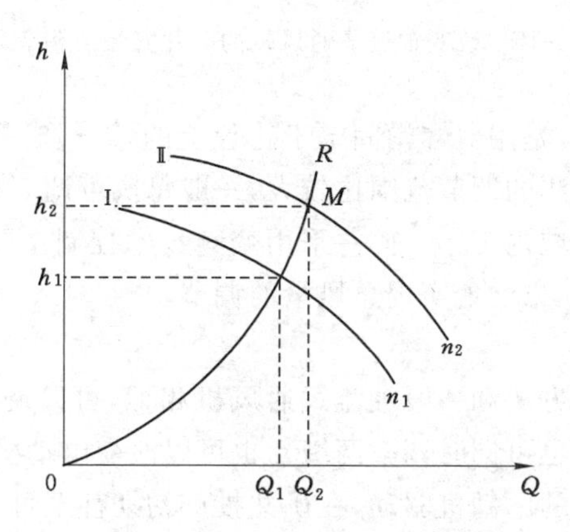

图 8-14　改变通风机的转速调节风量

绘制出新转速n_2时的全风压特性曲线Ⅱ，它和矿井总风阻曲线R的交点M即为通风机新的工作点。同时，根据新转速的效率特性曲线和功率特性曲线，检查新工作点是否在合理的工作范围内，并验算电动机的能力。

改变通风机转速是改变离心式通风机特性曲线的主要方法。其具体做法是：如果通风机和电动机之间是间接传动，可以改变传动比或改变电动机的转速；如果通风机和电动机是直接传动，则可改变电动机的转速或更换电动机。

(2) 轴流式通风机

轴流式通风机特性曲线的改变可通过通风机动轮叶片安装角和通风机转速两个因素的改变来实现，在矿井生产中，常采用改变轴流式通风机叶片安装角的方法实施调节。如图8-15所示，正常运转时，叶片安装角为θ_1(27.5°)，运转工况点为特性曲线Ⅰ′上的a点；由于生产需要，矿井总阻力增加，为保证原有的风量，主通风机运转工况点移至 b 点，此时，则把叶片安装角调整到 θ_2(30°)，才能使风压特性曲线Ⅰ通过 b 点，从而保证矿井总风量的需要。

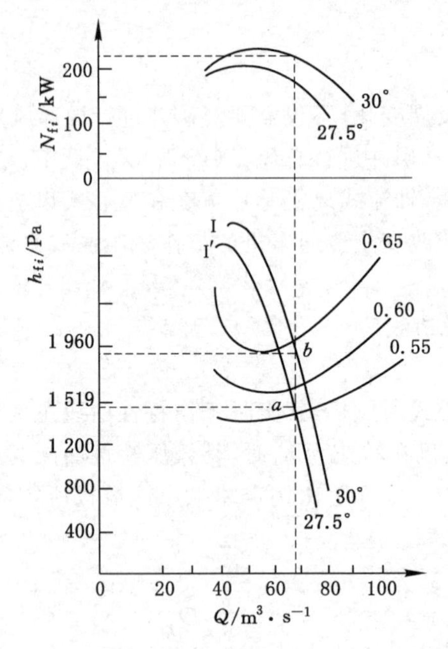

图 8-15 改变轴流式通风机的叶片安装角调节风量

轴流式通风机的叶片，是用双螺帽固定于轮毂上的，调整时只需将螺帽拧开，调整好角度后再拧紧即可。这种方法的调节范围比较大，一般每次可调 5°(每次最小可调 2.5°)，而且可使通风机在最佳工作区域内工作。矿井采用变频技术控制主要通风机的，在一定范围内也可通过调整电动机转速，方便地实现总风量的调节。

(3) 对旋式通风机

对旋式通风机其调节方法和一般轴流式通风机相似，可以调整风机两级动轮上的叶片安装角(可调整其中一级，也可同时调整两级)，也可以改变电动机的转速。由于对旋式通风机的两级动轮分别由各自的电动机驱动，在矿井投产初期甚至可单级运行。

二、改变主要通风机工作风阻

优化改变风网结构来改变矿井风阻，或调节风硐闸门等均可以改变通风机的工作风阻，从而改变通风机的工作点，改变矿井总风量。

(1) 风硐闸门调节

改变风硐闸门可以改变主要通风机的工作风阻，从而调节主要通风机的工作风量。

对于离心式风机，当所需风量变小时，可利用风硐中的闸门增加风阻，减小风量。如图 8-16 所示，R 为某矿开采初期正常的总风阻，M 点为风机的工况点，Q 为风量。如果这时所需风量降低，可降低风硐中的闸门使总风阻增大到 R_1，风机工况点移到 C，风量减少到 Q_1。反之，提升闸门减小风阻到 R_2，工作点由 M 变到 D，矿井总风量由 Q 增至 Q_2。对于轴流式风机，通风机的输入功率随风量的减小而增加，故一般不用闸门调节而多采用改变通风机的叶片安装角，或降低风机转速进行调节；对于有前导器的通风机，当需风量变小时，可用改变前导器叶片角度的方法来调节，但其调节幅度比较小。

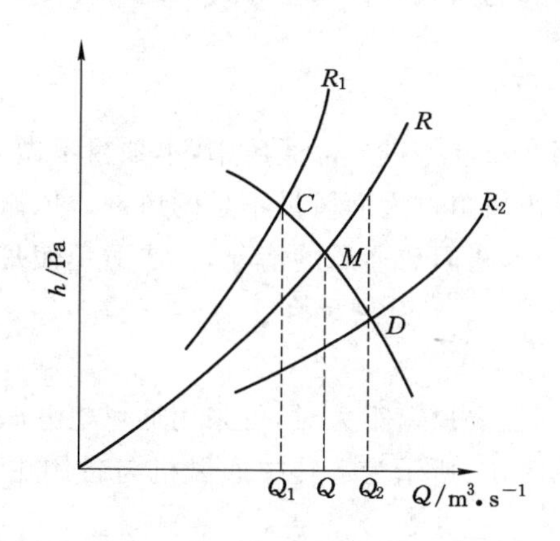

图 8-16　改变主通风机的工作风阻调节风量

（2）降低矿井总风阻

如果矿井总风量不足，降低矿井总风阻可以增大矿井总风量。如图 6-16 所示，如果能使矿井总风阻由 R 降低为 R_2，风机的工况点移到 D，风量就可以增加到 Q_2。

降低矿井总风阻一方面可降低矿井最大阻力路线上的各井巷阻力，另一方面可改善风网结构。为此应合理安排采掘接替和用风地点的配风，尽量缩短最大阻力路线的长度，避免在最大阻力路线上安设调节风窗。

当矿井要求的通风能力超过主要通风机最大潜力又无法采用其他调节法时，就必须降低矿井总风阻，以满足矿井通风要求。

三、通风机联合运转时矿井总风量调节

通风机联合运转，是指两台或两台以上的通风机通过一定的方式（串联、并联及串并联等方式）在一个风网中运行。

采用多台通风机联合运转的矿井，各台通风机之间彼此联系，相互影响，风量调节时往往需要各台通风机相互配合，以免破坏矿井通风的正常状况，影响煤矿安全生产。

1. 风机联合运转的干扰因素

根据风量平衡定律、风压平衡定律和阻力定律，网络中与某一节点（或闭合回路）相连的分支风量发生变化，也会造成同一节点（或闭合回路）上其他分支流量的变化。影响巷道中风流稳定的主要因素包括机械通风动力、自然风压、通风网络、分支风阻变化以及瓦斯等有害气体的涌出。

（1）机械通风动力的影响

风网内风机数量和性能的变化，会引起风机所在巷道以及其他分支风量变化，并影响风网内其他风机的工况点。

（2）自然风压的影响

自然风压可影响风机的工况点，引起风网中各分支风量甚至风向发生变化。

（3）分支风阻的影响

矿井风网内分支风阻变化经常发生。有些变化是计划内的，如采掘工作面的推进、采区的接替等；有些变化是随机的，如风门的开启、罐笼和车辆的运行等；还有因巷道老化而引起的风阻变化等。任何原因引起的风阻变化都会导致网内各分支风流的变化。

2. 通风机的联合运转

(1) 通风机的串联

通风机的串联主要应用在长巷掘进局部通风中,本项目不做详细讨论。

通风机串联工作适用于因风阻过大而风量不足的风网。风压特性曲线相同的通风机串联工作较好,不能出现小能力风机阻碍通风的情况,也要避免使每台通风机都工作在效率较低的工况下。

(2) 通风机的并联

当矿井通风阻力不大,而需要风量很大时,可采用通风机并联工作。通风机并联工作分为集中并联和分区并联。图 8-17 所示为运转主通风机与备用主通风机同时开动的集中并联情况。

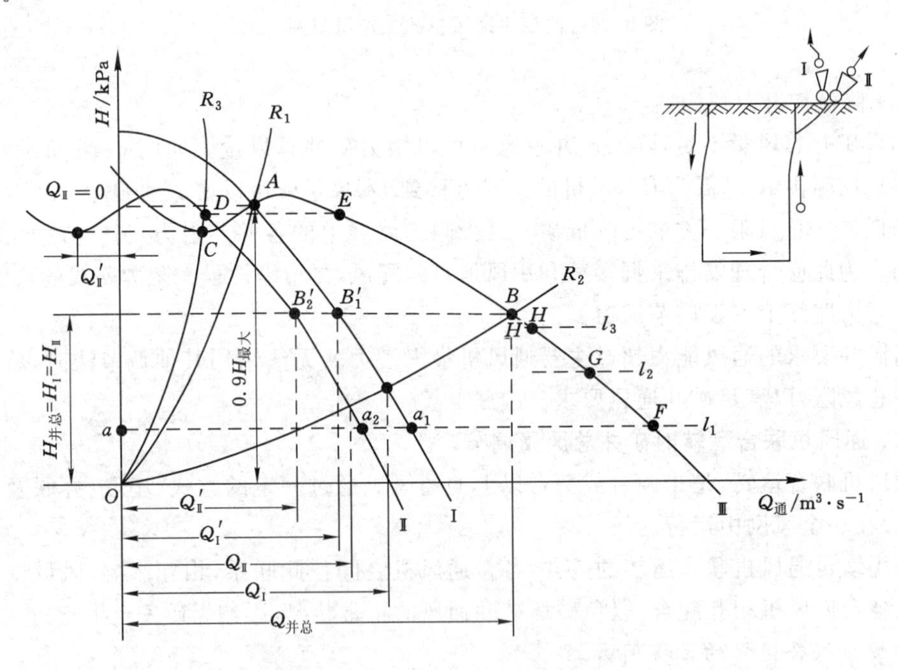

图 8-17 通风机集中并联图解分析

通风机并联工作时通风时通风机的合成特性曲线可按“风压相等、风量相加”的原则来绘制。如图所示,在 l_1 的风压等量线上,两台通风机特性曲线Ⅰ和Ⅱ上对应的风量为 aa_1 和 aa_2,将 aa_2 线段加于 aa_1 线段上即得 F 点,同理在各风压等量线 l_2、l_3 上可得 G、H 等点,将各点连接成光滑的曲线即可绘出并联工作时的合成特性曲线Ⅲ。

根据矿井通风网络风阻值的不同,通风机并联工作可能出现下述不同情况:

① 当通风网络风阻特性曲线为 R_1 时,它与合成特性曲线Ⅲ的交点 A 恰好就是通风机Ⅰ的特性曲线与同一网络风阻特性曲线的交点,此时并联通风的总风量就等于通风机Ⅰ单独工作时的风量,通风机Ⅱ通过的风量为零,不起作用,即并联通风无效。

② 当通风网络风阻特性曲线为 R_2 时,它与合成特性曲线Ⅲ的交点 B(位于 A 点右下侧)即为并联通风工作点。从 B 点作水平线与两通风机特性曲线交于 B_1' 和 B_2',由这两点

确定通过两台通风机各自风量分别为$Q_{通Ⅰ}'$和$Q_{通Ⅱ}'$，且$Q_{并总}=Q_{通Ⅰ}'+Q_{通Ⅱ}'$，$H_{并总}=H_{通Ⅰ}=H_{通Ⅱ}$。从图中可看出，通风机并联工作时的总风量$Q_{并总}$大于任一台通风机单独对该网络工作时的风量$Q_{通Ⅰ}$或$Q_{通Ⅱ}$，并且风阻R值越小，两台通风机单独对该网络工作的风量之和与并联总风量的差值越小。即通风机并联工作时，工作点在A点的右下侧时并联通风才有效，而且风阻值越小，效果越好。

③ 当通风网络风阻特性曲线为R_3时，它与合成特性曲线Ⅲ交于C点(A点左侧)。此时并联通风总风量将小于通风机Ⅰ单独对该网络工作时的风量，通风机Ⅱ出现负风量($Q_{通Ⅱ}'$)，即通风机Ⅱ并不帮助通风机Ⅰ对矿井网络通风，而成为通风机Ⅰ的进风通路，这种并联工作是不允许的。

从上述分析可知，从增加风量观点看，只要工作点位于A点的右下侧，通风机并联工作就有效。但是并联运转时还必须保证每台通风机处于稳定运转状态，为了保证通风机运转稳定，可由较小的一台通风机静压曲线Ⅱ的$0.9H$最大的D点，引平行线与合成特性曲线Ⅲ交于E点，此点即为通风机稳定工作的上临界点，即并联工作时工作点应在E点的右下侧，而不是在A点的右下侧。通风机并联工作时工作点的下临界点必须保证大通风机的效率$\eta_{静}\geqslant0.6$，小通风机的效率$\eta_{静}\geqslant0.5$。

多台通风机并联运转时，公共风路的风阻越小、各台风机的能力越接近，安全稳定运转越有保证。因此在进行通风设计时，要尽可能降低公共风路的风阻。一是要求公共风路的阻力约为小风机风压的30%，不要堆积杂物，出现冒顶、塌陷或断面变形必须及时整修；二是公共风路的断面要尽可能大、长度尽可能短，或者使矿井的进风道数量尽可能多；三是尽量使所选用的各台风机特性曲线基本相同，这就要求各采区或各翼所需要的风压和风量尽可能相等。

任务实施

矿井总风量调节计算

一、任务组织

根据学生人数分组，以能顺利开展组内讨论为宜。明确小组负责人，提出纪律要求。

利用多媒体器材和网络进行教学。

二、任务实施方法与步骤

(1) 教师讲授"相关知识"。

(2) 学生查阅"知识扩展"并展开讨论。

(3) 教师提问、学生互问，多种形式质证。

(4) 课堂互评。

三、任务实施注意事项与要求

(1) 要注意培养学生认真严谨的工作习惯和作风。

(2) 教室内应保持秩序和整洁。提醒学生注意安全、爱护物品。

(3) 要注意调动学生学习积极性，多设置开放性问题，鼓励学生积极讨论和提出问题。

(4) 教学结束，请打扫卫生，将所使用的器材恢复原样。

四、矿井总风量调节计算实训

如图8-18所示是某矿简化后的通风系统，各项实测的通风数据是：两翼风机的公风共路 1—2 的风阻 $R_{1-2}=0.05\ \text{N}\cdot\text{s}^2/\text{m}^8$。西翼主要通风机的专用风路 2—3 的风阻 $R_{2-3}=0.36\ \text{N}\cdot\text{s}^2/\text{m}^8$；西翼风机叶片角度是 35°，其静风压特性曲线是图 8-19 中的Ⅰ曲线，这台风机的风量 $Q_{\text{I}}=40\ \text{m}^3/\text{s}$，静风压 $h_{\text{I}}=1\ 058\ \text{Pa}$，风机的工作风阻 $R_{\text{I}}=1\ 058/(40)^2=0.66\ \text{N}\cdot\text{s}^2/\text{m}^8$，工况点为 a 点。

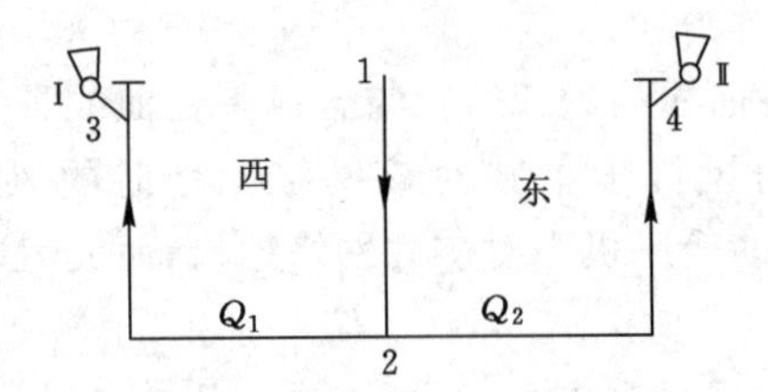

图 8-18　某矿简化的通风系统图

东翼主通风机的专用风路 2—4 的风阻 $R_{2-4}=0.33\ \text{N}\cdot\text{s}^2/\text{m}^8$；东翼风机的叶片角度是 25°，其静风压特性曲线是图 8-20 中的Ⅱ曲线，这台风机的风量 $Q_{\text{II}}=60\ \text{m}^3/\text{s}$，静风压 $h_{\text{II}}=1\ 666\ \text{Pa}$，工作风阻 $R_{\text{II}}=1\ 666/(60)^2=0.46\ \text{N}\cdot\text{s}^2/\text{m}^8$，工作风阻曲线是 R_{II} 曲线，工作点为 b 点。

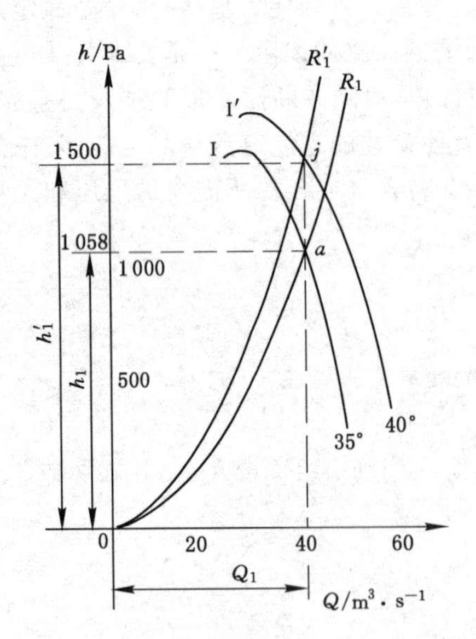

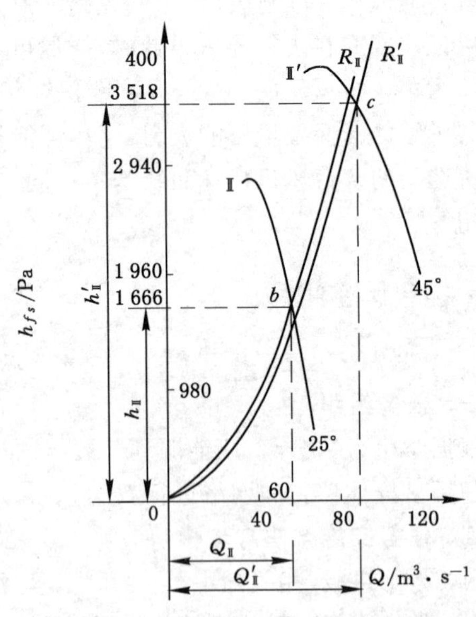

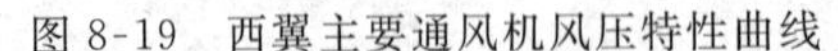

图 8-19　西翼主要通风机风压特性曲线　　图 8-20　东翼主要通风机的特性曲线

按新的生产计划要求，东翼的生产任务加大以后，由于瓦斯涌出量增加，东翼主要通风机的风量需增加到 $Q'_{\text{II}}=90\ \text{m}^3/\text{s}$。这时，为了保证东翼的风量需增加到 90 m³/s(为了简便，不计漏风)，矿井的总进风量也要增加，公共风路 1—2 的阻力和东翼主要通风机专用风路 2—4 的阻力都要变大，即风路 1—2 的阻力变为：

$$h_{1-2}'=R_{1-2}\ (Q_{\text{I}}+Q_{\text{II}}')^2=0.05\times(40+90)^2=845\ \text{Pa}$$

风路 2—4 的阻力变为：

$$h_{2-4}'=R_{2-4}\ (Q_{\text{II}}')^2=0.33\times(90)^2=2\ 673\ \text{Pa}$$

因而东翼主要通风机的静风压(为了简便，不计自然风压)变为：

$$h_{\mathrm{II}}'=h_{1-2}'+h_{2-4}'=845+2\ 673=3\ 518\ \mathrm{Pa}$$

为此需要对东翼风机进行调整。当东翼主要通风机的叶片角度调整到45°时，静风压特性曲线为Ⅱ′，当主要通风机通过90 m^3/s 的风量时，产生3 518 Pa的静风压，能够满足需要。这时东翼主要通风机的工作风阻则变为：

$$R_{\mathrm{II}}'=3\ 518/\ 90^2=0.43\ \mathrm{N\cdot s^2/m^8}$$

它的工作风阻曲线是 R_{II}' 曲线，新工况点是 c 点。

在上述东翼主要通风机特性曲线因加大风量而调整的情况下，西翼主要通风机特性曲线是否可以因风量不改变而不需要调整？如果西翼主要通风机特性曲线不调整，就成为东翼主要通风机用特性曲线Ⅱ′和西翼主要通风机特性曲线Ⅰ联合运转对该矿进行通风，下面我们将讨论这种联合运转产生的影响。

先在图8-21上画出两主要通风机的特性曲线Ⅰ和Ⅱ′，并根据各风路的风阻值画出 R_{1-2}、R_{2-3} 和 R_{2-4} 三条风阻曲线。

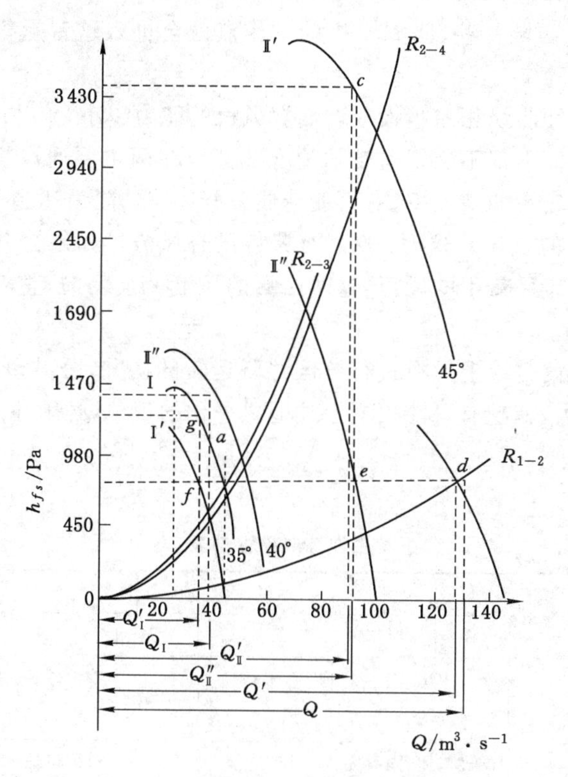

图8-21　两通风机联合运转产生的影响

风路2—3的风量就是西翼主要通风机的风量，而这条风路的阻力要由西翼主要通风机总风压中的一部分来克服，即风路2—3的风阻曲线 R_{2-3} 和西翼主要通风机特性曲线Ⅰ之间是串联关系。因此，可用Ⅰ和 R_{2-3} 两曲线按照“风量相同，风压相减”的转化原则，绘出西翼主要通风机特性曲线Ⅰ为风路2—3服务以后的剩余特性曲线Ⅰ′(又名转化曲线)。

同理，用东翼风机特性曲线Ⅱ′和风路2—4的风阻曲线 R_{2-4}，按照上述串联转化原则，画出东翼主要通风机为风路2—4服务以后的剩余特性曲线Ⅱ″。此时就好比把两翼风机都搬到两翼分风点上，Ⅰ′和Ⅱ″两条曲线就是这两台风机为公共风路1—2服务的特性曲线。

风路1—2的风量由两风机共同供给，阻力由两风机共同承担，就好比两风机搬到分风点后，用它们的剩余特性曲线Ⅰ′和Ⅱ″并联后的特性曲线为风路1—2服务。曲线Ⅰ′和Ⅱ″按照“风压相等，风量相加”的并联原则，画出它们的并联特性曲线Ⅲ，它和风路1—2的风阻曲线R_{1-2}相交于d点，自d点画垂直线和横坐标相交得出矿井总风量$Q'=127\ m^3/s$，自d点画水平线分别交Ⅱ″和Ⅰ′两曲线于e和f两点，自这两点画垂直线和横坐标相交得出东翼的风量$Q''_{Ⅱ}=90.7\ m^3/s$，西翼的风量$Q'_{Ⅰ}=36.3\ m^3/s$。

以上说明，在上述具体条件下，当东翼风机特性曲线调整到Ⅱ′而西翼风机特性曲线不做相应调整时，则矿井的总风量下降（Q'比Q小3 m^3/s），通过西翼的风量供不应求（$Q'_{Ⅰ}$比$Q_{Ⅰ}$小3.7 m^3/s），而通过东翼的风量却供大于求（$Q''_{Ⅱ}$比$Q'_{Ⅱ}$大0.7 m^3/s）。

此外，从图中可以看出，公共风路1—2的风阻曲线R_{1-2}越陡，调整后的矿井总风量Q'越小。此时不仅西翼所需风量不能保证，而且东翼所需风量也不能满足。为安全运转起见，一般每台风机实际使用的风压不得大于其特性曲线上最大风压的90%。从图中还可以看出，只要风阻曲线R_{1-2}再陡一些，西翼风机的工作点就会进入这台风机特性曲线的不安全工作区段，使其运转不稳定。

此外，两台风机特性曲线相差越大或者西翼风机的能力越小，矿井所需要的风量就越难保证，西翼风机也有可能出现不稳定运转的情况。甚至在两主要通风机的特性曲线相差较大，且公共风路的风阻较大的情况下，有可能造成公共风路的阻力达到西翼风机零风量下的风压（即风量等于零时的风压），这时，整个西翼将没有风流。如果公共风路的阻力继续增大，甚至大于西翼风机零风量下的风压，这时西翼的风流就会反向，整个西翼变为东翼进风路线之一。

因此，对于两台或两台以上风机进行分区并联运转的矿井，公共风路的风阻越大，各风机的特性曲线相差越大，就越有可能出现上述通风恶化的现象，必须注意预防。

任务评价

学生训练成果评价表

姓名		班级		组别		得分	
评价内容	要求或依据	分数	评分标准				
任务实施过程表现	学习纪律、敬业精神、协作精神、学习方法、安全文明意识等	10分	遵守纪律，学习态度端正、认真，相互协作等满分，其他酌情扣分				
矿井总风量调节	准确口述、内容完整	30分	根据口述准确性和完整性酌情扣分				
矿井总风量调节计算	步骤准确	50分	根据步骤准确性和完整性酌情扣分				
课后评价和习题	客观评价、认真做课后习题	10分	根据步骤准确性和完整性酌情扣分				

知识扩展

降阻法在风量调节中的应用

一、基本情况

某矿于1984年投产，矿井初步设计充分考虑了技术可行性和经济合理性，通风方法为抽出式分区通风，采用 70B-21-№28 型风机，电动机功率 630 kW，按照设计要求，投产 30 a 内主要通风机能力完全满足要求。随着矿井生产布局的调整，南翼需风量增加，将主要通风机风叶角度由原来的 42°调整到 45°（扭曲型风叶），负压由原来的 180 mmH_2O 加至 220 mmH_2O，风量由 7 600 m^3/ min 增加到 8 900 m^3/ min，总风量基本满足了生产要求。但主要通风机运行一段时间后，出现了电动机轴瓦发热、启动困难等情况，显然主要通风机电动机负荷过大、能力不足，已成为矿井最大的安全隐患。

二、解决方案

1. 通风机运转调节特性曲线分析

在局部风量调节中，经常采用降低巷道风阻而增加巷道的风量，从而达到风路系统的平衡。将这一方法应用于整个系统中，将所有直接通过南翼总回风大巷的各个独立回风道全部调整，其中最小断面独立回风道（没有设置调节窗）扩大断面，其他独立回风道调节窗以此为依据，根据风量要求依次放大，逐步使网络系统达到新的平衡，从而达到总阻力降低、风量按计划分配、总风量增加的目的。

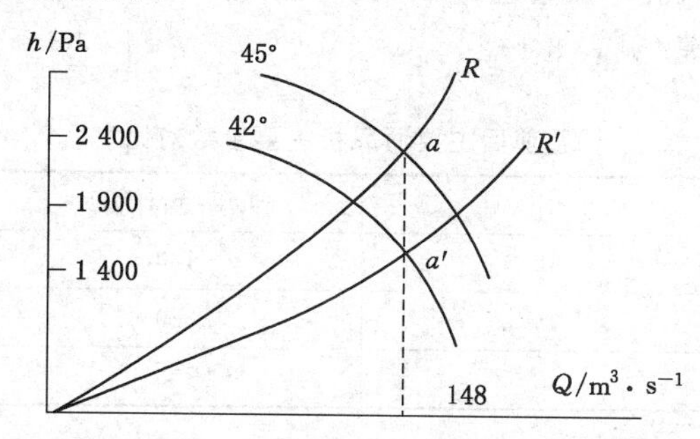

图 8-22　通风机运转调节特性曲线

理论分析：a 为风叶角度 45°、负压 2 200 Pa、风量 148 m^3/s（ 8 900 m^3/min ）时风机的实际工况点，此时风量足够但主要通风机电动机负荷过大，需降低矿井的阻力。新的理想工况点为 a'，即保持风量不变、风叶角度调为 42°，此时矿井风阻应降为 R'。

2. 通风网络分析

南翼设进风轨道大巷和南总回风巷各一条，服务的南三、四、五、六盘区，全部由轨道大巷经进风斜坡进风，分 5 个区域，经 5 个独立回风道从南总回风巷回风，最后至主要通风机排风。5 个独立回风道，1 分支为回风立眼，断面最小，无调节窗；其他 4 个设有调节窗（见图 8-23、图 8-24）。

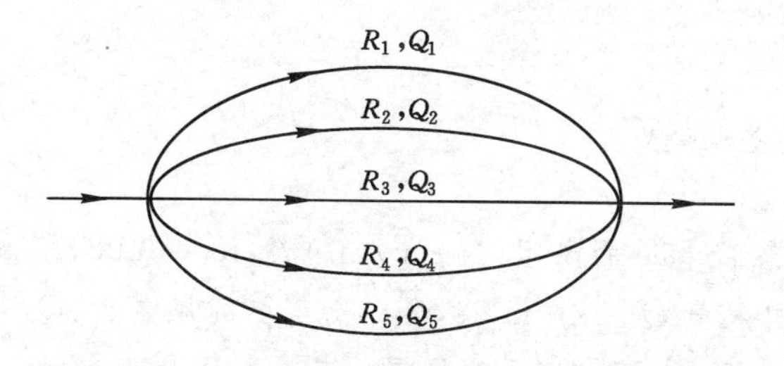

图 8-23　调节前通风网络状况

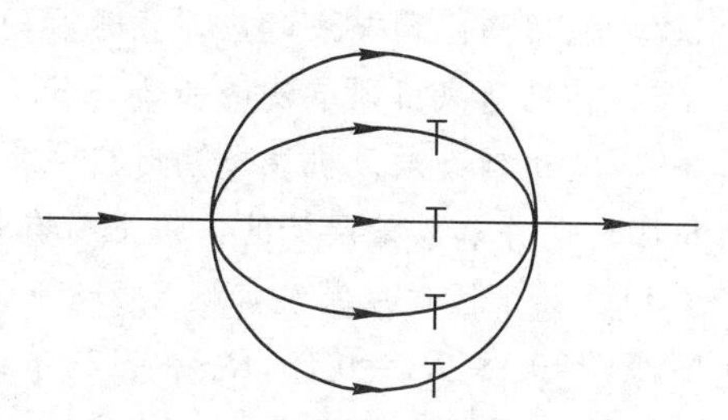

图 8-24　南总回风大巷并联分支网络

由图 8-23 可知：$h_1=R_1Q_1^2$，$h_2=R_2Q_2^2$，$h_3=R_3Q_3^2$，$h_4=R_4Q_4^2$，$h_5=R_5Q_5^2$，其中，$R_1 \sim R_5$分别为 5 个独立回风道风阻，$Q_1 \sim Q_5$分别为 5 个独立回风道的风量。当扩大回风立眼 1 断面后，R_1减小、Q_1增大，$Q_2 \sim Q_5$减小，网络失衡。依次将其他支路(独立回风道)调节窗放大，使得$R_2 \sim R_5$减小、$Q_2 \sim Q_5$增大、Q_1减小，最后调至Q_1、Q_2、Q_3、Q_4、Q_5全部按计划配风量配风后，网络重新达到平衡。在满足风量要求的情况下，会降低南翼通风总阻力，从而降低主要通风机负压。

3. 组织措施

经过分析认为，用降阻调节增风降压的方案可行。首先将主要通风机风叶角度调回到 42°，以南 8# 回风立眼为网络中的R_1，其他调节窗依次为南 9# 回风立眼、南六 2# 斜坡独立回风道、南三盘区独立回风道、南一盘区独立回风道。要求 5 个独立回风道风量按计划配风风量达到预期数值，主要通风机总风量增加，负压有效降低，主要通风机电动机负荷减小。

三、调节效果

经过调节，主要通风机总风量达到 8 890 m^3/min，负压下降至 185 mmH_2O，主要通风机电动机运转平稳无异常(见表 8-1)。

表 8-1　　调整前后主要通风机主要参数对比表

状态	风叶角度/(°)	负压/mmH_2O	风量/$m^3 \cdot min^{-1}$
原始状态	42	180	7 600
调节前	45	220	8 900
调节后	42	185	8 890

调节效果：负压基本不变情况下，总风量增加 1 290 m^3/min，缓解了主要通风机能力不足的状况，保证了安全生产。

思考与练习

8-2　什么是局部风量调节？什么是矿井总风量调节？二者有什么不同？

8-3　增阻调节法的实质是什么？

8-4　增阻调节法对矿井通风网络有什么影响？

8-5　使用增阻调节法对应注意哪些问题？

8-6　降阻调节法的实质是什么？

8-7　使用降阻调节法时应注意哪些问题？

8-8　辅助通风机调节法的实质是什么？

8-9　使用辅助通风机调节法时应注意哪些问题？

8-10　矿井总风量调节的方法主要有哪些？

8-11　某采区通风系统如图 8-25 所示，各段巷道的风阻($N \cdot s^2/m^8$)为：$R_1=0.08$，$R_2=0.15$，$R_3=0.18$，$R_4=0.15$，$R_4=0.10$，系统总风量$Q_1=40\ m^3/s$，各分支需要的风量为：$Q_2=15\ m^3/s$，$Q_3=20\ m^3/s$，$Q_I=5\ m^3/s$。若采用风窗调节(风窗设置处巷道断面积为$S=4\ m^2$)，应如何设置风窗？风窗的面积值为多少？调节后系统的总风阻、总等积孔为多少？

8-12　如图 8-26 所示的通风系统，已知：$R_{BCE}=1.5\ N \cdot s^2/m^8$，$R_{BDE}=0.9\ N \cdot s^2/m^8$，

$L_{BCE}=1\ 500$ m，$L_{BDE}=1\ 000$ m。因生产需要，两分支 BCE、BDE 的风量均为 20 m^3/s，若采用全长扩大断面的调节措施，需要在哪个分支上扩大断面？断面扩大到多少（扩大后巷道断面形状为梯形，$\alpha=0.02$）？

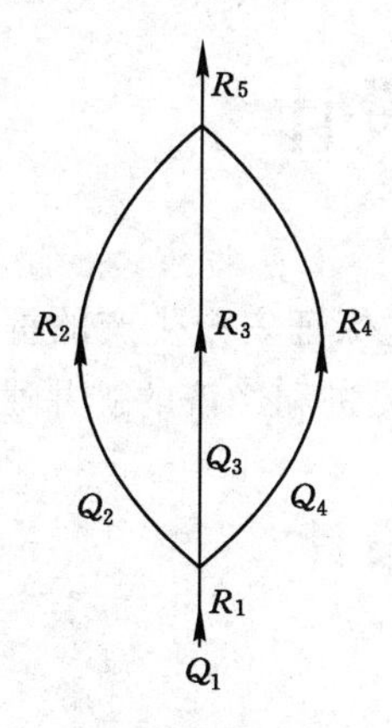

图 8-25　题 8-11 图

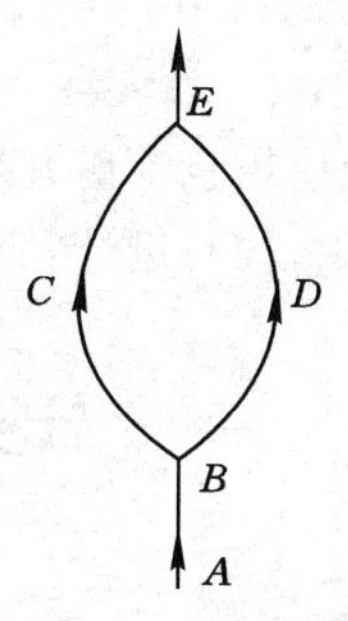

图 8-26　题 8-12 图

8-13　某巷道通风系统如图 8-27 所示，已知各分支风阻（$N\cdot s^2/m^8$）为：$R_1=1.2$，$R_2=0.4$，$R_3=R_4=3.2$，$R_5=0.6$，$R_6=2.8$，$R_7=0.3$。各分支需要的风量为：$Q=30$ m^3/s，$Q_2=10$ m^3/s，$Q_6=20$ m^3/s。若采用辅助通风机法调风量，试计算辅助通风机的风压及调节后系统的总阻力。

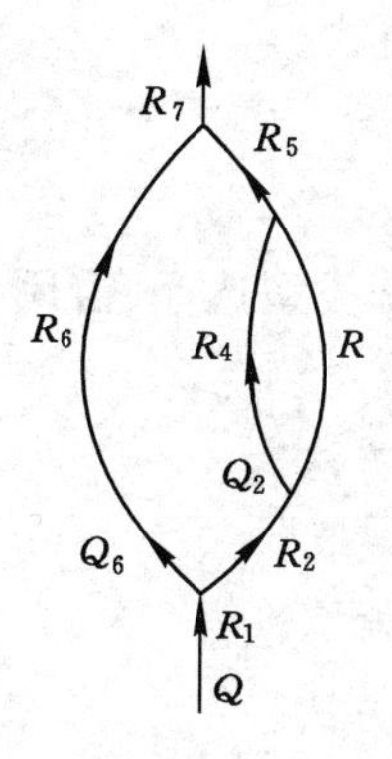

图 8-27　题 8-13 图

项目九　矿井通风设计

矿井通风设计是整个矿井设计内容的重要组成部分，是保证安全生产的重要环节。因此，必须周密考虑，精心设计，力求建立一个安全可靠、技术先进和经济的矿井通风系统。

任务一　矿井通风系统设计

知识要点

拟定矿井通风系统的原则和方法；矿井总风量的计算和分配方法；矿井通风总阻力的计算原则和方法；选择矿井通风设备的原则和方法；矿井通风费用概算。

技能目标

掌握矿井通风系统设计的原则、步骤和方法；掌握矿井风量计算与分配、总阻力计算、通风设备选型计算等知识。

任务分析

矿井通风系统设计，涉及通风系统类型选择、需风量确定以及通风设备选型等问题，需要掌握以下内容：

(1) 拟定矿井通风系统的原则和方法。

(2) 矿井总风量的计算和分配方法。

(3) 矿井通风总阻力的计算原则和方法。

(4) 选择矿井通风设备的原则和方法。

(5) 概算矿井通风费用。

任务导入

矿井通风设计分为新建、改建或扩建矿井通风设计。对于新建矿井的通风设计，既要考虑当前的需要，又要考虑长远发展的可能。对于改建或扩建矿井的通风设计，必须对矿井原有的生产与通风情况做出详细的调查，分析通风存在的问题，考虑矿井生产的特点和发展规划，充分利用原有的井巷与通风设备，在原有基础上提出更完善、更切合实际的通风设计。

相关知识

新建矿井通风设计一般分基建和生产两个时期，分别进行设计。

矿井基建时期的通风多用局部通风机对独头巷道进行通风。当主要进回风井筒贯通、主要通风机安装完毕后，便可用主要通风机对已开凿的井巷实行全风压通风，从而缩短其余井巷与硐室掘进时局部通风的距离。

矿井生产时期的通风设计，根据矿井生产年限的长短而采用不同的方法。矿井服务年限不长时(15～20 a)，只做一次通风设计。矿井服务年限较长时，考虑到通风机设备选型、矿井所需风量、风压的变化等因素，分为两期进行通风设计。第一期为矿井生产初期(如第一水平)，对该时期内通风容易和通风困难两种情况做详细的设计；第二期为矿井生产后期(如第二水平)，该时期的通风设计只做一般原则规划，但应根据矿井整个生产时期的技术经济因素，做出全面考虑，使确定的通风系统既可适应现时生产要求，又能照顾长远的生产发展与变化。

矿井通风设计的内容包括确定矿井通风系统，矿井总风量的计算和分配，矿井通风阻力计算，选择通风设备，概算矿井通风费用。

矿井通风设计的主要依据是：矿区气象资料；井田地质地形；煤层瓦斯风化带垂深、各煤层瓦斯含量、瓦斯压力及梯度等；煤层自然发火倾向，发火周期；煤尘爆炸危险性及爆炸指数；矿井设计生产能力及服务年限；矿井开拓方式及采区巷道布置，回采顺序、开采方法；矿井巷道断面图册；矿区电费。

矿井通风设计应满足以下要求：

(1) 将足够的新鲜空气有效地送到井下工作场所，保证安全生产和创造良好的工作条件；

(2) 通风系统简单，风流稳定，易于管理，具有抗灾能力。

(3) 发生事故时，风流易于控制，人员便于撤出。

(4) 有符合规定的井下安全与环境监测系统或检测措施。

(5) 系统的基建投资省、营运费用低、综合经济效益好。

一、拟定矿井通风系统

拟定矿井通风系统主要是拟定进风井与回风井的布置方式、矿井风流路线、矿井主要通风机的工作方法，这是矿井通风设计的基础。

矿井通风系统应和矿井开拓、开采设计一起考虑，并通过技术、经济比较之后确定。确定通风系统应考虑的原则包括：保证井下工作人员享有最大的安全性；通风系统稳定可靠，不因空气的温度变化、辅助通风机的运动或停止等影响而发生变动；通风费用最小；等等。

(一) 拟定矿井通风系统的基本要求

(1) 每个矿井必须至少要有两个能行人的通达地面的安全出口，各个出口之间的距离不得少于 30 m。新建和改扩建矿井，如果采用中央式通风时，还要在井田边界附近设置安全出口；当井田一翼走向较长，矿井发生灾害不能保证人员安全撤出时，必须掘出井田边界附近的安全出口。井下每一个水平到上一个水平和每个采区至少都必须有两个便于行人的安全出口，并与通达地面的安全出口相连通。通到地面的两个安全出口和两个水平间的安全出口，都必须有便于行人的设施(台阶和梯子间等)。

(2) 风井位置要在洪水位标高以上(大中型矿井考虑百年一遇、小型矿井五十年一遇)，进风井口必须避免污染空气进入，距有害气体源的地点不得小于 500 m。井口工程地质及井筒施工地质条件简单，占地少，压煤少，交通方便，便于施工。

(3) 箕斗提升井一般不应兼作进风井或出风井。如果井上、下装卸载装置和井塔有完善的封闭措施，其漏风不超过 15%，并有可靠的防尘措施，箕斗井可以兼作出风井；若井筒中风速不超过 6 m/s，有可靠的降尘措施，保证粉尘浓度符合工业卫生标准，箕斗井可以兼作进风井。

带式输送机斜井一般不得兼作风井。如果带式输送机斜井中的风速不超过 4 m/s，并有可靠的防尘措施和防火措施，可以兼作进风井；如果带式输送机斜井中的风速不超过 6 m/s，并装有甲烷断电仪，可以兼作回风井。

(4) 所有矿井都要采用机械通风，主要通风机必须安装在地面。新建矿井不宜在同一井口选用几台主要通风机联合运转。

(5) 不宜把两个可以独通风的矿井合并为一个通风系统；若有几个出风井，则自采区到各个出风井的风流需保持独立；各工作面的回风在进入采区回风道之前、各采区的回风在进入回风水平之前都不能任意贯通；下水平的回风流和上水平的进风流必须严格隔开；在条件允许时，要尽量使总进风早分开，总回风晚汇合。

(6) 采用分区式(多台主要通风机)通风时，为了保证联合运转的稳定性，总进风道的断面不宜过小，尽可能减少公共风路的风阻；各分区主要通风机的回风流、中央主要通风机每一翼的回风流都必须严格隔开。

(7) 尽可能降低通风阻力。尽量采用并联通风，并使主要并联风路的风压大致相等，以避免过多的风量调节。尽可能利用旧巷道通风。

(8) 尽可能避免设置大量风桥和风门或采用容易引起大量漏风的通风系统。

(9) 井下爆炸材料库必须有单独的进风流，回风必须引进矿井主要回风道。井下充电硐室必须独立通风，回风风流应引入回风巷。

(二) 确定矿井通风系统的方法

依据矿井通风设计的条件，提出多个技术上可行的方案。首先根据矿井生产实际，选定 2～3 个技术上可行且符合安全要求的方案(附通风系统图、通风网络图、通风立体示意图)进行经济比较，将最优方案确定为设计方案。矿井通风系统应具有较强的抗灾能力，当井下发生灾害性事故后，所确定的通风系统能将灾害控制在最小范围，并能迅速恢复生产。

二、计算和分配矿井总风量

(一) 矿井需风量的计算原则

矿井需风量应按照“由里往外”的计算原则，先计算确定采掘工作面、硐室和其他用风地点的实际最大需风量总和，再考虑一定的备用风量系数后，计算出矿井总风量。

各用风地点的需风量应考虑至少满足以下两个方面的要求：

(1) 按该用风地点同时工作的最多人数计算，每人每分钟供给风量不得少于 4 m^3。

(2) 按该用风地点风流中的瓦斯、二氧化碳和其他有害气体浓度，风速以及温度等都符合《煤矿安全规程》的有关规定分别计算，取其最大值。

(二) 矿井需风量的计算方法

矿井所需风量按以下方法计算，并取其中最大值。

1. 按井下同时工作的最多人数

由公式(9-1)计算得出：

$$Q_{矿} = 4NK \tag{9-1}$$

式中　$Q_{矿}$——矿井总供风量，m^3/min。

N——井下同时工作的最多人数。

4——每人供风标准，m^3/min。

K——矿井通风系数。采用压入式和中央并列式通风时，可取1.20～1.25；采用中央分列式或混合式通风时，可取1.15～1.20；采用对角式或区域式通风时，可取1.10～1.15。上述备用系数在矿井产量 $T \geqslant 0.9$ Mt/a 时取小值；$T < 0.90$ Mt/a 时取大值。

2. 按采煤、掘进、硐室等处实际需风量计算

(1) 采煤工作面需风量的计算

采煤工作面的需风量应按下列因素分别计算，并取其中最大值。

① 按瓦斯(二氧化碳)涌出量由公式(9-2)计算得出：

$$Q_{采} = 100Q_{CH_4}K_{CH_4} \tag{9-2}$$

式中　$Q_{采}$——采煤工作需要风量，m^3/min。

Q_{CH_4}——采煤工作面瓦斯(二氧化碳)绝对涌出量，m^3/min。

K_{CH_4}——采煤工作面因瓦斯(二氧化碳)涌出量不均匀的备用风量系数，即该工作面瓦斯绝对涌出量的最大值与平均值之比。通常，机采工作面可取1.2～1.6；炮采工作面可取1.4～2.0；水采工作面可取2.0～3.0。生产矿井可根据各个工作面正常生产条件时，至少进行五昼夜的观测，得出五个比值，取其最大值。

② 按工作面进风流温度计算。采煤工作面应有良好的气候条件，其进风流温度可根据风流温度预测方法进行计算。其气温与风速应符合表9-1的要求。

表9-1　采煤工作面空气温度与风速对应表

采煤工作面进风流气温/℃	采煤工作面风速/$m \cdot s^{-1}$
<15	0.3～0.5
15～18	0.5～0.8
18～20	0.8～1.0
20～23	1.0～1.5
23～26	1.5～1.8

采煤工作面的需风量根据表9-1确定的适宜风速 $v_{采}$ 按公式(9-3)计算：

$$Q_{采} = 60v_{采}S_{采}K_{采}, \quad m^3/min \tag{9-3}$$

式中　$v_{采}$——采煤工作面适宜风速，m/s；

$S_{采}$——采煤工作面平均有效断面，按最大和最小控顶有效断面的平均值计算，m^2；

$K_{采}$——采煤工作面长度风量系数，按表9-2选取。

表 9-2　　采煤工作面长度风量系数表

采煤工作面长度/m	工作面长度风量系数
＜50	0.8
50～80	0.9
80～120	1.0
120～150	1.1
150～180	1.2
＞180	1.30～1.40

③ 按炸药使用量根据公式(9-4)计算：

$$Q_{采}=25A_{采}, \quad m^3/min \tag{9-4}$$

式中　25——每使用 1 kg 炸药的供风量，m^3/min

$A_{采}$——采煤工作面一次爆破使用的最大炸药量，kg。

④ 按工作人员数量根据公式(9-5)计算：

$$Q_{采}=4n_{采}, \quad m^3/min \tag{9-5}$$

式中　4——每人应供给的最低风量，m^3/min；

$n_{采}$——采煤工作面同时工作的最多人数。

⑤ 按风速验算。按最低风速验算各个采煤工作面的最小风量，根据公式(9-6)计算：

$$Q_{采}\geqslant 60\times 0.25\times S_{采} \tag{9-6}$$

按最高风速验算各个采煤工作面的最大风量，根据公式(9-7)计算：

$$Q_{采}\leqslant 60\times 4\times S_{采} \tag{9-7}$$

采煤工作面有串联通风时，按其中需风量最大的计算。备用工作面亦按上述要求，并满足瓦斯(二氧化碳)、风流温度和风速等规定计算需风量，且不得低于其回采时需风量的 50%。

(2) 掘进工作面需风量计算

煤巷、半煤岩巷和岩巷掘进工作面的风量，应按下列因素分别计算，取其最大值。

① 按瓦斯(二氧化碳)涌出量，根据公式(9-8)计算：

$$Q_{掘}=100Q_{CH_4}K_{掘} \tag{9-8}$$

式中　$Q_{掘}$——掘进工作面实际需风量，m^3/min。

Q_{CH_4}——掘进工作面平均绝对瓦斯涌出量，m^3/min。

$K_{掘}$——掘进工作面因瓦斯涌出量不均匀的备用风量系数，即掘进工作面最大绝对瓦斯涌出量与平均绝对瓦斯涌出量之比。通常，机掘工作面取 1.5～2.0；炮掘工作面取 1.8～2.0。

② 按炸药使用量，根据公式(9-9)计算：

$$Q_{掘}=25A_{掘}, \quad m^3/min \tag{9-9}$$

式中　25——使用 1 kg 炸药的供风量，m^3/min；

$A_{掘}$——掘进工作面一次爆破所用的最大炸药量，kg。

③ 按局部通风机吸风量，根据公式(9-10)计算：

$$Q_{掘}=Q_{通}IK_{通} \tag{9-10}$$

式中　$Q_{掘}$——掘进工作面局部通风机额定风量，m^3/min；

I ——掘进工作面同时运转的局部通风机台数；

$K_{通}$——为防止局部通风机吸循环风的风量备用系数，一般取 1.2～1.3，进风巷中无瓦斯涌出时取 1.2，有瓦斯涌出时取 1.3。

④ 按工作人员数量，根据公式(9-11)计算：

$$Q_{掘}=4n_{掘},\quad m^3/min \tag{9-11}$$

式中　$n_{掘}$——掘进工作面同时工作的最多人数。

⑤ 按风速进行验算。

岩巷掘进工作面的风量应满足：

$$60\times 0.15\times S_{掘}\leqslant Q_{掘}\leqslant 60\times 4\times S_j$$

煤巷、半煤岩巷掘进工作面的风量应满足：

$$60\times 0.25\times S_{掘}\leqslant Q_{掘}\leqslant 60\times 4\times S_j$$

式中　$S_{掘}$——掘进工作面巷道过风断面积，m^2。

(3) 硐室需风量

各个独立通风的硐室供风量，应根据不同的硐室分别计算。

① 井下爆炸材料库

按库内空气每小时更换 4 次计算：

$$Q_{硐}=\frac{40V}{60} \tag{9-12}$$

式中　$Q_{硐}$——爆破材料库供风量，m^3/min；

V ——爆破材料库总容积，m^3。

② 充电硐室

按其回风流中氢气浓度小于 0.5%计算：

$$Q_{硐}=20q_{H_2},\quad m^3/min \tag{9-13}$$

式中　q_{H_2}——充电硐室在充电时产生的氢气量，m^3/min。

通常充电硐室的供风量不得小于 100 m^3/min。

③ 机电硐室

按硐室中运行的机电设备发热量计算：

$$Q_{硐}=\frac{3\,600\times\theta\sum W}{60\rho C_p\Delta t},\quad m^3/min \tag{9-14}$$

式中　$\sum W$ ——机电硐室中运转的电动机(变压器)总功率(按全年中最大值计算)，kW；

θ ——机电硐室发热系数，可依据实测由机电硐室内机械设备运转时的实际发热量转换为相当于电器设备容量做无用功的系数确定，也可按表 9-3 选取；

ρ ——空气密度，一般取 $\rho=1.2\ kg/m^3$；

C_p——空气的定压比热，一般可取 $C_p=1.000\ kJ/(kg\cdot k)$；

Δt ——机电硐室进、回风流的温度差，℃；

3 600——热功当量，1 kW·h=3 600 kJ。

表 9-3　　机电硐室发热系数(θ)表

机电硐室名称	发热系数(θ)
空气压缩机房	0.15～0.23
水泵房	0.01～0.04
变电所、绞车房	0.02～0.04

采区小型机电硐室,可按经验值确定风量,一般为 60～80 m^3/min。

(4) 其他巷道需风量计算

井下其他巷道的需风量,应根据巷道的瓦斯(二氧化碳)涌出量和风速分别计算,并取其中的最大值。

① 按瓦斯(二氧化碳)涌出量计算

$$Q_{他} = 133 q_{他} K_{他} \tag{9-15}$$

式中 $Q_{他}$——其他巷道需风量,m^3/min;

133——其他巷道中瓦斯浓度不超过 0.75%所换算的系数;

$q_{他}$——用风巷道的绝对瓦斯(二氧化碳)涌出量,m^3/min;

$K_{他}$——其他巷道因瓦斯涌出不均匀的备用风量系数,一般取 $K_{他}=1.2\sim1.3$。

② 按最低风速验算

$$Q_{他} \geqslant 60 \times 0.15 S, \quad m^3/min \tag{9-16}$$

式中 S——井巷净断面积,m^2。

新建矿井,其他用风巷总需风量难以计算时,也可按采煤、掘进、硐室的需风量总和的 3%～5%估算。

矿井总进风量应按采煤、掘进、独立通风硐室及其他地点实际需风量的总和计算。

$$Q_{矿} = (\sum Q_{采} + \sum Q_{掘} + \sum Q_{硐} + \sum Q_{他}) \cdot K \tag{9-17}$$

式中 $\sum Q_{采}$——采煤工作面、备用工作面需风量之和,m^3/min;

$\sum Q_{掘}$——掘进工作面需风量之和,m^3/min;

$\sum Q_{硐}$——独立通风硐室需风量之和,m^3/min;

$\sum Q_{他}$——其他用风地点需风量之和,m^3/min;

K——矿井通风系数,抽出式 K 取 1.15～1.20,压入式 K 取 1.25～1.30。

(三) 矿井总风量的分配

1. 分配原则

矿井总风量确定后,分配到各用风地点的风量,应不得低于其计算的需风量;所有巷道都应分配一定的风量;分配后的风量,应保证井下各处瓦斯及其他有害气体浓度、风速等满足《煤矿安全规程》的各项要求。

2. 分配的方法

首先按照采区布置图,对各采掘工作面、独立回风硐室按其需风量配给风量,余下的风量按采区产量、采掘工作面数目、硐室数目等分配到各采区,再按一定比例分配到其他用风地点,用以维护巷道和保证行人安全。风量分配后,应对井下各通风巷道的风速进行验算,使其符合《煤矿安全规程》对风速的要求。

三、计算矿井通风阻力

(一) 矿井通风总阻力的计算原则

(1) 如果矿井服务年限不长(10～20 a),选择达到设计产量后通风容易和困难两个时期分别计算其通风阻力;若矿井服务年限较长(30～50 a),一般只计算头15～25 a通风容易和困难两个时期的通风阻力。为此,必须先绘出这两个时期的通风网络图。

(2) 通风容易和通风困难两个时期总阻力的计算,应沿着这两个时期的最大通风阻力风路,分别计算各段井巷的通风阻力,然后累加起来,作为这两个时期的矿井通风总阻力。最大通风阻力风路可根据风量和巷道参数(断面积、长度等)直接判断确定;不能直接确定时,应选几条可能最大的路线进行计算比较。

(3) 矿井通风总阻力不应超过2 940 Pa。表土层特厚、开采深度深、总进风量大、通风网络长的矿井,通风后期的负压可适当加大,但后期通风负压不宜超过3 290 Pa。

(4) 矿井井巷的局部阻力,新建矿井(包括扩建矿井独立通风的扩建区)宜按井巷摩擦阻力的10%计算,扩建矿井宜按井巷摩擦阻力的15%计算。

(5) 在满足风量按需分配的前提下,多风机通风系统公共风路的阻力不得超过任何一台通风机风压的30%。

对于有两台或多台主要通风机工作的矿井,矿井通风阻力按每台主要通风机所服务的系统分别计算。

在主要通风机服务年限内,随着采煤工作面及采区接替的变化,矿井通风系统的总阻力也将随之变化。矿井通风阻力应能满足表9-4的要求。

表9-4　矿井通风阻力要求

矿井通风系统风量/$m^3 \cdot min^{-1}$	矿井通风阻力/Pa
<3 000	<1 500
3 000～5 000	<2 000
5 000～10 000	<2 500
10 000～20 000	<2 940
>20 000	<3 920

(二) 矿井通风总阻力的计算方法

沿矿井通风容易和通风困难两个时期通风阻力最大的风路(入风井口到风硐之前),分别用公式(9-18)计算各段井巷的摩擦阻力:

$$h_{摩} = \frac{\alpha LU}{S^3} \cdot Q^2, \quad \text{Pa} \tag{9-18}$$

式中,α 值可以从附录Ⅰ中查得,或选用相似矿井的实测数据。

将各段井巷的摩擦阻力累加后并乘以考虑局部阻力的系数即为两个时期的井巷通风总阻力。即:

$$h_{阻大}=(1.1\sim1.15)\sum h_{摩大},\quad \text{Pa} \tag{9-19}$$

$$h_{阻小}=(1.1\sim1.15)\sum h_{摩小},\quad \text{Pa} \tag{9-20}$$

式中，$h_{阻大}$和$h_{阻小}$分别为设计矿井通风困难和容易时期通风阻力最大线路的摩擦阻力。

两个时期的摩擦阻力可按表9-5进行计算。

表9-5　矿井通风容易(困难)时期井巷摩擦阻力计算表

节点序号	巷道名称	支护形式	α /N·s²·m⁻⁴	L /m	U /m	S /m²	S^3 /m⁶	R /N·s²·m⁻⁸	Q /m³·s⁻¹	Q^2 /m⁶·s⁻²	$h_{摩}$ /Pa	v /m·s⁻¹
① ② ⋮												

用式(9-21)～(9-24)计算两个时期的矿井总风阻和总等积孔。

$$R_{大}=\frac{h_{阻大}}{Q^2},\quad \text{N}\cdot\text{s}^2/\text{m}^8 \tag{9-21}$$

$$R_{小}=\frac{h_{阻小}}{Q^2},\quad \text{N}\cdot\text{s}^2/\text{m}^8 \tag{9-22}$$

$$A_{大}=1.19\frac{Q}{\sqrt{h_{阻大}}},\quad \text{m}^2 \tag{9-23}$$

$$A_{小}=1.19\frac{Q}{\sqrt{h_{阻小}}},\quad \text{m}^2 \tag{9-24}$$

四、选择矿井通风设备

(一) 选择矿井通风设备的基本要求

(1) 矿井每个装备主要通风机的风井，均要在地面装设两套同等能力的通风设备，一套工作，一套备用，交替工作。

(2) 选择的通风设备应能满足第一开采水平各个时期的工况变化，并使通风设备长期高效运行。当通风机工况变化较大时，应根据具体情况分期选择电动机。

(3) 通风机能力应留有一定的余量。轴流式、对旋式通风机在最大设计负压和风量时，叶轮叶片的运转角度应比允许范围小5°；离心式通风机的选型设计转速不宜大于允许最高转速的90%。

(4) 进、出风井井口的高差在150 m以上或进、出风井口标高相同但井深400 m以上时，宜计算矿井的自然风压。

(二) 主要通风机的选择

1. 计算通风机的风量$Q_{通}$

考虑到外部漏风(即井口防爆门及主要通风机附近的反风门等处的漏风)，主要通风机风量可用式(9-25)计算：

$$Q_{通}=k\cdot Q_{矿} \tag{9-25}$$

式中　$Q_{矿}$——矿井总风量，m³/s。

k——漏风损失系数。风井无提升任务时取1.1；箕斗井兼作回风井时取1.15；回风井兼用于升降人员时取 1.2。

2. 计算通风机的风压 $H_{全}$（或 $H_{静}$）

通风机全压 $H_{全}$ 和矿井自然风压 $H_{自}$ 共同作用，克服矿井通风系统的总阻力 $h_{阻}$、风硐阻力 $h_{硐}$ 以及扩散器出口动能损失 $h_{扩}$。当自然风压与通风机风压同向时取“－”；反之取“＋”。由公式(9-26)表示：

$$H_{全}=h_{阻}+h_{硐}+h_{扩}\pm H_{自},\quad \text{Pa} \tag{9-26}$$

风硐阻力一般不超过 100～200 Pa。

通常离心式风机提供的大多是全压曲线，而轴流式、对旋式通风机提供的大多是静压曲线。因此，对抽出式通风矿井有：

离心式通风机：

容易时期
$$H_{全小}=h_{阻小}+h_{硐}+h_{扩}-H_{自} \tag{9-27}$$

困难时期
$$H_{全大}=h_{阻大}+h_{硐}+h_{扩}+H_{自} \tag{9-28}$$

轴流式（或对旋式）通风机：

容易时期
$$H_{静小}=h_{阻小}+h_{硐}-H_{自} \tag{9-29}$$

困难时期
$$H_{静大}=h_{阻大}+h_{硐}+H_{自} \tag{9-30}$$

自然风压在容易时期取负值，困难时期取正值，是为了确保所选的通风机在这两个（极端）时期均有足够能力满足矿井通风要求。

对于压入式通风矿井，式(9-27)及(9-28)中的 $h_{扩}$ 应改为出风井的出口动压。

3. 选择通风机

根据计算的矿井通风容易时期通风机的 $Q_{通}$、$H_{静小}$（或 $H_{全小}$）和困难时期通风机的 $Q_{通}$、$H_{静大}$（或 $H_{全大}$），在通风机的个体特性图上选择合适的主要通风机。判别是否合适，要看上面两组数据所构成的两个时期的工作点是否都在通风机个体特性曲线的合理工作范围内。

选定以后，即可得出两个时期主要通风机的型号、动轮直径、动轮叶片安装角（指轴流式或对旋式风机）、转速、风压、风量、效率和输入功率等技术系数，并列表整理。

4. 选择电动机

(1) 计算通风机输入功率

按通风容易和困难时期，分别计算通风机输入功率 $N_{电小}$、$N_{电大}$：

$$N_{电小}=\frac{Q_{通}H_{静小}}{1\,000\eta_{静}} \tag{9-31}$$

$$N_{电大}=\frac{Q_{通}H_{静大}}{1\,000\eta_{静}} \tag{9-32}$$

或
$$N_{电小}=\frac{Q_{通}H_{全小}}{1\,000\eta_{静}} \tag{9-33}$$

$$N_{电大}=\frac{Q_{通}H_{全大}}{1\,000\eta_{全}} \tag{9-34}$$

式中 $\eta_{静}$、$\eta_{全}$——通风机静压效率和全压效率；

$N_{电小}$、$N_{电大}$——矿井通风容易时期和困难时期通风机的输入功率。

(2) 选择电动机 $N_{电大}$

当 $N_{电小} \geqslant 0.6\ N_{电大}$ 时，可选一台电动机，其功率(初期)为：

$$N_{电}=\frac{N_{电大}\cdot k_{电}}{\eta_{电}\cdot\eta_{传}} \tag{9-35}$$

当 $N_{电小}<0.6N_{电大}$ 时，选两台电动机，其功率分别为：

初期
$$N_{电小}=\frac{k_{电}\cdot\sqrt{N_{电小}\cdot N_{电大}}}{\eta_{电}\cdot\eta_{传}} \tag{9-36}$$

后期按式(9-35)计算。

式中 $k_{电}$——电动机容量备用系数，$k_{电}=1.1\sim1.2$；

$\eta_{电}$——电动机效率，取 0.92～0.94(大型电机取较高值)；

$\eta_{传}$——传动效率，电动机与通风机直联时 $\eta_{传}=1$，带式传动时 $\eta_{传}=0.95$。

电动机功率在 400～500 kW 及以上时，宜选用同步电动机。其优点是低负荷运转时，可以改善电网功率因数，使矿井经济用电；缺点是这种电动机的购置和安装费较高。

五、概算矿井通风费用

矿井通风费用是通风设计和管理的重要经济指标，一般用吨煤通风成本即矿井每采一吨煤的通风总费用表示。它包括吨煤通风电费和通风设备折旧费、材料消耗费、工作人员工资、专用通风巷道折旧与维护费、仪表购置与维修费等费用。

(一) 吨煤通风电费

吨煤通风电费为主要通风机年耗电费及井下辅助通风机、局部通风机电费之和除以年产量。可用下式计算：

$$W_{0}=\frac{(E+E_{A})\cdot D}{T} \tag{9-37}$$

式中 W_{0}——吨煤通风电费，元/t。

E——主要通风机年耗电量，kW·h/a。通风容易时期和困难时期共选一台电动机时 $E=\frac{8\ 760N_{电大}}{k_{电}\cdot\eta_{变}\cdot\eta_{缆}}$，选两台电动机时 $E=\frac{4\ 380(N_{电大}+N_{电小})}{k_{电}\cdot\eta_{变}\cdot\eta_{缆}}$，其中，$\eta_{变}$ 为变压器效率，可取 0.95；$\eta_{缆}$ 为电缆输电效率，取决于电缆长度和每米电缆耗损，在 0.90～0.95 内选取。

E_{A}——局部通风机和辅助通风机的年耗电量，kW·h/a。

D——电价，元/ kW·h。

T——矿井年产量，吨。

(二) 其他吨煤通风费用

1. 设备折旧费

通风设备折旧费与设备数量、成本及服务年限有关，可用表 9-6 计算。

表 9-6 通风成本计算表

序号	设备名称	计算单位	数量	单位成本	总成本			服务年限	每年的折旧费 W_1		备注
					设备费	运转及安装费	总计		基本设资折旧费(G_1)	大修理折旧费(G_2)	

其中吨煤通风设备折旧费 W_1 用式(9-38)计算：

$$W_1 = \frac{G_1 + G_2}{T}, \quad 元/t \tag{9-38}$$

2. 材料消耗费

吨煤通风材料消耗费 W_2 按式(9-39)计算：

$$W_2 = \frac{C}{T}, \quad 元/t \tag{9-39}$$

式中 C ——通风材料消耗总费用(包括各种通风构筑物的材料费、通风机和电动机润滑油料费等),元/a。

3. 通风工作人员工资费

吨煤通风工作人员工资费用 W_3 按下式计算：

$$W_3 = \frac{A}{T}, \quad 元/t \tag{9-40}$$

式中 A ——矿井通风工作人员每年工资总额,元/a。

4. 专为通风服务的井巷工程折旧费和维护费

折算至吨煤的费用为 W_4(元/t)。

5. 通风仪表购置费和维修费

吨煤通风仪表购置费和维修费为 W_5(元/t)。

吨煤通风成本(W)按式(9-41)计算：

$$W = W_0 + W_1 + W_2 + W_3 + W_4 + W_5, \quad 元/t \tag{9-41}$$

任务二 矿井通风系统设计实例

一、矿井通风系统设计编写大纲

第一章 采区概况

简述采区位置、范围及邻近采区的情况；采区内煤层赋存条件、埋藏特征、煤层层数、厚度等；采区内地质构造及水文地质条件，采区内瓦斯含量与涌出量，煤层自然发火情况，煤尘的爆炸性；采区可采储量，服务年限及设计生产能力；采区巷道布置及掘进工作面数目。

第二章 采区通风系统

一、采区进回风上山的选择

叙述选择进风上山和回风上山的依据，若采区内布置有专供通风行人的上山，要分析其合理性。

二、采煤工作面进风巷与回风巷的布置

简述进风巷、回风巷布置的依据。

三、采煤工作面上行风与下行风的选择

说明采煤工作面上行风流与下行风流确定的具体原因。

第三章 采区所需风量的确定

一、采煤工作面所需风量的计算

每个采煤工作面的实际需风量，应按下列各项分别进行计算，然后取其中的最大值。

1. 按瓦斯(或二氧化碳)涌出量计算

2. 按工作面同时工作的最多人数计算

3. 按工作面气温与风速的关系计算

4. 综采工作面所需风量确定

5. 按《煤矿安全规程》规定的最低与最高风速计算

二、备用工作面所需风量的计算

备用工作面的供风量,通常取其条件相似的生产工作面的需风量之半。当采煤工作面不富裕时,也可按工作面不积聚瓦斯为原则进行配风,但工作面风速不应小于0.25 m/s。

三、掘进工作面所需风量的计算

采区内每个独立掘进工作面风量,可参照采煤工作面风量计算,亦可由经验数值选取。

四、采区硐室需风量计算

确定采区内绞车房、变电所等硐室的风量,可由经验值选取。

五、采区总需风量计算

采区总需风量为各独立通风地点用风量之和。

第四章　计算矿井通风总阻力

一、矿井通风总阻力的计算原则

二、计算两个时期的摩擦阻力

确定风硐的通风阻力,正确选取摩擦阻力系数和巷道长度。

三、列出表格,可参照实例。

第五章　选择矿井通风设备

一、选择主要通风机

1. 计算各时期的通风机风量与风压

2. 选择通风机

二、选择电动机

1. 计算通风机输入功率

2. 计算电动机功率

第六章　概算矿井通风费用

一、每吨煤的通风电费

二、通风设备的折旧费和维修费

三、专用通风服务的井巷工程折旧费和维修费

四、一年的通风器材和通风仪表的购置费和维修费

五、通风区队全体人员一年的总工资

二、矿井通风设计实例展示(节选)

第五章　通风和安全

第一节　概　况

一、瓦斯

矿井现开采的2号煤层,据……县煤管局……年鉴定,瓦斯相对涌出量为24.62 m^3/t,该矿井为高瓦斯矿井。矿井设计生产能力210 kt/a,日产量636 t,矿井绝对瓦斯涌出量为10.87 m^3/min。按照一般经验,采煤工作面瓦斯涌出量占矿井总瓦斯涌出量的60%～

80%，取60%；掘进工作面瓦斯涌出量占矿井总瓦斯涌出量的5%～15%，取10%；采空区瓦斯涌出量一般占矿井总瓦斯涌出量的20%～30%，取30%；则采煤工作面瓦斯涌出量为6.52 m^3/min，掘进工作面瓦斯涌出量为1.09 m^3/min，采空区瓦斯涌出量为3.26 m^3/min。矿井移交生产后布置一个采煤工作面、两个掘进工作面。

由于瓦斯涌出量为预测数据，存在一定的不确定性，因此在矿井正常生产过程中可根据实际瓦斯涌出量对矿井通风参数进行适当调整，以保证安全生产。

二、煤尘

据……综合测试中心对该矿2号煤层煤样所做的煤尘爆炸性试验，煤尘具有爆炸危险，其余煤层没有收集到试验报告，无法判定其煤尘爆炸性。

三、煤的自然发火性

根据……综合测试中心对该矿2号煤层煤样所做的煤的自燃试验报告，2号煤吸氧量0.883 3 mL/g，自燃等级Ⅲ，2号煤层不易自燃。其余煤层没有收集到试验报告，无法判定其煤层自燃性。建议矿方在生产过程中，对其他煤层指标进行逐项检验。

四、地温和地压

井田地温和地压未做测试，井田煤层开采至今未发现有地温异常和地压异常现象，但应加强注意隐伏断层、陷落柱。遇到断层、陷落柱应留足保安煤柱，确保安全。

第二节　矿井通风

一、通风方式和通风系统

依据井田开拓布置，矿井通风系统为中央分列式通风，通风方式为机械负压抽出式。

二、风井数目、位置、服务范围及服务年限

根据开拓布置，矿井用2个进风井和1个回风井服务全井田，服务年限为矿井服务年限。

三、掘进通风及硐室通风

矿井掘进工作面通风采用局部通风机压入式并联通风，硐室均采用新鲜风流并联通风。

四、风量、风压及等积孔计算

（一）矿井风量

根据《煤矿安全规程》的规定，矿井总风量计算如下。

1. 按井下同时工作的最多人数计算。

$$Q_{矿井}=4NK_{矿通}$$

式中　$Q_{矿井}$——矿井总进风量，m^3/min；

N——井下同时工作的最多人数，90人；

$K_{矿通}$——矿井通风系数，取1.2。

则：$Q_{矿井}=4\times90\times1.2=432\ m^3/min\approx7.2\ m^3/s$，取7.5 m^3/s。

2. 按采煤、掘进、硐室及其他用风地点实际需要风量的总和计算

$$Q_{矿井}=(\sum Q_{采}+\sum Q_{掘}+\sum Q_{硐}+\sum Q_{其他})K_{矿通}$$

式中　$\sum Q_{采}$—— 采煤工作面实际需要风量的总和，m^3/s；

$\sum Q_{掘}$—— 掘进工作面实际需要风量的总和，m^3/s；

$\sum Q_{硐}$—— 硐室实际需要风量的总和，m^3/s；

$\sum Q_{其他}$——矿井除采煤、掘进和硐室地点外的其他井巷需要进行通风的风量总和，m^3/s。

(1) 回采实际需要风量计算

① 按回采工作面瓦斯涌出量计算

以采煤工作面回风巷瓦斯浓度不超过1%，且应低于最高风速 4 m/s 计算

$$Q_{采} = 100 \times q_{采} \times K_c$$

式中 $Q_{采}$——采煤工作面需要风量，m^3/min；

$q_{采}$——回采工作面绝对瓦斯涌出量，6.52 m^3/min；

K_c——工作面因瓦斯涌出不均匀的备用风量系数，取 $K_c = 1.6$。

则：$Q_{采} = 100 \times 6.52 \times 1.6 = 1\,043.2\ m^3/min \approx 17.39\ m^3/s$，取 17.5 m^3/s。

② 按采煤工作面温度计算

$$Q_{采} = 60 \times v_c \times S_c \times K_i$$

式中 v_c——采煤工作面适宜风速，取 1.2 m/s

S_c——采煤工作面平均有效断面，取 9.25 m^2

K_i——采煤工作面长度系数，取 $K_i = 1.1$。

则：$Q_{采} = 60 \times 1.2 \times 9.25 \times 1.1 = 732.6\ m^3/min \approx 12.21\ m^3/s$，取 13 m^3/s。

由上述计算取 $\sum Q_{采} = Q_{采} = 17.5\ m^3/s$。

③ 风速验算

根据《煤矿安全规程》，采煤工作面最低风速为 0.25 m/s，最高风速为 4 m/s，即采煤工作面风量应满足：

$$15 \times S_c \leqslant Q_{采} \leqslant 240 \times S_c$$

式中 S_c——采煤工作面平均有效断面，m^2。

经验算，风速符合标准。

(2) 掘进实际需要风量计算

① 按掘进瓦斯涌出量计算

$$Q_{掘} = 100 \times q_{掘} \times K_{掘通}$$

式中 $K_{掘通}$——掘进工作面瓦斯涌出不均衡的风量系数，取 2；

$q_{掘}$——掘进工作面风排的绝对瓦斯涌出量。

则：$Q_{综掘} = 100 \times 1.09 \times 2 = 218\ m^3/min \approx 3.6\ m^3/s$，取 3.6 m^3/s。

由上述计算取 $\sum Q_{掘} = 2 \times 3.6 = 7.2\ m^3/s$。

② 按局部通风机实际吸风量计算

设计选用 YBT11 型 11 kW 局部通风机通风，该局部通风机风量为 130～240 m^3/min，风压为 1 300～2 250 Pa。

$$Q_{掘} = q_{局} \times Q_{局}$$

式中 $q_{局}$——为防止局部通风机吸循环风的风量备用系数，取 1.3；

$Q_{局}$——掘进工作面局部通风机额定风量，取 150 m^3/min；

则：$Q_{掘} = 1.3 \times 150 = 195\ m^3/min = 3.25\ m^3/s$。

设计取按局部通风机吸风量计算的掘进风量，即 3.25 m^3/s 。

则 $\sum Q_{掘} = 2 \times 3.25 = 6.5\ m^3/min$。

③ 风速验算

根据《煤矿安全规程》，煤巷、半煤巷掘进工作面的风量应满足

$$15 \times S_j \leqslant Q_{掘} \leqslant 240 \times S_j$$

式中　S_j——掘进工作面平均有效断面，m^2。

经验算，风速符合标准。

(3) 硐室实际需要风量

消防材料库：$1.5\ m^3/s$。

(4) 其他用风地点风量

$Q_{他} = 133 q_{他} K_{他} = 133 \times 1.08 \times 1.2 = 172.37\ m^3/min \approx 2.87\ m^3/s$，取 $3\ m^3/s$。

其他用风地点风量：前期 $2 \times 3 = 6\ m^3/s$，后期 $1 \times 3 = 3\ m^3/s$。

(5) 矿井总风量

则：Q 矿总 $= (17.5 + 3.6 \times 2 + 1.5 + 2 \times 3) \times 1.15 = 37.03\ m^3/s$，取 $38\ m^3/s$。

根据以上计算结果，确定矿井的总风量为 $38\ m^3/s$。

(二) 风量分配

将矿井总风量分配到井下各用风地点，具体配风详见表 9-7。

表 9-7　　矿井风量分配表

顺序	用风地点	数量/个	单位配量		总配风量	
			m^3/min	m^3/s	m^3/min	m^3/s
1	炮采工作面	1	1260	21	1260	21
2	掘进工作面	2	270	4.5	540	9
3	井下消防材料库	1	120	2	120	2
4	其他(后期)	1	180	3	180	3
5	总计(后期)	5				35
6	其他(前期)	2	180	3	360	6
7	总计(前期)	6				38

(三) 矿井通风阻力计算

矿井通风阻力采用下式计算：

$$h = \sum \alpha \times L \times U \times Q^2 / S^3$$

式中　h——矿井通风阻力，Pa；

α——井巷摩擦阻力系数，$N \cdot s^2/m^4$；

L——井巷长度，m；

U——井巷净断面周长，m；

S——井巷净断面面积，m^2；

Q——通过井巷的风量，m^3/s；

矿井达到设计产量后，在主要通风机服务时间范围内，矿井通风容易时期及困难时期的

风阻最大路线进行阻力计算。

经计算,矿井通风容易时期和困难时期最大阻力分别为47.03 mmH_2O(460.90 Pa)和166.17 mmH_2O(1 628.49 Pa)。矿井通风阻力计算详见表9-8及表9-9。

(四) 矿井等积孔计算

$$A=\frac{0.38Q}{\sqrt{h}}$$

式中 A ——等积孔,m^2;

Q ——风量,m^3/s;

H ——阻力,mmH_2O。

则矿井通风容易时期等积孔为:

$$A_1=2.11\ m^2$$

矿井通风困难时期等积孔为:

$$A_2=1.12\ m^2$$

可见,矿井通风阻力等级为小-中等阻力矿井,矿井通风难易程度评价为容易-中等。

五、井下通风设施及通风构筑物

建立通风系统,除了要有巷道和通风设备以外,还须在井上下适宜的地点,安设必要的通风构筑物,引导、隔断和控制风流,保证风流按照需要,定向、定量地流动。

主要的通风构筑物及要求。(略)

第六章 提升、通风、排水和压缩空气设备

第一节 提升设备(略)

第二节 通风设备

一、设计依据

1. 容易时期:

矿井所需风量:$Q=38\ m^3/s$。

矿井所需最小负压:47.03 mmH_2O。

2. 困难时期:

矿井所需风量:$Q=35\ m^3/s$。

矿井所需最大负压:166.17 mmH_2O。

3. 矿井属高瓦斯矿井。

二、选型计算

1. 确定风机需要的风量及负压

(1) 容易时期

风量:$Q_{总}=KQ=39.9\ m^3/s$。

最小负压:$H_{min}=59.03\ mmH_2O$。

(2) 困难时期

风量:$Q_{总}=KQ=36.8\ m^3/s$。

最小负压:$H_{min}=178.17\ mmH_2O$。

2. 选择通风机

矿上现有两台BD-Ⅱ-6№18防爆轴流式通风机,不能满足设计要求。根据矿井所需风

表 9-8　　某矿煤矿通风系统容易时期负压计算表

序号	名称	支护形式	摩阻系数 α /$kg \cdot s^2 \cdot m^{-4}$	周长 P /m	长度 L /m	断面 S /m^2	S^3 /m^6	R /$N \cdot s^2 \cdot m^{-8}$	Q /$m^3 \cdot s^{-1}$	Q^2	h /mmH_2O	v /$m \cdot s^{-1}$	负压	等积孔
3	副斜井	混凝土	0.000 4	9.55	303.00	6.18	236.03	0.004 90	24	576	2.82	3.88		
	井底车场	混凝土	0.000 4	10.87	90.00	8.01	513.92	0.000 76	24	576	0.44	3.00		
4	运输大巷	梯形棚	0.001 3	12.26	510.00	8.68	653.97	0.012 43	35	1225	15.23	4.03		
5	运输平巷	梯形棚	0.001 3	11.6	184.00	8.40	592.70	0.004 68	21	441	2.06	2.50		
6	工作面	木点柱	0.004 5	12.7	90.00	9.25	791.45	0.006 50	21	441	2.87	2.27		
7	回风平巷	梯形棚	0.001 3	10.6	190.00	7.00	343.00	0.007 63	11	121	0.92	1.57		
8	回风大巷	梯形棚	0.001 3	10.32	186.00	6.16	233.74	0.010 68	26	676	7.22	4.22		
9	回风大巷	梯形棚	0.001 3	10.32	80.00	6.16	233.74	0.004 59	38	1444	6.63	6.17		
10	回风立井	混凝土	0.000 4	9.46	175.00	7.07	353.39	0.001 87	38	1444	2.71	5.37		
11	合 计										40.90		400.78	
12	增加 15%的局部阻力										6.13		60.12	
12	总 计										47.03		460.90	2.11

表 9-9　某矿煤矿通风系统困难时期负压计算表

序号	名称	支护形式	摩阻系数 α /$kg \cdot s^2 \cdot m^{-4}$	周长 P /m	长度 L /m	断面 S /m^2	S^3 /m^6	R /$N \cdot s^2 \cdot m^{-8}$	Q /$m^3 \cdot s^{-1}$	Q^2	h /mmH_2O	v /$m \cdot s^{-1}$	负压	等积孔
1	副斜井	混凝土	0.000 4	9.55	303.00	6.18	236.03	0.004 90	19	361	1.77	3.07		
2	井底车场	混凝土	0.000 4	10.87	90.00	8.01	513.92	0.000 76	19	361	0.27	2.37		
3	运输大巷	梯形棚	0.001 3	12.26	705.00	8.68	653.97	0.017 18	30	900	15.46	3.46		
5	运输平巷	梯形棚	0.001 3	11.6	350.00	8.40	592.70	0.008 90	21	441	3.93	2.50		
6	工作面	木点柱	0.004 5	12.7	90.00	9.25	592.70	0.008 90	21	441	3.93	2.50		
7	回风平巷	梯形棚	0.001 3	10.6	334.00	7.00	791.45	0.006 50	11	121	0.79	1.19		
8	回风大巷	梯形棚	0.001 3	10.32	672.00	6.16	343.00	0.013 42	30	900	12.08	4.29		
9	回风大巷	梯形棚	0.001 3	10.32	388.00	6.16	233.74	0.038 57	32	1024	39.50	5.19		
	回风大巷	梯形棚	0.001 3	10.32	80.00	6.16	233.74	0.022 27	35	1225	39.50	5.68		
10	回风立井	混凝土	0.000 4	9.46	175.00	7.07	233.74	0.022 27	35	1225	27.28	5.68		
11											144.50		1 416.08	
12	增加 15%的局部阻力										21.67		212.41	
13	总 计										166.17		1 628.49	1.12

量、负压，选用两台 BD-8-№18 防爆轴流式通风机，一台工作，一台备用。

3. 通风机的工况点的确定

(1) 通风机性能参数曲线

通风机性能参数曲线见图 9-1。

(2) 通风机的工况点

① 后期工况点：

$$Q=38.9\ \mathrm{m^3/s},\ H_{max}=180.1\ \mathrm{mmH_2O},\ \eta_s=76\%,\ \alpha=42°/39°$$

② 初期工况点：

$$Q=44.3\ \mathrm{m^3/s},\ H_{max}=76.1\ \mathrm{mmH_2O},\ \eta_s=70\%,\ \alpha=36°/33°$$

4. 电动机功率计算

电动机功率
$$N=K\frac{QH}{1\,000\eta_s\eta_c}$$

式中　η_c——传动效率，取 $\eta_c=0.98$；

K——电动机富裕系数；取 $K=1.25$。

① 后期电动机功率：$N_{max}=115.27$ kW。

② 初期电动机功率：$N_{min}=60.22$ kW。

选用电机：YBF 型，$N=2\times75$ kW。

5. 反风方式

反风方式采用通风机反转反风。

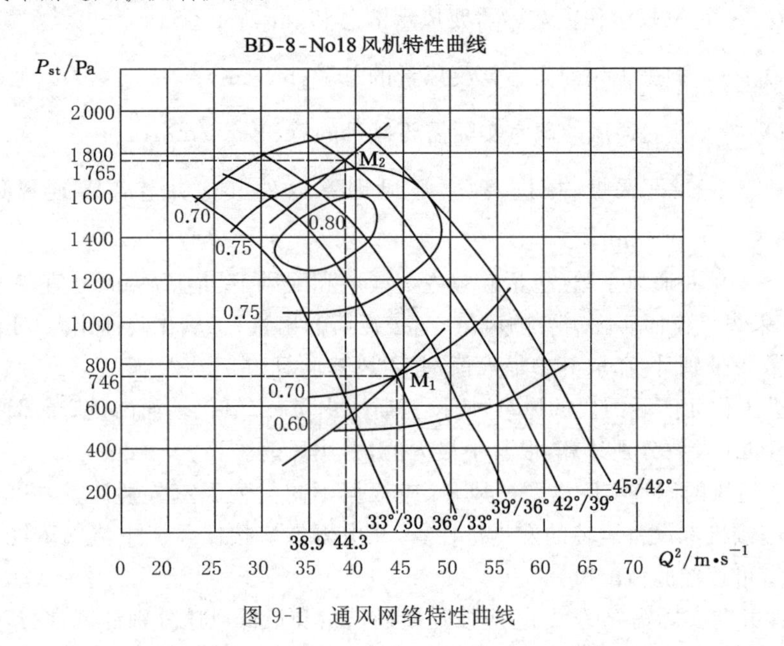

图 9-1　通风网络特性曲线

知识扩展

《煤炭工业矿井设计规范》中关于通风设计的相关规定

(1) 矿井通风设计必须符合下列规定：

① 将足够的新鲜空气有效地送到井下工作场所，保证安全生产和良好的劳动条件。

② 通风系统简单，风流稳定，易于管理，具有抗灾能力。

③ 发生事故时，风流易于控制，人员便于撤出。

④ 有符合规定的井下环境及安全监测监控系统。

⑤ 符合现行《煤矿安全规程》的有关规定。

(2) 矿井通风系统，应根据矿井瓦斯涌出量、矿井设计生产能力、煤层赋存条件、表土层厚度、井田面积、地温、煤层自燃倾向性等条件，通过技术经济比较后确定，并应符合下列规定：

① 有煤与瓦斯突出危险的矿井、高瓦斯矿井、煤层易自燃的矿井及有热害的矿井，应采用对角式或分区式通风；当井田面积较大时，初期可采用中央式通风，逐步过渡为对角式或分区式通风。

② 矿井通风方法宜采用抽出式。当地形复杂、露头发育、老窑多，采用多风井通风有利时，可采用压入式通风。

(3) 矿井的总进风量，应按井下同时工作最多人数所需总风量和按采煤、掘进、硐室及其他地点实际需要风量的总和(即累加法)分别进行计算，并选取其中最大值。累加法计算应符合下式规定：

$$Q_m = (\sum Q_w + \sum Q_h + \sum Q_r + \sum Q_o) K_m \tag{9-42}$$

式中 Q_m——矿井的总进风量，m^3/min；

$\sum Q_w$——采煤工作面实际需要风量的总和，m^3/min；

$\sum Q_h$——掘进工作面实际需要风量的总和，m^3/min；

$\sum Q_r$——独立通风的硐室实际需要风量的总和，m^3/min；

$\sum Q_o$——除了采煤、掘进、独立通风硐室以外其他井巷需要通风风量的总和，m^3/min；

K_m——矿井通风系数(包括矿井内部漏风和配风不均匀等因素)，宜取 1.15～1.25。

注：① 采煤工作面实际需要的风量，应按瓦斯涌出量、二氧化碳涌出量、工作面温度、炸药用量、人数等分别计算，取其中最大值，并用风速验算。

② 掘进工作面实际需要的风量，应按瓦斯涌出量、二氧化碳涌出量、局部通风机实际吸风量、炸药用量、人数分别计算，取其中最大值，并用风速验算。

③ 独立通风的硐室实际需要的风量，应根据不同类型硐室分别计算，机电设备散热量大的硐室，应按机电设备运转的发热量计算，充电硐室应按回风流中氢气浓度小于 0.5%计算，其他硐室可按经验值配风。

④ 其他井巷实际需要的风量，应按瓦斯涌出量和最低风速分别计算，取其中最大值。

⑤ 瓦斯的矿井，应按抽放瓦斯后煤层的瓦斯涌出量计算风量。

⑥ 高瓦斯矿井及有热害的矿井，矿井风量应分水平计算。

(4) 进、回风井，风硐和主要进、回风巷道的风速，应小于现行《煤矿安全规程》规定的最高风速。抽放瓦斯专用巷道的风速不应低于 0.5 m/s。

(5) 矿井通风的设计负(正)压，一般不应超过 2 940 Pa。表土层特厚、开采深度深、总进风量大、通风网络长的大深矿井，矿井通风设计的后期负压可适当加大，但后期通风负压不宜超过 3 920 Pa。

(6) 矿井井巷的局部阻力，新建矿井及扩建矿井独立通风的扩建区宜按井巷摩擦阻力的 10％计算，扩建矿井宜按井巷摩擦阻力的 15％计算。

(7) 进、出风井井口的标高差在 150 m 以上，或进、出风井口标高相同但井深 400 m 以上，宜计算矿井的自然风压。

(8) 多风机通风系统，在满足风量按需分配的前提下，各主通风机的工作风压应接近。当通风机之间的风压相差较大时，应减少共用风路的风压，使其不超过任何一个通风机风压的 30％。

项目十　矿井通风安全管理

知识要点

矿井通风安全管理机构，矿井通风现场安全管理。

技能目标

熟悉矿井通风安全生产标准化评分细则。

任务分析

通过了解矿井通风安全管理机构的组成及职责、矿井通风现场安全管理的内容及矿井通风安全生产标准化等内容，熟悉矿井通风管理的相关知识及技能。

任务导入

通过本书的学习，你认为什么是矿井通风安全管理？

相关知识

一、矿井通风安全组织机构

为了保证矿井通风管理工作正常进行，煤矿企业必须设置专门的通风安全管理机构，配备专业人才负责日常通风管理工作。企业根据矿井的规模大小设置通风区(科)。

通风区(科)的职责为：具体组织实施矿井“一通三防”相关工作(即通风、防治突出、防治瓦斯、防治煤尘)，连续不断地供给井下足够的新鲜空气，冲淡和排除有害气体和矿尘，创造适宜的气候条件，搞好防治瓦斯突出预测预报，杜绝通风、突出、瓦斯、煤尘事故的发生，建立健全“一通三防”的相关管理制度。

通风区(科)人员配备包括：通风区(科)设区长一名，并设主管通风、瓦斯及防突、爆破、监测监控、瓦斯抽采、防尘的副区(科)长，突出矿井必须明确一名主管防突工作的副区(科)长。通风区(科)长必须是从事井下“一通三防”工作至少五年以上，副区(科)长必须是从事井下“一通三防”工作至少三年以上，具有丰富的“一通三防”工作经验的人员。

通风区(科)队一般人员的配备，要根据矿井规模和自然灾害情况按需配齐，必须配备通风技术员、防突技术员、瓦斯监控技术人员、通风管理人员和足够数量的瓦斯检查工。

瓦斯检查工必须由从事井下工作至少三年(其中从事井下采掘工作不少于一年)以上，责任心强，身体健康，通风专业毕业人员担任，经专门培训考核合格、持有上级安监部门颁发的特种作业人员操作证后，方可上岗工作。

二、通风现场安全管理内容

（一）采区通风系统的安全管理

（1）矿井必须建立测风制度，每10天进行一次全面测风。对采掘工作面和其他用风地点，应当根据实际需要随时测风。每次测风结果应当记录并写在测风地点记录牌上。

必要情况下，应当根据测风结果采取措施，进行风量调节。

（2）采区主要进、回风巷道之间的每条联络巷中，必须砌筑永久性风墙；需要通行的联络巷，必须安设2道连锁的正向风门和2道反向风门。

（3）贯通巷道必须遵守下列规定：

① 巷道贯通前应当制定贯通专项措施。综合机械化掘进巷道在相距50 m前、其他巷道在相距20 m前，必须停止一个工作面作业，做好调整通风系统的准备工作。

停止掘进的工作面必须保持正常通风，设置栅栏及警示标志，每班必须检查风筒的完好状况和工作面及其回风流中的瓦斯浓度，瓦斯浓度超限时必须立即处理。

掘进工作面每次爆破前，必须派专人和瓦斯检查员共同到停止掘进的工作面检查工作面及回风流中的瓦斯浓度。瓦斯超限时，必须先停止掘进工作面的工作，然后处理瓦斯，只有在两个工作面及回风流中的瓦斯浓度都在1%以下时，掘进地工作面方可爆破。每次爆破前，两个工作面的入口必须设专人警戒。

② 贯通时，必须由专人在现场统一指挥。

③ 贯通后，必须停止采区内的一切工作，立即调整通风系统，风流稳定后，方可恢复工作。

（4）采煤工作面必须采用矿井全风压通风，禁止仅用局部通风机稀释瓦斯。采掘工作面的进风和回风不得经过采空区或者冒顶区。

（5）井下所有的煤仓和溜煤眼都应当保持一定的存煤，不得放空；有涌水的煤仓和溜煤眼，可以放空，但放空后放煤口闸板必须关闭，并设置引水管。溜煤眼不得兼作风眼使用。

（6）主要通风机停止运转时，必须立即停止工作、切断电源，工作人员先撤到进风巷道中，由值班矿领导组织全矿井工作人员全部撤出。

（二）掘进工作面局部通风管理

（1）局部通风机的安装、使用符合《煤矿安全规程》规定，不得产生循环风。

（2）瓦斯突出区域和突出煤层的掘进通风方式应采用压入式；局部通风机设备齐全，应装消声器（低噪声局部通风机和除尘机除外），吸风口有风罩和整流器，高压部位有衬垫；局部通风机及其启动装置应安装在进风巷道中，地点距回风口10 m以上，且支护完好、无淋水、无积水、无杂物；局部通风机离地面的高度应大于0.3 m；瓦斯浓度不应超过0.5%。

（3）采用局部通风机供风的掘进巷道应安设2台同等能力的局部通风机，实现“三专两闭锁”，具备相互独立的两回路电源，并实现自动切换。

（4）局部通风机应安装开停传感器，且与监测系统联网；专人负责，实行挂牌管理，定期进行自动切换实验和风电闭锁实验，并有记录；不应出现无计划停风，有计划停风前应制定专项通风安全技术措施。

（5）风筒末端到工作面的距离和出风口的风量符合作业规程的规定，巷道中风速符合《煤矿安全规程》的规定，并保证工作面和回风流的瓦斯浓度不超限。

（6）使用抗静电、阻燃风筒；炮掘工作面应使用硬质风筒，并采用防摩擦起火的材料吊挂;接头严密,无破口(末端 20 m 除外),无反接头;软质风筒接头应反压边,硬质风筒接头应加垫并拧紧螺钉。

(7) 风筒吊挂应平、直、稳,软质风筒逢环必挂,硬质风筒每节至少吊挂两点,风筒不得被摩擦、挤压。

(8) 风筒拐弯处应用弯头或骨架风筒缓慢拐弯,不应拐死弯;异径风筒接头应用过渡节,不准花接。

(三) 通风设施的现场安全管理

1. 密闭

(1) 用不燃材料构筑,严密不漏风,墙体厚度不应小于 0.5 m。

(2) 密闭前无瓦斯积聚。

(3) 设有统一规格的瓦斯检查牌板、施工说明牌板、栅栏和警示标志。

(4) 密闭前 5 m 内支护完好,无片帮、漏顶、杂物、积水和淤泥。所有导电体不应进入密闭。

(5) 密闭内有水时,应设反水池或反水管;有自然发火倾向煤层的采空区密闭应设观测孔、测试孔,且孔口设置阀门。

(6) 密闭周边掏槽,应掏至硬帮、硬底、硬顶,并与煤岩接实,四周要有不少于 0.1 m 的裙边。

(7) 墙面要平整,无裂缝、重缝和空缝,并进行勾缝或抹面,每平方米内凸凹深度不应大于 10 mm。

2. 风门风窗

(1) 每组风门不应少于 2 道,通车风门间距不应小于 1 列车长度,行人风门间距不应小于 5 m。主要进回风之间的风门应设反向风门,其数量不应少于 2 道,通车风门前要设置防撞装置,并正常使用。风门墙上设有规格、字体统一的施工说明牌;防突风门安设地点、质量符合规定要求。

(2) 风门能自动关闭,并进行连锁,保证 2 道风门不能同时打开。主要风门应设置开关传感器。

(3) 风门墙要用不燃性材料建造,厚度不应小于 0.5 m(防突风门不应小于 0.8 m),周边应掏槽,掏槽深度符合规定要求,严密不漏风。墙面要平整,无裂缝、重缝和空缝,并进行勾缝或抹面,每平方米内凸凹深度不应大于 10 mm。

(4) 门框应包边沿口,有衬垫,四周接触严密,门扇平整不漏风;调节风窗正规可靠。

(5) 风门水沟应设反水池或挡风帘,通车风门应设底栏,电缆、管路孔应堵严。

(6) 局部通风风筒穿过风门墙时,应在墙上安装与胶质风筒直径匹配的硬质风筒。

(7) 风门前后 5 m 范围内巷道支护完好,无淋水、杂物、积水和淤泥。

3. 风桥

(1) 用不燃性材料建造。

(2) 桥面平整不漏风。

(3) 风桥前后 5 m 范围内巷道支护完好,无淋水、杂物、积水和淤泥。

(4) 风桥通风断面不小于原巷道断面的 4/5,呈流线型,坡度宜小于 30°。

(5) 风桥两端接口严密,四周为实帮、实底,且用混凝土浇灌填实;风桥底部与下部巷道顶板的距离不小于 1.5 m。

(6) 风桥上、下不准设风门、调节风窗等。

(四) 瓦斯防治的现场安全管理

(1) 采掘工作面及其他地点的瓦斯浓度符合《煤矿安全规程》的规定；瓦斯超限，应立即切断电源、撤出人员，并按照事故处理，查明瓦斯超限原因，落实防治措施。

(2) 矿井应按《煤矿安全规程》的规定测定煤层的瓦斯、二氧化碳赋存参数，并按相关规定进行瓦斯等级鉴定。

(3) 矿井应编制年度瓦斯治理技术方案、安全措施计划，按规定备案并严格执行；高瓦斯和突出煤层的采掘工作面应制定瓦斯治理专项措施并严格落实，瓦斯治理效果符合相关规定。

(4) 井下瓦斯检查地点、瓦斯检查次数及瓦斯检查工交接班等瓦斯检查及管理应符合《煤矿安全规程》规定；无空班、漏检和假检；每月应编制瓦斯检查地点设置计划，报矿技术负责人审查、签字；采掘工作面按规定配备瓦斯检查工。

(5) 临时停风地点，应立即停止作业、切断电源、撤出人员、设置栅栏和警示标志；长期停风区应在 24 h 内封闭完毕。停工区内瓦斯或二氧化碳浓度达到 3.0%或其他有害气体浓度超过《煤矿安全规程》的规定不能立即处理时，应在 24 h 内予以封闭，并切断通往封闭区的电源、管路和轨道等。

(6) 瓦斯排放，应有经矿技术负责人批准的专门措施，并严格执行，且有记录。

(7) 瓦斯检查工应持证上岗，瓦斯检查做到井下记录牌、瓦检手册、瓦斯调度台账"三统一"；通风瓦斯日报、瓦斯监测日报每日上报矿长、矿技术负责人审阅签字，并有记录。

(8) 瓦斯检查仪器、仪表应完好，并按照规定进行校正和检定。

(五) 煤与瓦斯突出防治的现场安全管理

(1) 矿井应按规定对煤层的突出危险性进行鉴定。突出矿井应绘制矿井(采区)瓦斯地质图。

(2) 突出矿井(采区)应编制专项防突设计、措施计划和事故应急预案，并按相关规定审批。

(3) 区域预测结果、区域防突措施应按规定审批，并严格执行；预抽煤层瓦斯区域防突措施效果检验结果应经矿技术负责人和主要负责人审批。

(4) 突出煤层采掘工作面局部综合防突措施应经矿技术负责人审批，并严格执行。

(5) 石门、立井、斜井等揭穿突出煤层前应编制专项防突设计、区域及局部综合防突措施，按规定审批，并严格执行。

(6) 压风自救装置、自救器、防突风门等安全防护设备设施符合相关规定。

(7) 防突装备、仪器、仪表的管理、检定符合相关要求；防突资料(各种记录、台账、牌板、效果检验报告等)管理应符合规定。

(六) 瓦斯抽采的现场安全管理

(1) 瓦斯抽采设施、抽采泵站应符合相关规定。

(2) 瓦斯抽采工程(包括钻场、钻孔、管路、抽采巷等)应编制设计并按计划施工。

(3) 定期对瓦斯抽采系统瓦斯的浓度、压力、流量等参数进行测定。泵站每小时测定 1 次；主、干、支管及抽采钻场每周至少测定 1 次，并根据实际测定情况对抽采系统及时进行调节。

(4) 定期检查抽采系统,并有记录可查。确保抽采管路无破损、漏气、积水;抽采管路离地面高度不应小于0.3 m(采面留管除外)。抽采检测装置、仪器、仪表齐全,定期校正,台账、记录齐全。

(5) 抽采钻场及钻孔应按规定设置管理牌板,数据填写必须及时、准确,并有记录和台账。

(6) 高瓦斯、煤与瓦斯突出矿井计划开采的煤量不应超出瓦斯抽采的达标煤量,生产安排应与瓦斯抽采的达标煤量相匹配,生产准备及回采煤量和抽采达标煤量保持平衡。

(7) 抽采瓦斯必须遵守下列规定:

① 抽采容易自燃和自燃煤层的采空区瓦斯时,抽采管路应当安设一氧化碳、甲烷、温度传感器,实现实时监测监控。发现有自然发火征兆时,应当立即采取措施。

② 井上下敷设的瓦斯管路,不得与带电物体接触并应当有防止砸坏管路的措施。

③ 采用干式抽采瓦斯设备时,抽采瓦斯浓度不得低于25%。

④ 利用瓦斯时,在利用瓦斯的系统中必须装设有防回火、防回流和防爆炸作用的安全装置。

⑤ 抽采的瓦斯浓度低于30%时,不得作为燃气直接燃烧。进行管道输送、瓦斯利用或者排空时,必须按有关标准的规定执行,并制定安全技术措施。

(8) 瓦斯抽采与利用考核指标应符合《煤矿瓦斯抽放规范》《煤矿瓦斯抽采基本指标》等的相关规定。

(七) 安全监控的现场安全管理

(1) 所有矿井必须装备安全监控系统、人员位置监测系统、有线调度通信系统。

(2) 编制采区设计、采掘作业规程时,必须对安全监控、人员位置监测、有线调度通信设备的种类、数量和位置,信号、通信、电源线缆的敷设,安全监控系统的断电区域等做出明确规定,绘制安全监控布置图和断电控制图、人员位置监测系统图、井下通信系统图并及时更新。

(3) 每3个月对安全监控、人员位置监测等数据进行备份,备份的数据介质保存时间应当不少于2年。图纸、技术资料的保存时间应当不少于2年。录音应当保存3个月以上。

(4) 安全监控和人员位置监测系统显示和控制终端、有线调度通信系统调度台必须设置在矿调度室并全面反映监控信息。矿调度室必须二十四小时有监控人员值班。

(5) 安全监控设备必须定期调校、测试,每月至少1次。

采用载体催化元件的甲烷传感器必须使用校准气样和空气气样在设备设置地点调校,便携式甲烷检测报警仪在仪器维修室调校,每15天至少1次。甲烷电闭锁和风电闭锁功能每15天至少测试1次。可能造成局部通风机停电的,每半年测试1次。

安全监控设备发生故障时,必须及时处理,在故障处理期间必须采用人工监测等安全措施,并填写故障记录。

(6) 必须每天检查安全监控设备及线缆是否正常,使用便携式光学甲烷检测仪或者便携式甲烷检测报警仪与甲烷传感器进行对照,并将记录和检查结果报矿值班员;当两者读数差大于允许误差时,应当以读数较大者为依据,采取安全措施并在8 h内对两种设备调校完毕。

(7) 矿调度室值班人员应当监视监控信息，填写运行日志，打印安全监控日报表，并报矿总工程师和矿长审阅。系统发出报警、断电、馈电异常等信息时，应当采取措施，及时处理。并立即向值班矿领导汇报；处理过程和结果应当记录备案。

(8) 安全监控系统安全装置的种类、数量、位置、报警点、断电点、断电范围、复电点、电缆敷设等都应符合相关规定，各种监控设备性能、仪器精度符合要求，井下分站实行挂牌管理。

(9) 下井人员必须携带标识卡。各个人员出入井口、重点区域出入口、限制区域等地点应当设置读卡分站。

(10) 矿调度室值班员应当监视人员位置等信息，填写运行日志。

(八) 防灭火的现场安全管理

(1) 矿井必须设地面消防水池和井下消防管路系统。井下消防管路系统应当敷设到采掘工作面，每隔 100 m 设置支管和阀门，但在带式输送机巷道中应当每隔 50 m 设置支管和阀门。地面的消防水池必须经常保持不少于 200 m^3 水量。消防用水同生产、生活用水共用同一水池时，应当有确保消防用水的措施。

(2) 井口房和通风机房附近 20 m 内，不得有烟火或者用火炉取暖。通风机房位于工业广场以外时，除开采有瓦斯喷出的矿井和突出矿井外，可用隔焰式火炉或者防爆式电热器取暖。

(3) 井筒与各水平的连接处及井底车场，主要绞车道与主要运输巷、回风巷的连接处，井下机电设备硐室，主要巷道内带式输送机机头前后两端各 20 m 范围内，都必须用不燃性材料支护。在井下和井口房，严禁采用可燃性材料搭设临时操作间、休息间。

(4) 井下严禁使用灯泡取暖和使用电炉。

(5) 井下和井口房内不得进行电焊、气焊和喷灯焊接等作业。如果必须在井下主要硐室、主要进风井巷和井口房内进行电焊、气焊和喷灯焊接等工作，每次必须制定安全措施。

(6) 井上、下必须设置消防材料库。

(7) 井下工作人员必须熟悉灭火器材的使用方法，并熟悉本职工作区域内灭火器材的存放地点。

(8) 开采容易自燃和自燃煤层时，必须开展自然发火监测工作，建立自然发火监测系统，确定煤层自然发火标志气体及临界值，健全自然发火预测预报及管理制度。

(9) 矿井必须制定防止采空区自然发火的封闭及管理专项措施。采煤工作面回采结束后，必须在 45 d 内进行永久性封闭，每周 1 次抽取封闭采空区气样进行分析，并建立台账。

(九) 防治粉尘的现场安全管理

(1) 按照《煤矿井下粉尘综合防治技术规范》的相关规定建立防尘供水系统；防尘管路吊挂平直，不漏水。

(2) 所有运煤转载点应有完善的喷雾装置，采煤工作面进、回风巷及掘进工作面回风流应按规定至少设置两道净化水幕，其他地点的喷雾装置和净化水幕按规定设置。

(3) 按要求安设隔爆设施，且每周至少检查 1 次；隔爆设施安装的地点、数量、水量及质量应符合相关规定。

(4) 采掘工作面的采掘机械应有内外喷雾装置，喷雾压力符合要求，且能正常使用；爆破时掘进工作面及回风水幕应开启；综采工作面和放顶煤采煤工作面放煤口应安设喷雾装置,降柱、移架或放煤时设自动同步喷雾,喷雾压力符合要求;破碎机应安装防尘罩和喷雾装置或除尘器;爆破前后洒水和冲洗巷帮;炮掘工作面应安设移动喷雾装置。

(5) 采煤工作面应采取煤层注水防尘措施,注水设计及效果符合《煤矿安全规程》相关规定。

(6) 矿井应编制洗尘计划,定期冲刷巷道积尘。主要大巷、主要进回风巷每月至少冲刷1次积尘,其他巷道清扫积尘周期由各矿技术负责人确定,并有记录可查。井下巷道不应有连续长5 m、厚度超过2 mm的煤尘堆积。

(7) 矿井应按《煤矿安全规程》和《煤矿井下粉尘综合防治技术规范》的相关规定测定粉尘浓度、游离二氧化硅含量及分散度等。

(8) 测尘仪器、仪表齐全,并定期进行校正、检定。

三、煤矿安全生产标准化(矿井通风)

煤矿安全生产标准化建设是煤矿安全生产的基础,是煤矿企业综合管理水平的反映,是建立煤矿企业安全生产长效机制、实现煤矿安全生产形势稳定好转的根本途径。应通过实施安全风险分级管控和事故隐患排查治理,规范行为、控制质量、提高装备和管理水平、强化培训,使煤矿达到并持续保持安全生产标准化等级标准,保障安全生产。煤矿安全生产标准化矿井通风部分,从风险管控和重大事故隐患判定两个方面促进矿井通风安全建设。

(一) 风险管控

1. 通风系统

(1) 矿井通风方式、方法符合《煤矿井工开采通风技术条件》(AQ 1028)规定。矿井安装2套同等能力的主要通风机装置,1用1备;反风设施完好,反风效果符合《煤矿安全规程》规定。

(2) 矿井风量计算准确,风量分配合理,井下作业地点实际供风量不小于所需风量;矿井通风系统阻力合理。

2. 局部通风

(1) 掘进巷道通风方式、方法符合《煤矿安全规程》规定,每一掘进巷道均有局部通风设计,选择合适的局部通风机和匹配的风筒。

(2) 局部通风机安装、供电、闭锁功能、检修、试验等符合《煤矿安全规程》规定。

(3) 局部通风机无循环风。

3. 通风设施

按规定及时构筑通风设施;设施可靠,利于通风系统调控;设施位置合理,墙体周边掏槽符合规定,与围岩填实、接严,不漏风。

4. 瓦斯管理

(1) 按照矿井瓦斯等级检查瓦斯,严格现场瓦斯管理工作,不形成瓦斯超限。

(2) 排放瓦斯,按规定制定专项措施,做到安全排放,无“一风吹”。

5. 突出防治

有防突专项设计,落实两个“四位一体”综合防突措施,采掘工作面不消突不推进。

6. 瓦斯抽采

(1) 瓦斯抽采设备、设施、安全装置、瓦斯管路检查、钻孔参数、监测参数等符合《煤矿瓦斯抽放规范》(AQ 1027)规定。

(2) 瓦斯抽采系统运行稳定、可靠，抽采能力满足《煤矿瓦斯抽采达标暂行规定》要求。

(3) 积极利用抽采瓦斯。

7. 安全监控

安全监控系统满足《煤矿安全监控系统通用技术要求》(AQ 6201)、《煤矿安全监控系统及检测仪器使用管理规范》(AQ 1029)和《煤矿安全规程》的要求，维护、调校、检定到位，系统运行稳定可靠。

8. 防灭火

(1) 按《煤矿安全规程》规定建立防灭火系统、自然发火监测系统，系统运行正常。

(2) 开采自燃煤层、容易自燃煤层进行煤层自然发火预测预报工作。

(3) 井上、下消防材料库设置和库内及井下重要岗点消防器材配备符合《煤矿安全规程》规定。

9. 粉尘防治

(1) 防尘供水系统符合《煤矿安全规程》要求。

(2) 隔爆设施安设地点、数量及安装质量符合《煤矿井下粉尘综合防治技术规范》(AQ 1020)规定。

(3) 综合防尘措施完善，防尘设备、设施齐全，使用正常。

10. 井下爆破

(1) 按《煤矿安全规程》要求建设和管理井下爆炸物品库，爆炸物品库存、领用等各环节按制度执行。

(2) 井下爆破作业按照爆破作业说明书进行，爆破作业执行“一炮三检”和“三人连锁爆破”制度。

(3) 正确处理拒爆、残爆。

11. 基础管理

(1) 建立组织保障体系，设立相应管理机构，完善各项管理制度，明确人员负责，有序有效开展工作。

(2) 按规定绘制图纸，完善相关记录、台账、报表、报告、计划及支持性文件等资料，并与现场实际相符。

(3) 管理、技术以及作业人员掌握相应的岗位技能，规范操作，无违章指挥、违章作业和违反劳动纪律(以下简称“三违”)行为，作业前进行安全确认。

(二) 重大事故隐患判定

1. 通风系统重大事故隐患

(1) 矿井总风量不足的。

(2) 没有备用主要通风机或者两台主要通风机工作能力不匹配的。

(3) 违反规定串联通风的。

(4) 没有按设计形成通风系统的，或者生产水平和采区未实现分区通风的。

(5) 高瓦斯、煤与瓦斯突出矿井的任一采区，开采容易自燃煤层、低瓦斯矿井开采煤层群和分层开采采用联合布置的采区，未设置采区专用回风巷的，或者突出煤层工作面没有独立的回风系统的。

(6) 采掘工作面等主要用风地点风量不足的。

(7) 采区进(回)风巷未贯穿整个采区,或者虽贯穿整个采区但一段进风、一段回风的。

2. 局部通风重大事故隐患

煤巷、半煤岩巷和有瓦斯涌出的岩巷的掘进工作面未装备甲烷电、风电闭锁装置或者不能正常使用的。

3. 瓦斯管理重大事故隐患

(1) 瓦斯检查存在漏检、假检的。

(2) 井下瓦斯超限后不采取措施继续作业的。

4. 突出防治重大事故隐患

(1) 煤与瓦斯突出矿井未建立防治突出机构并配备相应专业人员的。

(2) 煤与瓦斯突出矿井未进行区域或者工作面突出危险性预测的。

(3) 煤与瓦斯突出矿井未按规定采取防治突出措施的。

(4) 煤与瓦斯突出矿井未进行防治突出措施效果检验或者防突措施效果检验不达标仍然组织生产的。

(5) 煤与瓦斯突出矿井未采取安全防护措施的。

(6) 出现瓦斯动力现象,或者相邻矿井开采的同一煤层发生了突出,或者煤层瓦斯压力达到或者超过 0.74 MPa 的非突出矿井,未立即按照突出煤层管理并在规定时限内进行突出危险性鉴定的(直接认定为突出矿井的除外)。

5. 瓦斯抽采重大事故隐患

(1) 按照《煤矿安全规程》规定应当建立而未建立瓦斯抽采系统的。

(2) 突出矿井未装备地面永久瓦斯抽采系统或者系统不能正常运行的。

(3) 采掘工作面瓦斯抽采不达标组织生产的。

6. 安全监控重大事故隐患

(1) 突出矿井未装备矿井安全监控系统或者系统不能正常运行的。

(2) 高瓦斯矿井未按规定安设、调校甲烷传感器,人为造成甲烷传感器失效的,瓦斯超限后不能断电或者断电范围不符合规定的。

(3) 高瓦斯矿井安全监控系统出现故障没有及时采取措施予以恢复的,或者对系统记录的瓦斯超限数据进行修改、删除、屏蔽的。

7. 防灭火重大事故隐患

(1) 开采容易自燃和自燃的煤层时,未编制防治自然发火设计或者未按设计组织生产的。

(2) 高瓦斯矿井采用放顶煤采煤法不能有效防治煤层自然发火的。

(3) 有自然发火征兆没有采取相应的安全防范措施并继续生产的。

8. 井下爆破重大事故隐患

未按矿井瓦斯等级选用相应的煤矿许用炸药和雷管、未使用专用发爆器的,或者裸露爆破的。

9. 基础管理重大事故隐患

没有配备矿总工程师,以及负责通风工作的专业技术人员的。

(三) 评分方法

(1) 按表 10-1 评分。通风 11 个大项每大项标准分为 100 分,按照所检查存在的问题进行扣分，各小项分数扣完为止。

（2）以 11 个大项的最低分作为通风部分得分。

（3）“局部通风”大项以所检查的各局部通风区域中最低分为该大项得分；“通风设施”大项以所检查的分项的平均分之和为该大项得分；不涉及的大项，如突出防治或者瓦斯抽采等，该大项不考核。

（4）大项内容中缺项时，按式(10-1)进行折算：

$$A=\frac{100}{100-B}\times C \tag{10-1}$$

式中　A ——实得分数；

B ——缺项标准分数；

C ——检查得分数。

表 10-1　煤矿通风标准化评分表

项目	项目内容	基本要求	标准分值	评分方法	得分
一、通风系统（100分）	系统管理	1. 全矿井、一翼或者一个水平通风系统改变时，编制通风设计及安全技术措施，经企业技术负责人审批；巷道贯通前应当制定贯通专项措施，经矿总工程师审批；井下爆炸物品库、充电硐室、采区变电所、实现采区变电所功能的中央变电所有独立的通风系统	20	查资料和现场。改变通风系统（巷道贯通）无审批措施的扣 10 分，其他 1 处不符合要求扣 5 分	
		2. 井下没有违反《煤矿安全规程》规定的扩散通风、采空区通风和利用局部通风机通风的采煤工作面；对于允许布置的串联通风，制定安全技术措施，其中开拓新水平和准备新采区的开掘巷道的回风引入生产水平的进风中的安全技术措施，经企业技术负责人审批，其他串联通风的安全技术措施，经矿总工程师审批	20	查现场和资料。不符合要求 1 处扣 10 分	
		3. 采区专用回风巷不用于运输、安设电气设备，突出区不行人；专用回风巷道维修时制定专项措施，经矿总工程师审批	5	查现场和资料。不符合要求 1 处扣 2 分	
		4. 装有主要通风机的回风井口的防爆门符合规定，每 6 个月检查维修 1 次；每季度至少检查 1 次反风设施；制定年度全矿性反风技术方案，按规定审批，实施有总结报告，并达到反风效果	10	查资料和现场。未进行反风演习扣 5 分，其他 1 处不符合要求扣 2 分	
	风量配置	1. 新安装的主要通风机投入使用前，进行 1 次通风机性能测定和试运转工作，投入使用后每 5 年至少进行 1 次性能测定；矿井通风阻力测定符合《煤矿安全规程》规定	10	查资料。通风机性能或者通风阻力未测定的不得分，其他 1 处不符合要求扣 1 分	
		2. 矿井每年进行 1 次通风能力核定；每 10 天至少进行 1 次井下全面测风，井下各硐室和巷道的供风量满足计算所需风量	10	查资料和现场。未进行通风能力核定不得分，其他 1 处不符合要求扣 5 分	

续表 10-1

项目	项目内容	基本要求	标准分值	评分方法	得分
一、通风系统(100分)	风量配置	3.矿井有效风量率不低于85%;矿井外部漏风率每年至少测定1次,外部漏风率在无提升设备时不得超过5%,有提升设备时不得超过15%	10	查资料。未测定扣5分,有效风量率每低、外部漏风率每高1个百分点扣1分	
		4.采煤工作面进、回风巷实际断面不小于设计断面的2/3;其他通风巷道实际断面不小于设计断面的4/5;矿井通风系统的阻力符合AQ 1028规定;矿井内各地点风速符合《煤矿安全规程》规定	10	查现场和资料。巷道断面1处(长度按5m计)不符或者阻力超规定扣2分;风速不符合要求1处扣5分	
		5.矿井主要通风机安设监测系统,能够实时准确监测风机运行状态、风量、风压等参数	5	查现场。未安监测系统的不得分,其他1处不符合要求扣1分	
二、局部通风(100分)	装备措施	1.掘进通风方式符合《煤矿安全规程》规定,采用局部通风机供风的掘进巷道应安设同等能力的备用局部通风机,实现自动切换。局部通风机的安装、使用符合《煤矿安全规程》规定,实行挂牌管理,不发生循环风;不出现无计划停风,有计划停风前制定专项通风安全技术措施	35	查现场和资料。1处发生循环风不得分;无计划停风1次扣10分;其他1处不符合要求扣2分	
		2.局部通风机设备齐全,装有消声器(低噪声局部通风机和除尘风机除外),吸风口有风罩和整流器,高压部位有衬垫;局部通风机及其启动装置安设在进风巷道中,地点距回风口大于10 m,且10 m范围内巷道支护完好,无淋水、积水、淤泥和杂物;局部通风机离巷道底板高度不小于0.3 m	15	查现场。不符合要求1处扣2分	
	风筒敷设	1.风筒末端到工作面的距离和自动切换的交叉风筒接头的规格、安设标准符合作业规程规定	10	查现场和资料。不符合要求1处扣5分	
		2.使用抗静电、阻燃风筒,实行编号管理。风筒接头严密,无破口(末端20 m除外),无反接头;软质风筒接头反压边,硬质风筒接头加垫、螺钉紧固	15	查现场。使用非抗静电、非阻燃风筒不得分;其他1处不符合要求扣0.5分	
		3.风筒吊挂平、直、稳,软质风筒逢环必挂,硬质风筒每节至少吊挂2处;风筒不被摩擦、挤压	15	查现场。不符合要求1处扣0.5分	
		4.风筒拐弯处用弯头或者骨架风筒缓慢拐弯,不拐死弯;异径风筒接头采用过渡节,无花接	10	查现场。不符合要求1处扣1分	

续表 10-1

项目	项目内容	基本要求	标准分值	评分方法	得分
三、通风设施(100分)	设施管理	1. 及时构筑通风设施(指永久密闭、风门、风窗和风桥),设施墙(桥)体采用不燃性材料构筑,其厚度不小于0.5 m(防突风门、风窗墙体不小于0.8 m),严密不漏风	15	查现场。应建未建或者构筑不及时不得分;其他1处不符合要求扣10分	
		2. 密闭、风门、风窗墙体周边按规定掏槽,墙体与煤岩接实,四周有不少于0.1 m的裙边,周边及围岩不漏风;墙面平整,无裂缝、重缝和空缝,并进行勾缝或者抹面或者喷浆,抹面的墙面1 m^2内凸凹深度不大于10 mm	7	查现场。不符合要求1处扣5分	
		3. 设施5 m范围内支护完好,无片帮、漏顶、杂物、积水和淤泥	4	查现场。1处不符合要求不得分	
		4. 设施统一编号,每道设施有规格统一的施工说明及检查维护记录牌	4	查现场。1处不符合要求不得分	
	密闭	1. 密闭位置距全风压巷道口不大于5 m,设有规格统一的瓦斯检查牌板和警标,距巷道口大于2 m的设置栅栏;密闭前无瓦斯积聚。所有导电体在密闭处断开(在用的管路采取绝缘措施处理除外)	10	查现场。不符合要求1处扣5分	
		2. 密闭内有水时设有反水池或者反水管,采空区密闭设有观测孔、措施孔,且孔口设置阀门或者带有水封结构	10	查现场。不符合要求1处扣5分	
	风门风窗	1. 每组风门不少于2道,其间距不小于5 m(通车风门间距不小于1列车长度),主要进、回风巷之间的联络巷设具有反向功能的风门,其数量不少于2道;通车风门按规定设置和管理,并有保护风门及人员的安全措施	10	查现场。不符合要求1处扣5分	
		2. 风门能自动关闭,并连锁,使2道风门不能同时打开;门框包边沿口,有衬垫,四周接触严密,门扇平整不漏风;风窗有可调控装置,调节可靠	10	查现场。不符合要求1处扣5分	
		3. 风门、风窗水沟处设有反水池或者挡风帘,轨道巷通车风门设有底槛,电缆、管路孔堵严,风筒穿过风门(风窗)墙体时,在墙上安装与胶质风筒直径匹配的硬质风筒	10	查现场。不符合要求1处扣5分	
	风桥	1. 风桥两端接口严密,四周为实帮、实底,用混凝土浇灌填实;桥面规整不漏风	10	查现场。不符合要求1处扣5分	
		2. 风桥通风断面不小于原巷道断面的4/5,呈流线型,坡度小于30°;风桥上、下不安设风门、调节风窗等	10	查现场。不符合要求1处扣5分	

续表 10-1

项目	项目内容	基本要求	标准分值	评分方法	得分
四、瓦斯管理(100分)	鉴定及措施	1. 按《煤矿安全规程》规定进行煤层瓦斯含量、瓦斯压力等参数测定和矿井瓦斯等级鉴定及瓦斯涌出量测定	10	查资料。未鉴定、测定不得分	
		2. 编制年度瓦斯治理技术方案及安全技术措施，并严格落实	15	查资料。未编制1项扣5分；其他1处不符合要求扣1分	
	瓦斯检查	1. 矿长、总工程师、爆破工、采掘区队长、通风区队长、工程技术人员、班长、流动电钳工、安全监测工等下井时，携带便携式甲烷检测报警仪。瓦斯检查工下井时携带便携式甲烷检测报警仪和光学瓦斯检测仪	10	查现场或者资料。不符合要求1处扣2分	
		2. 瓦斯检查符合《煤矿安全规程》规定；瓦斯检查工在井下指定地点交接班，有记录	15	查资料和现场。不符合要求1处扣5分	
		3. 瓦斯检查做到井下记录牌、瓦斯检查手册、瓦斯检查班报(台账)“三对口”；瓦斯检查日报及时上报矿长、总工程师签字，并有记录	10	查资料和现场。不符合要求1处扣1分	
	现场管理	1. 采掘工作面及其他地点的瓦斯浓度符合《煤矿安全规程》规定；瓦斯超限立即切断电源，并撤出人员，查明瓦斯超限原因，落实防治措施	15	查资料和现场。瓦斯超限1次扣5分；其他1处不符合要求扣1分	
		2. 临时停风地点停止作业、切断电源、撤出人员、设置栅栏和警示标志；长期停风区在24 h内封闭完毕。停风区内甲烷或者二氧化碳浓度达到3.0%或者其他有害气体浓度超过《煤矿安全规程》规定不立即处理时，在24 h内予以封闭，并切断通往封闭区的管路、轨道和电缆等导电物体	15	查资料和现场。未按规定执行1项扣10分	
		3. 瓦斯排放按规定编制专项措施，经矿总工程师批准，并严格执行，且有记录；采煤工作面不使用局部通风机稀释瓦斯	10	查资料。无措施或者未执行不得分；其他1处不符合要求扣5分	
五、突出防治(100分)	突出管理	1. 编制矿井、水平、采区及井巷揭穿突出煤层的防突专项设计，经企业技术负责人审批，并严格执行	25	查资料和现场。未编审设计不得分；执行不严格1处扣15分	
		2. 区域预测结果、区域防突措施、保护效果检验、保护范围考察结果经企业技术负责人审批；预抽煤层瓦斯区域防突措施效果检验及区域验证结果经矿总工程师审批，按预测、检验结果，采取相应防突措施	25	查现场和资料。未审批不得分；执行不严格1处扣15分	

续表 10-1

项目	项目内容	基本要求	标准分值	评分方法	得分
五、突出防治(100分)	突出管理	3. 突出煤层采掘工作面编制防突专项设计及安全技术措施，经矿总工程师审批，实施中及时按现场实际做出补充修改，并严格执行	25	查资料和现场。未编审设计及措施或者未执行不得分；执行不严格1处扣5分	
	设备设施	压风自救装置、自救器、防突风门、避难硐室等安全防护设备设施符合《防治煤与瓦斯突出规定》要求	25	查现场。不符合要求1处扣2分	
六、瓦斯抽采(100分)	抽采系统	1. 瓦斯抽采设施、抽采泵站符合《煤矿安全规程》要求	15	查现场和资料。不符合要求1处扣5分	
		2. 编制瓦斯抽采工程(包括钻场、钻孔、管路、抽采巷等)设计，并按设计施工	15	查现场和资料。不符合要求1处扣2分	
	检查与管理	1. 对瓦斯抽采系统的瓦斯浓度、压力、流量等参数实时监测，定期人工检测比对，泵站每2 h至少1次，主干、支管及抽采钻场每周至少1次，根据实际测定情况对抽采系统进行及时调节	15	查资料和现场。未按规定检测核实的1次扣5分，其他1处不符合要求扣2分	
		2. 井上下敷设的瓦斯管路，不得与带电物体接触并应当有防止砸坏管路的措施。每10天至少检查1次抽采管路系统，并有记录。抽采管路无破损、无漏气、无积水；抽采管路离地面高度不小于0.3 m(采空区留管除外)	15	查资料和现场。管路损坏或者与带电物体接触不得分；其他1处不符合要求扣1分	
		3. 抽采钻场及钻孔设置管理牌板，数据填写及时、准确，有记录和台账	15	查资料和现场。不符合要求1处扣0.5分	
		4. 高瓦斯、突出矿井计划开采的煤量不超出瓦斯抽采的达标煤量，生产准备及回采煤量和抽采达标煤量保持平衡	15	查资料。不符合要求不得分	
		5. 矿井瓦斯抽采率符合《煤矿瓦斯抽采达标暂行规定》要求	10	查资料。不符合要求不得分	
七、安全监控(100分)	装备设置	1. 矿井安全监控系统具备“风电、甲烷电、故障”闭锁及手动控制断电闭锁功能和实时上传监控数据的功能；传感器、分站备用量不少于应配备数量的20%	15	查资料和现场。系统功能不全扣5分，其他1处不符合要求扣2分	
		2. 安全监控设备的种类、数量、位置、报警浓度、断电浓度、复电浓度、电缆敷设等符合《煤矿安全规程》规定，设备性能、仪器精度符合要求，系统装备实行挂牌管理	15	查资料和现场。报警、断电、复电1处不符合要求扣5分；其他1处不符合要求扣2分	

续表 10-1

项目	项目内容	基本要求	标准分值	评分方法	得分
七、安全监控(100分)	装备设置	3. 安全监控系统的主机双机热备，连续运行。当工作主机发生故障时，备用主机应在 5 min 内自动投入工作。中心站设双回路供电，并配备不小于 2 h 在线式不间断电源。中心站设备设有可靠的接地装置和防雷装置。站内设有录音电话	15	查现场或资料。不符合要求 1 处扣 2 分	
		4. 分站、传感器等在井下连续使用 6～12 个月升井全面检修，井下监控设备的完好率为 100%，监控设备的待修率不超过 20%，并有检修记录	10	查资料或现场。未按规定升井检修 1 次(台)扣 3 分，其他 1 处不符合要求扣 1 分	
	检测试验	安全监控设备每月至少调校、测试 1 次；采用载体催化元件的甲烷传感器每 15 天使用标准气样和空气样在设备设置地点至少调校 1 次，并有调校记录；甲烷电闭锁和风电闭锁功能每 15 天测试 1 次，其中，对可能造成局部通风机停电的，每半年测试 1 次，并有测试签字记录	15	查资料和现场。不符合要求 1 处扣 2 分	
	监控设备	1. 安全监控设备中断运行或者出现异常情况，查明原因，采取措施及时处理，其间采用人工检测，并有记录	10	查资料和现场。不符合要求 1 处扣 5 分	
		2. 安全监控系统显示和控制终端设置在矿调度室，二十四小时有监控人员值班	10	查现场和资料。1 处不符合要求不得分	
	资料管理	有监控系统运行状态记录、运行日志，安全监控日报表经矿长、总工程师签字；建立监控系统数据库，系统数据有备份并保存 2 年以上	10	查资料和现场。数据无备份或者数据库缺少数据扣 5 分，其他 1 处不符合要求扣 2 分	
八、防灭火(100分)	防治措施	1. 按《煤矿安全规程》规定进行煤层的自燃倾向性鉴定，制定矿井防灭火措施，建立防灭火系统，并严格执行	10	查资料和现场。未鉴定不得分，其他 1 处不符合要求扣 5 分	
		2. 开采自燃、容易自燃煤层的采掘工作面作业规程有防治自然发火的技术措施，并严格执行	10	查资料和现场。不符合要求 1 处扣 2 分	
		3. 井下易燃物存放符合规定，进行电焊、气焊和喷灯焊接等作业符合《煤矿安全规程》规定，每次焊接制定安全措施，经矿长批准，并严格执行	10	查资料和现场。不符合要求 1 处扣 2 分	
		4. 每处火区建有火区管理卡片，绘制火区位置关系图；启封火区有计划和安全措施，并经企业技术负责人批准	10	查资料。不符合要求 1 处扣 5 分	

续表 10-1

项目	项目内容	基本要求	标准分值	评分方法	得分
八、防灭火(100分)	设施设备	1. 按《煤矿安全规程》规定设置井上、下消防材料库，配足消防器材，且每季度至少检查1次	10	查资料和现场。缺消防材料库不得分，其他1处不符合要求扣1分	
		2. 按《煤矿安全规程》规定井下爆炸物品库、机电设备硐室、检修硐室、材料库等地点的支护和风门、风窗采用不燃性材料，并配备有灭火器材，其种类、数量、规格及存放地点，均在灾害预防和处理计划中明确规定	10	查资料和现场。不符合要求1处扣2分	
		3. 矿井设有地面消防水池和井下消防管路系统，每隔100 m(在带式输送机的巷道中每隔50 m)设置支管和阀门，并正常使用。地面消防水池保持不少于200 m^3的水量，每季度至少检查1次	10	查现场。无消防水池或者水量不足不得分；缺支管、阀门，1处扣2分；其他1处不符合要求扣0.5分	
		4. 开采容易自燃和自燃煤层，确定煤层自然发火标志气体及临界值，开展自然发火预测预报工作，建立监测系统；在开采设计中明确选定自然发火观测站或者观测点，每周进行1次观测分析。发现异常，立即采取措施处理	15	查资料和现场。无监测系统不得分，1处预测预报不符合要求扣5分，其他1处不符合要求，扣2分	
	控制指标	无一氧化碳超限作业，采空区密闭内及其他地点无超过35 ℃的高温点(因地温和水温影响的除外)	10	查资料和现场。有超限作业不得分；其他1处不符合要求扣2分	
	封闭时限	及时封闭与采空区连通的巷道及各类废弃钻孔；采煤工作面回采结束后45 d内进行永久性封闭	5	查资料和现场。1处不符合要求，扣2分	
九、粉尘防治(100分)	鉴定及措施	按《煤矿安全规程》规定鉴定煤尘爆炸性；制定年度综合防尘、预防和隔绝煤尘爆炸措施，并组织实施	10	查资料和现场。未鉴定或者无措施不得分；其他1处不符合要求扣2分	
	设备设施	1. 按照AQ 1020规定建立防尘供水系统；防尘管路吊挂平直，不漏水；管路三通阀门便于操作	15	查现场。未建立系统不得分，缺管路1处扣5分，其他1处不符合要求扣2分	
		2. 运煤(矸)转载点设有喷雾装置，采掘工作面回风巷至少设置2道风流净化水幕，净化水幕和其他地点的喷雾装置符合AQ 1020规定	15	查现场。缺装置1处扣5分；其他1处不符合要求扣1分	

续表 10-1

项目	项目内容	基本要求	标准分值	评分方法	得分
九、粉尘防治(100分)	设备设施	3. 按《煤矿安全规程》要求安设隔爆设施，且每周至少检查1次，隔爆设施安装的地点、数量、水量或者岩粉量及安装质量符合AQ 1020规定	10	查资料和现场。未设隔爆设施，1处扣5分；其他1处不符合要求扣2分	
		4. 采煤机、掘进机内外喷雾装置使用正常；液压支架和放顶煤工作面的放煤口安设喷雾装置，降柱、移架或者放煤时同步喷雾，喷雾压力符合《煤矿安全规程》要求；破碎机安装有防尘罩和喷雾装置或者除尘器	10	查现场。缺外喷雾装置或者喷雾效果不好1处扣5分；其他1处不符合要求扣2分	
	防除尘措施	1. 采用湿式钻孔或者孔口除尘措施，爆破使用水炮泥，爆破前后冲洗煤壁巷帮；炮掘工作面安设有移动喷雾装置，爆破时开启使用	10	查现场。未湿式钻孔或者无措施扣5分；其他1处不符合要求扣2分	
		2. 喷射混凝土时，采用潮喷或者湿喷工艺，并装设除尘装置。在回风侧100 m范围内至少安设2道净化水幕	10	查现场。不符合要求1处扣5分	
		3. 采煤工作面按《煤矿安全规程》规定采取煤层注水措施，注水设计符合AQ 1020规定	10	查资料和现场。采煤工作面未注水1处扣5分；其他1处不符合要求扣2分	
		4. 定期冲洗巷道积尘或者洒布岩粉。主要大巷、主要进回风巷每月至少冲洗1次，其他巷道冲洗周期或者洒布岩粉由矿总工程师确定。巷道中无连续长5 m、厚度超过2 mm的煤尘堆积	10	查资料和现场。煤尘堆积超限1处扣5分；其他1处不符合要求扣2分	
十、井下爆破(100分)	物品管理	1. 井下爆炸物品库、爆炸物品贮存及运输符合《煤矿安全规程》规定	10	查现场。不符合要求1处扣5分	
		2. 爆炸物品领退、电雷管编号制度健全，发放前电雷管进行导通实验	20	查资料和现场。未进行导通实验扣10分，缺1项制度扣5分	
	爆破管理	1. 爆破作业执行"一炮三检"、"三人连锁爆破"制度，采取停送电(突出煤层)、撤人、设岗警戒措施。特殊情况下的爆破作业，制定安全技术措施，经矿总工程师批准后执行	20	查资料和现场。1处不符合要求不得分	
		2. 编制爆破作业说明书，并严格执行。现场设置爆破图牌板	15	查资料和现场。无爆破说明书或者不执行不得分，其他1处不符合要求扣2分	
		3. 爆炸物品现场存放、引药制作符合《煤矿安全规程》规定	15	查现场。不符合要求1处扣2分	
		4. 残爆、拒爆处理符合《煤矿安全规程》规定	20	查现场和资料。不符合要求不得分	

续表 10-1

项目	项目内容	基本要求	标准分值	评分方法	得分
十一、基础管理(100分)	组织保障	按规定设有负责通风管理、瓦斯管理、安全监控、防尘、防灭火、瓦斯抽采、防突和爆破管理等工作的管理机构	10	查资料。未设置机构不得分,机构不完善扣5分	
	工作制度	1. 有完善矿井通风、瓦斯防治、综合防尘、防灭火和安全监控等专业管理制度,各工种有岗位安全生产责任制和操作规程,并严格执行	10	查资料和现场。缺制度或者操作规程不得分;其他1处不符合要求扣5分	
		2. 制定瓦斯防治中长期规划和年度计划。矿每月至少召开1次通风工作例会,总结安排年、季、月通风工作,并有记录	10	查资料。缺1项计划或者总结扣5分,其他1处不符合要求扣2分	
	资料管理	有通风系统图、分层通风系统图、通风网络图、通风系统立体示意图、瓦斯抽采系统图、安全监控系统图、防尘系统图、防灭火系统图等;有测风记录、通风值班记录、通风(反风)设施检查及维修记录、粉尘冲洗记录、防灭火检查记录;有密闭管理台账、煤层注水台账、瓦斯抽采台账等;安全监控及防突方面的记录、报表、账卡、测试检验报告等资料符合 AQ 1029 及《防治煤与瓦斯突出规定》要求,并与现场实际相符	20	查资料和现场。图纸、记录、台账等资料缺1种扣2分,与现场实际不符1处扣5分;其他1处不符合要求扣0.5分	
	仪器仪表	按检测需要配备检测仪器,每类仪器的备用量不小于应配备使用数量的20%,仪器的调校、维护及收发和送检工作有专门人员负责,按期进行调校、检验,确保仪器完好	20	查资料和现场。仪器数量不足或者无专门人员负责扣5分,其他不符要求1台次扣2分	
	岗位规范	1. 管理和技术人员掌握相关的岗位职责、管理制度、技术措施	10	查资料和现场。不符合要求1处扣5分	
		2. 现场作业人员严格执行本岗位安全生产责任制;掌握本岗位相应的操作规程和安全措施,操作规范;无"三违"行为	10	查现场。发现"三违"不得分,不执行岗位责任制、不规范操作1人次扣3分	
		3. 作业前对作业范围内空气环境、设备运行状态及巷道支护和顶底板完好状况等实时观测,进行安全确认	10	查现场。1人次不确认扣3分,其他1处不符合要求扣1分	

得分合计:

附　录

附录Ⅰ　井巷摩擦阻力系数 α 值

一、水平巷道

(1) 不支护巷道 $\alpha\times10^4$ 值见附表Ⅰ-1。

附表Ⅰ-1　不支护巷道的 $\alpha\times10^4$ 值

巷道壁的特征	$\alpha\times10^4/N\cdot s^2\cdot m^{-4}$
顺走向在煤层里开掘的巷道	58.8
交叉走向在岩层里开掘的巷道	68.6～78.4
巷壁与底板粗糙度相同的巷道	58.8～78.4
巷壁与底板粗糙度相同的巷道，在底板阻塞情况下	98～147

(2) 混凝土、混凝土砖及砖石砌碹的平巷 $\alpha\times10^4$ 值见附表Ⅰ-2。

附表Ⅰ-2　砌碹平巷的 $\alpha\times10^4$ 值

类别	$\alpha\times10^4/N\cdot s^2\cdot m^{-4}$
混凝土砌碹、外抹灰浆	29.4～39.2
混凝土砌碹、不抹灰浆	49～68.6
砖砌碹、外面抹灰浆	24.5～29.4
砖砌碹、不抹灰浆	29.4～30.2
料石砌碹	39.2～49

注：巷道断面小者取大值。

(3) 圆木棚子支护的巷道 $\alpha\times10^4$ 值见附表Ⅰ-3。

附表Ⅰ-3　圆木棚子支护的巷道 $\alpha\times10^4$ 值

木柱直径 d_0/cm	支架纵口径 $\Delta=L/d_0$ 时的 $\alpha\times10^4/N\cdot s^2\cdot m^{-4}$							按断面校正	
	1	2	3	4	5	6	7	断面/m^2	校正系数
15	88.2	115.2	137.2	155.8	174.4	164.6	158.8	1	1.2
16	90.16	118.6	141.1	161.7	180.3	167.6	159.7	2	1.1

续附表 1-3

木柱直径 d_0/cm	支架纵口径 $\Delta=L/d_0$ 时的 $\alpha\times10^4$/N·s²·m⁻⁴							按断面校正	
	1	2	3	4	5	6	7	断面/m²	校正系数
17	92.12	121.5	141.1	165.6	185.2	169.5	162.7	3	1.0
18	94.03	123.5	148	169.5	190.1	171.5	164.6	4	0.93
20	96.04	127.4	154.8	177.4	198.9	175.4	168.6	5	0.89
22	99	133.3	156.8	185.2	208.7	178.4	171.5	6	0.8
24	102.9	138.2	167.6	193.1	217.6	192	174.4	8	0.82
26	104.9	143.1	174.4	199.9	225.4	198	180.3	10	0.78

注：表中 $\alpha\times10^4$ 值适合于支架后净断面 $S=3\ m^2$ 的巷道，对于其他断面的巷道应乘以校正系数。

(4) 金属支架的巷道 $\alpha\times10^4$ 值如下：

① 工字梁拱形和梯形支架巷道的 $\alpha\times10^4$ 值见附表Ⅰ-4。

附表Ⅰ-4　　工字梁拱形和梯形支架的巷道 $\alpha\times10^4$ 值

金属梁尺寸 d_0/cm	支架纵口径 $\Delta=L/d_0$ 时的 $\alpha\times10^4$ 值/N·s²·m⁻⁴					按断面校正	
	2	3	4	5	8	断面/m²	校正系数
10	107.8	147	176.4	205.4	245	3	1.08
12	127.4	166.6	205.8	245	294	4	1.00
14	137.2	186.2	225.4	284.2	333.2	6	0.91
16	147	205.8	254.8	313.6	392	8	0.88
18	156.8	225.4	294	382.2	431.2	10	0.84

注：d_0 为金属梁截面的高度。

② 金属横梁和帮柱混合支护的平巷 $\alpha\times10^4$ 值见附表Ⅰ-5。

附表Ⅰ-5　　金属梁、柱支护的平巷 $\alpha\times10^4$ 值

边柱厚度 d_0/cm	支架纵口径 $\Delta=L/d_0$ 时的 $\alpha\times10^4$/N·s²·m⁻⁴					按断面校正	
	2	3	4	5	6	断面/m²	校正系数
40	156.8	176.4	205.8	215.6	235.2	3	1.08
						4	1.00
						6	0.91
						8	0.88
50	166.6	196.0	215.6	245.0	264.6	10	0.84

注：(1)"帮柱"是混凝土或砌碹的柱子，呈方形；(2) 顶梁是由工字钢或 16 号槽钢加工的。

(5) 钢筋混凝土预制支架的巷道 $\alpha \times 10^4$ 值为 88.2～186.2 $N \cdot s^2/m^4$(纵口径大,取值也大)。

(6) 锚杆或喷浆巷道的 $\alpha \times 10^4$ 值为 78.4～117.6 $N \cdot s^2/m^4$。

对于装有带式运输机的巷道 $\alpha \times 10^4$ 值可增加 147～196 $N \cdot s^2/m^4$。

二、井筒、暗井及溜道

(1) 无任何装备的清洁的混凝土和钢筋混凝土井筒 $\alpha \times 10^4$ 值见附表Ⅰ-6。

附表Ⅰ-6　　无装备混凝土井筒 $\alpha \times 10^4$ 值

井筒直径/m	井筒断面/m^2	$\alpha \times 10^4/N \cdot s^2 \cdot m^{-4}$	
		平滑的混凝土	不平滑的混土
4	12.6	33.3	39.2
5	19.6	31.4	37.2
6	28.3	31.4	37.2
7	38.5	29.4	35.3
8	50.3	29.4	35.3

(2) 砖和混凝土砖砌的无任何装备的井筒,其值 $\alpha \times 10^4$ 按附表Ⅰ-6 增大一倍。

(3) 有装备的井筒,井壁用混凝土、钢筋混凝土、混凝土砖及砖、砌碹的平巷 $\alpha \times 10^4$ 值为 343～490 $N \cdot s^2/m^4$,选取时应考虑罐道梁的间距、装备物纵口径以及有无梯子间和梯子间规格等。

(4) 木支护的暗井和溜道 $\alpha \times 10^4$ 值见附表Ⅰ-7。

附表Ⅰ-7　　木支护的暗井和溜道 $\alpha \times 10^4$ 值

井筒特征	断面/m^2	$\alpha \times 10^4/N \cdot s^2 \cdot m^{-4}$
人行格间有平台的溜道	9	460.6
有人行格间的溜道	0.95	196
下放煤的溜道	1.8	156.8

三、矿井巷道 $\alpha \times 10^4$ 值的实际资料(据沈阳煤矿设计研究院所编 α 值表)

沈阳煤矿设计研究院根据在抚顺、徐州、新汶、阳泉、大同、梅田、鹤岗 7 个矿区 14 个矿井的实测资料,编制的供通风设计参考的 α 值见附表 1-8。

附表Ⅰ-8　　井巷摩擦阻力系数 α 值

序号	巷道支护形式	巷道类别	巷道壁面特征	$\alpha\times10^4$ $/N\cdot s^2\cdot m^{-4}$	选取参考
1	锚喷支护	轨道平巷	光面爆破，凸凹度＜150	50～77	断面大，巷道整洁凸凹度＜50，近似砌碹的取小值；新开采区巷道，断面较小的取大值。断面大而成型差，凸凹度大的取大值
			普通爆破，凸凹度＞150	83～103	巷道整洁，底板喷水泥抹面的取小值，无道碴和锚杆外露的取大值
		轨道斜巷（设有人行台阶）	光面爆破，凸凹度＜150	81～89	兼流水巷和无轨道的取小值
			普通爆破，凸凹度＞150	93～121	兼流水巷和无轨道的取小值；巷道成型不规整，底板不平的取大值
		通风行人巷（无轨道、台阶）	光面爆破，凸凹度＜150	68～75	底板不平，浮矸多的取大值；自然顶板层面光滑和底板积水的取小值
			普通爆破，凸凹度＞150	75～97	巷道平直，底板淤泥积水的取小值；四壁积尘，不整洁的老巷有少量杂物堆积取大值
		通风行人巷（无轨道、有台阶）	光面爆破，凸凹度＜150	72～84	兼流水巷的取小值
			普通爆破，凸凹度＞150	84～110	流水冲沟使底板严重不平的 α 值偏大
		带式运输机巷（铺轨）	光面爆破，凸凹度＜150	85～120	断面较大，全部喷混凝土固定道床的 α 值为85。其余的一般均应取偏大值。吊挂带式输送机宽为 800～1 000 mm
			普通爆破，凸凹度＞150	119～174	巷道底平，整洁的巷道取小值；底板不平，铺轨无道碴，带式输送机卧底，积煤泥的取大值。落地式胶带宽为 1.2 m
2	喷砂浆支护	轨道平巷	普通爆破，凸凹度＞150	78～81	喷砂浆支护与喷混凝土支护巷道的摩擦阻力系数相近，同种类别巷道可按锚喷的选
3	锚杆支护	轨道平巷	锚杆外露 100～200 mm，锚间距600～1 000 mm	94～149	铺笆规整，自然顶板平整光滑的取小值；壁面波状凸凹度＞150，近似不规整的裸体状取大值；沿煤平巷，底板为松散浮煤，一般取中间值
		带式输送机巷（铺轨）	锚杆外露 150～200 mm，锚间距600～800 mm	127～153	落地式带式输送机宽为 800～1 000 mm。断面小，铺笆不规整的取大值；断面大，自然顶板平整光滑取小值
4	料石砌碹支护	轨道平巷	壁面粗糙	49～61	断面大的取小值；断面小的取大值。巷道洒水清扫的取小值
		轨道平巷	壁面平滑	38～44	断面大的取小值；断面小的取大值。巷道洒水清扫的取小值
		带式输送机斜巷（铺有台阶）	壁面粗糙	100～158	钢丝绳胶带输送机宽为 1 000 mm，下限值为推测值，供选取参考

续附表 1-8

序号	巷道支护形式	巷道类别	巷道壁面特征	$\alpha \times 10^4$ /$N \cdot s^2 \cdot m^{-4}$	选取参考
5	毛石碹	轨道平巷	壁面粗糙	60～80	
6	混凝土棚支护	轨道平巷	断面 5～9 m^2，纵口径 4～5	100～190	依纵口径、断面选取 α 值。巷道整洁的完全棚，纵口径小的取小值
7	U 形钢支护	轨道平巷	断面 5～8 m^2，纵口径 4～8	135～181	按纵口径、断面选取，纵口径大的、完全棚支护的取小值。不完全棚的 α 值大于完全棚的 α 值
		带式输送机巷(铺轨)	断面 9～10 m^2，纵口径 4～8	209～226	落地式带式输送机宽为 800～1 000 mm，包括工字钢梁、U 形钢腿的支架
8	工字钢、钢轨支护	轨道平巷	断面 4～6 m^2，纵口径 7～9	123～134	包括工字钢与钢轨的混合支架。不完全棚支护的 α 值大于完全棚的 α 值，纵口径＝9 取小值
		带式输送机巷(铺轨)	断面 9～10 m^2，纵口径 4～8	209～226	工字钢与 U 形钢的混合支架与第 7 项带式输送机巷近似，单一种支护与混合支护 α 近似
9	综采工作面	掩护式支架	采高＜2 m，德国 WS1.7 双柱式	300～330	系数值包括采煤机在工作面内的附加阻力(以下同)
			采高 2～3 m，德国 WS1.7 双柱式，德国贝考瑞特，国产 OKⅡ型	260～310	分层开采铺金属网和工作面片帮严重、堆积浮煤多的取大值
			采高＞3 m，德国 WS1.7 双柱式	220～250	支架架设不整齐，有露顶的取大值
		支撑掩护式支架	采高 2～3 m，国产 ZY-3，ZY-4 型柱式	320～350	采高局部有变化，支架不齐，则取大值
		支撑式支架	采高 2～3 m，英国 DT 型、4 柱式	330～420	支架架设不整齐则取大值
10	普采工作面	单体液压支柱	采高＜2 m	420～500	
		金属摩擦支柱，铰接顶梁	采高＜2 m，DY-100 型采煤机	450～550	支架排列较整齐，工作面内有少量金属支柱，等堆积物可取小值
		木支柱	采高＜1.2 m，木支架较乱	600～650	
11	炮采工作面	金属摩擦支柱，铰接顶梁	采高＜1.8 m，支架整齐	270～350	工作面每隔 10 m 用木垛支撑的实测 $\alpha \times 10^{-4}$ 值 954～1 050 $N \cdot s^2/m^4$
		木支柱	采高＜1.2 m，支架整齐	300～350	
			采高＜1.2 m，木支架较乱	400～450	

附录Ⅱ 井巷局部摩擦阻力系数 ξ 值表

附表Ⅱ-1 各种巷道突然扩大或缩小的 ξ 值(光滑管道)

S_1/S_2	1	0.9	0.8	0.7	0.6	0.5	0.4	0.3	0.2	0.1	0.01	0
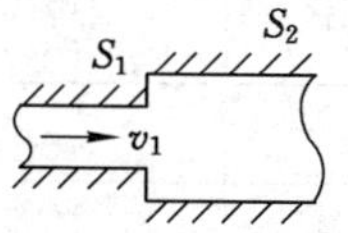 突然扩大（S_1→S_2，v_1）	0	0.01	0.04	0.09	0.16	0.25	0.36	0.49	0.64	0.81	0.98	1.0
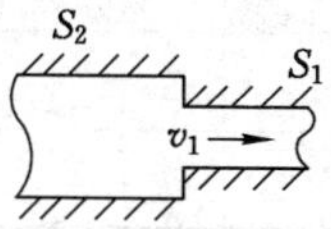 突然缩小（S_2→S_1，v_1）	0	0.05	0.10	0.15	0.20	0.25	0.30	0.35	0.40	0.45	0.50	

附表Ⅱ-2 其他几种局部助力的 ξ 值(光滑管道)

v_1	v_1，D，$R=0.1D$	v_1	b，v_1，b	b，R_1，v_1，b	b，R_1，R_2，v_1，b
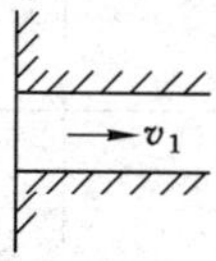 0.6	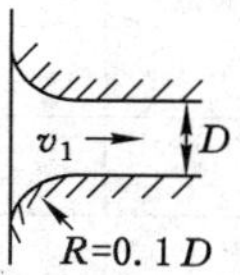 0.1	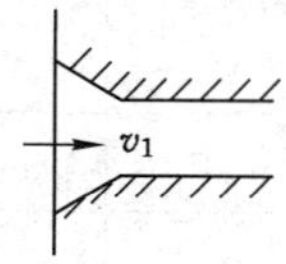 0.2	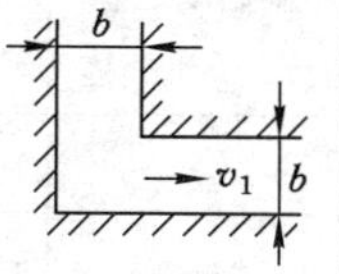 有导风板 0.2， 无导风板 1.4	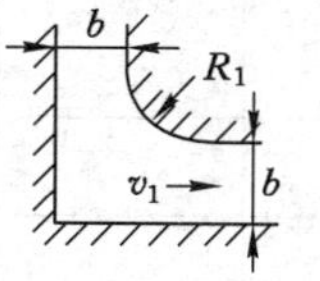 $R_1=\frac{1}{3}b$，0.75； $R_1=\frac{2}{3}b$，0.52	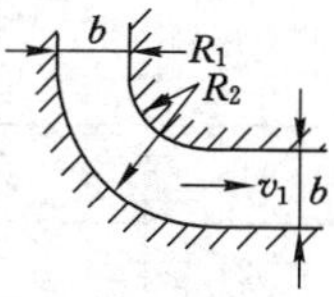 $R_1=\frac{1}{3}b$， $R_2=\frac{2}{3}b$，0.6； $R_1=\frac{2}{3}b$， $R_2=\frac{17}{10}b$，0.3
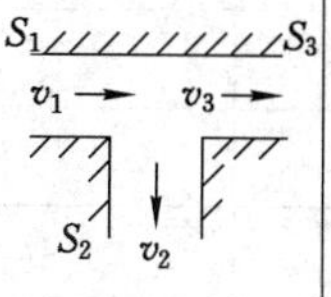 S_1，S_3，v_1，v_3，S_2，v_2	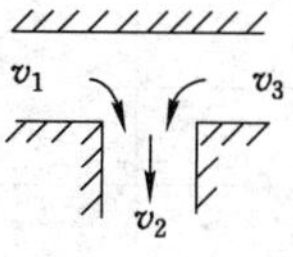 v_1，v_3，v_2	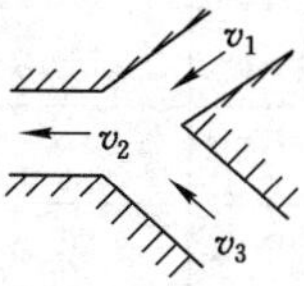 v_1，v_2，v_3	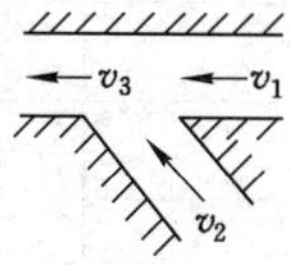 v_3，v_1，v_2	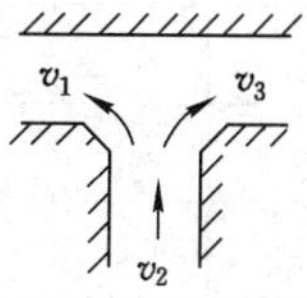 v_1，v_3，v_2	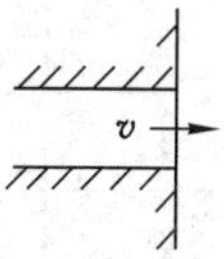 v
3.6 当 $S_2=S_3$， $v_2=v_3$ 时	2.0 当风速为 v_2 时	1.0 当 $v_1=v_3$ 时	1.5 当风速为$_2$ 时	1.5 当风速为 v_2 时	1.0 当风速为 v 时

附录Ⅲ 矿井通风阻力测定

附表Ⅲ-1 风速基础记录表

测点序号	表速 / m·s^{-1}				校正真风速 / m·s^{-1}	附注
	第一次	第二次	第三次	平均		
1						
2						
3						
4						

附表Ⅲ-2 大气情况基础记录表

测点序号	干温度 /℃	湿温度 /℃	干湿温度之差 /℃	相对湿度 /%	大气压力 /Pa	空气密度 /kg·m^{-3}	附注
1							
2							
3							
4							

附表Ⅲ-3 风压基础记录表

测点序号	压差计读数				仪器的校正系数 K	换算成 Pa	附注
	第一次	第二次	第三次	平均			
1							
2							
3							

附表Ⅲ-4 巷道规格基础记录表

测点序号	巷道名称	测点位置	巷道形状	支架种类	巷道规格						测点距离 /m	累计长度 /m	测点标高 /m	附注
					上宽 /m	下宽 /m	高 /m	斜高 /m	断面 /m^2	周界 /m				
1														
2														
3														
4														

附表Ⅲ-5　　压差计法测量通风阻力计算表

测点序号	巷道名称	测点位置	断面积/m^2	平均风速/($m \cdot s^{-1}$)	风量/($m^3 \cdot s^{-1}$)	空气密度/($kg \cdot m^{-3}$)	动压/Pa	动压差/Pa	风压读数之差/Pa	测点间阻力/Pa	累计通风阻力/Pa	测点距离/m	累计长度/m
1													
2													
3													
4													

附表Ⅲ-6　　气压计法测量通风阻力计算表

测点序号	巷道名称	测点位置标高/m	测定时间	气压校正读数	断面积/m^2	平均风速/($m \cdot s^{-1}$)	风量/($m^3 \cdot s^{-1}$)	空气密度/($kg \cdot m^{-3}$)	动压/Pa	动压差/Pa	测点位压/Pa	位压差/Pa	风压读数/Pa	测点相对总压力/Pa	测点间阻力/Pa	累计通风阻力/Pa	测点距离/m	累计长度/m
1																		
2																		
3																		
4																		

附表Ⅲ-7　　风阻及摩擦阻力系数计算表

测点序号	巷道名称	测点位置	巷道形状	支架种类	测点通风阻力/Pa	风量/($m^3 \cdot s^{-1}$)	平均风量/($m^3 \cdot s^{-1}$)	区段巷道风阻/($N \cdot s^2 \cdot m^{-8}$)	空气密度/($kg \cdot m^{-3}$)	巷道风阻标准值/($N \cdot s^2 \cdot m^{-8}$)	测点距离/m	累计长度/m	百米巷道风阻标准值/($N \cdot s^2 \cdot m^{-8}$)	周界/m	断面积/m^2	摩擦阻力系数标准值/($N \cdot s^2 \cdot m^{-4}$)
1																
2																
3																
4																

附录Ⅳ　通风机性能试验数据记录表和计算表

附表Ⅳ-1　　通风机性能试验使用的仪器和工具

名　称	规　格	数　量	用　　途	说明
风表	高速 中速 低速	各 1	在矿井总回风道中或风硐中测风速	附校正曲线
秒表	普通	2	配合风表测风	具体台数依实验方案选定
垂直水柱计	0～400 mm	1	测量通风机所产生的静压	
压差计	DJM9 型、Y-61 型	1～6	在风硐或扩散器测速压	
皮托管	500 mm 长	12 以上	配合压差计测速压	
胶皮管	内径 4 mm	若干	传递压力	
三通接头	外径 4～5 mm	若干	连接胶皮管用	
瓦特表	三相的或单相的	1 或 2	测量电动机的功率消耗	各种电气仪表应采用 0.2 级或 0.5 级精度，并使所测得的数值在仪表测量范围的 20%～95%以内
电流表	依通风机的电动机容量选择	1～2	测量电动机的电流量	
电压表	依通风机的电动机容量选择	1～2	测量电动机的电压	
功率因数表	依通风机的电动机容量选择	1	测量电动机的功率因数	
电流互感器	依通风机的电动机容量选择	单相的 2	配合电流表使用	
电压互感表	据电动机的额定电机选定	单相的 2	配合电压表使用	
转速表	据电动机选定	1	测量电动机的转速	
气压计	空盒气压式	各 1	测量通风机风流的绝对大气压力	
温度计	普通	1	测量风流的温度	
湿度计	通风式	1	测量风流的相对湿度	
皮尺或钢尺	常用的	各 1	测量有关结构尺寸	
毫米方格纸		若干	绘制曲线图	
计算器		1	计算数据	
电话机	防爆、普通	各 1	通信联络	包括电话线
木板		若干	井下调节风量用	

附表Ⅳ-2　　气象原始记录表

测定地点________　　　　测定日期________

序号	项目 / 测定时间	干温度 /℃	湿温度 /℃	相对湿度 /%	大气压力 /mmHg	空气密度 /kg·m^{-3}
1						
2						
3						

附表Ⅳ-3 　　风量原始记录表(一)

测风地点________ 　　测定日期________

测点序号	项目 / 测定时间	测风处断面积/m^2	每次测定的风表读数/$r \cdot s^{-1}$				真实风速/$m \cdot s^{-1}$	风量/$m^3 \cdot s^{-1}$
			第1次	第2次	第3次	平均		
1								
2								
3								
4								

附表Ⅳ-4 　　风量原始记录表(二)

压差计编号________ 　　测定日期________

测点序号	项目 / 测定时间	速压测定值/Pa				换算成风速/$m \cdot s^{-1}$	测点断面积/m^2	风量/$m^3 \cdot s^{-1}$
		第1次	第2次	第3次	平均			
1								
2								
3								
4								

注:用风表测算风量时用表3,用皮托管和压差计测算风量时用表4记录。

附表Ⅳ-5 　　静压原始记录表

测压地点________ 　　测定日期________

项目 / 测定编号	测定时间	测压处断面积/m^2	增(减)木板面积/m^2	静压读值	
				/mmH_2O	/Pa
1					
2					
3					

附表Ⅳ-6 　　机电原始记录表

风机型号________ 　　测定日期________

测点序号	测定时间	电流/A	电压/V	功率因数	计算出的功率/kW	功率表测得的功率/kW	通风机转速/$r \cdot min^{-1}$
1							
2							
3							
4							

附表Ⅳ-7　　通风机性能测定风量记录汇总表

试验地点________　　通风机名称________

试验日期________　　叶轮安装角度________

测点序号 \ 测风地点 / 记录时间	矿井总回风			扩散器环形空间							水泥扩散器出口			备注
	断面 /m²	风速 /(m·s⁻¹)	风量 Q /(m³·s⁻¹)	速压测定值/Pa				平均风速 /(m·s⁻¹)	断面 /m²	风量 Q /(m³·s⁻¹)	断面 /m²	风速 /(m·s⁻¹)	风量 Q /(m³·s⁻¹)	
				1号仪器	2号仪器	3号仪器	……							
1														
2														
3														
4														
5														

附表Ⅳ-8　　通风机性能测定静压记录计算表

试验地点________　　通风机名称________

试验日期________　　叶轮安装角度________

测点序号 \ 记录	记录时间	风硐测压断面风流的相对静压/Pa	风量 /m²·s⁻¹	风硐断面 /m²	风硐测压断面风流的平均速压/Pa	通风机静压 /Pa	备注
1							
2							
3							
4							
5							
6							

附表Ⅳ-9　　通风机性能测定校正计算表

试验地点________　　通风机名称________

试验日期________　　叶轮安装角度________

测点序号 \ 项目	风机进风口大压力 /Pa	空气温度 t /℃	空气密度 ρ /(kg·m⁻³)	空气密度校正系数 K_ρ	通风机转数校正系数 K_n			校正后的风量 $Q_{通}$ /(m³·s⁻¹)	校正后的通风机静压 $L_{通静}$ /Pa	校正后的输入功率 $N_{通入}$ /kW	校正后的输出静功率 $N_{通静}$ /kW
					K_n	K_n^2	K_n^3				
1											
2											
3											
4											

附表Ⅳ-10 **通风机性能测定汇总表**

试验地点________ 通风机名称________

试验日期________ 叶轮安装角度________

测点序号	通过通风机的风量 $Q_{通}$ /Pa	通风机的静压 $h_{通静}$ /Pa	输出静功率 $N_{通静}$ /kW	通风机输入功率 $N_{通入}$ /kW	静压效率 $\eta_{静}$/%	备 注
1						
2						
3						
4						

附录Ⅴ 离心式通风机特性曲线

一、K_4-73-01型矿井离心式风机性能曲线

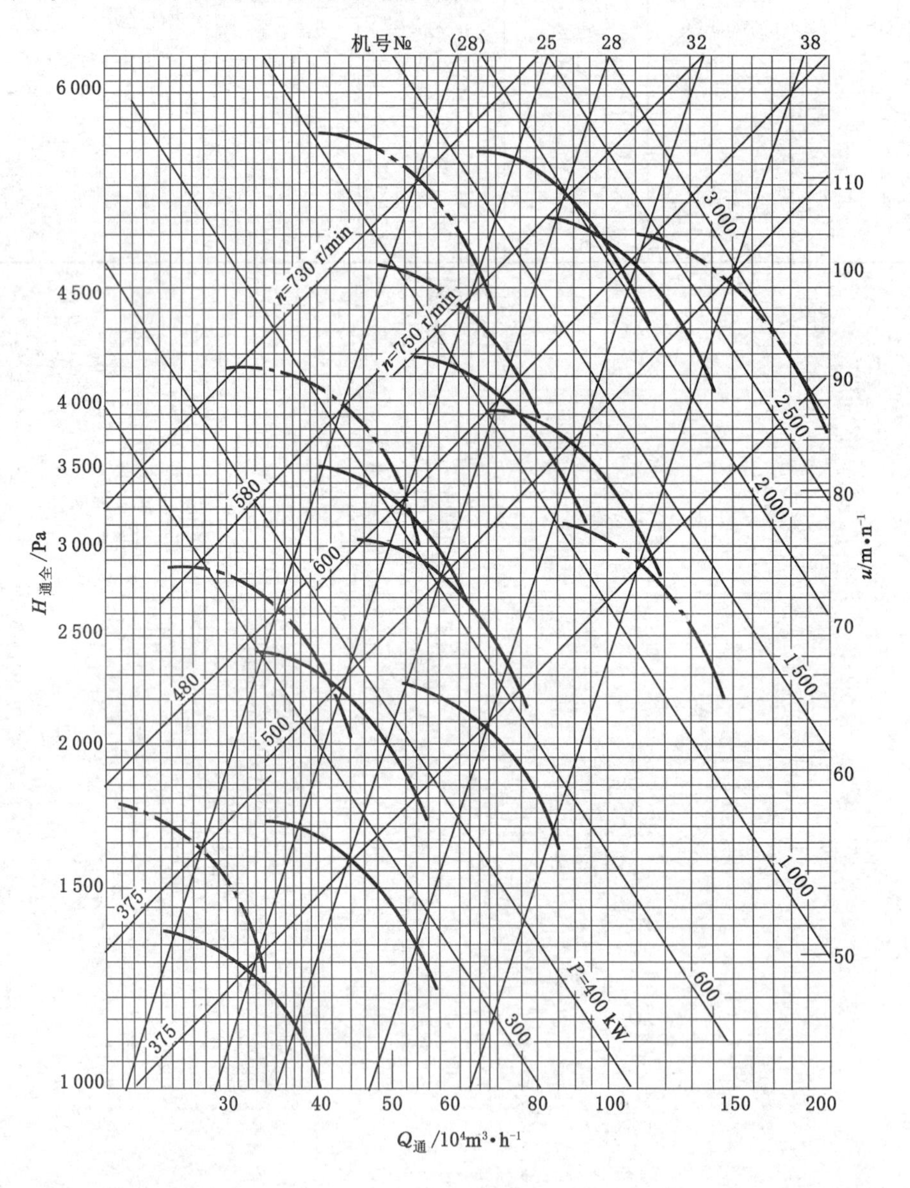

注:括号内机号为T4-73-12№28型。

二、G4-73-11 型离心式通风机特性曲线

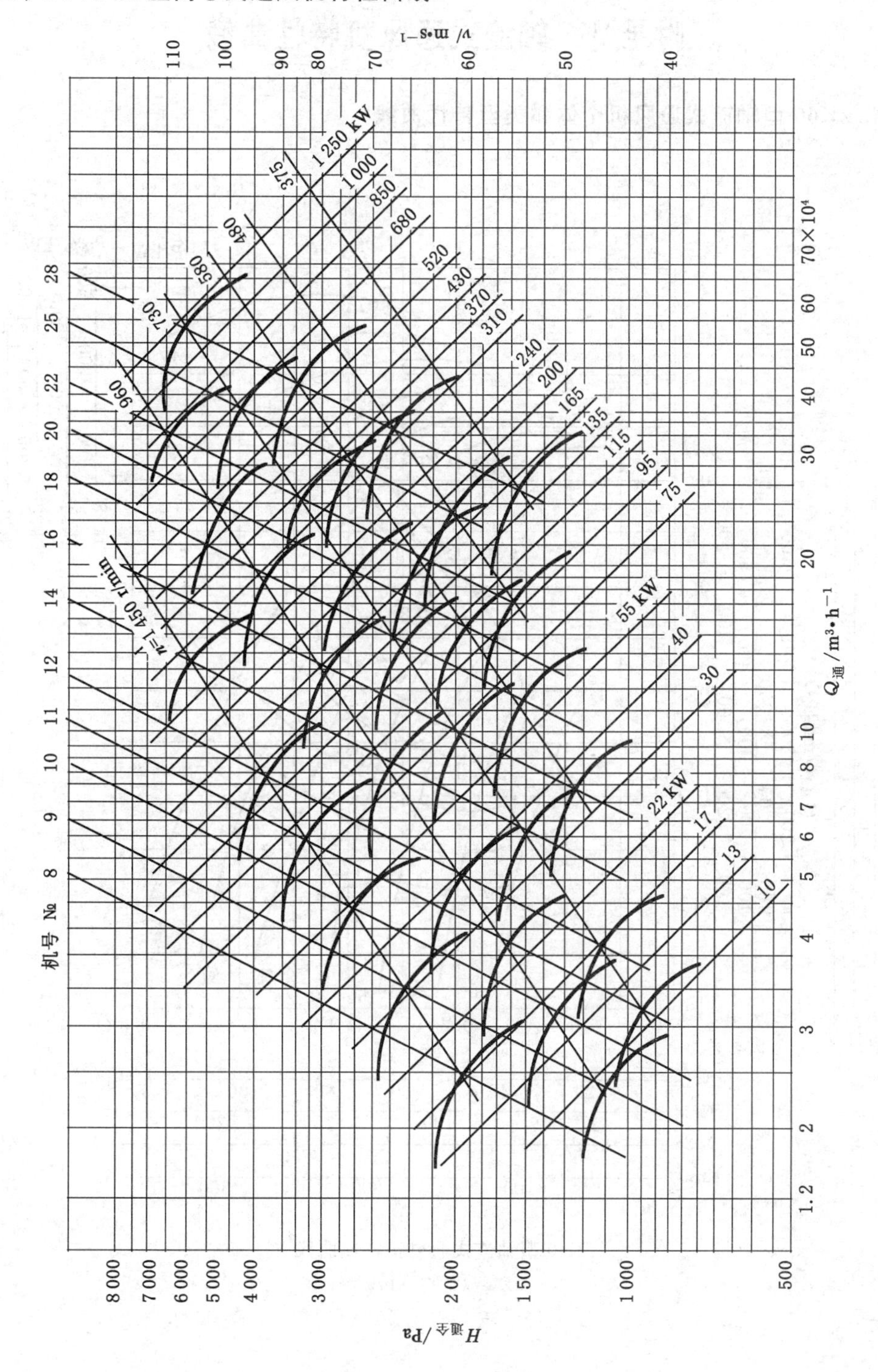

附录Ⅵ 轴流式通风机特性曲线

一、2K60 型轴流式通风机个体和类型特性曲线

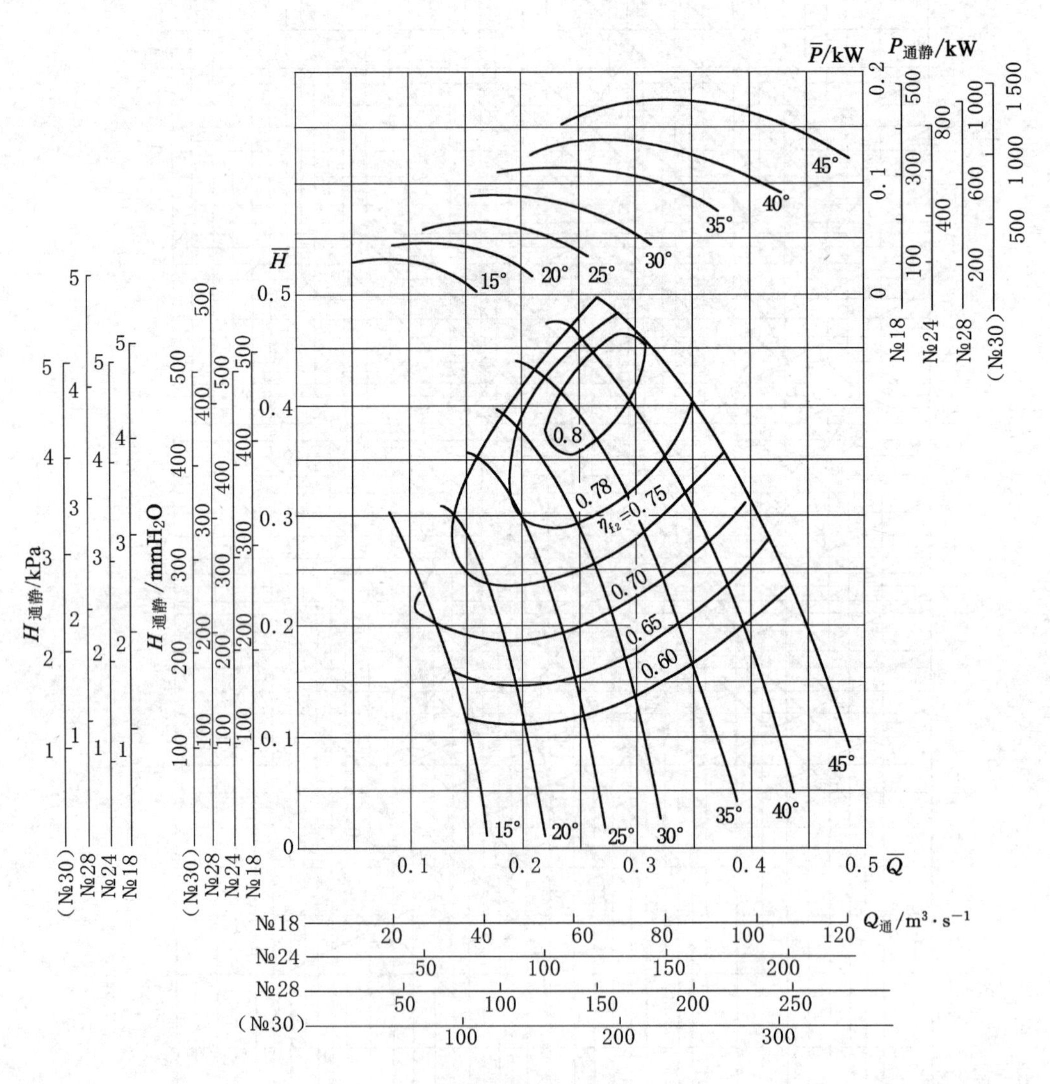

2K60 型轴流式通风机特性曲线

（$Z_1=14, Z_2=14$）

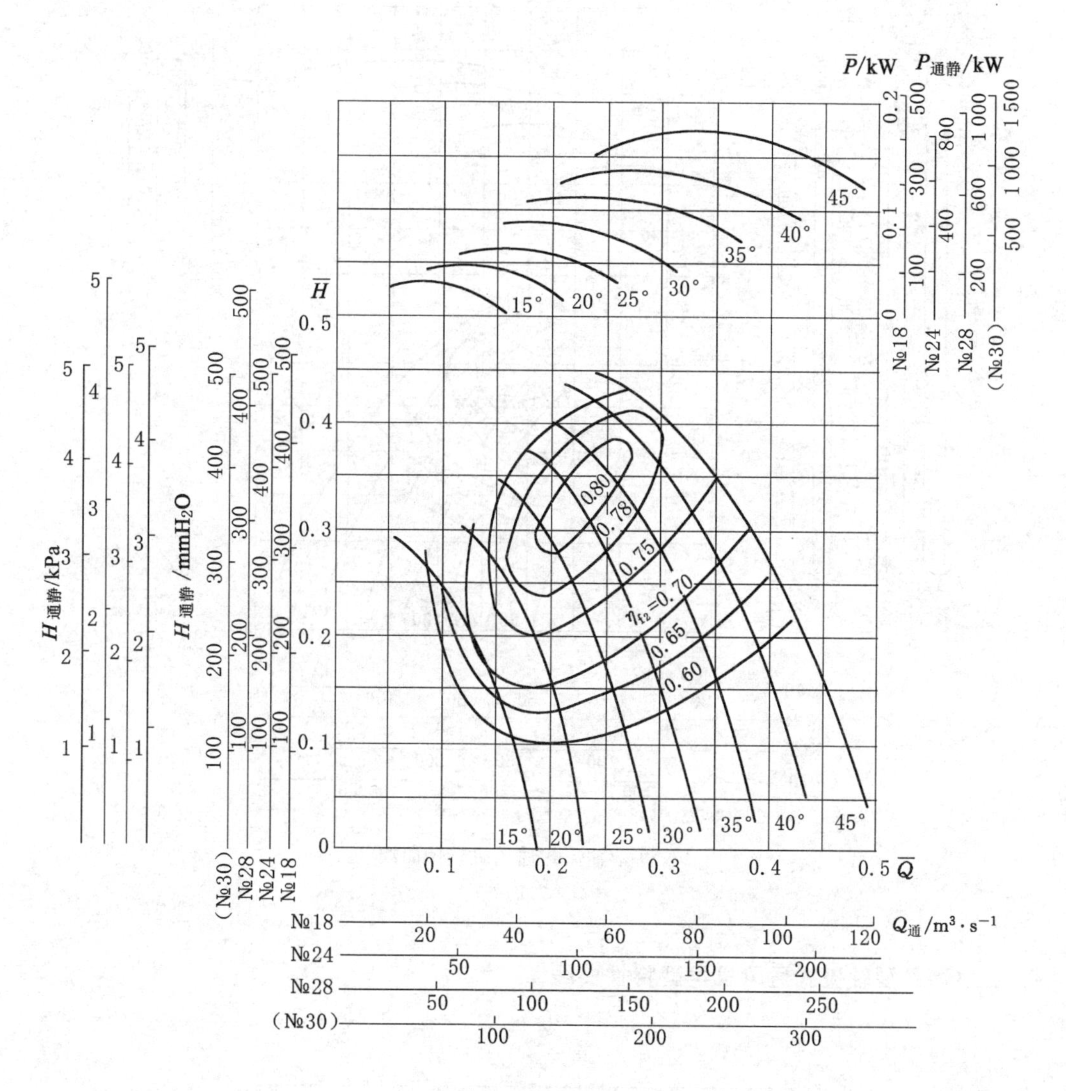

2K60 型轴流式通风机特性曲线

($Z_1=14, Z_2=7$)

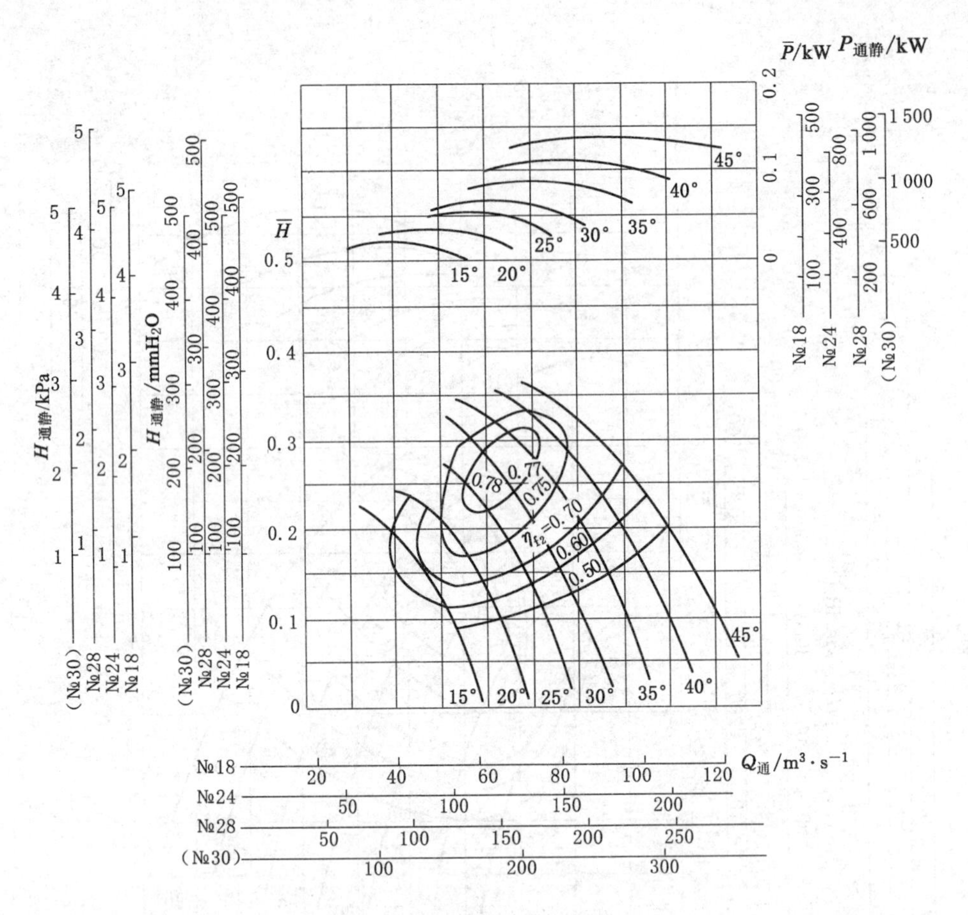

2K60 型轴流式通风机特性曲线

($Z_1=7, Z_2=7$)

二、GAF 型轴流式通风机类型特性曲线

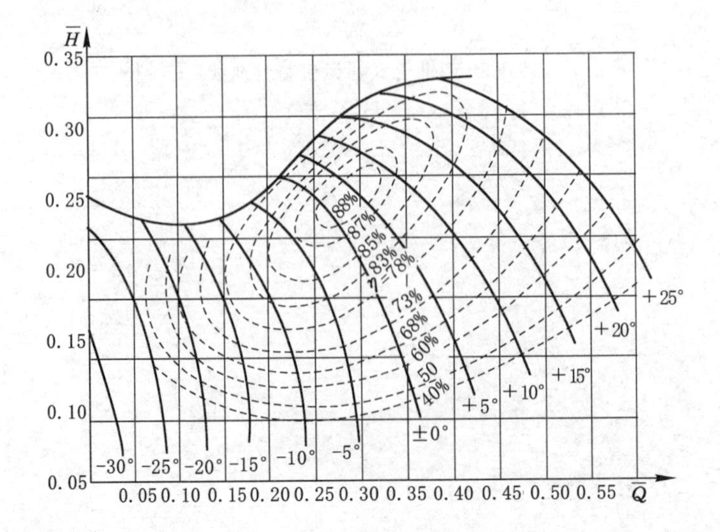

三、62A14-11 型轴流式通风机特性曲线

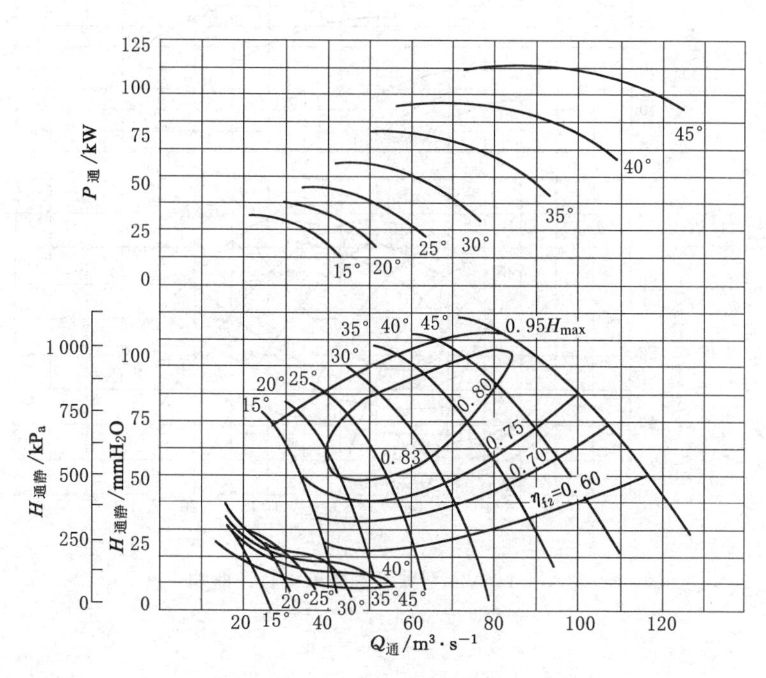

62A14-11№11 型轴流式通风机特性曲线

(n=500 r/min,叶片数 Z=16)

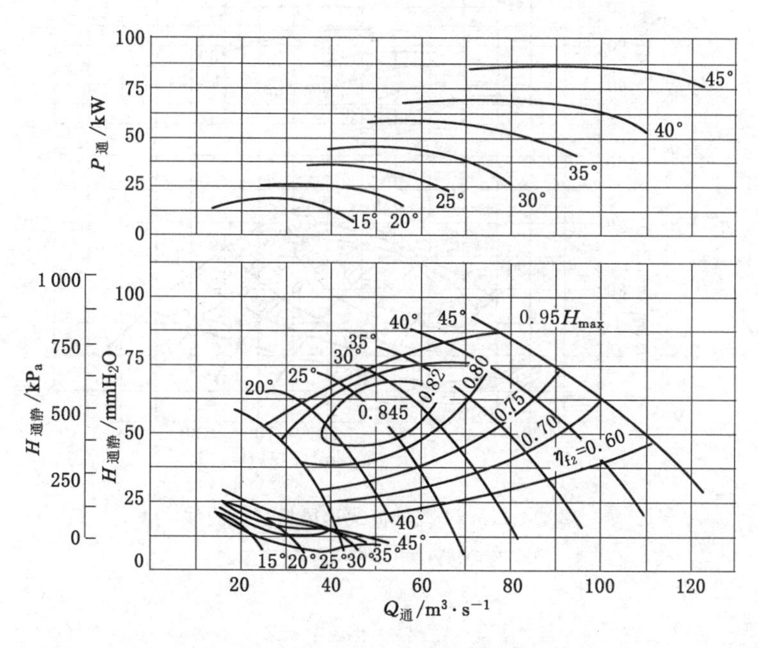

62A14-11№24 型轴流式通风机特性曲线

(n=500 r/min,叶片数 Z=8)

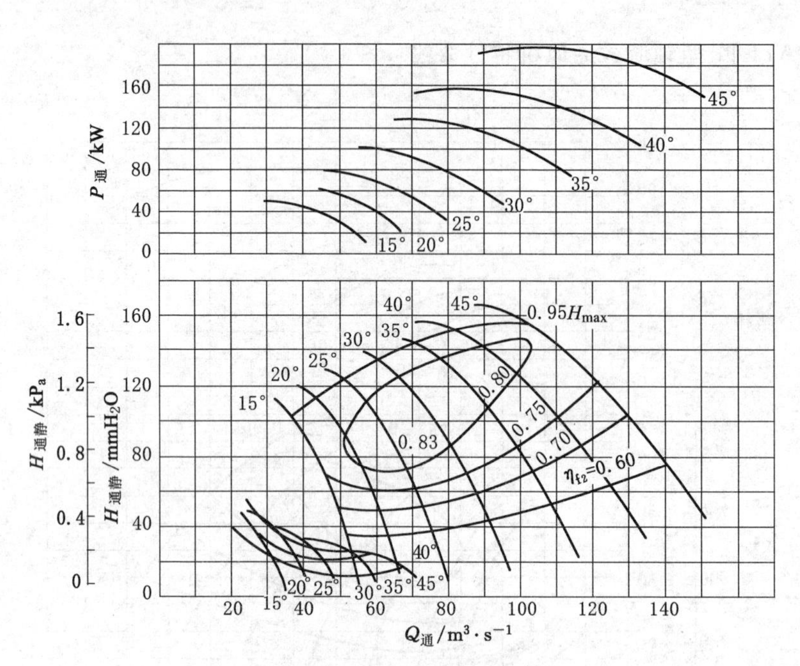

62A14-11№24 型轴流式通风机特性曲线

（n=600 r/min,叶片数 Z=16）

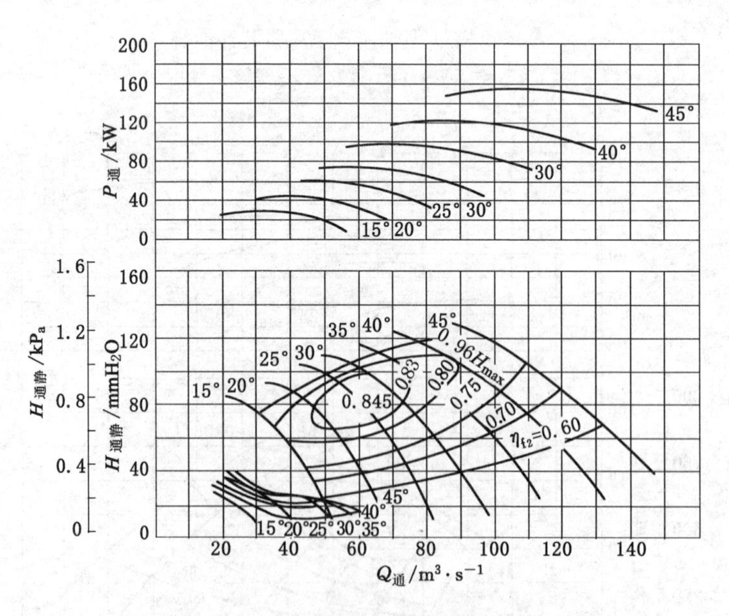

62A14-11№24 型轴流式通风机特性曲线

（n=600 r/min,叶片数 Z=8）

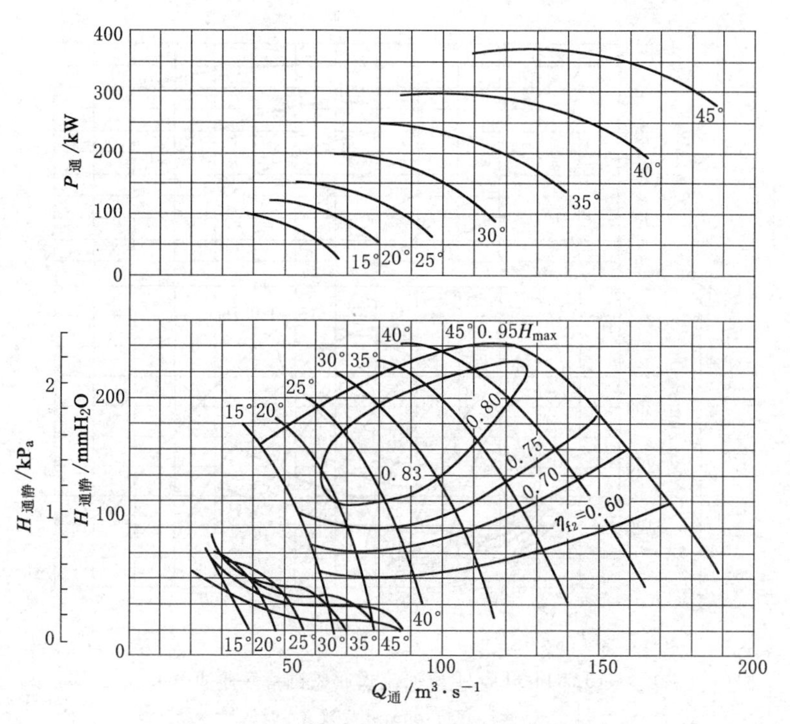

62A14-11№24 型轴流式通风机特性曲线

（n=750 r/min,叶片数 Z=16）

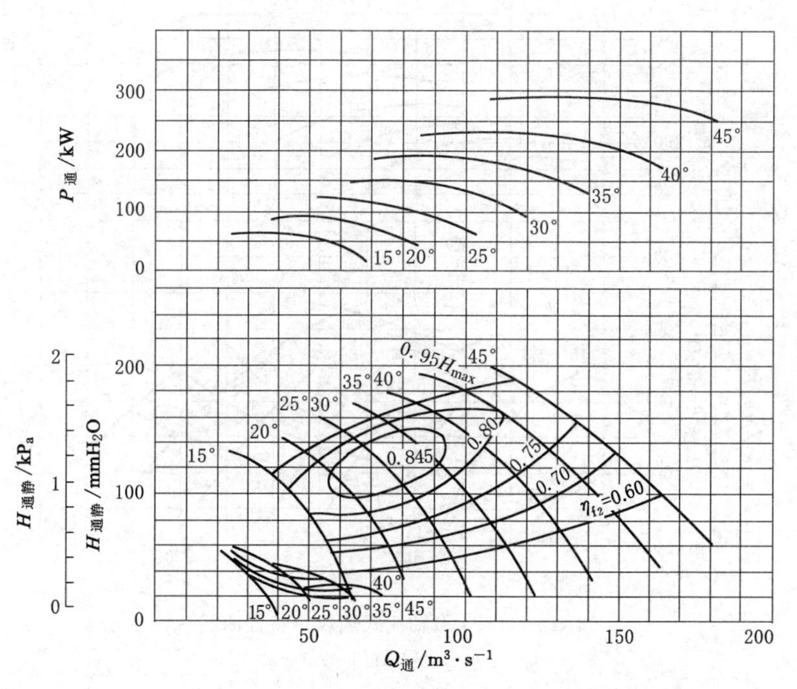

62A14-11№24 型轴流式通风机特性曲线

（n=750 r/min,叶片数 Z=8）

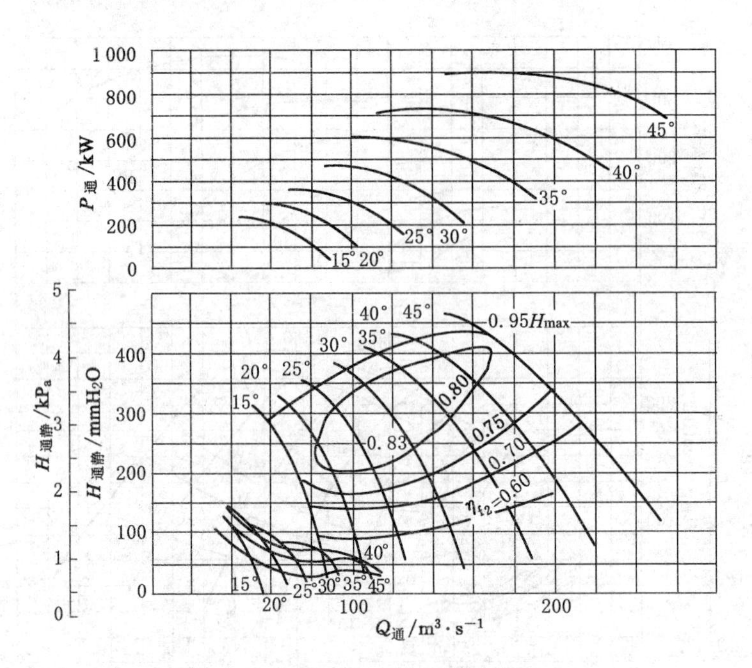

62A14-11№24 型轴流式通风机特性曲线

（n=1 000 r/min，叶片数 Z=16）

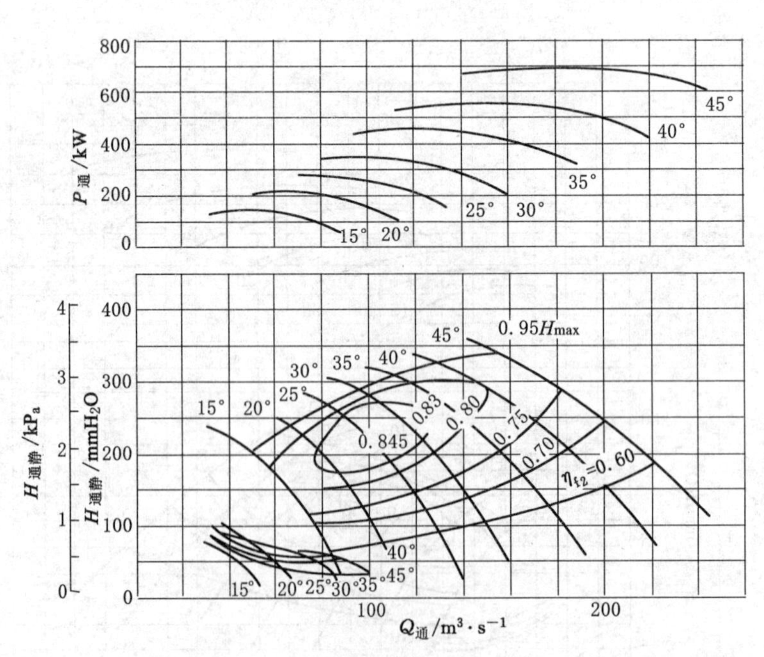

62A14-11№24 型轴流式通风机特性曲线

（n=1 000 r/min，叶片数 Z=8）

附录Ⅶ　BD系列通风机特性曲线

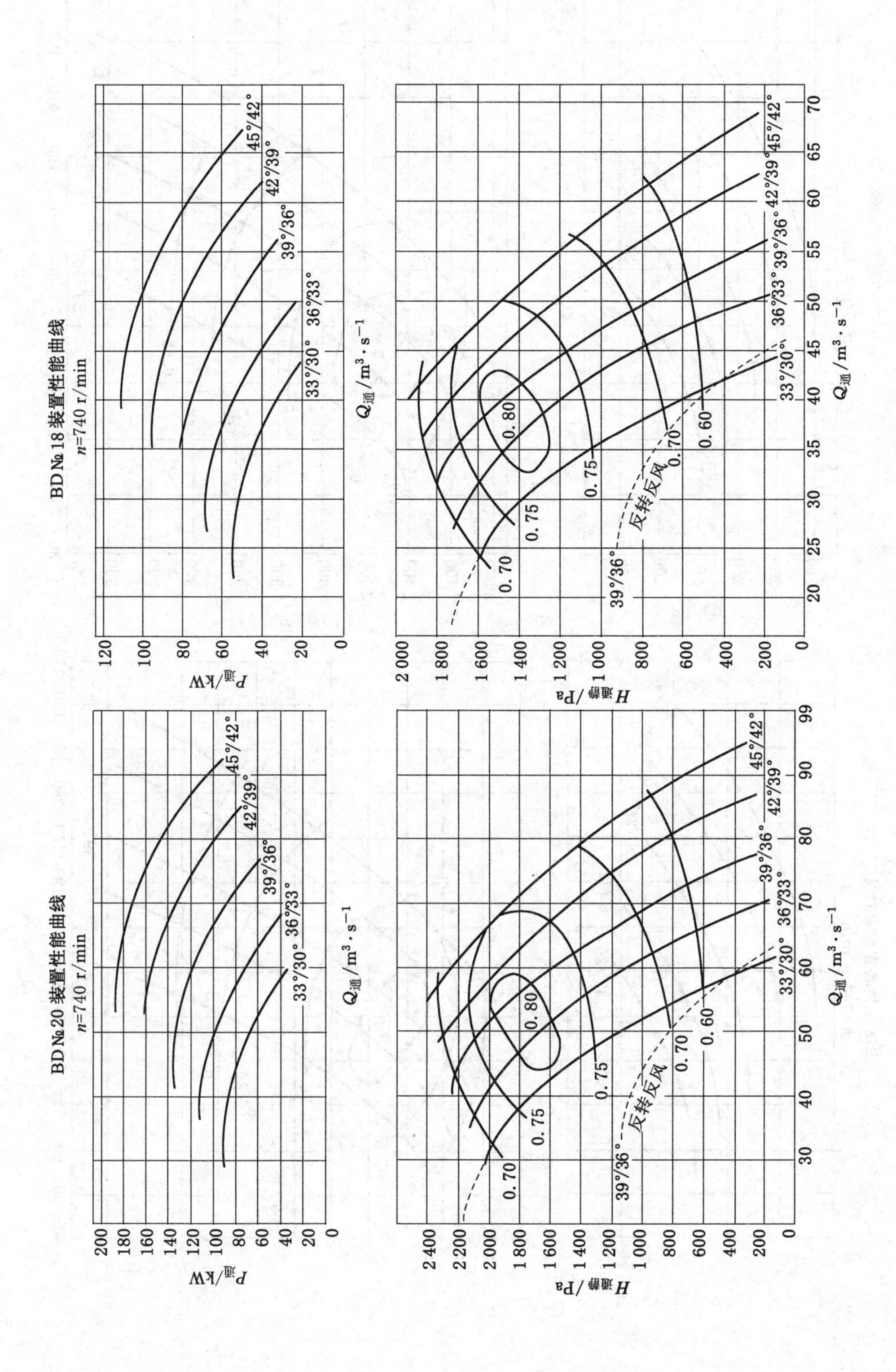

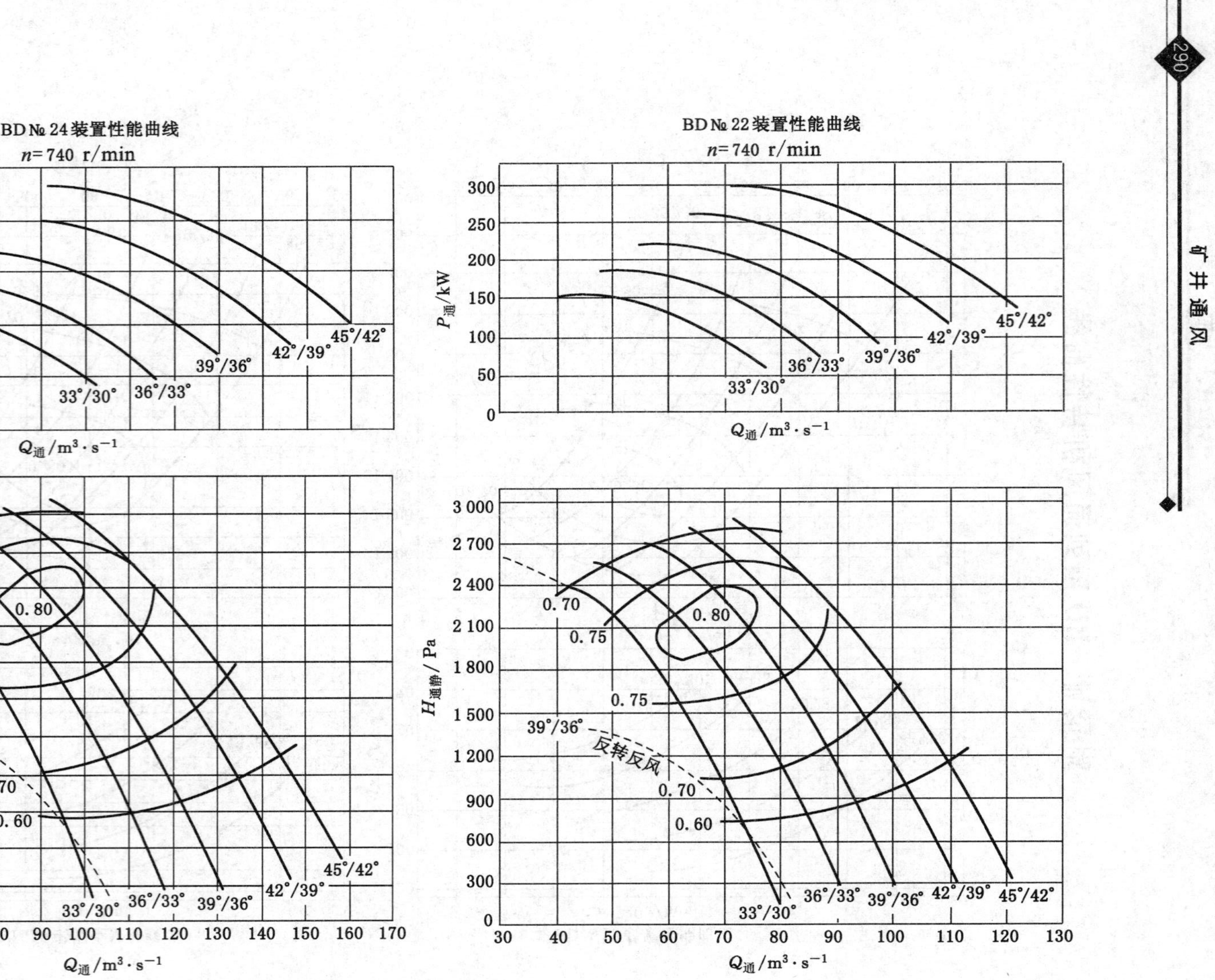
BD№24装置性能曲线
n=740 r/min
45°/42°
42°/39°
39°/36°
36°/33°
33°/30°
$Q_{通}/m^3\cdot s^{-1}$
0.70
0.75
0.80
0.75
39°/36°
反转反风
0.70
0.60
40 50 60 70 80 90 100 110 120 130 140 150 160 170
BD№22装置性能曲线
n=740 r/min
$P_{通}$/kW
300 250 200 150 100 50 0
$H_{通静}$/Pa
3 000 2 700 2 400 2 100 1 800 1 500 1 200 900 600 300 0
30 40 50 60 70 80 90 100 110 120 130

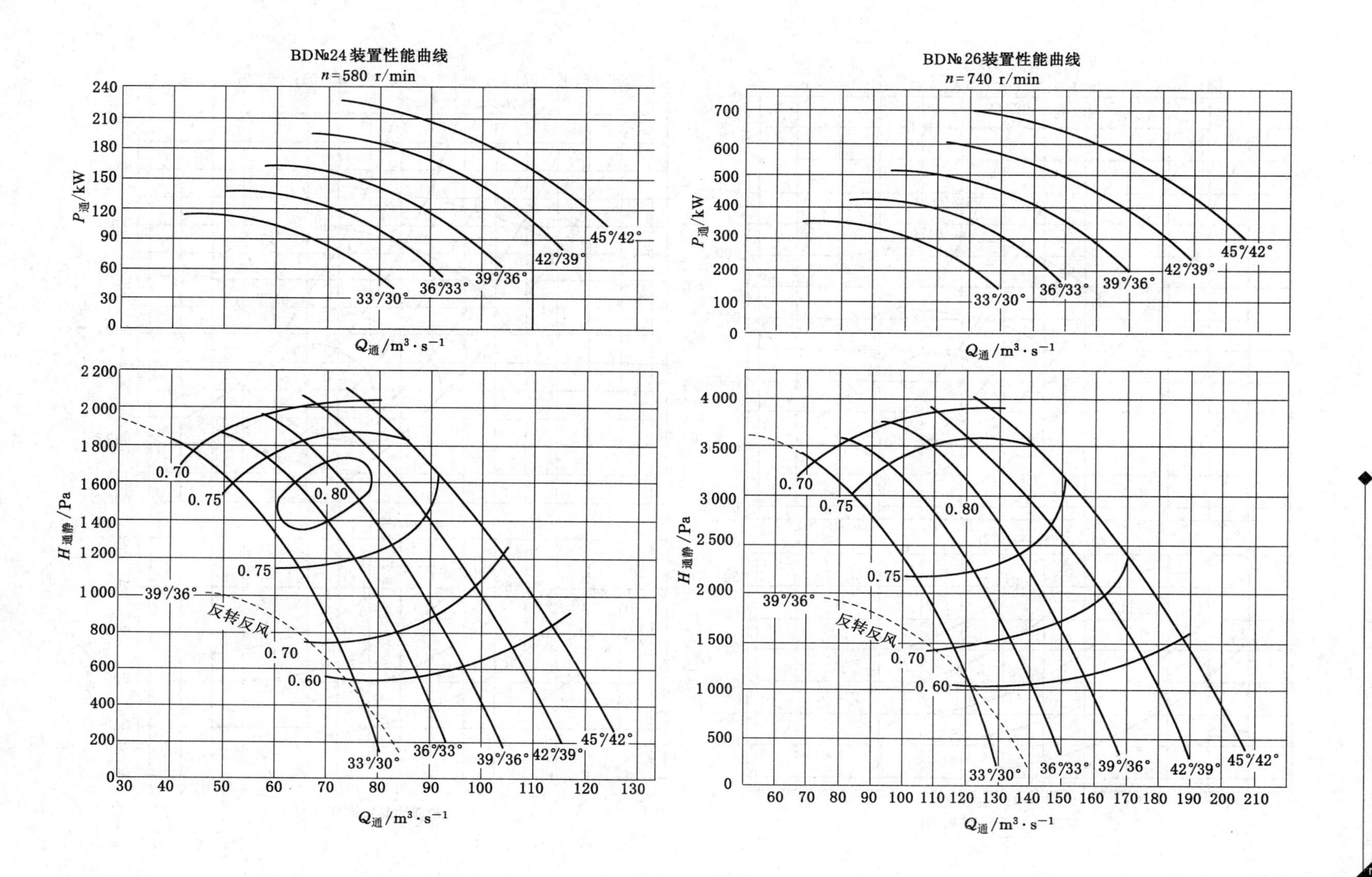
BD№24装置性能曲线
n=580 r/min
P通/kW
Q通/m³·s⁻¹
H通静/Pa
33°/30°
36°/33°
39°/36°
42°/39°
45°/42°
0.80
0.75
0.70
0.60
39°/36°
反转反风
BD№26装置性能曲线
n=740 r/min
P通/kW
Q通/m³·s⁻¹
H通静/Pa
33°/30°
36°/33°
39°/36°
42°/39°
45°/42°
0.80
0.75
0.70
0.60
39°/36°
反转反风

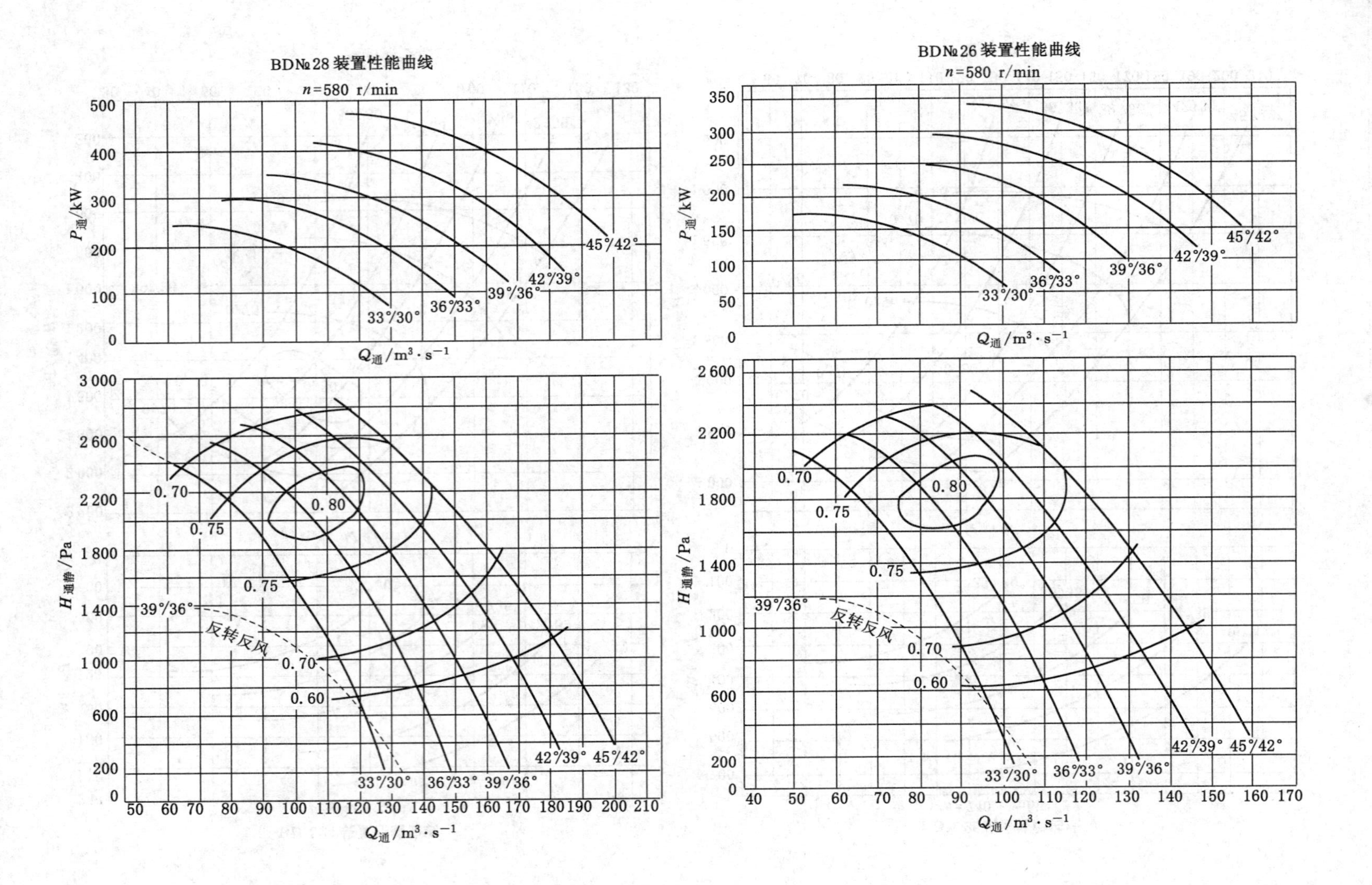
BDN№28 装置性能曲线
n=580 r/min
P通/kW
Q通/m³·s⁻¹
45°/42°
42°/39°
39°/36°
36°/33°
33°/30°
H通静/Pa
0.80
0.75
0.70
0.60
39°/36°
反转反风
BDN№26 装置性能曲线
n=580 r/min
P通/kW
Q通/m³·s⁻¹
45°/42°
42°/39°
39°/36°
36°/33°
33°/30°
H通静/Pa
0.80
0.75
0.70
0.60
39°/36°
反转反风

BD№30装置性能曲线

n=580 r/min

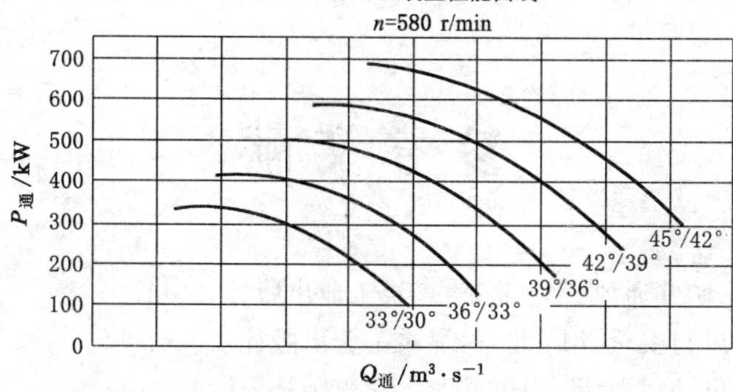

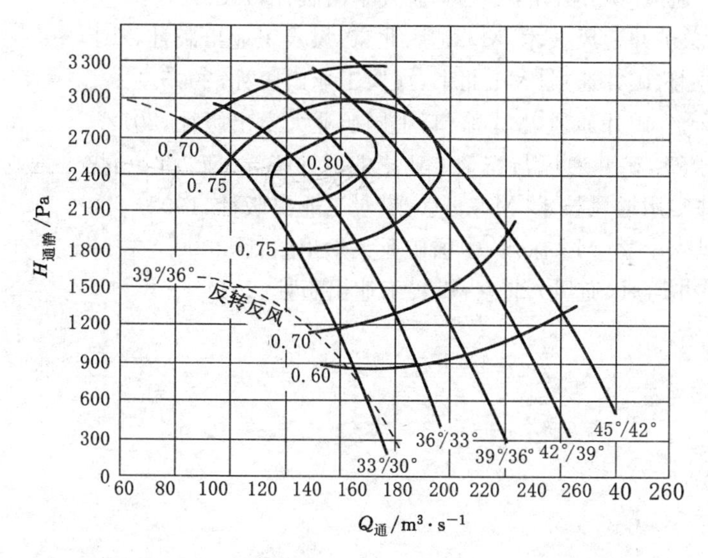

参考文献

[1] 陈荣邦,谢文强.矿井通风[M].北京:煤炭工业出版社,2011.
[2] 程卫民.矿井通风与安全[M].北京:煤炭工业出版社,2016.
[3] 黄元平.矿井通风[M].徐州:中国矿业大学出版社,1986.
[4] 屈扬,严建华.矿井通风技术[M].2 版.北京:煤炭工业出版社,2014.
[5] 王永安,李永怀.矿井通风[M].北京:煤炭工业出版社,2005.
[6] 肖家平,朱云辉.矿井通风[M].徐州:中国矿业大学出版社,2012.
[7] 张长喜,王永安. 矿井通风与安全专业毕业设计指导[M].北京:煤炭工业出版社,2013.
[8] 张国枢.矿井实用通风技术[M].北京:煤炭工业出版社,1992.
[9] 张国枢.通风安全学[M].徐州:中国矿业大学出版社,2000.
[10] 张红兵. 矿井通风(通风).北京:煤炭工业出版社,2011.